北京市高等教育精品教材立项项目

高等院校精品教材系列·工程力学模块化系列教材

材料力学 I

汪越胜　梁小燕　主编

蒋永莉　邹翠荣　祝　瑛　副主编

U0255354

电子工业出版社

Publishing House of Electronics Industry

北京·BEIJING

内 容 简 介

本书为国家精品课程配套教材，根据教育部高等学校力学教学指导委员会力学基础课程教学指导分委员会制定的"理论力学课程教学基本要求（A 类）"编写而成。全书共 10 章，内容包括绪论、轴向拉伸与压缩、扭转、弯曲内力、弯曲应力、弯曲变形、应力状态与强度理论、组合变形、压杆稳定和动载荷，还有附录及习题参考答案。内容编排上，本书既便于学生自学，也便于教师针对不同的学时选择不同的教学方式。

本书可作为高等院校土建类、机电类相关专业的理论力学教材，也可供高职、高专及成人教育各专业理论力学课程使用。

图书在版编目（CIP）数据

材料力学.1 / 汪越胜，梁小燕主编. —北京：电子工业出版社，2013.1

高等院校精品教材系列·工程力学模块化系列教材

ISBN 978-7-121-18803-9

I. ①材… II. ①汪… ②梁… III. ①材料力学－高等学校－教材 IV. ①TB301

中国版本图书馆 CIP 数据核字（2012）第 253627 号

策划编辑：余 义
责任编辑：余 义
印　　刷：北京七彩京通数码快印有限公司
装　　订：北京七彩京通数码快印有限公司
出版发行：电子工业出版社
　　　　　北京市海淀区万寿路 173 信箱　邮编　100036
开　　本：787×1092　1/16　印张：19.5　字数：524 千字
版　　次：2013 年 1 月第 1 版
印　　次：2023 年 8 月第 10 次印刷
定　　价：36.00 元

凡所购买电子工业出版社图书有缺损问题，请向购买书店调换。若书店售缺，请与本社发行部联系，联系及邮购电话：(010)88254888。

质量投诉请发邮件至 zlts@phei.com.cn，盗版侵权举报请发邮件至 dbqq@phei.com.cn。

服务热线：(010)88258888。

序

力学是大多数工程科学，如土木工程、机械工程、材料工程、航空航天、能源动力、交通运输、化工等的基础，是工科学生学习专业知识和技能的基础课程。不仅如此，力学还有着不同于其他学科的思维方式，是理工科学生应普遍接受的思维训练之一。

目前，我校的"工程力学"课程被评为国家级精品课程。经过多年的教学实践，并根据教育部力学课程指导委员会组织讨论的教学基本要求和各专业的培养目标、培养计划，进行了从课程体系、教学内容到教学方法、教学手段等全方位的改革，现已形成了一个针对不同专业的、分层次的课程体系。例如，对于土木类的专业，根据其专业特点及后续课程的需求，强调静力学和材料力学部分的知识；而对于机电类的专业，则更加注重运动学、动力学等知识；对于其他短学时的课程，则着重于静力学和材料力学最基础的知识。同时，还从学生的实际情况出发，实行分级教学：A级为优秀学生班级，重点培养拔尖人才；B级为一般水平学生班级，教学要求比教育部颁布的基本要求稍高；C级为基础及能力较差的学生班级，课程教学按教育部颁布的教学基本要求执行。

为了适应不同专业的需求，一般是编写不同的教材；而对于不同层次的分级教学，则主要由老师根据实际情况做出不同的取舍。针对这种情况，我们编写了这套适用于不同专业和层次的工程力学模块化的教材，共分为4册：第1册为《静力学》；第2册为《运动学和动力学》；第3册为《材料力学I》，包括材料力学的基础部分内容；第4册为《材料力学II》，包括材料力学的扩展内容。不管什么专业，只要是有力学教学的需要，都可以通过自行选择不同的分册来得到满足。例如，对于土木类可选择第1～3册和第4册部分内容；机电类可选择第1～3册；其他工科短学时可选择第1、3册；数理学科的学生学习经典力学，则可选择第1、2册。在每册中还可灵活取舍内容，根据学生对先修课程掌握的情况而进行分级教学。

除了上面提到的模块化特点以外，本套教材的编写还突出了以下特色。

(1) **由浅入深，不断强化。**每部分内容都采取由浅入深的讲述方式，便于自学和理解。但在后续讲述中会不断将前面内容系统化，并强调后续内容与先期内容的联系。

(2) **明确知识要点，加强知识点的联系。**工程力学中的知识点很多，虽然在解决实际的工程问题中最终都会起到作用，但学生在学习过程中对这些知识点的理解却是相对孤立的。因此，站在一定的高度，阐明各知识点之间的联系和最终其所发挥的作用，这将非常有利于学生真正掌握力学的思想和解决问题的能力。

(3) **从力学模型的建立和简化到直接的工程应用。**每部分内容都围绕"力引起物体的运动和变形"这一力学的核心思想，由浅入深地讲述从力学模型的建立、简化直至结果结论的工程应用。采取研究型教学的思想，先提出问题和要达到的目的，再讲述为达目的如何建立数学力学模型并简化。

(4) **强调力学与数学的联系。**包括力学模型的数学化、数学公式的力学图像解释和理解。

(5) **定量和定性分析相结合。**通过例题和习题，在定量分析结果的基础上尽可能总结出定性的结论，以帮助学生加强对力学概念的理解，以及获取直接的工程经验。

(6) **习题分级。**将习题分成三级：基本题、提高题、研究型题，以适应不同专业、不同层次的学生。

限于编者的水平，本套教材作为尝试，自然在某些方面会存在不足和疏漏，恳请有关专家、教师、学生随时提出批评和建议，以便我们改进和提高。

编者（yswang@bjtu.edu.cn）

2012年于北京交通大学

前　言

　　材料力学以细长杆件为研究对象，研究其在外载荷作用下的强度、刚度、稳定性问题，涉及杆件在拉伸、压缩、剪切、扭转和弯曲等基本变形及组合变形下的内力、应力、变形、能量等的分析计算，以及压杆的稳定性分析，属于连续变形体力学的初步知识，是一些相关工程学科（如土木、机械、航空航天等）后续专业课程的基础。

　　为了使学生对连续变形体力学有一个整体的初步了解和认识，本教材在第 1 章对变形固体力学的基本假设，以及材料力学的任务、研究对象、研究思路和方法、研究内容、基本概念等进行了简单介绍。为了便于学生"循序渐进，由浅入深"地学习，本教材在第 2 章讲述拉伸/压缩基本变形时，便从最朴素的思想出发介绍了超静定问题的求解和能量方法的应用，并在以后每种基本变形的讲授中，由浅入深地介绍了相关的内容。同时，这样的安排针对不同专业的要求并不失适用性，对于少学时的课程可以略去这些内容。

　　本教材的内容和编排便于学生自学。一些较深入的知识以研究性习题的方式出现，对基础好、兴趣高的学生，可将这些习题作为扩展知识深入学习，教师亦可选择部分讲授。

　　本教材第 1 章绪论主要由汪越胜撰写，祝瑛提供了部分材料，蒋永莉和梁小燕提出了部分修改意见；第 2、6 章由蒋永莉完成初稿，第 3～5 章和附录 A 由邹翠荣完成初稿，第 7、8 章由梁小燕完成初稿，第 9、10 章由祝瑛完成初稿，附录 B、附录 C 由祝瑛整理完成。最后，由汪越胜对所有章节进行了内容调整和逐字逐句地修改完善，并对思考题和习题进行了调整、补充。梁小燕、蒋永莉也对整本书稿进行了审核、修改。在编写过程中，参考了相关材料力学系列的教材，编者在此表示感谢。

　　由于编者的水平所限，疏漏之处在所难免，恳请广大读者批评指正。

编者（lxy@bjtu.edu.cn）

目　　录

第1章

绪　论

1.1　材料力学的任务和研究对象

材料力学的任务

工程中的各种结构或机械，不管其复杂程度如何，都可以看做是由一个个元件（或零件）组成，如建筑物的梁和柱、发动机的轴、飞机的板壳等。这些元件或零件都是由固体材料制成的，统称为**构件**（component）。结构或机械在服役过程中要承受各种不同的载荷，为保证结构或机械能正常工作，必须要求其中的每个构件有足够的能力承担所受的载荷。这种能力主要表现为以下三种形式：

(1) **强度**（strength）　指构件具有足够的抵抗破坏的能力，如在所承受的设计载荷作用下建筑物的梁不能折断，储气罐不能破裂，涡轮机叶片不能断裂等。由于强度不够导致结构丧失承载能力称为强度失效，如图 1-1(a)所示的桥面强度失效。

(2) **刚度**（stiffness）　指构件具有足够的抵抗变形的能力。在许多情况下，构件即使具有足够的强度，但若变形过大，仍不能正常工作。例如，机床主轴变形过大将影响加工精度等。由于刚度不够导致结构不能正常工作称为刚度失效，如图 1-1(b)所示地震导致的钢轨刚度失效。

(3) **稳定性**（stability）　指构件具有足够的保持原有平衡形态的能力。如承受压力的细长杆或薄板、建筑物中较高的立柱和墙体等可看做这类情况。这些构件应该始终保持原有的直线或平面平衡形态，保证不发生弯曲。

(a) 强度失效

(b) 刚度失效

图 1-1　结构的失效

当工程结构或机械中任意构件不满足以上任何一方面的要求时，都有可能导致整个结构或机械因丧失承载能力而失效，会造成很大的经济损失，甚至人员伤亡。因此，工程中一般应要求构件同时满足上述三方面的要求。当然，在实际设计制造时，对具体构件往往会有所侧重或优先考虑某个方面，如储气罐主要应保证强度，机床主轴应重点保证刚度，而受压的细长杆则应优先考虑稳定性问题。另外，某些特殊作用的构件还必须满足相反的要求，即当载荷达到一定值时构件应要求发生强度失效、失稳或产生较大的变形。例如，压力容器的安全销在压力达到设计极限时要立即破坏，车辆的缓冲弹簧应有较大的变形。

上述三方面的安全性要求可以通过设计构件尺寸、形状，或/和选取合适的材料来满足，但也不应随意通过增加尺寸或选取高性能的优质材料来满足，这样会增加成本，造成浪费，所以工程构件的设计要平衡安全性与经济性之间的矛盾。**材料力学的任务就是在保证满足强度、刚度、稳定性要求的条件下，为设计安全经济的构件，提供必要的理论基础和计算方法。**利用材料力学提供的方法，我们可以以最经济的方式设计构件的合理尺寸和形状、选择适当的材料，来保证安全性的要求；另外，还可以对在役结构进行强度校核。

研究对象

很显然，强度、刚度、稳定性问题必然涉及构件的变形。所以，为了完成材料力学的任务，必须考虑载荷作用引起的构件变形效应。也就是说，与理论力学研究的对象——刚体（包括质点）不同，材料力学的研究对象是变形体，且是变形固体。

工程中，构件形状各异。三个空间方向上尺寸相近的构件属于块体。若一个方向的尺寸远小于其他两个方向的尺寸，如图 1-2 所示，则称这种构件为板或壳。该类构件在工程中常见，如压力容器、飞机、导弹等的外壳，以及张拉建筑结构中张紧的膜等。还有一类构件，其一个方向的尺寸远大于其他两个方向的尺寸，如图 1-3 所示，称为**杆件**（bar），如建筑物的梁和柱、机器的传动轴等，张紧的绳、索、链也归属于这类构件。**材料力学的研究对象就是这种杆件。**杆件不仅是工程中最常用的构件形式，而且其力学模型简单，数学求解容易，仅需要高等数学的基础知识即可得到形式简洁的定量分析结果，十分方便工程师和技术人员用于工程设计。

描述杆件的几何要素有**横截面**（cross section）和**轴线**（axis），如图 1-3 所示，横截面指与杆长度方向垂直的截面，轴线指各横截面的形心的连线，即轴线通过各横截面的形心且与横截面垂直。轴线为直线的杆称为**直杆**（straight bar），如图 1-3(a)、(b)所示；轴线为曲线的杆称为**曲杆**（curved bar），如图 1-3(c)所示。横截面尺寸沿轴线不变化的杆称为**等截面杆**（prismatic bar），如图 1-3(a)、(c)所示；沿轴线变化的杆称为**变截面杆**（bar of variable cross-section），如图 1-3(b)所示。材料力学主要研究等截面直杆，简称**等直杆**，如图 1-3(a)所示。另外，也会涉及曲杆和变化较缓的变截面杆。

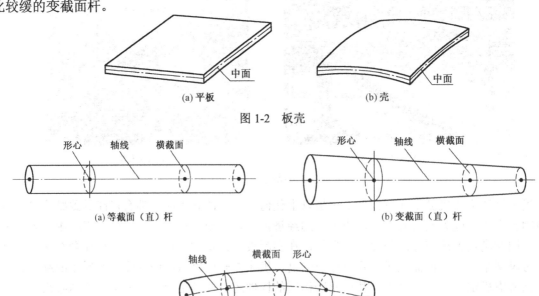

(a) 平板　　　　　　　　　　　(b) 壳

图 1-2　板壳

(a) 等截面（直）杆　　　　　　　　　　(b) 变截面（直）杆

(c) 曲杆

图 1-3　杆件

1.2　变形固体力学的基本假设

材料力学研究变形固体——杆件在载荷作用下的变形，属于变形固体力学的范畴。一般的变形固体力学为了抓住与变形有关的固体主要属性，建立力学模型，并利用数学做定量描述，对固体做了一些基本的假设，忽略了一些次要的因素。其中，最基本的两个假设是连续性和均匀性。

(1) **连续性假设**　假设构成固体的物质没有任何空隙地充满整个固体。实际上，构成固体的粒子（如原子、分子等）之间存在着空隙且不连续，但这种空隙的大小与构件的尺寸相比极其微小，可以忽略不计，因此就可认为固体在其整个体积内是连续的。该假设意味着变形后位移必然是固体中点坐标的连续函数，从而保证变形的协调性，即变形后固体内不允许出现空隙和物质的相互嵌入。其他力学参量也同样是坐标的连续（或分段连续）函数，因此可以对其进行坐标增量为无限小的极限分析，从而使得利用微积分这一严密的数学分析工具对固体的变形进行精确的定量计算和分析成为可能。

(2) **均匀性假设**　假设固体的力学性质在其中各处都是一样的，从固体取出的任一部分不论大小如何，其力学性能是完全相同的。实际的固体，其基本组成部分（如金属材料的晶粒）的力学性能并不完全相同。但由于基本组成部分的大小远小于构件的尺寸，且无规律排列，构件的任一部分均包含为数极多的这些组成部分，所以固体的力学性能是所有组成部分性能的统计平均。因此，可以认为固体的力学性能是均匀的。该假设结合上述连续性假设使得我们可以对固体中一点的力学性能进行实验表征和数学表述。

上述均匀连续性假设使得变形体（包括固体和流体）力学成为建立在严密的数学分析基础之上的一门严谨的科学——连续介质力学。即使对于由多种不同力学性能的固体组成的复合材料构件，甚至力学性能沿空间坐标连续变化的梯度材料构件，同样可以借助均匀连续性假设建立相应的力学理论和分析方法。但是，材料力学，为了达到在保证计算结果符合工程实际要求的前提下尽量简化理论分析和计算过程这一目的，在上述假设的基础上又进一步提出另外一些假设。其中主要有：

- **各向同性假设**　假设材料沿任意方向都具有相同的力学性能。该假设适用于金属（多晶）、陶瓷、玻璃、塑料等。以金属为例，虽然组成金属的单一晶粒沿不同方向其力学性能不同，但金属构件包含数量极多且分布完全随机的晶粒，因此沿各个方向的力学性能就近似相同了。具有这种属性的材料称为**各向同性材料**（isotropic material）。其实，沿不同方向力学性能不同的材料（称为**各向异性材料**（anisotropic material））也很多，如木材、钢筋混凝土、长纤维或层状复合材料、单晶体（如单晶铜、石英）等。也可以建立相应的变形力学分析理论和方法，但超出了本书的研究范围。

- **小变形假设**　假设构件在载荷作用下产生的变形与构件的原始尺寸相比非常微小。该假设使得我们在分析平衡和变形等问题时，可以按构件的原始尺寸和形状进行计算。相反，当构件的变形与原始尺寸相比较大时，必须按照变形后的形状进行计算，这属于大变形力学问题，也超出了本书的研究范围。

此外，材料力学还主要研究**弹性变形**（elastic deformation），**即卸除载荷能够完全恢复的那部分变形**。相反，**卸除载荷不能恢复的那部分变形称为塑性变形**（plastic deformation）。例如，一段直的钢丝，若将其做很小的弯曲，则放松后将恢复原来直的形状，这时只发生了弹性变形；但若做一个近似直角的较大弯曲，则放松后只能部分恢复，不能完全恢复成直的，残留下来的那部分变形就是塑性变形。一般的材料，在一定的承载范围内，变形很小且是完全弹性的，而多数工程构件在正常工作条件下要求只发生弹性变形，所以材料力学研究的问题大多局限在弹性小变形范围内。

1.3 外力、内力和应力

外力

当对某一构件进行分析时，一般设想将该构件从周围物体中单独取出，并用力的形式表达周围物体对构件的作用，这些来自构件以外的力就称为**外力**（external force），包括载荷（主动力）和约束反力，可以是力或力偶。

按作用方式，外力分为**体积力**（body force）和**表面力**（surface force）。体积力是连续分布于物体内部各点的力，如物体的重力、惯性力等。表面力是作用在物体表面的力，本质上是连续作用于物体表面某区域的分布力，如作用于水下物体表面上水的压力、积雪对屋顶的压力等，单位为 N/m²。也可以是连续分布作用于杆件轴线上某范围的分布力，如楼板对支撑梁的作用力等，单位为 N/m。当分布力的作用面积远小于物体表面的尺寸，或沿杆件轴线作用的范围远小于轴线长度时，可以近似用其合力代替，从而将其看做是作用于一点的集中力，如车轮对路面的压力等。

按是否随时间变化，可将载荷分为**静载荷**（static load）和**动载荷**（dynamic load）。严格意义上说，不随时间变化的载荷即为静载荷；随时间变化的载荷则为动载荷。但在材料力学分析中，虽然随时间变化，但变化极其缓慢，以至于产生的惯性力可以忽略不计的载荷也被当做静载荷处理。例如，将机器缓慢安放在基础上时，由于加速度很小，机器对基础的作用力可看做静载荷。若载荷使构件内质点产生的惯性力不可忽略，则必须当做动载荷。例如，随时间做周期变化的振动或波动载荷，物体运动在瞬间发生突然变化产生的冲击载荷。静载荷与动载荷对构件的力学性能将产生不同影响，因此在分析方法上也有所不同。而构件在随时间做周期变化的交变载荷作用下的疲劳问题（惯性力通常被忽略）则又有完全不同的分析方法。

内力及其求解方法——截面法

物体受外力作用后发生变形，其内部各点之间将发生相对位移，从而各点之间将产生相互牵拉或挤压，即发生相互作用，称为**内力**（internal force）。显然，这种内力是因外力作用而产生的，因此是在物体无外力作用时各质点间相互作用力以外的附加部分，与外力有着直接的联系，随外力的增加而增大，达到一定值后就可能引起构件破坏，所以与构件的强度密切相关。

为了分析构件的内力，假想用平截面 *m-m* 将构件切开分为 I、II 两部分，如图 1-4(a)所示。取 I 作为分析对象，为了平衡外力，切开的截面上必然存在 II 对 I 的作用力，如图 1-4(b)所示。根据作用力与反作用力定律，I 必然也以大小相等、方向相反的力作用于 II 上。这种 I 和 II 之间的相互作用力就是构件在截面 *m-m* 上的内力，显然这是一个分布于整个截面上的分布力系。在材料力学中将该分布力系向截面某点（通常为截面形心）简化得到一个力和一个力偶，称为截面的内力，如图 1-4(c)所示。其中力等于分布力系的主矢，力偶等于分布力系对简化中心的主矩。选取 I 或 II 上任意一部分进行平衡分析都可确定该截面上的内力，这就是求解内力的**截面法**。

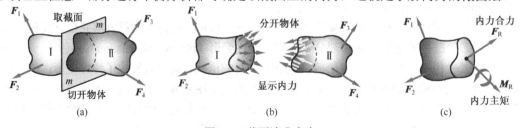

图 1-4　截面法求内力

截面法是分析内力的基本方法，后续各章中将经常用到，这里将其步骤可以归纳如下。

(1) **截取对象** 在待求内力的截面处假想以该截面将构件切开为两部分，如图 1-4(a)、(b) 所示。选择其中的任意一部分为研究对象，弃掉另一部分。

(2) **画受力图** 对留下的部分进行受力分析，画受力图，包括已知外力和截面上的未知内力。为了方便，通常将内力矢量沿着截面的法线和切线方向进行分解，将内力分量示于图中。一般情况下，截面内力包括沿截面法向的轴力 $\boldsymbol{F}_\text{N}$、沿截面切向的剪力 $\boldsymbol{F}_\text{s}$，以及扭矩 $\boldsymbol{T}$ 和弯矩 $\boldsymbol{M}$，如图 1-5 所示。

(3) **平衡分析** 针对所选取的研究对象建立平衡方程，求解未知内力。

对各种载荷作用下不同变形构件的内力计算将在后续各章节中详细讨论。

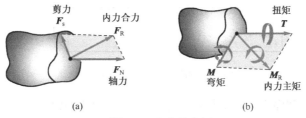

图 1-5 内力的分解

应力

由截面法求得的内力反映的是截面上分布力系的合成效应，它仅表明内力与外力的平衡关系，而没有表现出截面上某一点处受力的强弱程度。而经验告诉我们，外力导致的构件破坏往往从个别点开始，如弯折一根木杆，断裂通常从外侧一点开始，所以截面上一点的受力强弱对强度分析很重要，应该引入一个表示一点受力特征的力学概念。为此，我们定义如下某截面上**内力集度**的概念。如图 1-6(a)所示，在受力构件的某截面 $m\text{-}m$ 上任取一点 C，围绕该点取微小面积 ΔA，假设 ΔA 上分布内力的合力为 $\Delta\boldsymbol{F}_\text{R}$，其大小和方向与 C 点的位置有关。定义 ΔA 范围内单位面积上内力的平均集度为

$$\boldsymbol{p}_\text{a} = \frac{\Delta\boldsymbol{F}_\text{R}}{\Delta A}$$

式中，$\boldsymbol{p}_\text{a}$ 为矢量，其方向与 $\Delta\boldsymbol{F}_\text{R}$ 一致。称 $\boldsymbol{p}_\text{a}$ 为 ΔA 上的平均应力，其大小和方向均可能随着 ΔA 的逐渐缩小而改变。当 ΔA 趋于零时，$\boldsymbol{p}_\text{a}$ 将逐渐趋近一极限为

$$\boldsymbol{p} = \lim_{\Delta A \to 0} \boldsymbol{p}_\text{a} = \lim_{\Delta A \to 0} \frac{\Delta\boldsymbol{F}_\text{R}}{\Delta A} \tag{1-1}$$

称其为点 C 的**应力**（stress），是分布内力在点 C 的集度，反映了内力在点 C 的强弱程度。材料的强度分析主要是对应力进行计算。$\boldsymbol{p}$ 也是一个矢量，为了计算方便，通常将应力 $\boldsymbol{p}$ 分解为沿截面法向的分量 σ（称为**正应力**（normal stress））和沿截面切向的分量 τ（称为**切应力**（shear stress）），如图 1-6(b)所示。在国际标准单位制（SI）中，应力的基本单位为 Pa（帕斯卡），$1\,\text{Pa} = 1\,\text{N/m}^2$；应力计算中长度单位常用 mm，应力单位常用 MPa（兆帕），$1\,\text{MPa} = 1\,\text{N/mm}^2 = 10^6\,\text{Pa}$。

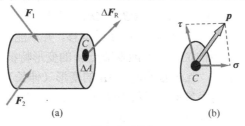

图 1-6 应力

值得指出的是，应力 **p**（或σ、τ）是一个与内力不同的矢量，它还取决于过该点所截取的截面。如果截面不同，即使内力不变，由式(1-1)定义的应力 **p** 也不同。如图 1-7 所示，过同样一点 C 分别以横截面 m-m 和斜截面 m'-m'将杆件截开，根据截面法易知，两个截面上的内力 F_R 是一样的。但由式(1-1)计算得到的点 C 两个截面上的应力 **p** 显然是不同的。可见，一点的应力与过该点的截面选取密切相关。若记截面的法向为 **n**，两个正交的切向为 t_1 和 t_2，则在连续变形体力学中常将正应力分量记为σ_{nn}，将两个切向的切应力分量分别记为 τ_{nt_1} 和 τ_{nt_2}。注意，该记法中下标的第一个量表示截面法向，第二个量表示应力分量的方向。为了简洁，正应力通常简记为σ_n。

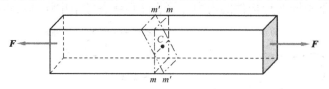

图 1-7　过同一点的不同截面

当知道了过一点所有截面上的应力即应力状态时，我们便确定了该点的受力状况。后面的分析证明，过一点任一截面上的应力可由过该点任意三个截面上的应力确定。通常，取三个截面分别平行于直角坐标系 xyz（或其他正交坐标系）的三个坐标平面，则其上的应力分量分别记为（$\sigma_x, \tau_{xy}, \tau_{xz}; \tau_{yx}, \sigma_y, \tau_{yz}; \tau_{zx}, \tau_{zy}, \sigma_z$）。其他任意截面上的应力均可由这组应力分量表示，所以这组应力分量可以表征一点的应力状态。通常的做法是在该点取一无限小的长方体，称为**单元体**（element），在各面上标示上述各应力分量，代表该点的应力状态，如图 1-8 所示。关于应力状态的进一步描述见本书第 7 章。

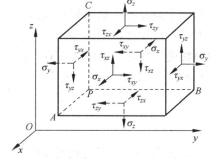

图 1-8　一点的应力状态

最后顺便指出，在给出应力的定义式(1-1)时，我们只考虑了合力，而没有考虑合力偶。这是因为当$\Delta A \to 0$ 时，ΔA 上内力的极限状态将是一个力，而不存在力偶。

1.4　变形和应变

变形

物体受力发生变形是材料力学关注的主要内容。根据均匀连续性假设，如果知道了物体内各点扣除刚体位移以后的位移，也就确定了物体的宏观变形。材料力学中关心的位移就是指完全由变形产生的位移。

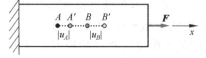

图 1-9　相邻两点的位移关系

然而，位移并不方便表征物体内一点的变形特征。如图 1-9 所示，一端固定的杆在力 **F** 的作用下伸长，其上临近的两点 A 和 B 分别移动到 A'和 B'。若记点 A 产生的位移为 u_A，点 B 产生的位移为 u_B，则有 $u_B = u_A + (A'B' - AB)$，其中 $A'B' - AB$（记为Δu_{AB}）正是由 AB 的变形（伸长）引起的。可见点 B 的位移包含了点 A 的位移，并不能表征点 B 的变形特征。同样，点 A 的位移也包含了它前面临近点的位移，不能表征点 A 的变形特征。Δu_{AB} 是 AB 的总伸长量，显然与 AB 的原长（设为Δx）有关。当Δx 很小时，AB 的变形（伸长）近似均匀，所以$\Delta u_{AB}/\Delta x$ 是表征该临近微小区域变形特征的适当参量。材料力学（包括其他连续变形体力学）中正是沿用这样的思路，通过在一点附近选取一微小的区域，如边长分别为Δx、Δy、Δz 的微小单元体，并仿照$\Delta u_{AB}/\Delta x$ 定义**应变**（strain），来描述物体中任意一点的变形特征。

在得到物体中每一点的局部变形后，通过求积分就可以获得物体整体的变形。

应变

如图 1-10(a)所示，在物体内任一点 M 邻域取一边长分别为 Δx、Δy、Δz 的微元体，当边长趋于无限小时，它就代表了点 M。该微元体的变形主要表现为两类：边长的改变和角度的改变，如图 1-10(b)和(c)所示的 xy 投影平面的情况。这两类基本的变形合成了微元体更复杂的变形。为了定量表征这两种基本变形，分别定义了如下正应变和切应变。

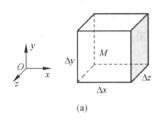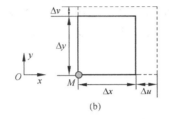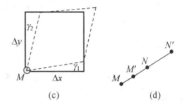

图 1-10 微元体的变形

1. 正应变（线应变）

如图 1-10(b)所示，设微元体变形后 x、y 轴方向的边长改变量分别为 Δu、Δv，则定义改变量与原长的比值为对应边的平均**正应变**（normal strain），也称**线应变**（linear strain），以 ε_a 表示，即

$$\varepsilon_{ax} = \frac{\Delta u}{\Delta x}, \qquad \varepsilon_{ay} = \frac{\Delta v}{\Delta y}$$

类似地，也可以定义 z 方向的平均正应变或线应变，即

$$\varepsilon_{az} = \frac{\Delta w}{\Delta z}$$

式中，Δw 为变形后 z 轴方向的边长改变量。

当边长无限小时，由以上各式取极限得

$$\varepsilon_x = \lim_{\Delta x \to 0} \frac{\Delta u}{\Delta x}, \qquad \varepsilon_y = \lim_{\Delta y \to 0} \frac{\Delta v}{\Delta y}, \qquad \varepsilon_z = \lim_{\Delta z \to 0} \frac{\Delta w}{\Delta z} \tag{1-2}$$

式中，ε_x、ε_y、ε_z 分别称为点 M 沿 x、y、z 方向的正应变或线应变。

实际上，若在构件内任取一段微小线段 $\overline{MN} = \Delta s$，变形后的长度为 $\overline{M'N'}$，如图 1-10(d)所示，则都可类似地定义该线段沿 $\overline{MN}$ 方向（记为 s 方向）的线应变为

$$\varepsilon_s = \lim_{MN \to 0} \frac{\overline{M'N'} - \overline{MN}}{\overline{MN}} = \lim_{\Delta \to 0} \frac{\Delta u_s}{\Delta s} \tag{1-3}$$

2. 切应变（剪应变）

微元体两条相互正交的边所夹直角的改变量，称为点在这两条边所在平面内的**切应变**或**剪应变**（shear strain）。如图 1-10(c)所示，点 M 两侧的边由变形前的直角 $\pi/2$，变成了锐角，夹角的改变量为 $\gamma_1 + \gamma_2$。该改变量即为点 M 在 xy 平面内的切应变或剪应变，表示为 γ_{xy}，通常用弧度来度量。在变形很小的情况下，夹角 γ_1 和 γ_2 的弧度值近似等于各自的正切值，于是有

$$\gamma_{xy} = \gamma_1 + \gamma_2 = \lim_{\Delta x, \Delta y \to 0} \left(\frac{\Delta v}{\Delta x} + \frac{\Delta u}{\Delta y} \right) \tag{1-4}$$

同样，可定义点 M 在 yz 平面和 zx 平面内的切应变 γ_{yz} 和 γ_{zx}。

线应变 ε 和切应变 γ 是描述变形构件内一点处变形的两个基本力学量，表示一点的局部变形，它们都是无量纲的量。物体的整体变形是物体内所有各点变形的累加。材料力学所研究的问题一般限于小变形情况，即变形和由变形引起的位移很小，远远小于构件的几何尺寸，所以在分析平衡和变形等问题时，可以按构件的原始尺寸和形状进行计算。可以证明，对于微小的应变和位移，其平方、乘积等与其一次方相比可以作为高阶小量忽略。

应变是连续变形体力学中一个十分重要的、用来定量描述一点变形特征的量。在直角坐标系中可用（ε_x，γ_{xy}，γ_{yz}；γ_{yx}，ε_y，γ_{yz}；γ_{zx}，γ_{zy}，ε_z）这样一组分量表示一点的应变状态。顺便指出，描述一点受力状况的应力（包括所有分量）和描述一点变形特征的应变（包括所有分量）既不是一个标量，也不是一个矢量，在数学上称为**张量**（tensor）。更加系统的关于应力和应变的理论将在弹性力学中学习。

1.5 应力与应变的关系

仅凭直观的想象就不难得知，单元体上作用的应力（如图 1-8 所示）必然导致单元体的变形，也就是说，一点的应力将产生该点的应变，因此应力和应变之间存在着一种必然的联系。如图 1-11(a)所示，单元体在单向正应力 σ 作用下显然将伸长，但仍保持为长方体，即相邻边之间的角度仍为直角，所以只产生线应变 ε 而没有切应变；再如图 1-11(b)所示，单元体在切应力 τ 作用下，两个相互平行的面只发生相对错动，间距没有变化，所以只存在切应变 γ。

如果知道了物体内任一点的应力和应变关系，也就确定了物体在外力作用下产生的变形。可见，这种一点的应力-应变关系是变形体力学的核心。这种关系也称为**物理方程**，是一种**本构关系**（constitutive relation），它描述了物质的力学本质特性，与物体的几何形状和所受的载荷情况没有关系。

尽管从理论上说，依据原子或分子之间相互作用理论的计算可以获得应力-应变关系，但实际材料的内部结构要复杂得多，所以为了工程应用，应力-应变关系通常要由按一定规范设计的实验来确定。这将在本书第 2、3 章做一些初步的介绍，系统的知识将在固体实验力学中学习。大量的材料力学实验表明，当应力不超过一定极限时，应力与应变之间的关系成正比关系，如对应图 1-11(a)和(b)所示的情况，有

$$\sigma = E\varepsilon, \qquad \tau = G\gamma \tag{1-5}$$

式中，比例常数 E 和 G 分别称为材料的拉压**弹性模量**（modulus of elasticity）[**杨氏模量**（Young's modulus）]和**剪切弹性模量**[简称**剪切模量**（shear modulus）]，它们的值由实验测定，反映了材料的不同力学性能；它们的单位与应力相同。式(1-5)的两个关系式分别称为拉压胡克定律和剪切胡克定律。一般情况下的胡克定律将在第 7 章中介绍。符合这类应力-应变关系的材料称为线弹性材料。

更广泛的本构关系除了应力与应变的关系以外，还包括热、电、磁、光等物理、化学，甚至生命场与力场之间的相互作用。如众所周知的热胀冷缩就是指热引起变形，温度变化与应变之间的关系便是定量描述这种现象的本构关系。关于本构关系的研究形成了变形体力学的基本内容之一。

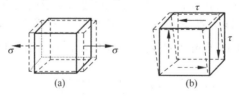

图 1-11 单元体受单向拉伸和纯剪切

1.6　材料力学的研究内容和思路

基本变形

材料力学主要在均匀连续性、各向同性、弹性小变形假设下，研究细长杆件的变形和应力计算，以及强度、刚度和稳定性分析，为设计经济、实用、安全的结构构件或机械零件，提供必要的理论基础和方法。材料力学所涉及的构件基本变形形式包括：

(1) **轴向拉伸和压缩**　等截面直杆或缓慢变化的变截面直杆在沿轴线的载荷作用下发生伸长或缩短，这种变形形式称为轴向拉伸或压缩，如图 1-12(a)、(b)所示。

(2) **剪切**　杆在一对相距很近的大小相等、方向相反、垂直于轴线的横向外力作用下发生沿外力作用方向的相对错动，这种变形形式称为剪切，如图 1-12(c)所示。尽管这种变形一般会伴随其他变形发生，但剪切变形是最主要的，往往是构件失效的主要原因。

(3) **扭转**　等截面杆或缓慢变化的变截面杆在沿轴线方向的力偶作用下，横截面之间发生绕轴线的相对转动，这种变形称为扭转，如图 1-12(d)所示。

(4) **弯曲**　等截面杆或缓慢变化的变截面杆在包含轴线的纵向平面内的外力偶作用下，横截面之间发生纵向平面内的相对转动，杆件轴线变成曲线，这种变形称为弯曲，如图 1-2(e)所示。当杆件在纵向平面内作用有集中或分布力时，也会发生弯曲，如图 1-12(f)所示，但此时伴有剪切变形。为了区别，将前者称为**纯弯曲**，而将后者称为**横力弯曲**。通常将发生弯曲变形的杆件称为**梁**（beam）。

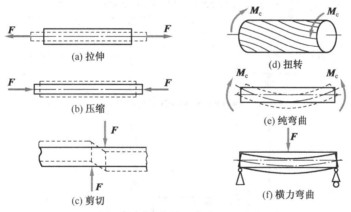

图 1-12　杆件的基本变形形式

工程中常用构件的变形往往是上述几种基本变形的组合。或以一种为主，其他次要变形可忽略不计；或几种并重，需要同时考虑。前者属于简单变形问题，后者则是组合变形问题。

材料力学针对上述几种基本变形及其组合变形的杆件，研究其在各种载荷（静载、动载、交变载荷、温度变化等）作用下内力、应力、应变、变形、能量的计算方法，建立其强度、刚度、稳定性的分析方法等。主要对象是等截面直杆或缓慢变化的变截面直杆，部分内容也涉及曲杆和刚架。另外，材料力学主要关注远离加载点、几何或材料突变点等区域的应力和变形。

研究思路

构件强度、刚度和稳定性的分析计算基于对构件在外力（包括载荷和约束反力）作用下的变形（位移或转角）分析。后者正是包括材料力学在内的所有变形体力学的中心任务。而材料力学为实现这一目标，根据研究对象（细长杆件）的几何特征——轴向尺寸远大于其他两个方向的尺寸，在实验观察的基础上，对变形做合理的几何上的假设，利用微积分的基本概念，建立一维方向（轴向）上的方程，从而大大简化数学求解过程。材料力学与其他连续变形体力学的显著区别在于：

(1) 根据实验观察，由于横截面的尺寸远小于轴向的尺寸，假设横截面在变形过程中仍保持为平面，只是发生某种刚性的相对移动或转动，该假设称为平面假设，它给出关于变形的简单几何关系，从而使相关的数学分析大大简化。

(2) 取杆件轴向的微段为研究对象，引入横截面内力的概念，并基于上述假设，建立内力与微段变形之间的关系。

(3) 正是由于以上假设和近似，所以材料力学只涉及一维函数的微积分，利用最简单的高等数学知识即能解决，如一维函数的导数、微分、积分、常微分方程等，避免了更复杂的偏微分方程的出现，因此在工程中获得了广泛的应用。

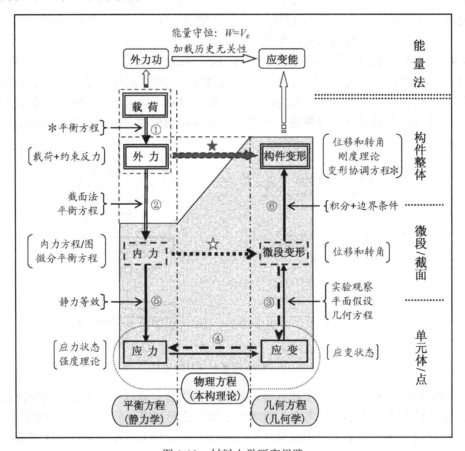

图 1-13　材料力学研究思路

材料力学对"外力导致构件变形"这一核心问题的研究沿循了如图 1-13 所示的思路和过程，可总结为如下几个要点。

(1) 根据平衡方程由外载荷确定约束反力（过程①）。如果可确定全部约束反力，则为静定结构；否则，为超静定结构，需要结合变形协调方程求解全部约束反力。

(2) 利用截面法，根据平衡方程，由外力（载荷和约束反力）计算横截面上的内力（过程②）；若取微段建立平衡方程则可以得到内力与载荷之间的微分关系，也就是杆件的平衡微分方程。

(3) 由内力并不能直接计算横截面上的应力，因为还不知道应力的分布形式。为此，材料力学从微段的变形特征入手，根据实验观察提出平截面假设，据此建立微段变形与应变的几何关系，即几何方程（过程③）。

(4) 然后考虑应力-应变关系（过程④，即物理方程，一般由实验测得），得到应力的分布形式，也就是应力与微段变形的关系式。

(5) 有了根据上述几何方程和物理方程得到的应力分布形式，再利用静力等效原理得到横截面应力的计算公式（过程⑤）。同时回走过程④和③，也就得到了由内力计算微段变形的公式（☆）。

(6) 由微段的变形，通过积分并考虑适当的边界或连接条件，即可确定杆件的整体变形（过程⑥）。由此，便最终获得了外力与构件变形之间的关系（★），从而解决了材料力学的核心问题。

纵向看，图 1-13 所示的上述过程分为 3 个部分：从载荷到应力的过程（过程①、②、⑤）仅涉及静力学中的力的平衡和力系等效；从应变到结构整体变形的过程（过程③、⑥）仅涉及与变形协调相关的几何关系，材料力学在这部分主要根据平面假设给出近似的几何关系；而联系二者的正是连续变形体力学中的本构理论（过程④）。这 3 部分的内容也是所有连续变形体力学的主要研究内容。

横向看，图 1-13 所示的上述过程分为 3 个层次，从下至上分别为：单元体（点）、微段（横截面）、构件整体。其中，微段的引入（及内力概念的引入）是材料力学与一般连续变形体力学（如弹塑性力学）的不同之处，类似的思路在关于板壳力学分析的相关理论中也有用到。

特别值得注意的是，材料力学中所有的力学模型的简化和数学分析均包含于过程②~⑥（即方框所围的部分）。特别是过程③~⑥（即阴影部分）包含了连续变形体力学独到的建模和思维方式，也涉及连续函数的微积分运算如何应用于连续变形的分析，是材料力学的核心内容。其中，工程中所关心的强度、刚度问题的答案也蕴涵在这个过程中。例如，以应力为参量建立强度准则，以整体或微段的变形建立刚度准则，等等。

前面提到的 4 种基本变形形式，均可沿循图 1-13 所示的研究思路获得解决。对于更复杂的一些问题，则仍然以此为核心，并联合其他的力学原理和数学知识加以解决。这里有必要做一些补充说明。

(1) **关于超静定问题**　此时存在多余约束反力，不能由平衡方程直接确定。虽然不能通过实线箭头所描述的单向过程计算变形，但仍然可以通过这样的过程（即方框内的过程）获得所有外力与变形之间的关系。于是，若设多余约束力为未知量，则将外力表示的整体变形（位移或转角）代入变形协调方程即得到补充方程，从而求得多余约束力。这就是求解超静定问题力法的基本思想。同样，若设满足变形协调方程的位移或转角为未知量，则将变形表示的外力代入平衡方程，也可求解整个问题。这就是求解超静定问题位移法的基本思想。

(2) **关于组合变形问题**　只需分解为基本变形，叠加即可得到应力、应变和变形的最终结果。这得益于线性弹性理论叠加原理提供的方便。

(3) **关于稳定性问题**　材料力学仅涉及最简单的稳定性分析——压杆稳定的欧拉公式。当引入稳定性和临界载荷的概念后，欧拉公式的推导便可纳入上述研究过程。

(4) **关于能量方法**　能量法是基于能量守恒原理，针对构件整体建立的一种求解变形的方法。注意到图 1-13 中的阴影部分提供了一种变形能的计算方法，于是上述复杂过程便可简化成图中上部所示的简单过程：**外力功**转化为**变形能**（对弹性材料）。而且这种关系与加载顺序无关，据此可以推出常用的一些能量方法，如单位力法、卡氏定理等。

材料力学沿用的这种简洁而实用的思路实现了对杆件强度、刚度和稳定性的分析，这为我们提供了一种很好的关于连续变形体力学的思维方式训练。通过材料力学的学习，我们不仅可掌握对构件进行强度、刚度和稳定性分析和设计的方法，而且可从这种思维方式的训练中学会更复杂的变形体力学的分析方法和思路。

小　结

研究任务：构件的失效——强度、刚度、稳定性。
研究对象：细长杆件——杆、轴、梁。
基本假设：连续性、均匀性、各向同性、线弹性、小变形。
研究内容：变形形式——拉压、扭转、弯曲及组合变形。
研究思路：外力（约束）→内力→应力→应变→变形。

思　考　题

1-1　材料力学与理论力学研究的对象有什么不同？

1-2　应力是矢量吗？为什么？

1-3　应力与压强有何异同？

1-4　以下构件的各部分分别属于什么变形形式？

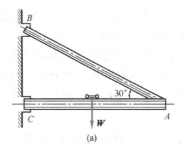

(a)　　　　　　　　　　(b)

思考题图 1-3

习　题

基本题

1-1　试应用截面法求图示折杆 *ABC* 上 *A* 端横截面的内力。

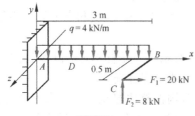

习题图 1-1

1-2　图示三角形薄板 *ABC* 因受外力作用而变形，角点 *B* 垂直向上的位移为 0.03 mm，变形后 *AB* 和 *BC* 仍保持为直线。试求沿 *OB* 的平均线应变，并求 *AB*、*BC* 两边在点 *B* 的角度改变。

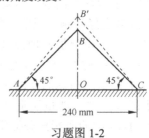

习题图 1-2

1-3　图示圆形薄板，半径为 *R*，变形后半径增加

ΔR。已知 $R = 80$ mm，$\Delta R = 3\times10^{-3}$ mm，试求沿半径方向和外圆周方向的平均应变。

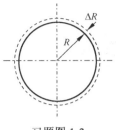

习题图 1-3

1-4 图示梁受力后变为圆弧状（纯弯曲变形）：上表面缩短，下表面伸长，中间的轴线（x 轴）没有变化，任意横截面 A-A 变形后仍为平面且保持与轴线垂直。设沿梁的长度 x 方向变形是均匀的，轴线的半径为 ρ。试求距离轴线为 y 的任一点 B 处沿 x 方向的线应变。

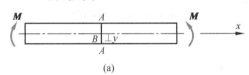

(a)

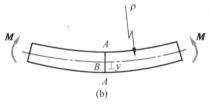

(b)

习题图 1-4

研究性题

1-5 如图所示的三角支架由杆 AB 和杆 AC 铰接而成，杆 AB 长 l，两杆夹角为 α。已知在铰接点 A 处集中力 G 的作用下，杆 AB 伸长 δ_1（AB 变为 $A'B$，$AA' = \delta_1$），杆 AC 缩短 δ_2（AC 变为 $A''C$，$AA'' = \delta_2$），从而使点 A 移至点 A_1。试求点 A_1 的位置。设 δ_1 和 δ_2 均为微小量，若由点 A' 和点 A'' 分别作垂直于 AB 和 AC 的直线，试证明其交点 A_2 的

位置与点 A_1 的位置相差仅为 δ_1/l 和 δ_2/l 的高阶小量。

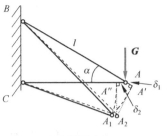

习题图 1-5

1-6 如图所示，物体内一点 M 处的两条相互垂直的微线段 MN 和 ML，受力变形后点 M 发生位移 U，移至点 M'，微线段 MN 和 ML 分别移至 $M'N'$ 和 $M'L'$。位移 U 在 x、y 轴上的投影分别为 u、v。定义如下应变分量：

$$\varepsilon_x = \lim_{\overline{MN}\to 0}\frac{\overline{M'N'}-\overline{MN}}{\overline{MN}}，\quad \varepsilon_y = \lim_{\overline{ML}\to 0}\frac{\overline{M'L'}-\overline{ML}}{\overline{ML}}，$$

$$\gamma_{xy} = \lim_{\substack{\overline{MN}\to 0\\ \overline{ML}\to 0}}\left(\frac{\pi}{2}-\angle L'M'N'\right)$$

试证明下列各式成立：

$$\varepsilon_x = \frac{\partial u}{\partial x}，\quad \varepsilon_y = \frac{\partial v}{\partial y}，\quad \gamma_{xy} = \left(\frac{\partial v}{\partial x}+\frac{\partial u}{\partial y}\right)$$

[提示：当 Δx、Δy 为微小量时，点 N 和 L 的位移分别为 $U+\dfrac{\partial U}{\partial x}\cdot\Delta x$ 和 $U+\dfrac{\partial U}{\partial y}\cdot\Delta y$]

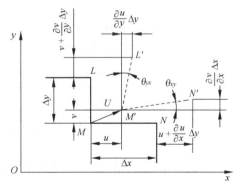

习题图 1-6

第 2 章

轴向拉伸与压缩

2.1 轴向拉伸与压缩的概念

实际工程中，有许多轴向受拉（压）的构件。如图 2-1 所示的简易吊车，在外载荷 F_P 作用下，杆 AB 承受轴向压力，产生轴向压缩变形；杆 BC 承受轴向拉力，产生轴向拉伸变形。又如，图 2-2 所示的内燃机车曲柄连杆机构中的连杆，承受轴向压力，产生轴向压缩变形。实际工程中常见的起重机吊索、厂房立柱、油压千斤顶的顶杆等也都是轴向受拉或压的杆件。

虽然上述轴向拉压杆件的外形、加载方式及端部的连接方式各不相同，但其受力特点均为外力或其合力的作用线与杆件轴线重合，变形特点均为沿杆件轴线方向的伸长或缩短。这种沿杆件轴线方向的伸长或压缩变形称为**轴向拉伸或压缩**（axial tension or axial compress）。

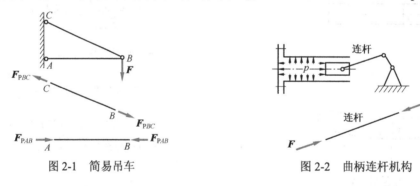

图 2-1　简易吊车　　　　　　　　图 2-2　曲柄连杆机构

发生轴向拉伸的杆件称为拉杆（如图 2-1 中的杆 BC），发生轴向压缩的杆件称为压杆（如图 2-1 中的杆 AB）。这类构件的受力和变形都可抽象为如图 2-3 所示的计算简图。

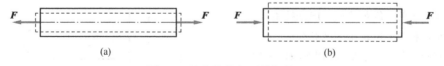

(a)　　　　　　　　　　　　　　　(b)

图 2-3　轴向拉伸与压缩杆件

本章主要研究杆件轴向拉伸、压缩时的强度和变形，也将介绍连接构件的剪切实用计算。虽然所涉及的问题比较简单，但却是杆类构件设计分析中十分重要的内容。

2.2 轴力与轴力图

本节讲述如何根据力的平衡原理，利用 1.3 节介绍的截面法，由外力确定轴向拉压杆件的内力。

截面法求内力——轴力

如图 2-4(a)所示，一直杆承受载荷 **F** 作用。以下根据 1.3 节介绍的截面法的思想和步骤，求任一横截面 *m-m* 上的内力。

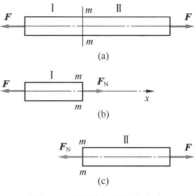

图 2-4　截面法求杆的内力

1) 沿横截面 *m-m* 假想将杆件截成两部分 Ⅰ、Ⅱ，如图 2-4(b)、(c)所示。

2) 分析图示内力。由图 2-4(b)或(c)易知，为了满足平衡条件，横截面 *m-m* 上的分布内力应合成为一过横截面形心且与该横截面垂直的合力，称为**轴力**（axial force），用 F_N 表示。可见，轴向拉压杆件的内力为一轴力，可以为拉力或压力。

3) 由平衡方程求解轴力。例如，取杆件左半部分为研究对象，受力如图 2-4(b)所示。由平衡方程

$$\sum F_x = 0 , \qquad F_N - F = 0$$

得

$$F_N = F$$

轴力的符号规定

为了保证同一截面左右两部分杆上的轴力具有相同的符号，我们不能再遵循以往外力的正负号规定，必须制定新的规则。通常规定如下：**拉伸时的轴力为正**，如图 2-4(b)和(c)所示横截面 *m-m* 上的轴力；**压缩时的轴力为负**，如图 2-5 所示横截面 *m-m* 上的轴力。

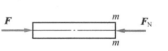

轴力图

当沿杆件轴线作用两个及以上外力时，杆件不同横截面上的轴力不尽相同，于是可将轴力写

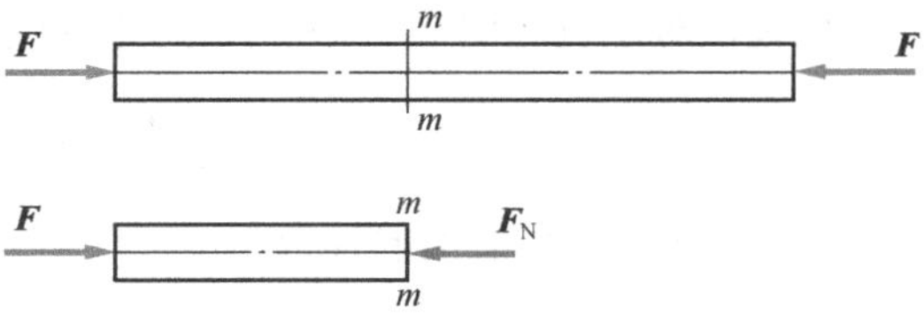

图 2-5　杆的内力符号规定

成横截面位置的函数（称为**轴力方程**）。若选取一直角坐标系，其平行于轴线的横坐标表示杆件各横截面位置，与轴线垂直的纵坐标表示相应横截面的轴力，则由此得到的图线可形象地表示各横截面轴力沿轴线的变化规律，称为**轴力图**（axial force diagram）。下面以例题说明轴力图的绘制。

例题 2-1

已知变截面直杆 *ABC* 受力如例题图 2-1(a)所示。试作直杆 *ABC* 的轴力图。

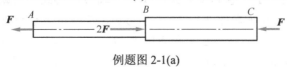

例题图 2-1(a)

分析：该杆件除了在 *A*、*C* 两端有作用力外，还在中间 *B* 处有集中外力作用，所以 *AB* 和 *BC* 段杆的轴力不同，应分别利用截面法求解。

解：应用截面法，在 *AB* 和 *BC* 段分别用假想的任意截面 *1-1*、*2-2* 将杆件截断，并假设所截开横截面上的轴力均为正，即为拉力，取如例题图 2-1(c)、(d)所示的研究对象。

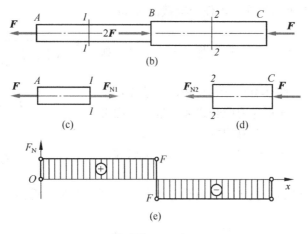

例题图 2-1（续）

对于例题图 2-1(c)所示的研究对象，应用平衡方程：

$$\sum F_x = 0 , \qquad F_{N1} - F = 0$$

得杆 *AB* 段任意横截面上的轴力为

$$F_{N1} = F$$

同理，对于例题图 2-1(d)所示的研究对象，应用平衡方程：

$$\sum F_x = 0 , \qquad F_{N2} + F = 0$$

得杆 *BC* 段任意横截面上的轴力为

$$F_{N2} = -F$$

根据上述计算结果，在 $F_N\text{-}x$ 坐标系中绘制杆 *ABC* 的轴力图，如例题图 2-1(e)所示。注意，为了突出显示，轴力图线与 *x* 坐标轴之间的区域填充以竖线，并标注上正负号。

讨论：

从轴力例题图 2-1（二）(d)不难看出，在中间作用有集中外力的 *B* 处横截面两侧，轴力有突然的跳跃，间断值恰好等于集中力。该结论具有普遍意义，即凡是集中力（包括集中载荷和约束反力）作用的截面上（包括中间或两端），轴力有跳跃，跳跃值等于集中力。该结论很容易利用截面法证明。以例题图 2-1（二）(a)为例，分别用假想的截面 *m-m* 和 *n-n* 沿 *B* 处横截面的左、右两侧将杆截断，取出包含有集中力 2*F* 的"一段零长度的杆"为研究对象，如图 2-6 所示。左右截面 *m-m* 和 *n-n* 上的轴力分别记为 F_{Nm} 和 F_{Nn}，由平衡方程很容易得到 $F_{Nn} - F_{Nm} = 2F$。实际上，所谓的集中力是分布于一个很微小的区域 Δx 内的分布力的近似结果。所以，若假设在 Δx 内载荷均匀分布，则例题图 2-1（二）(d)中的轴力在 *B* 附近将连续地从 *F* 变化到 *-F*，如图 2-7 所示。

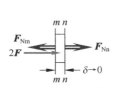

图 2-6　作用集中力处的受力平衡

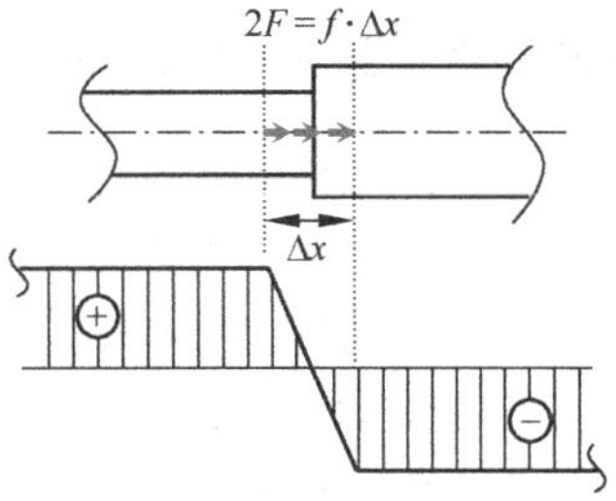

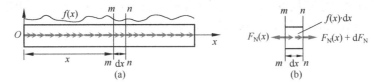

图 2-7　集中力的近似

轴力与载荷的微分关系

考虑载荷沿杆件轴线以任意函数 $f(x)$ 连续变化的一般情况（典型的例子如竖直放置的杆件受其自身重量的作用），用假想的截面 $m\text{-}m$ 和 $n\text{-}n$ 在距原点 x 处截取一长为 $\mathrm{d}x$ 的微段杆，如图 2-8 所示。其上分布载荷形成的合力为 $f(x)\mathrm{d}x$，设截面 $m\text{-}m$ 上的轴力为 $F_N(x)$，则根据微积分原理，截面 $n\text{-}n$ 上的轴力应为 $F_N(x) + \mathrm{d}F_N$。由 x 方向平衡得 $F_N(x) + \mathrm{d}F_N + f(x)\mathrm{d}x = F_N(x)$，于是有

$$\frac{\mathrm{d}F_N}{\mathrm{d}x} = -f(x) \tag{2-1}$$

上式表示了轴力与载荷之间的微分关系，它其实就是轴向拉压杆件内力的平衡微分方程，在材料力学其他形式的变形杆件中也存在类似的关系。由上式可以得到一些有用的结论，例如，若杆的一段内没有载荷作用，则轴力为常数，轴力图为一段平行于 x 轴的直线；若杆的一段内载荷沿轴线均匀分布，则轴力为线性函数，轴力图为一段斜直线。另外，可以通过对上式积分，并结合前面提到的集中力作用处的轴力变化特征，来直接计算任一截面的轴力。

上述截取杆件微段进行分析的方法在以后其他形式的变形分析中也会经常用到。

![图2-8 微段的受力平衡及轴力与分布载荷的微分关系]

图 2-8　微段的受力平衡及轴力与分布载荷的微分关系

2.3　轴向拉压杆件的应力

正如绪论中指出，内力不能用来判断杆件的强度，例如，同一材料制成的粗细不同的杆，在相同拉力下，轴力相同，但若同时增大拉力则细杆必然先断，所以必须借助应力判断杆的强度。本节讲述如何根据对变形特征的实验观察，提出轴向拉压杆件变形的假设，从而由内力确定任一横截面和斜截面上的应力。

2.3.1　轴向拉压杆件横截面上的应力

虽然知道内力实际是一种分布作用力，但由截面法只能计算横截面上这些分布作用力的合力，即轴力，而不能确定轴力在横截面上各点的集度，即不知道横截面上的应力分布。为了获得轴向拉压杆件横截面上的应力分布规律，首先应通过实验研究杆件的变形特征。

变形特征的实验观察和平面假设

取一等直杆，如图 2-9(a)所示，为了便于观察杆件的变形特征，先在杆表面作一系列平行于轴线的纵向线及垂直于轴线的横向线。然后在杆件两端施加一对轴向拉力 F，使杆件产生轴向拉伸变形，如图 2-9(b)所示。

比较图 2-9(a)和图 2-9(b)，可以观察到如下现象：

(1) 变形后各横线仍保持直线，任意两相邻横线沿轴线发生相对平移；

(2) 变形后横线仍然垂直于纵线，纵线仍旧保持与轴线的平行。原矩形网格仍保持为矩形。

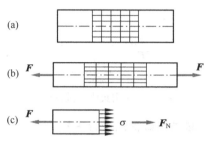

图 2-9　轴向拉伸杆受力与变形关系

受上述实验现象(1)的启发，可进行如下假设：**原为平面的横截面，变形后仍保持平面**。该假设通常称为轴向拉压时的**平面假设**（plane assumption）。

若将杆件视为由无数纵向纤维组成的，根据平面假设，由上述实验现象(2)可知，杆件受拉时所有纵向纤维均匀伸长，即杆件任意横截面上各点处的变形相同。

正应力

杆件在外力作用下的内力是伴随变形一起产生的。由上述试验结果可知，轴向受拉杆件横截面上各点只有正应力 σ，而无切应力 τ，所以轴力由横截面的正应力（对应的分布力）合成：

$$F_N = \int_A \sigma dA$$

根据平面假设，任意两横截面间各条纵向纤维的伸长量相同，由此不难推断，在杆件横截面上各点处有相同的内力分布集度，即正应力 σ 在横截面上是均匀分布的，如图 2-9(c)所示。若截面上轴力为 F_N，横截面面积为 A，则横截面上各点的正应力均为

$$\sigma = \frac{F_N}{A} \tag{2-2}$$

即横截面上的正应力与轴力 F_N 成正比，与横截面的面积 A 成反比。

虽然式(2-2)是以轴向拉伸为例推导的，但对于轴向压缩同样适用。轴向拉伸时的正应力称为拉应力，轴向压缩时的正应力称为压应力。正应力的符号通常规定为：**拉应力为正，压应力为负**。

例题 2-2

变截面直杆 *ABC* 如例题图 2-2(a)所示，已知 $d_1 = 30$ mm，$d_2 = 20$ mm，试求图中 *1-1*、*2-2* 截面上的正应力。

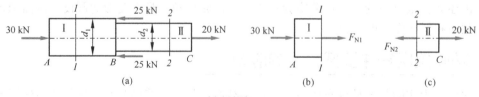

例题图 2-2

分析：首先利用截面法求得两个截面上的轴力，然后利用式(2-2)计算正应力。需要注意，两个截面的面积不同。

解：

1) 求截面 *1-1*、*2-2* 上的内力

假想在截面 *1-1* 处将杆分为两部分，取左半部分，其受力如例题图 2-2(b)所示。应用平衡方程：

$$\sum F_x = 0 , \qquad F_{N1} + 30 = 0$$

得截面 *1-1* 上的内力为

$$F_{N1} = -30 \text{ kN}$$

同样地，将杆在截面 *2-2* 处截开，取右半部分为研究对象，其受力如例题图 2-2(c)所示。应用平衡方程：

$$\sum F_x = 0 , \qquad 20 - F_{N2} = 0$$

得截面 *2-2* 上的内力为

$$F_{N2} = 20 \text{ kN}$$

2) 求截面 *1-1*、*2-2* 上的正应力

截面 *1-1*，应用式(2-2)得

$$\sigma = \frac{F_{N1}}{A_1} = \frac{4 \times (-30) \times 10^3}{\pi \times (30 \times 10^{-3})^2} \text{Pa} = -42.44 \text{ MPa} \quad （压应力）$$

截面 *2-2*，由式(2-2)得

$$\sigma = \frac{F_{N2}}{A_2} = \frac{4 \times 30 \times 10^3}{\pi \times 20 \times 10^3} \text{Pa} = 63.66 \text{ MPa} \quad （拉应力）$$

关于正应力计算公式的说明

(1) 式(2-2)可以近似用于计算轴力沿轴线任意变化和/或截面尺寸沿轴线缓慢变化时的横截面正应力。如图 2-10 所示的变截面立柱在自重下的正应力，此时，轴力、截面面积及正应力都将是截面位置空间坐标 x 的函数。

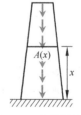

图 2-10　变截面立柱

(2) 在集中载荷作用点附近的区域，前面的平面假设不成立，如图 2-11(a)所示。所以，在该区域应力分布比较复杂，如图 2-11(b)所示，由式(2-2)不能正确计算横截面上的正应力，只能给出平均值。但是，随着远离集中载荷作用点，应力分布逐渐趋于均匀分布，如图 2-11(c)和(d)所示。于是，在距离载荷作用端略远处仍可用式(2-2)计算正应力。而且实验证实，杆端加载方式的不同，只对载荷作用区域附近横截面上的应力分布有明显影响，而对距离载荷作用区域略远处（距离约为横截面的尺寸）的应力分布影响很小，如图 2-11(d)所示。这一结论称为**圣维南原理**（Saint-Venant principle）。根据圣维南原理，无论杆端的载荷作用方式如何，均可以其合力代替，并利用式(2-2)计算远离载荷作用点处的横截面正应力。

(3) 为了满足实际工程的需要，有些杆件会在其上钻孔、攻丝、切口或制成阶梯状变截面杆等，导致杆件截面形状、尺寸发生突变，如图 2-12 所示。理论分析和实验结果均表明，在构件形状、尺寸突变的横截面上，应力分布不是均匀的，应力会在局部急剧增加，如图 2-12(a)所示的受拉开孔薄板和图 2-12(b)所示的受拉宽度突变矩形截面薄板。所以，由式(2-2)不能正确计算

这些横截面上的应力，只能给出其平均值。这种由于杆件形状尺寸突变引起局部应力急剧增大的现象，称为**应力集中**（stress concentration）。距离构件形状、尺寸突变的区域稍远处，应力集中又迅速下降，趋于均匀分布，又可利用式(2-2)进行计算。

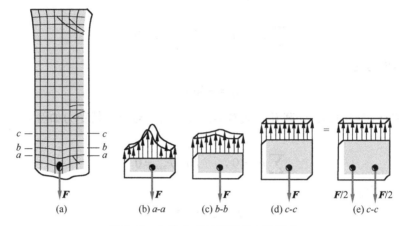

(a) (b) a-a (c) b-b (d) c-c (e) c-c

图 2-11 加载方式对杆端应力的影响

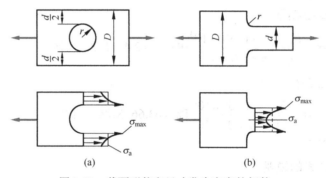

(a) (b)

图 2-12 截面形状和尺寸发生突变的杆件

应力集中的程度可用**应力集中系数**（factor of stress concentration）表征。其定义为杆件形状尺寸改变处横截面上的应力最大值与该截面的平均应力值（又称为名义应力）之比，用 K 表示：

$$K = \frac{\sigma_{max}}{\sigma_a} \tag{2-3}$$

各种典型工况的应力集中系数，可从有关的设计手册中查得。试验结果表明，不同性质的材料，对应力的敏感程度不同。杆件截面形状、尺寸变化越剧烈，应力集中就越严重，因此在机械加工上多采用圆角过渡，以降低应力集中的影响。应力集中会降低杆件的承载能力，但相关的问题必须应用弹性理论或实验方法解决，这已经超出了本书的研究范围，感兴趣的读者可参阅相关的书籍。

最后顺便指出，式(2-2)的推导是根据实验观察到的变形特征，提出横截面上应力分布的假设，然后根据横截面上内力由应力合成而获得的。后面将要学习的其他变形问题也都沿用这一推导思路，但其分析要复杂些，一般要根据变形特征，利用几何学的知识推出应变分布，然后利用应力-应变关系得到应力的分布，再根据应力合成内力获得应力的计算公式——应力与内力的关系式。

2.3.2　轴向拉压杆件斜截面上的应力

以上分析了拉压杆件横截面上应力，但破坏并不一定全部都沿横截面发生。为了全面了解杆件任意截面上的受力情况，分析其破坏原因，还需进一步研究斜截面上的应力。

斜截面上的内力

考虑如图 2-13(a)所示的轴向拉伸杆。任意斜截面 *m-m* 的方位可用该斜截面的外法线 *n* 与杆轴线的夹角 α 表示，规定 α 逆时针为正。沿该截面将杆件截开，取左半部分研究其内力，如图 2-13(b)所示。由静力平衡关系可得，斜截面上内力的大小等于外力 F_P，方向沿杆件轴线。

斜截面上的应力

与横截面上正应力的计算式(2-2)的推导过程类似。根据前面总结的变形特征可知，斜截面上各点应力 p_α 均匀分布，如图 2-13(b)所示。若杆件横截面面积为 A，则其斜截面面积 $A_\alpha = A/\cos\alpha$，于是斜截面上各点的应力均为

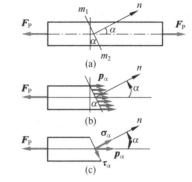

图 2-13　轴向拉伸杆件斜截面上的应力

$$p_\alpha = \frac{F_P}{A_\alpha} = \frac{F_P}{A}\cos\alpha \qquad (2\text{-}4)$$

式中，F_P/A 等于横截面上的正应力 σ，所以有

$$p_\alpha = \sigma\cos\alpha \qquad (2\text{-}5)$$

式(2-5)反映了斜截面上各点应力与横截面上各点正应力的关系，由该式可知，斜截面上的应力不会超过相应的横截面上的正应力。

将应力 p_α 沿斜截面的法线和切线方向分解，可得斜截面上的正应力 σ_α 和切应力 τ_α 分别为

$$\sigma_\alpha = p_\alpha\cos\alpha = \sigma\cos^2\alpha \qquad (2\text{-}6)$$

$$\tau_\alpha = p_\alpha\sin\alpha = \frac{1}{2}\sigma\sin 2\alpha \qquad (2\text{-}7)$$

其方向如图 2-13(c)所示。由以上两式可知：

(1) 过杆件某一点不同截面方位上的应力各不相同，任意斜截面上的正应力 σ_α 和切应力 τ_α 均是斜截面方位角 α 的函数，并由式(2-6)和式(2-7)求得。

(2) 当 $\alpha = 0°$ 时，正应力 σ_α 取最大值为 $\sigma_{\max} = \sigma$；同时有 $\tau_\alpha = 0$。即横截面上的正应力取最大值，切应力为零。

(3) 当 $\alpha = \pm45°$ 时，切应力达到最大值 $\tau_{\max} = \sigma/2$，但该截面上的正应力并不为零，其值为 $\sigma_\alpha = \sigma/2$。若杆件抗剪切能力较弱，随着外载荷的不断加大，杆件就可能会发生沿 45° 斜截面的剪切破坏。

(4) 当 $\alpha = \pm90°$ 时，$\sigma_\alpha = 0$，$\tau_\alpha = 0$。这表明平行于杆轴线的纵向平面上既不存在正应力，也不存在切应力。

2.4　材料拉伸压缩时的力学性能

构件在外载荷作用下是否安全不仅取决于内部的应力，还取决于材料自身的力学性能。力学性能又称为机械性质，是指材料在外力作用下表现出的变形、破坏等特性，一般通过实验测

定。世界各国都制定了相应的标准，规范试件尺寸和试验过程以获得统一的、公认的材料力学性能参数，供构件设计和科学研究使用。读者可以参考相关的国家标准和实验教材。

2.4.1 低碳钢拉伸时的力学性能

低碳钢是工程上广泛应用的金属材料，其应力-应变曲线具有典型意义。

低碳钢拉伸时力学性能的测定，可依据我国现行标准（如国标 GB 228—2002《金属材料室内拉伸试验方法》），将被测材料制成标准试样，如图 2-14(a)所示。常温静载下，在经过国家计量部门标定合格的试验机上进行单向拉伸试验。

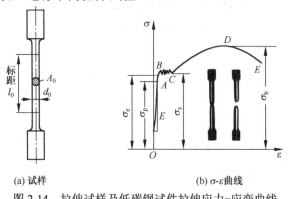

(a) 试样   (b) σ-ε曲线

图 2-14　拉伸试样及低碳钢试件拉伸应力-应变曲线

试验过程中缓慢加载，试验机可同时记录试样所受的载荷 F 及相应的变形（对应试样标距 l_0 的伸长量 Δl），直至试样被拉断。由此获得反映试样载荷-变形规律的曲线，该曲线称为试件的拉伸图或 F-Δl 曲线。显然，该曲线与试样尺寸有关，为了消除试样尺寸的影响，将拉伸图中的拉力 F 除以试样试验前横截面的原始面积 A 得到应力 σ，伸长量 Δl 除以试样试验前的原始标距 l_0，得到应变 ε，从而得到材料的应力-应变曲线或称为 σ-ε 曲线，如图 2-14(b)所示。

拉伸曲线的 4 个特征阶段

根据低碳钢变形特点，其拉伸过程可分为如下 4 个阶段：

1. 弹性阶段（图 2-14(b)中的 OB 段）

低碳钢在拉伸初期的变形均为可恢复弹性变形。σ-ε 曲线上的初始阶段通常都有一直线段（图 2-14(b)中的 OA 段），称为线性弹性区，这一区段内应力 σ 与应变 ε 成正比关系，可表示为

$$\sigma = E\varepsilon \tag{2-8}$$

上式即为**胡克定律**（Hooke law），其中 E 为比例常数，即线段 OA 的斜率，称为材料的**弹性模量**（又称为**杨氏模量**）。线弹性区应力的最高值（点 A）称为**比例极限**（proportional limit），用 σ_p 表示。超过 σ_p 以后的 AB 段不再是直线，点 B 是材料只产生弹性变形时的应力最高值，称为**弹性极限**（elastic limit），用 σ_e 表示。σ_p 和 σ_e 相差很小，工程上有时不严格区别。

2. 屈服阶段（图 2-14(b)中的 BC 段）

在应力超过弹性极限的 BC 段，材料出现显著的塑性变形。在此阶段内应力增大到某一值后下降，然后在微小范围内波动，而应变却急剧增加，材料几乎丧失抵抗变形的能力。这种应力几乎没有变化，而应变却急剧增加的现象，称为**屈服**或**流动**（yield）。

屈服阶段的应力最高值和最低值分别称为**上屈服极限**和**下屈服极限**。一般地，材料的上屈服极限的值波动较大，而下屈服极限的值则比较稳定，因此，通常将材料的下屈服极限称为**屈服极限**（yield limit）或屈服点，用 σ_s 表示。材料发生塑性变形将明显影响其抵抗载荷的能力，所以 σ_s 是衡量材料强度的重要指标。

光滑试样屈服时，表面将出现与轴线约成 $45°$ 的条纹，如图 2-15 所示。这些条纹是由于材料内部相对滑移造成的，称为**滑移线**（slip lines），是由拉伸时与杆轴线成 $45°$ 斜截面上的最大切应力引起的。

3．强化阶段（图 2-14(b)中的 CD 段）

过了屈服阶段后，材料抵抗变形的能力部分恢复，必须加大拉力才能使材料继续变形，这种现象称为材料的**强化**。强化阶段试样的横向尺寸明显缩小，曲线最高点 D 所对应的应力是拉伸过程中的最大应力，称为**强度极限**（strength limit），用 σ_b 表示，是衡量材料强度的另一重要指标。

4．局部变形阶段（图 2-14(b)中的 DE 段）

应力达到强度极限后，试样开始在局部产生明显的收缩，出现**颈缩现象**（necking），如图 2-16 所示。由于颈缩，部分横截面面积迅速减小，使试样继续变形所需的拉力会随之减小，$\sigma\text{-}\varepsilon$ 曲线呈下降趋势，最终试样在颈缩处被拉断。

图 2-15　低碳钢试件拉伸时产生的滑移线　　图 2-16　低碳钢试件拉伸时产生的颈缩

卸载定律

如果在强化阶段（如在图 2-17 中点 F 处）卸载，应力 σ 与应变 ε 之间将沿直线段 FF_1 变化，该直线段与线弹性阶段的线段 OA 几乎平行。这一规律称为材料的**卸载定律**（unloading law）。线段 F_1F_2 表示随卸载而消失的弹性应变 ε_e，线段 OF_1 表示卸载后不再恢复的塑性应变 ε_p。

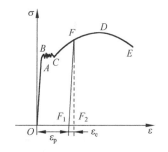

图 2-17　低碳钢试件的卸载曲线

试验结果表明，卸载至点 F_1 后，如果立刻再加载，则应力与应变基本上沿直线 F_1F 上升，变形是弹性的，到达点 F 后，又沿 FDE 变化，即发生塑性变形，直至在 E 点被拉断。这说明，材料在强化阶段（已发生塑性变形）卸载，然后再加载，可以提高材料的弹性极限，但拉断时的塑性变形和延伸率则会减小。这种由于预加塑性变形而使材料弹性极限提高的现象，称为**冷作硬化**。工程上常借助冷作硬化提高材料在弹性范围内的承载能力。退火处理可以消除冷作硬化现象。

材料的塑性指标

(1) **延伸率**（percentage elongation）　是度量材料塑性的重要指标，用 δ 表示，定义为

$$\delta = \frac{\Delta l}{l} \times 100\% = \frac{l_b - l_0}{l_0} \times 100\% \tag{2-9}$$

式中，l_0 为试验前试样的标距，l_b 为试样破断后的标距长度。低碳钢的延伸率很大，可达 20%～30%。工程上一般规定，$\delta > 5\%$ 的材料为塑性材料，$\delta < 5\%$ 的材料为脆性材料。

(2) **截面收缩率**（reduction of area）　也是度量材料塑性的指标，用 ψ 表示，定义为

$$\psi = \frac{A_0 - A_b}{A_0} \times 100\% \tag{2-10}$$

式中，A_0 为试验前试样的横截面面积，A_b 为试样拉断后断口处的最小横截面面积。

2.4.2 其他材料拉伸时的力学性能

其他塑性材料

除低碳钢外，工程中常用的塑性材料还有中高碳钢、合金钢、铝合金、青铜、黄铜等。某些塑性材料在拉伸过程中表现出的变形特点与低碳钢类似，有明显的弹性、屈服、强化和局部变形等 4 个阶段，如 Q345 钢及一些高强度合金钢。但某些金属材料在拉伸过程中却不像低碳钢那样有明显的 4 个变形阶段，其拉伸过程中没有屈服阶段，但其他 3 个阶段很明显，如黄铜 H62；或在拉伸过程中屈服阶段和局部变形阶段都没有，如高碳钢 T10A。

对于没有明显屈服阶段的金属材料，工程上常以卸载后产生 0.2% 塑性应变所对应的应力值作为材料的屈服极限，称为**名义屈服极限**（nominal yield limit），用 $\sigma_{0.2}$ 表示，如图 2-18 所示。

脆性材料

脆性材料（如铸铁、陶瓷、玻璃等）拉伸过程中，往往变形很小就直接发生断裂，没有明显的塑性变形，其应力-应变曲线没有屈服和颈缩阶段，甚至没有明显的直线阶段，呈一段微弯的曲线，如图 2-19 所示灰口铸铁的应力-应变曲线。拉断时的最大应力，即为材料的强度极限 σ_b，是衡量脆性材料强度的唯一指标。尽管应力-应变曲线没有明显的直线段，但在变形较小的情况下仍认为近似符合胡克定律[见式(2-8)]，并以割线斜率作为弹性模量 E，称为**割线模量**（secant modulus）。

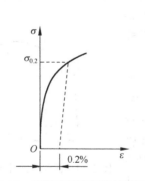

图 2-18　无明显屈服塑性材料试件的
拉伸曲线及屈服应力确定

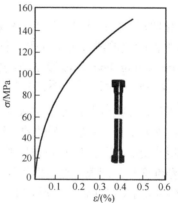

图 2-19　灰口铸铁试件的拉伸曲线

2.4.3 材料压缩时的力学性能

低碳钢的压缩

低碳钢轴向压缩时的应力-应变曲线与拉伸时相比，弹性模量 E 和屈服极限 σ_s 基本相同，但在屈服之后有很大差异（如图 2-20 所示）。此时，由于试样越来越扁，横截面面积不断增加，其抗压能力持续增强，因而难以测得压缩时低碳钢的强度极限。

大多数塑性材料的压缩力学性能与低碳钢的类似,与拉伸时具有相同的弹性模量和屈服极限。

脆性材料的压缩

脆性材料（如铸铁、陶瓷、玻璃等）在压缩时,通常在变形较小时就突然破坏,强度极限 σ_b 远远高于拉伸时的值,图 2-21 所示的是灰口铸铁试样的压缩应力-应变曲线,最后破坏时变成鼓形,并沿着与轴线约成 55°角的斜面剪断。其他脆性材料具有类似的性质,甚至某些塑性材料,如铝合金,压缩时也沿斜截面破坏。

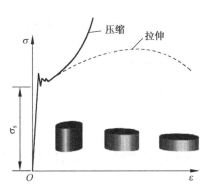

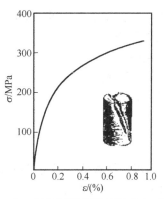

图 2-20　低碳钢试件压缩时的应力-应变曲线　　图 2-21　灰口铸铁试件压缩时的应力-应变曲线

2.5　拉伸与压缩的强度计算

实验结果表明,所有材料能够承受的载荷都是有限的,当脆性材料杆件的拉或压应力达到强度极限时会断裂或破碎;当塑性材料杆件的拉或压应力达到屈服时会产生明显的塑性变形。工程上的**强度失效**通常指脆性材料发生断裂或塑性材料产生明显的塑性变形。失效时的应力值称为**失效应力**（failure stress）（或破坏应力）,用 σ^0 表示,脆性材料的失效应力为强度极限 σ_b,塑性材料的失效应力为屈服极限 σ_s,其值一般由实验测得或从有关手册中获得。

许用应力

为了使构件具有足够的强度,确保不致失效且有一定的安全储备,在进行结构设计时,构件的工作应力不允许达到失效应力,只能控制在失效应力以下的某个值。这个工作应力允许达到的最大值称为材料的**许用应力**（allowable stress）,用 $[\sigma]$ 表示。一般地,可用材料的失效应力 σ^0 除以一个数值大于 1 的安全系数 n 获得材料的许用应力 $[\sigma]$。

对于塑性材料,有

$$[\sigma] = \frac{\sigma_s}{n_s} \tag{2-11}$$

对于脆性材料,有

$$[\sigma] = \frac{\sigma_b}{n_b} \tag{2-12}$$

轴向拉压杆件的强度条件

强度条件实际上就是保证构件不发生强度失效所必需的安全条件。对于轴向拉压杆件,为了在使用过程中不出现强度失效,其工作应力的最大值不应超过该材料的许用应力,即

$$\sigma_{max} = \frac{F_{Nmax}}{A} \leqslant [\sigma] \qquad\qquad (2\text{-}13)$$

式(2-13)即为轴向拉压杆件的强度条件。注意，式(2-13)只适用于等截面杆（横截面面积 A 不变的杆）。对于变截面杆，由于 A 变化，所以最大应力并不一定出现在轴力 F_N 最大的截面，需要计算所有截面上的应力并取最大值，即 $\sigma_{max} = \max\limits_{\forall x}[F_N(x)/A(x)]$。

轴向拉压杆件的强度计算

利用上述强度条件，可以解决结构设计中的 3 类强度问题：

(1) **强度校核**　当杆件所受外载荷、截面尺寸和材料的许用应力均已知时，校核式(2-13)是否成立，判断杆件是否安全；

(2) **设计截面尺寸**　当外载荷、材料的许用应力和杆件的形状已知时，可由式(2-13)确定杆件的横截面尺寸，即

$$A \geqslant \frac{F_N}{[\sigma]} \qquad\qquad (2\text{-}14)$$

(3) **确定许用载荷**　当杆件横截面尺寸及材料的许用应力均已知时，可由式(2-13)求得杆件所能承受的最大轴力，即

$$F_{Nmax} \leqslant [\sigma]A \qquad\qquad (2\text{-}15)$$

根据所能承受的最大轴力 F_{Nmax}，进一步确定杆件所能承受的最大安全外载荷，即许用载荷。

注意，在做强度计算时，如果杆件工作应力的最大值 σ_{max} 稍大于许用应力 $[\sigma]$，但超出许用应力部分不大于许用应力的 5%，在实际工程中是允许的。

例题 2-3

如例题图 2-3 所示的压力机，在工件 C 上所加最大压力 $F = 120\ kN$，若立柱 A 的直径 $d = 24\ mm$，其材料许用应力 $[\sigma] = 160\ MPa$，试校核立柱 A 的强度。

分析： 当横梁刚度很大时，可以认为两立柱主要产生拉伸变形。工件 C 对压力机的作用力由两个立柱承担。

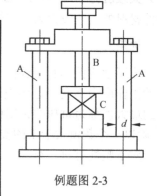

例题图 2-3

解：

1) 求两立柱内横截面上的轴力

由结构对称性可知，在 F 作用下，两立柱内横截面上的轴力均为

$$F_N = \frac{F}{2} = \frac{120}{2} = 60\ kN$$

2) 求立柱工作时横截面上的最大正应力

$$\sigma_{max} = \frac{F_N}{A} = \frac{60 \times 10^3}{\frac{\pi}{4} \times 0.024^2}\ Pa = 132.63\ MPa$$

3) 与许用应力 $[\sigma]$ 相比较，校核立柱 A 的强度

$$\sigma_{max} = 132.63\ MPa < [\sigma] = 160\ MPa$$

可见，立柱强度足够，立柱安全。

例题 2-4

由等截面圆杆组成的桁架如例题图 2-4 (a)所示。已知 $F = 16$ kN，各杆材料相同，许用应力均为[σ] = 120 MPa。试设计杆 DI 的直径 d。

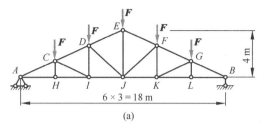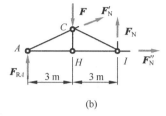

(a)   (b)

例题图 2-4

分析：首先需求得杆 DI 的轴力，可利用节点法或截面法。然后根据正应力强度条件，确定杆 DI 的直径。

解：

1) 求杆 DI 的轴力

利用截面法，以例题图 2-4(b)所示部分桁架为研究对象，由关于点 A 的力矩平衡方程得

$$\sum M_A = 0 , \qquad F_N \times 6 - F \times 3 = 0 , \qquad F_N = \frac{F}{2} = 8 \text{ kN}$$

2) 根据正应力强度条件，确定杆 DI 的直径

由式(2-14)，得杆 DI 的横截面面积应满足：

$$A \geqslant \frac{F_N}{[\sigma]} = \frac{8 \times 10^3}{120 \times 10^6} \text{m} = 66.67 \text{ mm}^2$$

由此求得杆 DI 的直径应满足：

$$d \geqslant \sqrt{\frac{4A}{\pi}} = \sqrt{\frac{4}{\pi} \times 66.67} = 9.21 \text{ mm}$$

一般地，圆钢最小直径为 10 mm，故取 $d = 10$ mm。

例题 2-5

已知例题图 2-5(a)所示油缸的内径 $D = 186$ mm，活塞杆直径 $d_1 = 65$ mm，缸盖由 6 个螺栓与缸体连接，螺栓的内径 $d = 17.3$ mm，螺栓的许用应力[σ] = 110 MPa。若缸盖所受的压力由 6 个螺栓平均承担。试由螺栓强度确定油缸最大油压 p。

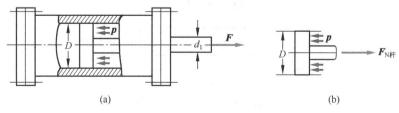

(a)   (b)

例题图 2-5

分析：首先应求得每个螺栓的轴力与油缸油压 p 之间的关系，然后由强度条件确定最大油压。注意，油压 p 作用在外径为 D、内径为 d_1 的圆环面上，其合力由 6 个螺栓平均承担。

解：

1) 求每个螺栓所承受的轴力

取例题图 2-5(b)所示的研究对象，则由平衡关系可得每个螺栓所承受的轴力均为

$$F_N = \frac{\left[p \frac{\pi}{4}(D^2 - d_1^2) \right]}{6}$$

2) 确定最大油压

应用强度条件式(2-13)，得

$$\sigma = \frac{F_N}{A} = \frac{p \frac{\pi}{4}(D^2 - d_1^2)}{6 \times \frac{\pi}{4}d^2} \leqslant [\sigma]$$

求解上式得油压应满足：

$$p \leqslant \frac{6[\sigma]d^2}{D^2 - d_1^2} = \frac{6 \times 110 \times 10^6 \times 0.0173^2}{0.186^2 - 0.065^2} \text{Pa} = 6.50 \text{ MPa}$$

因此，最大油压力为 $p = 6.50 \text{ MPa}$。

2.6 轴向拉伸与压缩时的变形

杆件轴向拉伸或压缩时主要产生沿轴向的纵向变形和垂直于轴向的横向变形。本节首先讨论拉压杆件的应变，然后结合横截面的应力计算公式(2-2)和应力-应变关系即胡克定律[式(2-8)]，导出由轴力计算变形的公式。

轴向拉压杆件的变形表征

设一原长为 l 的等截面直杆，如图 2-22 所示，在外力 **F** 作用下产生轴向拉伸变形。其轴向变形通常以杆件变形后沿轴向的长度改变量 Δl 表征，即

$$\Delta l = l' - l \tag{2-16a}$$

式中，l 和 l' 分别为杆件变形前后的长度。轴向变形又称为纵向变形。

杆件的横向变形则以杆件变形后横向尺寸的改变量表征。设 b 和 b' 分别为杆件变形前后的横向尺寸，则杆件的横向变形可表示为

$$\Delta b = b' - b \tag{2-16b}$$

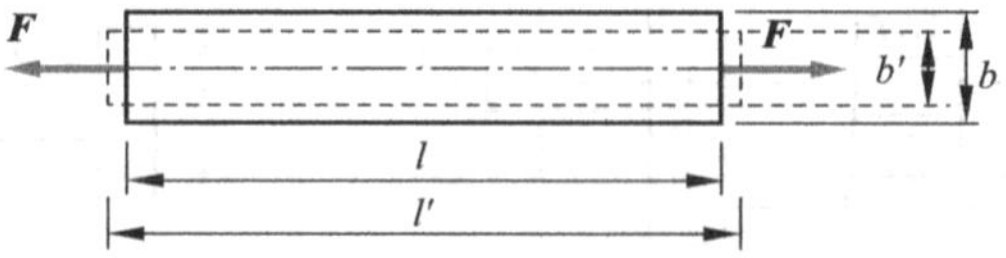

图 2-22 杆件的轴向拉伸变形

轴向拉压杆件的应变

纵向变形 Δl 及横向变形 Δb 均为绝对变形，其数值会受到杆件原始尺寸的影响，因此通常用相对变形来描述杆件拉压时的变形程度，即

$$\varepsilon = \frac{\Delta l}{l} \tag{2-17a}$$

$$\varepsilon' = \frac{\Delta b}{b} \tag{2-17b}$$

分别称为纵向应变和横向应变，均为无量纲量。

实验结果表明：当杆件轴向伸长时，与轴线垂直的横向尺寸将相应缩短；轴向缩短时，横向伸长。在弹性范围内，纵向应变 ε 与横向应变 ε' 之间满足如下关系：

$$\varepsilon' = -\nu\varepsilon \tag{2-18}$$

式中，ν 称为横向变形系数或**泊松比**（Poisson's ratio）。它是一个材料弹性常数，无量纲量，可从有关手册中查得。

应该注意的是，式(2-17)只对杆长 l 范围内沿轴向均匀变形的情况成立。当杆件承受沿轴向变化的分布载荷作用时，或弹性模量、横截面面积等沿轴向变化时，其变形沿轴向不再均匀。若变形沿轴向分段均匀，则可分段应用式(2-17)；否则，需通过选取微段进行变形分析得到应变。如图 2-23 所示，设 x 处截面 $m\text{-}m$ 变形后相对左端的位移为 $l(x)$ [即原长为 x 的左侧部分杆变形后的长度为 $l(x)$]，则 $x+\mathrm{d}x$ 处截面 $n\text{-}n$ 变形后相对左端的位移为 $l(x)+\mathrm{d}l$，即原长为 $\mathrm{d}x$ 的微段变形后的长度为 $\mathrm{d}l$，于是 x 处的纵向应变为

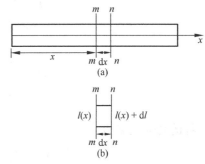

图 2-23　杆件任意微段的变形

$$\varepsilon = \frac{\mathrm{d}l}{\mathrm{d}x} \tag{2-19}$$

该方程也称为**几何方程**。对于均匀变形，$l(x)$ 为线性函数，因而 ε 为常数，可由式(2-17a)直接确定。式(2-17a、b)也是几何方程。

轴力引起的变形计算

2.4 节中已经指出，在弹性范围内应力与应变之间满足胡克定律：

$$\sigma = E \cdot \varepsilon$$

对于均匀变形的等截面直杆，将几何方程式(2-17a)和应力计算公式(2-2)代入上述胡克定律，可得拉压时的轴向伸长（即纵向变形）为

$$\Delta l = \frac{F_{\mathrm{N}} l}{EA} \tag{2-20}$$

式(2-20)表明：杆件拉压时的轴向伸长 Δl 与轴力 F_{N} 和杆件原长 l 成正比，与杆件横截面面积 A 成反比。式(2-20)是胡克定律的又一表达形式，其中的 EA 称为杆件的**抗拉（压）刚度**，表征杆件抵抗拉或压的能力。EA 越大，杆件的变形越小，即抵抗拉（压）变形的能力越强。

应用式(2-20)时需注意，在杆长 l 范围内，轴力 F_{N}、弹性模量 E 和横截面面积 A 均要求为常量。若 F_{N}、A 和 E 均为沿轴向的分段常值函数，则可分段应用式(2-20)；若三个量其中之一为连续变化的函数，则需取微段进行分析计算，或将式(2-19)和应力计算公式(2-2)代入胡克定律，得

$$\mathrm{d}l = \frac{F_{\mathrm{N}}(x)\mathrm{d}x}{E(x)A(x)} \tag{2-21}$$

将式(2-21)沿杆全长积分，得杆的轴向伸长为

$$\Delta l = \int_0^l \mathrm{d}l = \int_0^l \frac{F_{\mathrm{N}}(x)\mathrm{d}x}{E(x)A(x)} \tag{2-22}$$

例题 2-6

试求例题 2-2 中变截面直杆 ABC 的轴向伸长。设 $l_{AB} = l_{BC} = 0.6\ \text{m}$，$E = 200\ \text{GPa}$。

分析：由于轴力和横截面面积均为沿轴向的分段常值函数，所以可分段应用式(2-20)求得变形。

解：

1) 求杆的轴力

由例题 2-2 可知：AB 段的轴力 $F_{NAB} = F_{N1} = -30\ \text{kN}$

BC 段的轴力 $F_{NBC} = F_{N2} = 20\ \text{kN}$

2) 求杆 ABC 的伸长量

对 AB 段、BC 段杆分段应用式(2-20)计算轴向伸长量：

$$\Delta l_{AB} = \frac{F_{NAB} l_{AB}}{E A_{AB}} = \frac{(-30 \times 10^3) \times 0.6}{200 \times 10^9 \times \frac{\pi}{4} \times 0.03^2}\ \text{m} = -0.13\ \text{mm}$$

$$\Delta l_{BC} = \frac{F_{NBC} l_{BC}}{E A_{BC}} = \frac{(20 \times 10^3) \times 0.6}{200 \times 10^9 \times \frac{\pi}{4} \times 0.02^2}\ \text{m} = 0.19\ \text{mm}$$

则杆的总伸长量为

$$\Delta l = \Delta l_{AB} + \Delta l_{BC} = -0.13 + 0.19 = 0.06\ \text{mm}$$

例题 2-7

等截面直杆 AB 如例题图 2-7(a)所示，已知杆长 l，截面面积 A，单位体积重量 γ，材料的弹性模量 E，试求杆 AB 由于自重引起的轴向伸长。

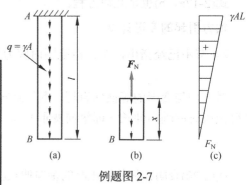

例题图 2-7

分析：杆受沿长度方向均匀分布的重力，其集度为 γA。由于轴力 F_N 沿杆长连续变化，所以需应用式(2-22)计算轴向伸长。

解：

1) 求任意横截面的轴力

以距自由端 B 为 x 的横截面截取杆并取下侧部分为研究对象，如例题图 2-7(b)所示，由平衡方程得

$$F_N(x) = \gamma A x$$

由上式可知，杆 AB 的轴力沿杆长线性分布，轴力图如例题图 2-7(c)所示。

2) 求杆 AB 的轴向伸长

由式(2-22)得杆 AB 的轴向伸长量为

$$\Delta l = \int_0^l \frac{F_N(x)\mathrm{d}x}{EA} = \int_0^l \frac{\gamma A x \mathrm{d}x}{EA} = \frac{\gamma l^2}{2E}$$

例题 2–8

简易悬臂式吊车如例题图 2-8(a)所示，吊车的三角架是由铰链 B、C 和杆 AB、AC 连接而成，斜杆 AB 的横截面面积 $A_1 = 9.6 \times 10^{-4}$ m^2，水平杆 AC 的横截面面积 $A_2 = 25.48 \times 10^{-4}$ m^2。杆 AB、AC 材料相同，$E = 200$ GPa，试求当点 A 处起吊 $G = 57.5$ kN 的重物时，节点 A 的位移。

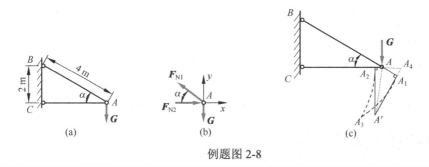

例题图 2-8

分析： 在重物 G 作用下，杆 AB 和杆 AC 将分别发生变形，节点 A 的位移是由杆 AB、AC 变形引起的，根据变形后两杆件仍铰在一起，与 BC 构成三角形，可以确定变形后点 A 发生的位移。

解：

1) 计算杆 AB、杆 AC 的变形

节点 A 的受力如例题图 2-8(b)所示，设杆 AB 轴力为 F_{N1}（拉），杆 AC 轴力为 F_{N2}（压），应用节点 A 的平衡方程，得

$$\Sigma F_y = 0 , \qquad F_{N1} \sin\alpha - G = 0 , \quad F_{N1} = \frac{G}{\sin\alpha} = 2G = 115 \text{ kN（拉）}$$

$$\Sigma F_x = 0 , \qquad F_{N2} - F_{N1}\cos\alpha = 0 , \quad F_{N2} = F_{N1}\cos\alpha = \frac{G}{\tan\alpha} = 1.73G = 100 \text{ kN（压）}$$

其中，$\sin\alpha = \dfrac{l_{BC}}{l_{AB}} = 0.5$，即 $\alpha = 30°$。

杆 AB 受拉，产生拉伸变形，其伸长量 Δl_1 为

$$\Delta l_1 = \frac{F_{N1}l_{AB}}{EA_1} = \frac{115 \times 10^3 \times 4}{200 \times 10^9 \times 9.6 \times 10^{-4}} \text{ m} = 2.4 \text{ mm}$$

杆 AC 受压，产生压缩变形，其收缩量 Δl_2 为

$$\Delta l_2 = \frac{F_{N2}l_{AC}}{EA_2} = \frac{100 \times 10^3 \times 4\cos 30°}{200 \times 10^9 \times 25.48 \times 10^{-4}} \text{ m} = 0.68 \text{ mm}$$

2) 求节点 A 的位移

假想将杆 AB 和 AC 在节点 A 处拆开，并保持在原位置上，由各自轴力作用下发生拉伸变形 Δl_1 和压缩变形 Δl_2 后变为 BA_1 及 CA_2，如例题图 2-8(c)所示。分别以点 B 和点 C 为圆心，以两杆变形后长度 BA_1 和 CA_2 为半径作两圆弧，则两弧交点 A_3 即为杆件变形后点 A 的新位置，由此可得点 A 的位移。

上述方法虽然可得节点 A 位移的精确数值，但计算复杂。考虑到杆件的变形 Δl_1 和 Δl_2 均十分微小，故可分别过点 A_1 和点 A_2 作杆 BA_1 和杆 CA_2 的垂线，代替上述圆弧线 A_1A_3 和 A_2A_3，如例题图 2-8(c)所示。将两垂线的交点 A' 近似地视为节点 A 变形后的位置。

分析变形几何关系，如例题图 2-8(c)所示，可得点 A 的水平位移：

$$\Delta_{Ax} = AA_2 = \Delta l_2 = 0.68 \text{ mm} \quad (\leftarrow)$$

A 点的铅垂位移：

$$\Delta_{Ay} = A'A_2 = \frac{A_2 A_4}{\tan\alpha} = \frac{AA_2 + AA_4}{\tan\alpha} = \frac{\Delta l_2 + \Delta l_1 / \cos\alpha}{\tan\alpha} = \frac{0.68}{\tan 30°} + \frac{2.4}{\sin 30°} = 5.98 \text{ mm} \quad (\downarrow)$$

讨论：该题在计算点 A 的位移时，利用了垂线代替弧线，这仅在小变形下成立，感兴趣的读者可以利用微积分中的泰勒展开知识进行严格的证明（习题 1-5）。另外，作位移关系图（例题图 2-8(c)）时，请注意杆件的变形应与该杆轴力的拉压性质一致。

2.7 简单拉压超静定问题

2.7.1 超静定的概念及解法

静定与超静定

前面所讨论的杆件，其轴力（或约束反力）可由相应的静力平衡方程直接求得，因为未知量的个数恰好等于独立平衡方程的数目，这类问题称为**静定问题**（statically determinate problem）。例如，图 2-24(a)中的约束反力，图 2-24(b)中杆 1、杆 2 的轴力均可直接由静力平衡方程求得，属于静定问题。

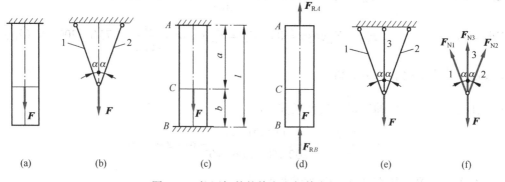

图 2-24　拉压杆件的静定和超静定问题

在实际工程中，为了提高构件的强度和刚度，或为了构造上的需要，会适当增加约束。例如，在图 2-24(a)所示杆的自由端增加刚性约束，如图 2-24(c)所示；或在图 2-24(b)所示的结构中增加弹性杆 3，如图 2-24(f)所示。这种约束称为多余约束，其相应的约束反力为多余约束力。多余约束会使构件未知约束反力数目增加，多于独立的平衡方程数目，因此不能仅凭静力平衡方程求解所有未知力。这类问题称为**超静定问题**（statically indeterminate problem），相应的结构称为**超静定结构**（statically indeterminate structure）。未知力数目与独立的平衡方程数目之差，即多余约束力数目，称为超静定次数。如图 2-24(c)和图 2-24(e)所示的超静定问题，其受力分别如图 2-24(d)和图 2-24(f)所示，均为一次超静定问题。

超静定问题的求解方法

由于超静定问题的未知力数目多于独立的平衡方程数目，因此若想求解全部未知力，势必要建立与超静定次数相同的补充方程。

对于超静定结构，由于多余约束的限制，各杆受力后不能随意变形，必须与所受约束相适应，因此各杆之间的变形必须相互协调，保持一定的变形几何关系，该几何关系式称为**变形协调方程**（compatibility equation）（也称为**变形几何方程**）。将补充的变形协调方程和静力平衡方程联立求解，就可以解得全部未知力。下面以图 2-24(c)所示的一次超静定问题为例，介绍简单超静定问题的求解方法，其中设杆件的几何尺寸 l、a、b 和抗拉刚度 EA 均已知。

解法一：

(1) **静力平衡关系**　杆件受力如图 2-24(d)所示，由仅有的一个独立平衡方程 $\Sigma F_y = 0$，得

$$F_{RA} + F_{RB} - F = 0 \tag{a}$$

该方程有两个未知力 F_{RA} 和 F_{RB}，无法求解，还需建立一个补充方程。

(2) **变形协调关系**　由于两端约束的存在，杆件受力变形后，其总长度不发生变化，这就意味着 AC 段的伸长量 Δl_1 与 BC 段的压缩量 Δl_2 相等，由此可得变形协调方程：

$$\Delta l_1 = \Delta l_2 \tag{b}$$

(3) **内力-变形关系**　由变形与轴力的关系式(2-20)，得

$$\Delta l_1 = \frac{F_{RA} \cdot a}{EA}, \quad \Delta l_2 = \frac{F_{RB} \cdot b}{EA} \tag{c}$$

将式(c)代入式(b)，可得

$$\frac{F_{RA} \cdot a}{EA} = \frac{F_{RB} \cdot b}{EA} \tag{d}$$

联立式(a)和式(d)求解得两端约束反力 F_{RA} 和 F_{RB} 为

$$F_{RA} = \frac{b}{l}F_P, \quad F_{RB} = \frac{a}{l}F_P$$

结果为正号，说明图 2-24(d)所示的 F_{RA} 和 F_{RB} 的指向即为杆件受力的真实方向。求得约束反力后，即可进行轴力、应力、强度等的计算。

上述求解超静定问题的方法，以约束反力为未知量进行求解，称为力法。同样的问题也可以以位移为未知量进行求解，称为位移法。

解法二：设载荷 F 作用的截面发生向下的位移 Δl。

(1) **变形协调关系**　由于杆件受力变形后总长度不发生变化，所以 AC 段伸长 Δl，BC 段缩短 Δl。

(2) **内力-变形关系**　由变形与轴力的关系式(2-20)得 A 和 B 两端的约束反力（如图 2-24(d)所示）分别为

$$F_{RA} = \frac{EA \cdot \Delta l}{a}, \quad F_{RB} = \frac{EA \cdot \Delta l}{b} \tag{a}$$

(3) **静力平衡关系**　由平衡方程 $\Sigma F_y = 0$，得

$$F_{RA} + F_{RB} - F = 0 \tag{b}$$

将式(a)代入式(b)，解得

$$\Delta l = \frac{abF}{lEA}$$ (c)

将式(c)代入式(a)即可得到约束反力 F_{RA} 和 F_{RB}，进而计算轴力、应力、强度等。

由上可见，无论是力法还是位移法，均需要同时考虑：① 静力平衡关系（包括外力之间及外力与内力之间的平衡）；② 变形几何关系（即变形协调方程）；③ 内力-变形关系（包含了物理方程的变形与内力之间的关系）三个方面，才能求得问题的全部解答。

例题 2-9

如例题图 2-9(a)所示的结构，若横梁 AB 为刚性梁，杆 1、杆 2 截面抗拉压刚度的关系为 $E_2A_2 = 5E_1A_1$，试求力 F 作用端 B 的铅垂位移。

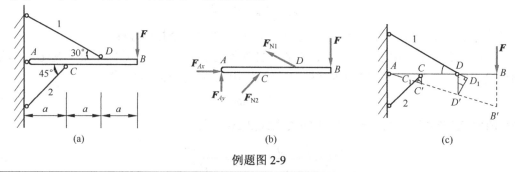

例题图 2-9

分析：由例题图 2-9(b)所示的横梁 AB 的受力图可知，作用于其上的未知力共有 4 个：F_{Ax}、F_{Ay}、F_{N1} 和 F_{N2}，而该平面一般力系只有 3 个独立的平衡方程，因此属于一次超静定问题。这里采用位移法求解，设 B 端在力作用下产生向下的铅垂位移 Y_B。

解：

(1) 变形协调关系。由横梁 AB 的受力如例题图 2-9(b)所示，设杆 1 受拉，杆 2 受压。结构的变形几何关系如例题图 2-9(c)所示，杆 1、杆 2 的变形量 ΔL_1、ΔL_2 与 B 端的铅垂位移 Y_B （$=BB'$）存在如下关系：

$$\Delta L_1 = DD_1 = DD' \sin 30° = \frac{2}{3} BB' \sin 30° = \frac{Y_B}{3}$$ (a)

$$\Delta L_2 = CC_1 = CC' \sin 45° = \frac{1}{3} BB' \sin 45° = \frac{Y_B}{3\sqrt{2}}$$ (b)

(2) 内力-变形关系。由变形与轴力的关系式(2-20)，得杆 1、2 的轴力分别为

$$F_{N1} = \frac{E_1A_1}{L_1}\Delta L_1 = \frac{E_1A_1}{2a/\cos 30°}\left(\frac{Y_B}{3}\right) = \frac{E_1A_1}{4\sqrt{3}a}Y_B$$ (c)

$$F_{N2} = \frac{E_2A_2}{L_2}\Delta L_2 = \frac{5E_2A_2}{a/\cos 45°}\left(\frac{Y_B}{3\sqrt{2}}\right) = \frac{5E_2A_2}{6a}Y_B$$ (d)

(3) 静力平衡关系。以例题图 2-9(b)所示横梁 AB 为研究对象，建立平衡方程

$$\Sigma M_A = 0, \quad F_{N1}\sin 30° \times 2a + F_{N2}\sin 45° \times a - F \times 3a = 0$$

将式(c)和式(d)代入上式，可解得 B 端的铅垂位移为

$$Y_B = \frac{3Fa}{E_1A_1}\left(\frac{1}{4\sqrt{3}} + \frac{5}{6\sqrt{2}}\right)^{-1} \approx \frac{4.09Fa}{E_1A_1}$$

讨论：由上述例题的分析过程可知，在超静定结构中，杆件的内力与各杆的刚度有关，结构中任一杆刚度的改变都会引起所有杆件内力的重新调整，这是超静定结构与静定结构的重要区别之一。

2.7.2 温度应力和装配应力

温度应力

实际工程中，结构会因温度变化产生伸长或缩短。静定结构由于可以自由变形，所以温度均匀变化时不会引起构件的内力。但对超静定结构，由于多余约束的存在，温度变化引起的变形将受到阻碍，结构内将因此引起内力和应力。这种由于温度变化引起的应力，称为**温度应力**。

如图 2-25(a)所示，杆 AB 两端 A、B 均为刚性约束。设装配后杆的温度升高了ΔT，若杆为如图 2-25(b)所示的静定杆，则将自由伸长，伸长量为

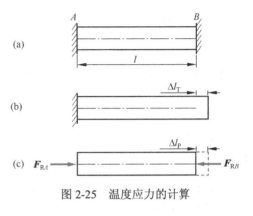

图 2-25　温度应力的计算

$$\Delta l_T = \alpha \Delta T \cdot l \tag{2-23}$$

式中，α 为材料的线膨胀系数。但实际上两端的刚性约束限制了其自由伸长，所以约束端将对杆施加作用力 $\boldsymbol{F}_{RA}$ 和 $\boldsymbol{F}_{RB}$，从而引起杆件的内力和应力，如图 2-25(c)所示。由平衡方程得

$$F_{RA} = F_{RB} \tag{a}$$

一个方程不能确定两个未知力，所以对该一次超静定问题，需要补充一个变形协调方程。考虑到升温后杆件保持原长不变，所以杆件由于温度升高而产生的伸长量Δl_T（如图 2-25(b)所示），应等于两端压力 F_{RA} 和 F_{RB} 作用下杆的压缩量Δl_P（如图 2-25(c)所示），即

$$\Delta l_T = \Delta l_P \tag{b}$$

由变形与轴力的关系式(2-20)，得

$$\Delta l_P = \frac{F_{RB}l}{EA} \tag{c}$$

联立式(2-23)、式(b)和式(c)，得

$$F_{RB} = EA\alpha\Delta T$$

由此，得温度应力为

$$\sigma_T = \frac{F_{RB}}{A} = E\alpha\Delta T$$

温度应力有时会很大，工程中往往采取一些措施避免过高的温度应力，如管道中增加伸缩节，或钢轨之间留有伸缩缝。

例题 2-10

如例题图 2-10(a)所示，两杆均为钢杆，$E = 200$ GPa，$\alpha = 12.5 \times 10^{-6}/℃$。两杆横截面面积均为 $A = 10$ cm^2。若 BC 杆温度降低 20℃，而 BD 杆温度不变。求两杆的内力。

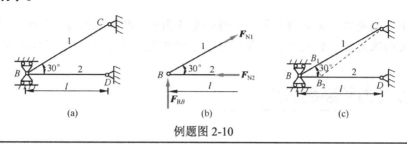

例题图 2-10

分析：杆 BC 温度降低将引起其缩短，但点 B 的约束限制了竖向位移，所以杆内将产生内力。同时点 B 水平位移将导致杆 BD 变形并产生内力。由例题图 2-10(b)所示的节点 B 的受力图可知，作用于该点的未知力共有 3 个：F_{RB}、F_{N1} 和 F_{N2}，而该平面汇交力系只有 2 个独立的平衡方程，因此属于一次超静定问题。

解：

(1) 静力平衡关系。由点 B 沿水平方向的平衡，得

$$F_{N1}\cos 30° = F_{N2} \tag{a}$$

(2) 变形协调关系。设杆 BC 由于温度降低和轴力 F_{N1}（拉力）共同作用产生的缩短为 $\Delta l_1 = BB_1$，杆 BD 由于轴力 F_{N2}（压力）产生的缩短为 $\Delta L_2 = BB_2$。根据变形后的几何关系（如例题图 2-10 (c)所示），得

$$\Delta l_1 = \Delta l_2 \cos 30° \tag{b}$$

(3) 内力-变形关系。由式(2-20)和式(2-23)得温度降低和拉力 F_{N1} 共同作用下，杆 BC 的缩短量为

$$\Delta l_1 = \alpha\Delta T \cdot l_1 - \frac{F_{N1}l_1}{EA}, \qquad l_1 = \frac{l}{\cos 30°} \tag{c}$$

在压力 F_{N2} 作用下，杆 BD 的压缩量为

$$\Delta l_2 = \frac{F_{N2}l_2}{EA}, \qquad l_2 = l \tag{d}$$

将式(c)和式(d)代入式(b)，并与式(a)联立得

$$F_{N1} = 30.3 \text{ kN}, \qquad F_{N2} = 26.6 \text{ kN}$$

装配应力

构件加工制造过程中的误差是难免的。对于静定结构，这种加工误差除了引起结构的微小变形外，不会引起内力。但对于超静定结构，则会引起内力。如图 2-26(a)所示的杆 AB，由于制造误差，使杆件比设计值长了 δ，若将该杆安装成如图 2-26(b)所示两端为刚性支承的结构，则杆 AB 必须缩短 δ，从而势必在杆件内部引起轴力和应力，这种应力称为**装配应力**。

求解上述结构装配应力的方法与一般的超静定问题相同，完全可以仿照上面求解图 2-25 所示结构

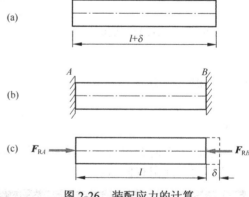

图 2-26 装配应力的计算

温度应力的过程，只要以 δ 替换温度改变引起的伸长量 $\Delta l_T = \alpha\Delta T \cdot l$，即可求得装配应力为

$$\sigma_\delta = E\frac{\delta}{l}$$

例题 2-11

如例题图 2-11(a)所示，杆 1、杆 2、杆 3 的面积均为 $A = 2\ \mathrm{cm}^2$，长度 $l = 1\ \mathrm{m}$，弹性模量 $E = 200\ \mathrm{GPa}$，若制造时杆 3 短了 $\delta = 0.08\ \mathrm{cm}$。试计算刚性横梁 ACB 安装后 1、2、3 杆的内力。

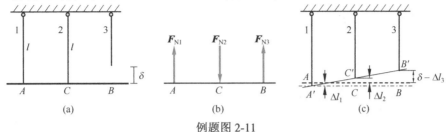

例题图 2-11

分析：将短了 δ 的杆 3 与刚性横梁 ACB 连接后，杆 3 将伸长并产生内力，为了保持刚性横梁 AB 不变形，杆 1 和杆 2 必然要做相应的伸长和缩短，从而在杆内产生内力。由例题图 2-11(b)所示的刚性横梁 ACB 的受力图可知，作用于其上的未知力共有 3 个：F_{N1}、F_{N2} 和 F_{N3}，而该平行力系只有 2 个独立的平衡方程，因此属于一次超静定问题。

解：

(1) 静力平衡关系。刚性横梁 ACB 的受力如例题图 2-11 (b)所示，由平衡方程得

$$\sum F_y = 0, \qquad F_{N1} + F_{N3} = F_{N2} \tag{a}$$

$$\sum M_C = 0, \qquad F_{N1} = F_{N3} \tag{b}$$

(2) 变形协调关系。设杆 1 和杆 3 的伸长量分别为 Δl_1 为 Δl_3，杆 2 的压缩量为 Δl_2。由于刚性横梁 ACB 在装配后（$A'C'B'$）仍为直线，如例题图 2-11(c)所示。由几何关系得

$$2(\Delta l_1 + \Delta l_2) = \delta - \Delta l_3 + \Delta l_1 \tag{c}$$

(3) 内力-变形关系。由式(2-23)得轴力作用下，杆 1、杆 2、杆 3 的变形量分别为

$$\Delta l_1 = \frac{F_{N1}l}{EA}, \qquad \Delta l_2 = \frac{F_{N2}l}{EA}, \qquad \Delta l_3 = \frac{F_{N3}l}{EA} \tag{d}$$

将式(d)代入式(c)，并与式(a)、式(b)联立得

$$F_{N1} = F_{N3} = \frac{\delta EA}{6L} = 5.33\ \mathrm{kN}, \qquad F_{N2} = 2F_{N3} = 10.67\ \mathrm{kN}$$

2.8　轴向拉压杆件的应变能和能量法

众所周知，弹簧在外力作用下将发生弹性变形。在此过程中，外力将做功。在没有能量损失的情况下，外力功全部转化为弹簧的势能。与此类似，弹性固体在外力作用下发生弹性变形，外力在相应位移上做功，同时弹性固体因变形而储存能量，称为**应变能**（energy），单位为焦耳 J（$= \mathrm{N} \cdot \mathrm{m}$）。本章将讲述轴向拉压构件的应变能计算，并对计算变形的能量方法做简单介绍。

外力功和应变能

考虑图 2-27(a)所示的等截面直杆，上端固定，下端承受由 0 缓慢增加至 F 的拉力，杆件在弹性范围内伸长至 Δl，

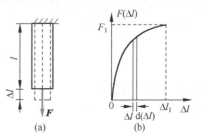

图 2-27　外力功的计算

设拉力 F 与伸长量 Δl 的关系为如图 2-27(b)所示的一般非线性关系，则外力 F 所做的功为

$$W = \int_0^{\Delta l_1} F(\Delta l) \mathrm{d}(\Delta l) \tag{2-24}$$

对于线弹性杆件，拉力 F 与伸长量 ΔL 成正比，于是有

$$W = \frac{1}{2} F \cdot \Delta l \tag{2-25}$$

利用式(2-20) $\Delta l = \dfrac{Fl}{EA}$ ，代入式(2-25)中得

$$W = \frac{F^2 l}{2EA} \tag{2-26}$$

对于缓慢加载，没有动能及其他能量损失，所以外力功 W 将全部转化为杆件的应变能 V_ε ，即 $W = V_\varepsilon$ 。如果杆件是均匀等截面的（ E 和 A 不变），其横截面上的轴力 F_N 为常值，则其中的应变能为

$$V_\varepsilon = W = \frac{F_N^2 l}{2EA} \tag{2-27}$$

如果结构由 n 个不同的轴力为常值的等截面杆件组成，则整个结构的应变能可以分段利用上述公式叠加得到，即

$$V_\varepsilon = \sum_{i=1}^{n} \frac{F_{Ni}^2 l_i}{2E_i A_i} \tag{2-28}$$

若杆件的轴力 F_N 、模量 E 和/或横截面面积 A 沿轴向变化，则应变能由下式计算：

$$V_\varepsilon = \int_0^l \frac{F_N^2(x) \mathrm{d}x}{2E(x)A(x)} \tag{2-29}$$

值得注意的是，应变能与内力（外力）的关系不是线性的，而是内力的二次齐次函数，所以叠加原理不成立。例如，在轴力 $F_1 + F_2$ 共同作用下的杆件的应变能不等于 F_1 和 F_2 分别单独作用下的应变能之和（请读者计算它们之间的差）。

应变能密度

单位体积内储存的应变能称为应变能密度，以 v_ε 表示，其单位是 $\mathrm{J/m^3}$ ，可以通过在构件中选取如图 2-28(a) 所示的单元体 $\mathrm{d}x \times \mathrm{d}y \times \mathrm{d}z$ 计算得到。对轴向拉压杆件，取单元体的两个平行面为横截面，则仅在该平行面上受正应力 σ 作用并产生 $\mathrm{d}x$ 方向的正应变 ε ，如图 2-28(a) 所示。设应力 σ 与应变 ε 的关系为一般非线性关系，如图 2-28(b)所示，则仿照前面分析得应力 σ 做的功（相当于 $\sigma \mathrm{d}y\mathrm{d}z$ 在位移从 0 至 $\varepsilon_1 \mathrm{d}x$ 上做的功）为

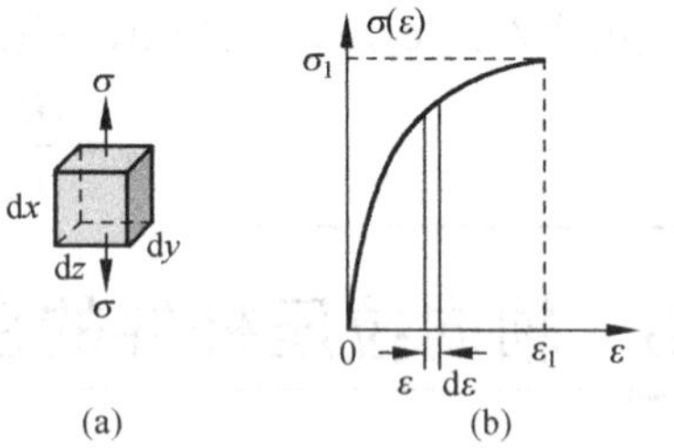

图 2-28　单向拉伸状态下应变能密度的计算

$$\mathrm{d}W = \int_0^{\varepsilon_1} (\sigma \mathrm{d}y\mathrm{d}z)\mathrm{d}x\mathrm{d}\varepsilon = \int_0^{\varepsilon_1} \sigma \mathrm{d}\varepsilon \cdot \mathrm{d}V$$

式中， $\mathrm{d}V = \mathrm{d}x\mathrm{d}y\mathrm{d}z$ 。根据能量守恒， $\mathrm{d}W$ 应等于单元体内储存的应变能 $\mathrm{d}V_\varepsilon$ ，于是得单位体积的应变能，即应变能密度为

$$v_\varepsilon = \frac{\mathrm{d}V_\varepsilon}{\mathrm{d}V} = \frac{\mathrm{d}W}{\mathrm{d}V} = \int_0^{\varepsilon_1} \sigma \mathrm{d}\varepsilon \tag{2-30}$$

显然，对于线弹性体，应力 σ 与应变 ε 满足胡克定律，于是有

$$v_\varepsilon = \frac{1}{2}\sigma\varepsilon = \frac{E\varepsilon^2}{2} = \frac{\sigma^2}{2E} \tag{2-31}$$

杆件的应变能可以通过先计算应变能密度 v_ε，再在整个杆件体积 V 上积分得到，即

$$V_\varepsilon = \int_V v_\varepsilon \mathrm{d}V \tag{2-32}$$

若杆件内的应力是均匀的，则 $V_\varepsilon = v_\varepsilon V$。可以由此推出式(2-27)～式(2-29)。

应变能密度 v_ε 的单位是 $\mathrm{J/m^3}$。将比例极限 σ_p 代入式(2-31)得到的应变能密度称为**回弹模量**，表征线弹性范围内材料吸收能量的能力。

能量方法初步

正如前面指出，构件在外力作用下发生变形，引起外力作用点沿力作用方向产生位移，外力因此而做功；同时，构件因变形而储存应变能。当外力缓慢变化时，动能和其他能量的变化就可以忽略，根据能量守恒原理，应变能 V_ε 就等于外力功 W。对于线弹性体，还有一个重要的事实，即应变能只取决于外力的最终值，而与加载历史无关。依据能量原理可以计算构件的变形，相关的方法称为**能量法**。

例题 2-12

利用能量法重新计算例题 2-8，即求如例题图 2-8(a)所示简易悬臂式吊车点 A 的位移。

分析：结构在点 A 受竖直向下的载荷 G 作用，所以点 A 的竖向位移 Δ_{Ay} 可直接通过应变能 V_ε 等于外力功 W_G 获得。

解：先由节点 A 的受力平衡得到杆 AB 和杆 AC 的轴力 F_{N1} 和 F_{N2}，过程见例 2-8，结果分别为

$$F_{N1} = \frac{G}{\sin\alpha} = 115\ \mathrm{kN}\ （拉），\qquad F_{N2} = \frac{G}{\tan\alpha} = 100\ \mathrm{kN}\ （压）$$

由此，可以计算两杆件中的应变能为

$$V_{\varepsilon 1} = \frac{F_{N1}^2 l_{AB}}{2EA_1} = 138\ \mathrm{J},\qquad V_{\varepsilon 2} = \frac{F_{N2}^2 l_{AC}}{2EA_2} = 34\ \mathrm{J}$$

根据载荷 G 在竖向位移上做的功 W_G 全部转化为整个结构的应变能，得

$$W_G = \frac{1}{2}G\cdot\Delta_{Ay} = V_{\varepsilon 1} + V_{\varepsilon 2} = \frac{F_{N1}^2 l_{AB}}{2EA_1} + \frac{F_{N2}^2 l_{AC}}{2EA_2} = 172\ \mathrm{J} \tag{a}$$

由此，得

$$\Delta_{Ay} = \frac{2(V_{\varepsilon 1} + V_{\varepsilon 2})}{G} = \frac{2\times(138+34)}{57.5\times 10^3}\ \mathrm{m} = 5.98\ \mathrm{mm}\quad （\downarrow）$$

分析（续）：但遗憾的是，点 A 的水平位移 Δ_{Ax} 不能直接用同样的方法求解。为求点 A 的水平位移，我们设想在作用 G 之前，先在点 A 作用一水平方向的载荷 P，然后再作用 G。利用应变能等于外力功求得结果。

解（续）：设点 A 作用一水平方向的载荷 P，由受力平衡得到杆 AB 和杆 AC 的轴力 F'_{N1} 和 F'_{N2}，结果为 $F'_{N1} = 0$，$F'_{N2} = P$（这里略去过程）。载荷 P 在此过程做的功为

$$W_P = \frac{F_{N1}'^2 l_{AB}}{2EA_1} + \frac{F_{N2}'^2 l_{AC}}{2EA_2} = \frac{P_x^2 l_{AC}}{2EA_2} \tag{b}$$

保持 **P** 不变，再在竖直方向作用 **G**，在此过程中载荷 **P** 在由 **G** 引起的水平位移 Δ_{Ax} 上所做的功为 $P \cdot \Delta_{Ax}$。于是，在整个加载过程中（先作用 **P**，再作用 **G**），总的外力功 W 为

$$W = W_P + W_G + P \cdot \Delta_{Ax}$$

该外力功等于 **P** 和 **G** 共同作用下结构的总应变能：

$$W_P + W_G + P \cdot \Delta_{Ax} = \frac{(F_{N1} + F_{N1}')^2 l_{AB}}{2EA_1} + \frac{(F_{N2} + F_{N2}')^2 l_{AC}}{2EA_2} \tag{c}$$

将式(a)和式(b)代入式(c)中，可求得

$$\Delta_{Ax} = \frac{1}{P}\left[\frac{F_{N1} F_{N1}' l_{AB}}{EA_1} + \frac{F_{N2} F_{N2}' l_{AC}}{EA_2} \right] = \frac{Gl_{AC}}{EA_2 \tan\alpha} = 0.68 \text{ mm}$$

讨论：该例题表明，若结构中只有一个载荷作用，可以直接利用"外力功等于应变能"这一基本的能量原理，计算载荷作用点沿载荷作用方向的位移。但该方法对多个载荷作用的情况不适用，也不能直接计算其他点或其他方向上的位移。而上述通过虚加外力来考虑不同加载顺序的能量守恒，则为计算多个载荷作用下结构上任意一点的位移提供了一种可行的方法。以下以求结构上任意一点某方向的位移为例总结该求解思路。

(1) 设在原有载荷（可以是多个）作用下结构上待求位移点上某方向的位移为 Δ，可以求得此时结构的内力（记为 F_{Ni}）和应变能（记为 V_F），则载荷做功为

$$W_F = V_F \tag{i}$$

(2) 在待求位移点沿位移方向虚加一任意外力 **P**，可以求得结构单独作用虚加外力 **P** 时的结构内力（记为 $\bar{F}_{Ni}$）和应变能（记为 V_P），则外力 **P** 做功为

$$W_P = V_P \tag{ii}$$

(3) 同时作用原有载荷和虚加外力 **P** 时的应变能为 V（ $\neq V_1 + V_2$！）。

(4) 考查如下的加载过程：先作用外力 **P**，此时 **P** 做功为 W_P；再在保持 **P** 不变的情况下作用原有载荷，此时原有载荷做功为 W_F，同时，保持不变的外力 **P** 在由原有载荷产生的位移 Δ 上也要做功，其值为 $P \cdot \Delta$。于是，根据能量守恒有

$$W_F + W_P + P \cdot \Delta = V \tag{iii}$$

(5) 将式(i)和式(ii)代入式(iii)中，可求得

$$\Delta = P^{-1}(V - V_F - V_P) \tag{2-33}$$

考虑到应变能是外力（内力）的二次齐次函数，则不难证明 Δ 与外力 **P** 的大小无关，因此可以设 **P** 为单位力，这就是求解线弹性结构位移的单位载荷法（或单位力法）的基本思路，将在能量法一章中做系统的介绍。对于由一系列轴向拉压杆件组成的结构，则应变能为

$$V_F = \sum_i \int_0^{l_i} \frac{F_{Ni}^2(x)\,\mathrm{d}x}{2E_i(x)A_i(x)}, \quad V_P = \sum_i \int_0^{l_i} \frac{\bar{F}_{Ni}^2(x)\,\mathrm{d}x}{2E_i(x)A_i(x)}, \quad V = \sum_i \int_0^{l_i} \frac{[F_{Ni}(x) + \bar{F}_{Ni}(x)]^2\,\mathrm{d}x}{2E_i(x)A_i(x)}$$

设虚加外力 $P=1$，于是由(2-33)得

$$\Delta = \sum_i \int_0^{l_i} \frac{F_{Ni}(x)\overline{F}_{Ni}(x)\mathrm{d}x}{E_i(x)A_i(x)} \tag{2-34}$$

重复上述过程可以求得多个点上多个方向的位移。

2.9　连接构件的强度计算

实际工程中，许多构件需要以适当的方式（如螺钉、铆钉、销钉、键等）进行连接。如图 2-29(a) 所示，两受拉杆件用螺钉连接在一起共同承受外力 **F**。其中，连接件螺钉所受外力如图 2-29(b)所示，其作用线相距很近且垂直于螺钉轴线。在外力作用下，方向相反的作用力之间的横截面 *m-m* 将产生相对错动，如图 2-29(c)所示。这种变形形式称为**剪切变形**（shear deformation）。发生相对错动的截面称为**剪切面**。

综上可见，剪切变形的特点是：作用于构件某一截面两侧的力，大小相等，方向相反，相互平行，相距很近，使构件沿该截面（称为剪切面）发生相对错动。连接件的强度设计首先要计算剪切强度，此外还应考虑连接件与被连接件之间的挤压可能造成的破坏。

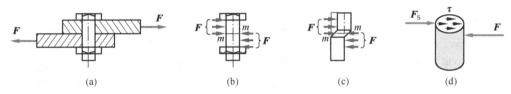

图 2-29　剪切应力的计算

剪切实用计算

构件发生剪切变形时，剪切面上的内力称为剪力。以图 2-29(b)所示的螺钉为研究对象，应用截面法可求出其剪切面 *m-m* 上的剪力 $F_s = F$，如图 2-29(d)所示。

显然，剪力 **F_s** 应由剪切面 *m-m* 上按某种规律分布的切应力合成，如图 2-40(d)所示。但由于剪切面 *m-m* 附近的真实变形极为复杂，无法用材料力学知识确定切应力的分布规律。作为工程中一种简化的实用计算，通常假定剪切面上的切应力均匀分布，其方向与剪力 **F_s** 一致。于是，可得剪切面上切应力的实用计算公式为

$$\tau = \frac{F_s}{A_s} \tag{2-35}$$

式中，A_s 为剪切面面积。式(2-35)计算的切应力实际上是剪切面的平均切应力，是一种名义切应力。

为了保证连接件不发生剪切破坏，要求剪切面上的工作切应力 τ 不能超过材料的许用切应力 $[\tau]$，即

$$\tau = \frac{F_s}{A_s} \leqslant [\tau] \tag{2-36}$$

式(2-36)称为剪切强度条件。$[\tau]$ 由剪切实验测得的名义极限应力除以安全系数 n 获得。利用该强度条件，可以：① 校核连接件的剪切强度；② 确定连接件的截面尺寸；③ 确定许用载荷。

挤压实用计算

对于图 2-29(a)所示的连接件，在发生剪切变形的同时，常常还在连接件与被连接件相互接

触的面上发生挤压变形。当接触面上的挤压力较大时，可导致构件（包括连接件与被连接件）在挤压部位产生显著的塑性变形而发生破坏，称为**挤压破坏**。

连接件与被连接件之间的相互接触面称为**挤压面**，作用于挤压面上的力称为**挤压力**，如图 2-30(a)所示。

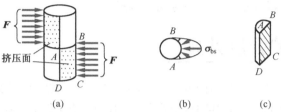

图 2-30　挤压面和挤压应力的计算

实际中，挤压面上的挤压应力（记为 σ_{bs}）分布可能十分复杂。但作为工程中的一种简化实用计算，通常假设挤压面上的挤压应力均匀分布，于是挤压应力可按下式计算：

$$\sigma_{bs} = \frac{F_{bs}}{A_{bs}} \tag{2-37}$$

式中，A_{bs} 为挤压面面积。

对于螺钉、铆钉等构件，其实际挤压面为半圆柱面，如图 2-30(a)所示。其挤压应力分布规律如图2-30(b)所示，在半圆弧的中点挤压应力达到最大值。当以半圆柱挤压面的正投影面（即图2-30(c)中的直径平面 *ABCD*）作为挤压面面积 A_{bs} 代入式(2-35)时，所得的挤压应力与真实挤压应力的最大值接近。因此，在挤压的实用简化计算中，对于非平面挤压面的挤压应力计算，通常采取以实际挤压面在挤压力作用方向的投影面积作为挤压面积 A_{bs}，代入式(2-37)进行计算。

为了保证构件在使用过程中不发生挤压破坏，要求挤压应力不得超过材料的许用挤压应力，即

$$\sigma_{bs} = \frac{F_{bs}}{A_{bs}} \leqslant [\sigma_{bs}] \tag{2-38}$$

式(2-38)称为挤压强度条件，其中[σ_{bs}]是材料的许用挤压应力，其值由实验测得。连接件的强度校核、截面尺寸设计、许用载荷计算等同样需要考虑挤压强度条件。

例题 2-13

拖车挂钩用销钉连接而成，如例题图 2-13(a)所示。已知 $t = 8$ mm，$F = 15$ kN，销钉的许用切应力[τ] = 60 MPa，许用挤压应力[σ_{bs}] = 100 MPa，直径 $d = 14$ mm。试校核销钉的强度。

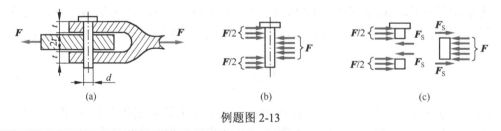

(a)　　　　　　　　　(b)　　　　　　　　　(c)

例题图 2-13

分析：销钉的受力如例题图 2-13(b)所示，中间 $2t$ 长度上受力为 *F*，两端长度为 *t* 的部分受力分别为 *F*/2。销钉有两个相同的剪切面，有三段受到挤压。应分别计算各剪切面上的切应力和挤压面上的挤压应力，并校核是否满足剪切强度条件和挤压强度条件。

解：

1) 剪切强度校核

由例题图 2-13(b)所示的受力图可知，销钉有两个剪切面，设想将销钉沿剪切面切开，受力如例题图 2-13(c)所示，任取一段，由静力平衡方程可得每个剪切面上的剪力均为

$$F_s = \frac{F}{2} = \frac{15}{2} = 7.5 \text{ kN}$$

于是，每个剪切面上的切应力为

$$\tau = \frac{F_s}{A_s} = \frac{7.5 \times 10^3}{\frac{\pi}{4} \times 0.014^2} \text{ Pa} = 48.72 \text{ MPa} < [\tau] = 60 \text{ MPa}$$

故满足剪切强度条件。

2) 挤压强度校核

先取例题图 2-13(c)所示的中间部分校核，其挤压面为半个圆柱面，取挤压面积 $A_{bs} = 2dt$，挤压力 $F_{bs} = F = 15$ kN，所以挤压应力为

$$\sigma_{bs} = \frac{F_{bs}}{A_{bs}} = \frac{15 \times 10^3}{2 \times 0.014 \times 0.008} = 66.96 \text{ MPa} < [\sigma_{bs}] = 100 \text{ MPa}$$

再取上下两段中的任一段校核，容易算得其上的挤压应力与上述值相同，所以销钉安全。

例题 2-14

如例题图 2-14(a)所示的皮带轮，通过平键与钢轴连接在一起。已知皮带轮传递的力偶矩 $M_e = 350$ N·m，轴的直径 $d = 40$ mm，平键的尺寸为 $b \times h \times L = 12$ mm × 8 mm × 35 mm，键的许用切应力$[\tau] = 60$ MPa，许用挤压应力$[\sigma_{bs}] = 120$ MPa，试校核键的强度。

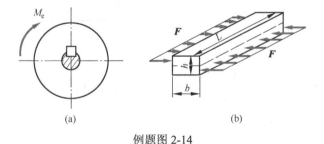

例题图 2-14

分析：键的受力如例题图 2-14(b)所示，由皮带轮的静力平衡方程可得，键上作用的载荷 $F = \frac{M_e}{d/2}$，剪切面为与上下面平行的中面，如图中虚线所示，挤压面为侧面的二分之一。

解：

1) 剪切强度校核

由例题图 2-14(b)可知，剪切面的面积 $A_s = bL$，其上的剪力 $F_s = F$，于是切应力为

$$\tau = \frac{F_s}{A_s} = \frac{F}{b \times L} = \frac{2M_e}{d \times b \times L} = \frac{2 \times 350}{0.04 \times 0.012 \times 0.035} = 41.67 \text{ MPa} < [\tau] = 60 \text{ MPa}$$

2) 挤压强度校核

由例题图 2-14(b)可知，挤压面积 $A_{bs} = \frac{Lh}{2}$，挤压力 $F_{bs} = F = \frac{2M_e}{d}$，于是挤压应力为

$$\sigma_{bs} = \frac{F_{bs}}{A_{bs}} = \frac{4M_e}{dhL} = \frac{4 \times 350}{0.04 \times 0.008 \times 0.035} = 125 \ \text{MPa} > [\sigma_{bs}] = 120 \ \text{MPa}$$

但 $\dfrac{\sigma_{bs} - [\sigma_{bs}]}{[\sigma_{bs}]} = \dfrac{125 - 120}{120} = 4.2\% < 5\%$，即 σ_{bs} 超出 $[\sigma_{bs}]$ 5% 以内，所以可以看做是安全的。

例题 2-15

如例题图 2-15(a) 所示 4 个共线铆钉连接件，拉杆和铆钉材料相同，已知 $F = 80 \ \text{kN}$，$b = 80 \ \text{mm}$，$t = 10 \ \text{mm}$，$d = 16 \ \text{mm}$，$[\tau] = 100 \ \text{MPa}$，$[\sigma_{bs}] = 300 \ \text{MPa}$，$[\sigma] = 180 \ \text{MPa}$。试校核铆钉和拉杆的强度。

分析：因为铆钉材料和直径均相同，且外力作用线通过铆钉群受剪面的形心，所以可认为各铆钉承受相同的外力。由于铆钉的存在，拉杆各段的轴力不尽相等，其轴力图如例题图 2-15(c) 所示；另外，铆钉的存在还消减了拉杆的横截面面积。校核强度时应综合考虑上述因素，计算最危险截面的正应力。

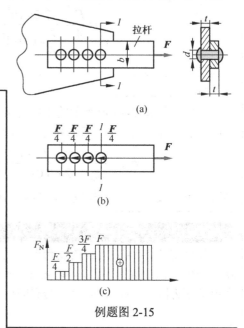

例题图 2-15

解：

1) 铆钉的剪切强度校核

各铆钉承受相同的外力，因此各铆钉剪切面上的剪力均为

$$F_s = \frac{F}{4} = \frac{80}{4} = 20 \ \text{kN}$$

于是，各铆钉剪切面上的切应力为

$$\tau = \frac{F_s}{A_s} = \frac{F_s}{\dfrac{\pi}{4}d^2} = \frac{4 \times 20 \times 10^3}{\pi \times 0.016^2} = 99.47 \ \text{MPa} < [\tau] = 100 \ \text{MPa}$$

故满足剪切强度条件。

2) 铆钉的挤压强度校核

铆钉各挤压面所受挤压力 $F_{bs} = 20 \ \text{kN}$，挤压面积 $A_{bs} = d \cdot t$，于是挤压应力为

$$\sigma_{bs} = \frac{F_{bs}}{A_{bs}} = \frac{20 \times 10^3}{0.01 \times 0.016} = 125 \ \text{MPa} < [\sigma_{bs}] = 300 \ \text{MPa}$$

故满足挤压强度要求。

3) 拉杆的拉伸强度校核

拉杆的受力如例题图 2-15(b) 所示，轴力图如例题图 2-15(c) 所示，由此可知被铆钉削弱的横截面 *1-1* 为最危险截面，其上轴力 $F_{Nmax} = 80 \ \text{kN}$，面积 $A = (b - d)t$，于是拉杆中的最大正应力为

$$\sigma_{max} = \frac{F_{Nmax}}{(b-d)t} = \frac{80 \times 10^3}{(0.08 - 0.016) \times 0.01} = 125 \ \text{MPa} < [\sigma] = 180 \ \text{MPa}$$

故拉杆满足强度要求。

由以上计算可知，铆钉和拉杆均满足强度要求。

讨论：在对连接构件进行强度计算时，必须全面考虑整个构件可能出现的所有破坏形式，从以下几方面考查：

(1) 连接件的剪切强度；

(2) 连接件或被连接构件的挤压强度；

(3) 被连接构件危险截面（通常为被连接件削弱的横截面）上的正应力强度。

通过上述三方面强度计算，可以确保整个连接构件的安全。否则，对任一方面强度计算的疏忽，都会留下隐患，酿成严重事故。

小 结

本章主要讲述了轴向拉/压杆件的内力、应力和变形计算，以及强度设计。主要内容及要点总结为如下框图。

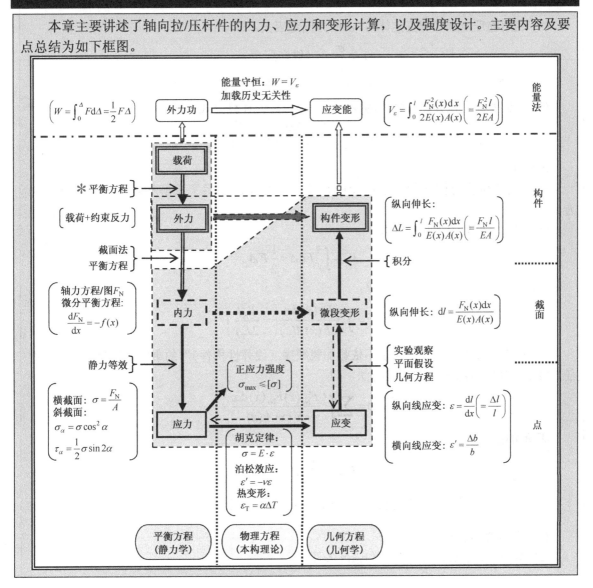

本章目标：建立外载和约束下受轴向拉压杆件的应力和变形计算公式；建立拉压强度准则，指导工程中拉压构件的强度校核、许可载荷计算、截面设计、材料选取等；建立连接件剪切应力和挤压应力的近似计算公式，以及相应的强度准则。

研究思路：

(1) 利用受力平衡方程由外载确定约束反力。

若可直接由外载完全确定所有约束反力，则为静定结构；若不能直接由外载完全确定所有约束反力，则为超静定结构，此时需考虑构件的变形，补充变形协调方程。

(2) 基于静力平衡和等效原理，利用截面法，确定内力——轴力，绘制轴力图。

(3) 利用静力等效原理，基于变形的平面假设，建立由内力计算应力的公式，即

$$\sigma = \frac{F_N}{A} \quad \text{（横截面）}$$

$$\sigma_\alpha = \sigma\cos^2\alpha, \quad \tau_\alpha = \frac{1}{2}\sigma\sin 2\alpha \quad \text{（斜截面）}$$

(4) 利用物理方程（胡克定律），由应力确定应变，即

$$\varepsilon = \frac{\sigma}{E} \quad \text{（纵向应变）}$$

$$\varepsilon' = -\nu\varepsilon \quad \text{（横向应变）}$$

(5) 由应变通过积分建立杆件的变形——伸长量的计算公式，即

$$\Delta l = \int_0^l \frac{F_N(x)\mathrm{d}x}{E(x)A(x)} \left(= \frac{F_N l}{EA} \right)$$

能量法：

外力做功转化为构件的弹性应变能，能量平衡原理提供了求解构件变形的另外一种方法。

(1) 拉压杆件外力做功的计算：

$$W = \int_0^\Delta F\mathrm{d}\Delta = \frac{1}{2}F\Delta$$

(2) 拉压杆件弹性应变能的计算：

$$V_\varepsilon = \int_0^l \frac{F_N^2(x)\mathrm{d}x}{2E(x)A(x)} \left(= \frac{F_N^2 l}{2EA} \right)$$

(3) 根据"弹性应变能的大小不依赖加载顺序（线弹性构件）"的事实可以建立计算杆件任一截面位移的方法——单位载荷法，即

$$\Delta = \sum_i \int_0^{l_i} \frac{F_{Ni}(x)\overline{F}_{Ni}(x)\mathrm{d}x}{E_i(x)A_i(x)}$$

强度准则：

$$\sigma_{\max} = \frac{F_{N\max}}{A} \leqslant [\sigma]$$

许用应力 $[\sigma] = \dfrac{\sigma_s}{n_s}$（塑性材料），或 $[\sigma] = \dfrac{\sigma_b}{n_b}$（脆性材料）。

连接件的强度计算：

(1) 剪切应力的近似计算公式和强度条件：

$$\tau = \frac{F_s}{A_s} \leqslant [\tau]$$

（2）挤压应力的近似计算公式和强度条件：

$$\sigma_{bs} = \frac{F_{bs}}{A_{bs}} \leqslant [\sigma_{bs}]$$

思　考　题

2-1 结合轴向拉伸、压缩变形区分下列概念：内力与应力；变形与应变；工作应力、失效应力、许用应力。

2-2 轴向拉伸、压缩构件横截面上的应力是如何根据静力关系、变形几何关系、物理关系推导的？

2-3 轴力和截面面积均相等，材料不同的拉杆，它们的应力和变形是否都相同？

2-4 弹性模量 E、泊松比 ν、抗拉压刚度 EA 的物理意义分别是什么？

2-5 公式 $\Delta l = \dfrac{F_N l}{EA}$ 和 $\sigma = E \cdot \varepsilon$ 的适用条件是什么？

2-6 挤压应力与轴向压缩时的压应力有无区别？

2-7 挤压力的大小是否总是等于剪切面上剪力的大小？

2-8 材料轴向拉伸过程中，强化阶段内发生的变形都是塑性变形吗？

习　题

基本题

2-1 阶梯杆如习题图 2-1 所示，AC 段为圆形截面，其直径 $d = 16$ mm，其上有一直径 $d = 3$ mm 的小通孔，BC 段为矩形截面，其截面尺寸 $b \times h = 11 \times 12$ mm^2，试作轴力图并计算杆横截面上的最大正应力。

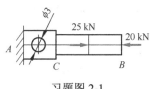

习题图 2-1

2-2 如习题图 2-2 所示的直杆，横截面面积 $A = 100$ mm^2，载荷 $F = 10$ kN，试求 $\alpha = -60°$ 斜截面上的正应力和切应力。

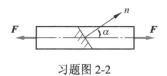

习题图 2-2

2-3 图示链条由形状相同的钢板铆成，$t = 4.5$ mm，$H = 65$ mm，$h = 40$ mm，$d = 20$ mm，材料的许用应力 $[\sigma] = 80$ MPa，若 $F = 25$ kN，试校核链条的抗拉强度。

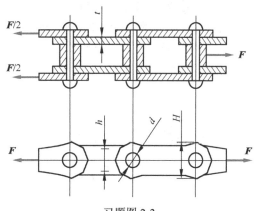

习题图 2-3

2-4 图示吊环，由斜杆 AB、AC 与横梁 BC 组成。已知 $\alpha = 20°$，$F = 1200$ kN，斜杆许用应力 $[\sigma] = 120$ MPa。试确定斜杆的最小直径 d。

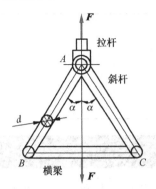

习题图 2-4

2-5 图示结构杆 AC、BC 均为直径 $d = 20$ mm 的圆截面直杆，材料许用应力 $[\sigma] = 160$ MPa，试求此结构的许用载荷。

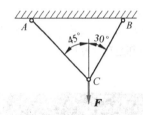

习题图 2-5

2-6 已知一矩形截面拉杆在杆端承受拉力 $F = 1100$ kN。该拉杆横截面的高度与宽度之比 $h/b = 1.4$。材料的许用应力 $[\sigma] = 50$ MPa，试确定截面高度 h 与宽度 b。

2-7 悬臂吊车如图所示，杆 CD 由两根 36×36×4 等角钢组成，其许用应力为 $[\sigma] = 140$ MPa，试校核杆 CD 的强度。

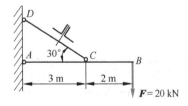

习题图 2-7

2-8 两根直径不同的实心截面杆，在 B 处焊接在一起，弹性模量均为 $E = 200$ GPa，受力和杆的尺寸等如图所示。试：(1) 画轴力图；(2) 求杆的轴向伸长量。

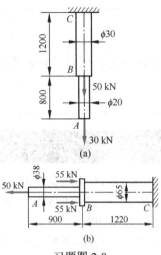

(a)

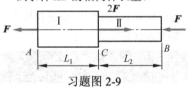

(b)

习题图 2-8

2-9 图示钢杆 AB，已知 $F = 10$ kN，$L_1 = L_2 = 400$ mm，$A_1 = 2A_2 = 100$ mm²，$E = 200$ GPa。试求杆 AB 的轴向伸长量。

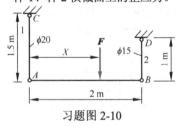

习题图 2-9

2-10 如图所示的结构，杆 AB 的重量及变形可忽略不计。杆 1 和杆 2 的弹性模量分别为 $E_1 = 200$ GPa，$E_2 = 100$ GPa，$F = 60$ kN，试求 AB 杆保持水平时载荷 F 的位置及此时杆 1、杆 2 横截面上的正应力。

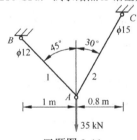

习题图 2-10

2-11 如图所示钢杆 1、2 的弹性模量均为 $E = 210$ GPa，试求结点 A 铅垂方向的位移。

习题图 2-11

2-12 图示结构，*AB* 为刚性杆，斜杆 *CD* 为直径 *d* = 20 mm 的圆杆，其材料许用应力 $[\sigma]$ = 240 MPa，弹性模量 *E* = 200 GPa，已知 *F* = 15 kN，试用两种不同的方法求点 *B* 的铅垂位移 Δ_B。（提示：其中一种为能量法。）

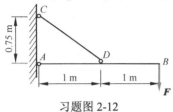

习题图 2-12

2-13 挂架由杆 *AC* 及杆 *BC* 组成，二杆的 *EA* 相同，*C* 处作用有载荷 *F*。试求点 *C* 的水平及铅垂位移。

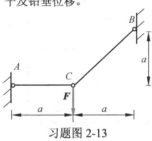

习题图 2-13

2-14 图示结构，杆 *AB*、杆 *AC* 和杆 *AD* 的横截面面积 *A*、长度 *L*、弹性模量 *E* 均相等，若外载为 *F*，α = 45°，试求各杆的应力。

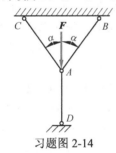

习题图 2-14

2-15 试作图示杆 *AB* 的内力图。

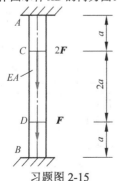

习题图 2-15

2-16 图示结构，已知 $L_1 = 2L_2 = 100$ cm，$2A_1 = A_2 = 2$ cm^2，$E = 200$ GPa，$\alpha = 125 \times 10^{-7}$ 1/℃。试求温度升高 $\Delta T = 40$℃时杆内最大应力。

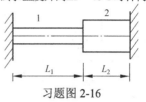

习题图 2-16

2-17 图示杆 1、杆 2 和杆 3 与两刚性构件连接，杆 1、杆 2 为材料相同的圆截面杆，*d* = 10 mm，*E* = 200 GPa，*L* = 200 mm；杆 3 横截面面积 $A_3 = 600$ mm^2，$E_3 = 100$ GPa，由于制造误差，其长度为 $L + \Delta L$，$\Delta L = 0.2$ mm。试求装配后各杆的应力。

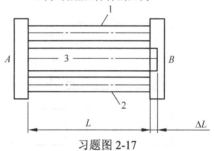

习题图 2-17

2-18 图示直径为 *d* = 8 mm 的两根钢杆 1、2 并联。两根钢杆受力 *F* = 20 kN。钢杆的设计长度 *L* = 3 m。$[\sigma]$ = 280 MPa，*E* = 200 GPa。加工时杆 1 比设计长度长了 1.5 mm。计算两钢杆的应力和允许的最大误差。

习题图 2-18

2-19 剪刀如图所示，*a* = 30 mm，*b* = 150 mm，销钉 *C* 的直径 $d_1 = 5$ mm，当用力 *F* = 200 N 剪直径 $d_2 = 5$ mm 的铜丝 *A* 时，试求铜丝及销钉剪切面上的切应力。

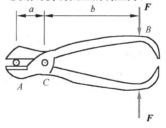

习题图 2-19

2-20 已知 $\delta = 2$ mm，$b = 15$ mm，$d = 4$ mm，$[\tau] = 100$ MPa，$[\sigma_{bs}] = 300$ MPa，$[\sigma] = 160$ MPa。试求许用载荷 $[F]$。

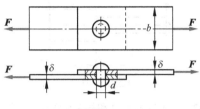

习题图 2-20

2-21 已知 $F = 45$ kN，$\delta = 10$ mm，$b = 250$ mm，$h = 100$ mm，$l = 100$ mm；顺木纹方向，许用应力分别为 $[\tau] = 1$ MPa，$[\sigma_{bs}] = 10$ MPa，$[\sigma] = 6$ MPa，试校核杆的强度。

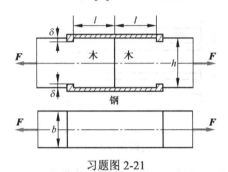

习题图 2-21

2-22 图示装置中键长 $L = 25$ mm，其材料许用切应力 $[\tau] = 100$ MPa，许用挤压应力 $[\sigma_{bs}] = 220$ MPa，试求作用于手柄上的许用载荷 $[F]$。

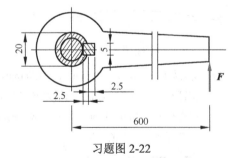

习题图 2-22

2-23 如图所示的杆，若材料的许用应力 $[\tau] = 100$ MPa，许用挤压应力 $[\sigma_{bs}] = 320$ MPa，许用应力 $[\sigma] = 160$ MPa，试求杆的许用载荷 $[F]$。

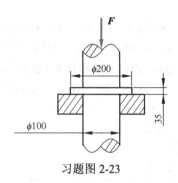

习题图 2-23

提高题

2-24 图示结构，杆 1、杆 2 和杆 3 的许用应力分别为 $[\sigma]_1 = 80$ MPa，$[\sigma]_2 = 60$ MPa，$[\sigma]_3 = 120$ MPa，弹性模量分别为 $E_1 = 160$ GPa，$E_2 = 100$ GPa，$E_3 = 200$ GPa，若 $F = 80$ kN，$A_1 = A_2 = 2A_3$，试确定各杆横截面面积。

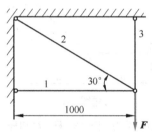

习题图 2-24

2-25 图示水平刚性梁 AB，端 A 铰接，端 B 与杆 2 连接，杆 1 与刚性梁间的缝隙为 0.06 mm，若杆 1 的截面面积为 $A_1 = 2500$ mm²，弹性模量 $E_1 = 200$ GPa，材料的许用应力 $[\sigma]_1 = 100$ MPa。杆 2 的截面面积为 $A_2 = 1000$ mm²，弹性模量 $E_2 = 70$ GPa，材料的许用应力 $[\sigma]_2 = 120$ MPa。试求当杆 1 与刚性梁在点 D 装配后结构的许用外载荷 $[F]$。

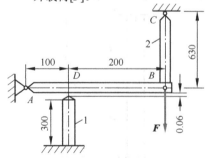

习题图 2-25

2-26 正方形刚性板 $ABCD$，由铰 A 和 BF、DE
两杆支撑。两杆抗拉（压）刚度为 EA，
$DE = 2BF = 2$ m ，力 $F = 6$ kN 。试计算
两杆的内力。

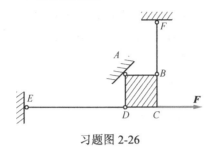

习题图 2-26

2-27 试利用能量法求解习题 2-13。

2-28 图示简单桁架的杆件均由相同的钢材制成，
$E = 200$ GPa，横截面面积均为 300 mm^2。若
$F = 5$ kN，试求 C 点的水平和铅垂位移。

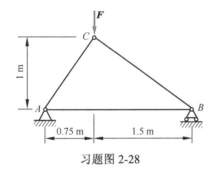

习题图 2-28

2-29 如图所示，厚度 $t = 6$ mm 的两块钢板用 3
个铆钉连接，已知 $F = 50$ kN，材料的 $[\tau] =$
100 MPa，$[\sigma_{bs}] = 280$ MPa，试确定铆钉直
径 d。若用 $d = 12$ mm 的铆钉，问需要几个？

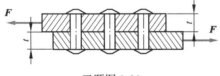

习题图 2-29

2-30 正方形截面的混凝土柱，其横截面边长为
200 mm，其基底为边长 $a = 1$ m 的正方形
混凝土板。柱承受轴向压力 $F = 100$ kN，
如图所示。假设地基对混凝土板的支反
力为均匀分布，混凝土的许用切应力为
$[\tau] = 1.5$ MPa，试求混凝土板所需的最小厚
度 δ 。

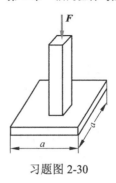

习题图 2-30

研究性题

2-31 图示 BC、BD 两杆原为水平位置，在力 F
的作用下两杆变形，点 B 的位移为 Δ。若
两杆的抗拉刚度同为 EA，试求 Δ 与 F 的
关系。

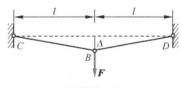

习题图 2-31

2-32 图示桁架受力 $F_1 = F_2 = F$ 的作用，试求节点
D 和 E 的垂直位移。

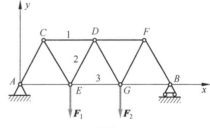

习题图 2-32

2-33 如图所示由两种材料完好粘接组合而成
的复合杆件，横截面面积为 A，两种材料
弹性模量分别为 E_1 和 E_2，各占一半体积，
关于轴线对称分布。试分别就(a)、(b)两
种情况：

(1) 绘制作用力 F 与复合杆件伸长量Δl
之间的变化曲线；

(2) 杆件的总应变能和两种材料中分别
存储的应变能；

(3) 若将复合杆等效为均匀材料，则等效
刚度分别为多少？

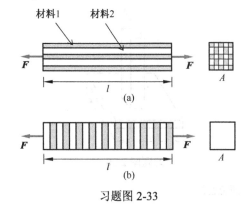

习题图 2-33

2-34 如习题图 2-33 所示由两种材料完好粘接组合而成的复合杆件，横截面面积为 A，两种材料各占一半体积，关于轴线对称分布，其中材料 1 是弹性模量为 E_1 的弹性材料，材料 2 是如习题图 2-34 所示的弹塑性材料。试：(1) 试绘制作用力 F 与复合杆件伸长量 Δl 之间的变化曲线；(2) 作用力 F 达到某值 F_0，使材料 2 中的应力超过屈服极限，然后完全卸载，求杆的残余变形。

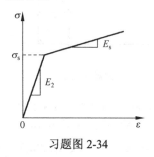

习题图 2-34

第3章
扭 转

3.1 扭转的概念及实例

工程中以扭转为主要变形的杆件很多，如图 3-1 所示的机床传动轴(a)、水轮机主轴(b)、汽车转向轴(c)等。这些杆件的受力特点都是在两端作用两个大小相等、方向相反、作用面垂直于杆件轴向的力偶，其变形特点是任意两个横截面都绕轴线发生相对转动，这种变形形式称为**扭转变形**（torsion）。工程中以扭转变形为主的杆件称为**轴**（shaft）。

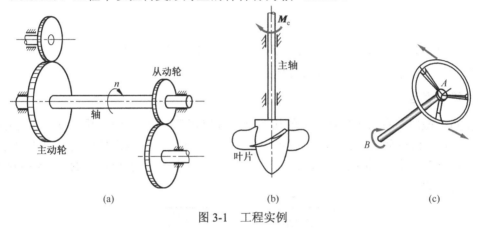

图 3-1 工程实例

本章主要研究圆形和空心圆形等截面直杆（即实心和空心圆轴）扭转时的内力、应力、变形，以及强度和刚度计算。对非圆截面杆的扭转，只做简单介绍。

3.2 外力偶矩、扭矩与扭矩图

本节首先介绍如何由轴传递的功率和转速计算外力偶矩，然后讲述如何根据平衡原理，利用截面法确定内力——扭矩。

外力偶矩计算

工程实际中，往往并不直接给出作用于轴上的外力偶矩，而是给出轴所传递的功率和轴的转速。设外力偶矩 M_e（单位为 N·m）作用于轴上，输入到轴上的功率为 P（单位为 kW=10^3 N·m/s），轴的转速为 n（单位为 r/min），则由功率与力偶做功的关系：

$$P \times 1000 = M_e \times 2\pi \times \frac{n}{60}$$

得

$$M_e = 9549 \frac{P}{n} \quad \text{(N·m)} \tag{3-1}$$

作用于轴上的所有外力偶矩都确定后，即可利用截面法来研究横截面上的内力——扭矩。

截面法求内力——扭矩

以图 3-2(a)所示受一对外力偶作用的圆轴 *AB* 为例，用截面法求任一截面 *n-n* 上的内力：

(1) 假想将圆轴沿横截面 *n-n* 截开分成两部分 I 和 II，如图 3-2(b)所示。

图 3-2　截面法求任意截面的扭矩

(2) 取任一部分研究其受力平衡，如取图 3-2(b)所示左侧部分 I，为满足平衡条件，横截面 *n-n* 上的分布合力应合成为一力偶矩，称为**扭矩**（torque），用 *T* 表示，单位为 N·m 或 kN·m。可见杆件受到外力偶作用而发生扭转变形时，在杆的横截面上产生的内力为扭矩。由平衡方程

$$\sum M_x = 0, \quad T - M_{eA} = 0$$

得

$$T = M_{eA}$$

若取右侧部分 II 为研究对象，仍然可以得到截面上的扭矩 $T = M_{eB} = M_{eA}$，但其方向刚好与左侧部分截面上的扭矩相反，如图 3-2(b)所示。

扭矩的符号规定

为了使同一截面左右两部分杆件上的扭矩不但数值相等，而且符号相同，通常将扭矩的符号进行统一规定：按右手螺旋法则将 *T* 表示为矢量，当矢量方向与截面外法线方向相同时为正，反之为负，如图 3-3 所示。根据这一规定，图 3-3 中同一截面左右两部分上的扭矩大小相等，符号一致，都是正的。

图 3-3　扭矩的符号规定

扭矩图

当作用于轴上的外力偶多于两个时，不同横截面上的扭矩不尽相同，于是可将扭矩写成横截面位置的函数（称为**扭矩方程**）。此时往往用图线表示各横截面上扭矩沿轴线的变化情况。图中以沿轴线的横坐标 *x* 表示横截面的位置，取扭矩为纵坐标，这样绘出的图称为**扭矩图**（torque diagram）。下面通过例题说明扭矩图的绘制。

例题 3-1

例题图 3-1(a)所示传动轴的转速 $n = 300$ r/min，主动轮 *A* 的功率 $P_A = 400$ kW，3 个从动轮的输出功率分别为 $P_C = 120$ kW，$P_B = 120$ kW，$P_D = 160$ kW，试作该轴的扭矩图。

分析：除了轴的两端外，还在中间作用有集中力偶矩，所以整个轴的扭矩不同，应分为三段分别利用截面法求解。另外，在确定外力偶矩的转向时，应注意主动轮上外力偶矩的转向与轴的转向相同，而从动轮上外力偶矩的转向则与轴的转向相反，这是因为从动轮上的外力偶矩是阻力偶矩。

解：

(1) 利用式(3-1)计算主动轮和从动轮上的外力偶矩，即

$$M_{eA} = 9549\frac{P_A}{n} = 12.73\ \text{kN·m}$$

$$M_{eB} = M_{eC} = 9549\frac{P_B}{n} = 3.82\ \text{kN·m}$$

$$M_{eD} = 9549\frac{P_D}{n} = 5.09\ \text{kN·m}$$

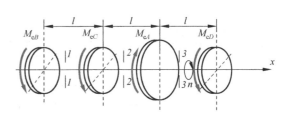

(a)

(2) 应用截面法，分别用假想的任意截面 1-1、2-2、3-3 将轴截断，并假设所截开横截面上的扭矩符号均为正，依次取如例题图 3-1(b)、(c)、(d)所示的研究对象分析。

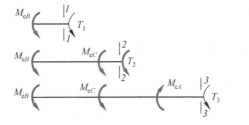

(b)

(c)

(d)

对于如例题图 3-1(b)所示的研究对象，由平衡方程

$$\Sigma M_x = 0, \qquad T_1 + M_{eB} = 0$$

得

$$T_1 = -M_{eB} = -3.82\ \text{kN·m}$$

(e)

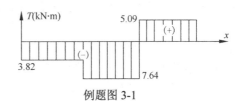

例题图 3-1

对如例题图 3-1(c)所示的研究对象，应用平衡方程

$$\Sigma M_x = 0, \qquad T_2 + M_{eB} + M_{eC} = 0$$

得

$$T_2 = -M_{eB} - M_{eC} = -7.64\ \text{kN·m}$$

同理，由如例题图 3-1(d)所示研究对象的平衡，得

$$\Sigma M_x = 0, \qquad T_3 - M_{eA} + M_{eB} + M_{eC} = 0$$

$$T_3 = M_{eA} - M_{eB} - M_{eC} = 5.09\ \text{kN·m}$$

(3) 根据上述计算结果，以横坐标 x 轴表示截面位置，以纵坐标表示对应截面的扭矩，作扭矩图，如例题图 3-1(e)所示。

讨论：

(1) 从例题图 3-1(e)不难看出，在中间作用有集中外力偶矩处的横截面两侧，扭矩有突然的间断，间断值恰好等于集中力偶矩。该结论具有普遍意义，可以仿照杆件受轴向拉压的情况证明：凡是集中力偶矩作用的截面上，扭矩有跳跃，截面右侧与左侧扭矩的差等于集中力偶矩。

(2) 请读者计算绘制主动轮置于轴一端时的内力图，并比较主动轮置于端部和置于中间时的扭矩最大值，思考哪种布局更合理。

扭矩与外力偶矩的微分关系

当外力偶矩沿轴线以任意函数 $m(x)$ 连续变化时，仍然成立与式(2-1)类似的关系：

$$\frac{\mathrm{d}T}{\mathrm{d}x} = -m(x) \tag{3-2}$$

式(3-2)表示了扭矩与分布外力偶矩之间的导数关系，它其实就是扭转杆件内力（扭矩）的平衡微分方程，其证明同轴向拉压杆件的情况。可以通过对上述关系积分，并结合前面提到的集中外力偶矩作用处的扭矩变化特征，来直接计算任一截面的扭矩。

3.3 薄壁圆筒的扭转——纯剪切

在研究轴扭转的应力和变形之前，本节先研究一个比较简单的扭转问题，即薄壁圆筒的扭转。这是一个纯剪切的情况，可以帮助我们认识切应力和切应变的规律。本节仍然根据对变形特征的实验观察，获得横截面上的应力特征和分布形式，然后依据静力等效由内力确定应力，并在实验的基础上获得联系切应力和切应变的剪切胡克定律。

薄壁圆筒扭转的变形特征和切应力计算

图 3-4(a)为一等截面的薄壁圆筒（壁厚 δ 远小于其平均半径 r_0，一般 $\delta \leqslant r_0/10$）为了观察其变形特征，受扭前先在圆筒表面画上纵向线及圆周线。当圆筒两端加上一对力偶 M_e 后，可以观察到，如图 3-4(b)所示：各纵向线仍为直线，且均倾斜了同一微小角度 γ；各圆周线的形状、大小和之间的间距都没有变化，只是绕轴线转了不同角度。由此说明，圆筒横截面及含轴线的纵向截面上均没有正应力，即横截面上只有切应力 τ，它沿圆周方向，并组成与外力偶矩 M_e 相平衡的内力系。因为薄壁的厚度 δ 很小，所以可以认为切应力沿壁厚方向均匀分布，又因在同一圆周上各点情况完全相同（轴对称），即切应力相同，如图 3-4(c)所示。这样，任一横截面上的切应力对圆筒轴心的力矩为 $2\pi r_0 \delta \cdot \pi \cdot r_0$。由平衡方程 $\sum M_x = 0$，得

$$M_e = 2\pi r_0 \delta \cdot \tau \cdot r_0$$

$$\tau = \frac{M_e}{2\pi r_0^2 \delta} \tag{3-3}$$

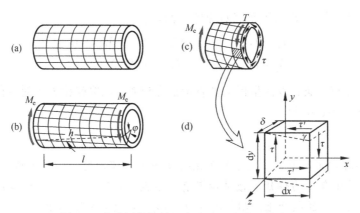

图 3-4　薄壁圆筒扭转切应力、切应力互等定理

切应力互等定理

用相邻的两个横截面和两个纵向截面从圆筒中取出边长分别为 dx、dy（无限小）和 δ（有限大）的六面体，如图 3-4(d)所示，其左、右两侧面是横截面的一部分，上面有等值反向的切应力 τ，组成一个力偶矩为 $(\tau\delta dy)$ dx 的力偶。为了保持平衡，六面体的上、下面上必存在等值反向的切应力 τ'，并组成一力偶。由 $\sum M_z = 0$，得

$$(\tau\delta dx)dy - (\tau'\delta dy)dx = 0$$

$$\tau = \tau' \tag{3-4}$$

式(3-4)表明：在互相垂直的两个平面上，切应力总是成对出现，且数值相等；两者均垂直

于两个平面的交线，方向则同时指向或同时背离这一交线。这就是**切应力互等定理**。由上述六面体沿筒厚度 δ 方向任意截取无限小长度 dz 的微小单元体 $dxdydz$，仍然可以证明该结论。后面将进一步证明：该定理对任意受力状态都成立，即任一点处沿两个相互垂直的平面上的切应力均具有该性质。

如图 3-4(d)所示的六面体的四个侧面上，只有切应力而没有正应力作用，这种受力情况称为**纯剪切**。

切应变

观察薄壁圆筒上由纵向线及圆周线组成的方格在外力偶作用下的变形[见图 3-4(b)]可以发现：变形后圆筒两端发生相对转动，原来的方格变成了倾斜的平行四边形，即原来相互垂直的两个棱边的夹角改变了一个微量 γ，在图 3-4(d)所示的六面体上也同样可以显示该变形特征，按照式(1.4)的定义，γ 就是切应变。若 φ 为圆筒两端的相对扭转角，l 为圆筒的长度，切应变 γ 为

$$\gamma \approx \frac{r_0 \varphi}{l} \tag{3-5}$$

剪切胡克定律

通过薄壁圆筒扭转试验可以发现：切应力低于剪切比例极限时，扭转角 φ 与外力偶矩 M_e 成正比，如图 3-5(a)所示的低碳钢薄壁圆筒扭转曲线。由式(3-3)和式(3-5)可知，切应力 τ 与 M_e 成正比，切应变 γ 与扭转角 φ 成正比。因此由图 3-5(a)便可作出图 3-5(b)所示的 τ-γ 曲线，其中 OA 为一直线端，点 A 对应的切应力 τ_p 为剪切比例极限。这表明：当切应力不超过材料的剪切比例极限时，切应变 γ 与切应力 τ 成正比，可以写为

$$\tau = G\gamma \tag{3-6}$$

式(3-6)称为材料的**剪切胡克定律**（Hooke's law in shear），式中比例常数 G 为材料的**剪切弹性模量**（shear modulus of elasticity），其量纲与弹性模量 E 的相同，单位为 Pa。其值随材料而异，钢材剪切弹性模量约为 80 GPa。

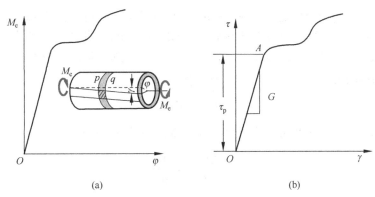

图 3-5 剪切胡克定律

至此，我们已经引入了三个弹性常量，即弹性模量 E、泊松比 ν、剪切弹性模量 G。值得指出的是，对各向同性材料三个弹性常数之间存在关系：

$$G = \frac{E}{2(1+\nu)} \tag{3-7}$$

可见，三个常数中只有两个是独立的，知道任意两个，就可确定另一个。上述结论将在第 7 章给出证明。

3.4 圆轴扭转的应力和强度

3.4.1 等直圆轴扭转时横截面上的应力

工程中最常见的轴是圆截面轴，本节将研究圆轴扭转时横截面上的应力分布规律，即确定横截面上各点的应力，分析将通过以下三个步骤进行：

(1) 根据实验观察到的扭转变形特征提出变形假设——平面假设，并据此导出变形的几何关系，获得应变分布的规律；

(2) 根据物理关系——剪切胡克定律，得到应力分布的规律；

(3) 由静力学等效关系得到由内力扭矩计算横截面上各点应力的公式。

变形特征和平面假设

取一等截面圆轴，如图 3-6(a)所示，在圆轴的表面绘上纵向线和圆周线，然后在轴的两端施加一对外力偶矩，如图 3-6(b)所示。在小变形的情况下，可以观察到，圆轴扭转变形与薄壁圆筒的扭转变形相同，各纵向线倾斜了同一微小角度 γ；各圆周线均绕轴线旋转了一微小角度，而圆周线的长度、形状和之间的间距均未改变。圆周表面由周向线和纵向线所组成的正方形格子变成了菱形。由此做出圆轴扭转变形的**平面假设：圆轴变形后其横截面仍保持为平面，其大小及相邻两横截面间的距离不变，且半径仍为直线**。按照该假设，圆轴扭转变形时，其横截面就像刚性平面一样，绕轴线转了一个角度。

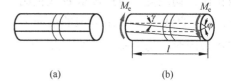

图 3-6 扭转变形特征和平面假设

几何关系

如图 3-7(a)所示，利用两横截面 *m-m* 和 *n-n*，从圆轴中取出长为 dx 的微段。根据微分的概念，变形后截面 *n-n* 相对于截面 *m-m* 绕轴旋转了一微小角度 dφ。根据平面假设，半径 O_2C 转至 O_2C'，O_2D 转至 O_2D'。考察表面微小方格（称为微元）*ABDC* 的变形：$BD = AC = dx$，变形后表面上的点 *C* 移至点 *C'*，点 *D* 移至点 *D'*，于是有

$$CC' = R\mathrm{d}\varphi$$

根据切应变的定义，微元 *ABDC* 的切应变 γ，即表面点 *A* 的切应变为

$$\gamma = \frac{CC'}{AC} = R\frac{\mathrm{d}\varphi}{\mathrm{d}x}$$

根据平面假定，距轴心 O_1、O_2 为 ρ 处同轴柱面上微元 *EFGH*[如图 3-7(b)所示]，即点 *E* 的切应变为

$$\gamma_\rho = \frac{HH'}{EH} = \rho\frac{\mathrm{d}\varphi}{\mathrm{d}x} \tag{3-8}$$

显然，γ_ρ 发生在垂直于半径 O_2H 的平面内。由于 dφ / dx 对同一横截面上的各点为一常数，故

式(3-8)表明：**圆轴扭转时，横截面上任一点的切应变与该点至截面中心的距离成正比，即切应变沿半径方向线性分布。**

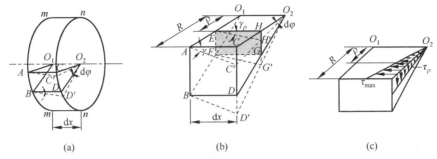

(a) (b) (c)

图 3-7 圆轴扭转时横截面上的切应力

根据平面假设，圆轴扭转变形时其上每一点只产生周向位移，设点 E 的位移为 u_φ，则点 H 的位移为 $u_\varphi + du_\varphi$，于是 $HH' = du_\varphi$，式(3-8)可改写为

$$\gamma_\rho = \frac{du_\varphi}{dx}$$

该方程和式(3-8)均称为扭转的几何方程。

物理关系

根据横截面上的切应变分布表达式(3-8)，应用剪切胡克定律，可得

$$\tau_\rho = G\gamma_\rho = G\rho \frac{d\varphi}{dx} \tag{3-9}$$

式(3-9)表明：**圆轴扭转时横截面上任一点的切应力与该点至截面中心的距离成正比，**因此与圆心等距的同心圆上各点的切应力大小相等。由于切应变与半径垂直，因而切应力方向也垂直于半径。根据切应力互等定理，轴的纵截面上也存在同样大小的切应力，其分布如图 3-7(c)所示。

由于式(3-9)中的 $d\varphi / dx$ 尚未知，因而尚不能用以计算切应力，为了确定未知量 $d\varphi / dx$，需要考虑静力学等效。

静力学关系

显然，任一横截面上的内力扭矩是由该截面上分布的切应力合成的。如图 3-8 所示，在横截面上任取一微面积 dA，其上的微内力 $\tau_\rho dA$ 对圆心的矩为 $\tau_\rho dA \cdot \rho$，所有内力矩的和等于该截面上的扭矩 T，即

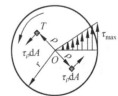

图 3-8 扭矩与切应力之间的静力学等效

$$T = \int_A \rho \tau_\rho dA = G\frac{d\varphi}{dx}\int_A \rho^2 dA$$

其中

$$I_P = \int_A \rho^2 dA \tag{3-10}$$

称为横截面的**极惯性矩**（second polar moment），其量纲为 m^4。由式(3-10)得

$$\frac{d\varphi}{dx} = \frac{T}{GI_P} \tag{3-11}$$

将式(3-11)代入式(3-9)，即得到横截面上距圆心为 ρ 的任一点的切应力计算公式：

$$\tau(\rho) = \frac{T\rho}{I_P} \tag{3-12}$$

由式(3-11)可知，当 ρ 值达到最大 $\rho = R$ 时，即在圆轴外表面，切应力达到最大：

$$\tau_{max} = \frac{TR}{I_P} = \frac{T}{W_P} \tag{3-13}$$

式中

$$W_P = \frac{I_P}{R} \tag{3-14}$$

称为**抗扭截面模量**（section modulus in torsion），其量纲为 m^3。

以下两点值得注意：

(1) 以上各式是以平面假设为基础导出的。实验结果表明，平面假设只有对横截面不变的圆轴才正确，所以上述各公式只适用于等直圆轴。但对截面沿轴线变化缓慢的小锥度锥形杆也可近似利用这些公式进行计算。

(2) 导出以上公式时使用了剪切胡克定律，因此只适用于最大切应力小于剪切比例极限的情况，即适用于线弹性范围内的等直圆杆。

截面极惯性矩和抗扭截面模量

上述公式中引进了截面极惯性矩 I_P 和抗扭截面模量 W_P，下面针对最常用的实心和空心截面给出这两个量的计算。

1) 实心圆截面

如图 3-9(a)所示，根据式(3-10)计算极惯性矩，得

$$I_P = \int_A \rho^2 dA = \int_0^{D/2} \rho^3 (2\pi d\rho) = 2\pi \left(\frac{\rho^4}{4} \right) \Bigg|_0^{D/2} = \frac{\pi D^4}{32} \tag{3-15a}$$

根据式(3-13)，得抗扭截面模量为

$$W_P = \frac{\pi D^3}{16} \tag{3-15b}$$

2) 空心圆截面

如图 3-9(b)所示，根据式(3-10)计算极惯性矩，得

$$I_P = \int_{\frac{d}{2}}^{\frac{D}{2}} 2\pi\rho^3 d\rho = \frac{\pi}{32}(D^4 - d^4) = \frac{\pi D^4}{32}(1 - \alpha^4) \tag{3-16a}$$

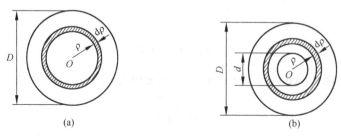

(a)　　　　　　　　(b)

图 3-9　实心圆截面和空心圆截面的极惯性矩计算

根据式(3-13)，得抗扭截面模量为

$$W_{\mathrm{P}} = \frac{\pi D^3}{16}(1 - \alpha^4)$$ (3-16b)

式中，$\alpha = d/D$。当 $\alpha = 0$ 时，式(3-15)退化为式(3-14)。

例题 3-2

直径 $D = 50$ mm 的圆轴，受到扭矩 $T = 2.15$ kN·m 的作用。试求距离轴心 10 mm 处的切应力，并求横截面上的最大切应力。

解：

由圆轴扭转横截面上任意一点切应力公式可知，距轴心 10 mm 处的切应力为

$$\tau_{\rho} = \frac{T\rho}{I_{\mathrm{P}}} = \frac{2.15 \times 10^3 \times 0.01 \times 32}{\pi \times 0.05^4} = 35 \text{ MPa}$$

截面上的最大切应力为

$$\tau_{\max} = \frac{T}{W_{\mathrm{p}}} = \frac{2.15 \times 10^3 \times 16}{\pi \times 0.05^3} = 87.6 \text{ MPa}$$

3.4.2　等直圆轴扭转时斜截面上的应力

与杆件拉压时的情况一样，可以通过横截面上的应力计算任意斜截面上的应力。为此，以成对的横截面、径向截面和圆周切向截面从受扭的等直圆轴内截取一微小的长方单元体，如图 3-10(a)所示，其中前后面为两圆周切向截面，其上不受力；左右面为两横截面，上下为两径向截面，这些面上分别有切应力 τ 和 τ'。分析在单元体内垂直于前后面的任意斜截面 mn 上[如图 3-10(b)所示]的应力。

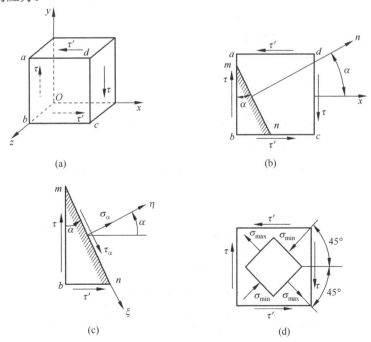

图 3-10　圆轴扭转时斜截面上的应力

　　设斜截面外法线方向 **n** 与 x 轴的夹角为 α，并规定由 x 轴逆时针转至截面外法线方向为正；斜截面 mn 的面积为 $\mathrm{d}A$，则面 mb 和面 nb 的面积分别为 $\mathrm{d}A\cos\alpha$ 和 $\mathrm{d}A\sin\alpha$。由截面法取左半部分为研究对象，设斜截面上的正应力和切应力分别为 σ_α 和 τ_α，如图 3-10(b)所示，利用平衡方程得

$$\sum F_\eta = 0, \quad \sigma_\alpha \mathrm{d}A + (\tau \mathrm{d}A\cos\alpha)\sin\alpha + (\tau'\mathrm{d}A\sin\alpha)\cos\alpha = 0$$

$$\sum F_\xi = 0, \quad \tau_\alpha \mathrm{d}A - (\tau \mathrm{d}A\cos\alpha)\cos\alpha + (\tau'\mathrm{d}A\sin\alpha)\sin\alpha = 0$$

根据切应力互等，有 τ 和 τ' 相等。整理上式，得任意斜截面上的正应力和切应力计算公式：

$$\sigma_\alpha = -\tau\sin 2\alpha, \quad \tau_\alpha = \tau\cos 2\alpha \tag{3-17}$$

　　由式(3-17)看出：

　　(1) 单元体的四个侧面 $\alpha = 0°$ 和 $\alpha = 90°$，其上切应力的绝对值最大，均为 τ；

　　(2) $\alpha = \pm 45°$ 截面上的切应力为零，而正应力的绝对值最大，一个为拉应力，另一个为压应力，其大小均为 τ，且与切应力作用面互成 $45°$，如图 3-10(d)所示。

3.4.3　圆轴扭转的强度条件

　　图 3-11 为典型的塑性材料（低碳钢）和脆性材料（铸铁）试件扭转加载时的应力-应变曲线。其中，低碳钢有明显的屈服，相应的剪切屈服强度为 τ_s，强度极限为 τ_b；铸铁没有明显的屈服，达到强度极限 τ_b 时破坏。图 3-12 为两种材料试件扭转破坏的形式，其中，低碳钢试件沿横截面破坏，断口比较光滑平整，属于剪切破坏；铸铁试件沿 45° 螺旋面断开，断口呈细小颗粒状，属于拉伸破坏。显然，低碳钢试件的扭转破坏可认为是由于横截面的切应力达到临界值而引起的；而铸铁试件的扭转破坏则是由于 45° 斜截面上的拉应力达到临界值引起的。但由式(3-17)知，该斜截面上的正应力与横截面的切应力大小相等，所以两种情况下都可以利用横截面的切应力建立强度条件，即

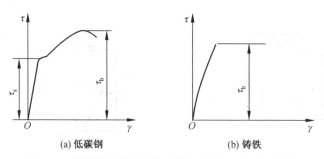

图 3-11　低碳钢和铸铁试件扭转加载的应力-应变曲线

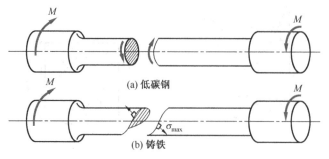

图 3-12　低碳钢和铸铁试件的扭转破坏形式

$$\tau_{\max} = \frac{T}{W_P} \leqslant [\tau] \tag{3-18}$$

式中，$\tau_{\max}$ 指圆轴所有横截面上切应力中的最大值。对于等截面圆轴，最大切应力发生在扭矩最大的横截面上的边缘各点；对于变截面圆轴，如阶梯轴，最大切应力不一定发生在扭矩最大的截面，这时需要根据扭矩 T 和相应抗扭截面模量 W_P 的数值综合考虑才能确定。$[\tau]$ 为许用切应力，对低碳钢一类的塑性材料，取为

$$[\tau] = \frac{\tau_s}{n}$$

对铸铁一类的脆性材料，则取为

$$[\tau] = \frac{\tau_b}{n}$$

式中，n 为安全系数。

例题 3-3

阶梯形圆轴如例题图 3-3(a)所示，AB 段的直径 $d_1 = 50$ mm，BD 段的直径 $d_2 = 70$ mm，外力偶矩分别为：$M_{eA} = 700$ kN·m，$M_{eC} = 1$ kN·m，$M_{eD} = 1.8$ kN·m。许用切应力 $[\tau] = 40$ MPa。试校核该轴的强度。

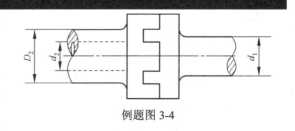

例题图 3-3

分析：首先应绘制该轴的扭矩图，但由于属变截面圆轴，所以最大切应力不一定发生在扭矩最大的截面，应根据扭矩 T 和相应抗扭截面模量 W_P 的数值综合考虑确定；对于阶梯轴，可以每段进行强度校核。

解：扭矩图如例题图 3-2(b)所示。虽然 CD 段的扭矩大于 AB 段的扭矩，但 CD 段的直径也大于 AB 段直径，所以对这两段轴均应进行强度校核。

AB 段：

$$\tau_{\max} = \frac{T_1}{W_P} = \frac{16 \times 700}{\pi(50 \times 10^{-3})^3} = 28.5 \text{ MPa} < 40 \text{ MPa} = [\tau]$$

CD 段：

$$\tau_{\max} = \frac{T_2}{W_P} = \frac{16 \times 1800}{\pi(70 \times 10^{-3})^3} = 26.7 \text{ MPa} < 40 \text{ MPa} = [\tau]$$

故该轴满足强度条件。

例题 3-4

材料相同的实心轴与空心轴，通过牙嵌离合器相连，如例题图 3-4 所示。已知轴所传递的外力偶矩为 $M_e = 700$ N·m。设空心轴的内外径比 $\alpha = 0.5$，许用切应力 $[\tau] = 20$ MPa。试计算实心轴直径 d_1 与空心轴外径 D_2，并比较两轴的截面面积。

例题图 3-4

解：

对实心轴利用扭转强度条件得

$$\tau_{\max} = \frac{T}{W_{\mathrm{P}}} = \frac{16T}{\pi d_1^3} = \frac{16 \times 700 \text{ N} \cdot \text{m}}{\pi d_1^3} \leqslant 20 \times 10^6 \text{ Pa} = [\tau]$$

求解得

$$d_1 \geqslant 56.3 \text{ mm}$$

取 $d_1 = 57 \text{ mm}$。

对空心轴利用扭转强度条件得

$$\tau_{\max} = \frac{T}{W_{\mathrm{P}}} = \frac{16T}{\pi D_2^3(1-\alpha^4)} = \frac{16 \times 700 \text{ N} \cdot \text{m}}{\pi D_2^3(1-0.5^4)} = 20 \times 10^6 \text{ Pa} = [\tau]$$

求解得

$$D_2 \geqslant 57.5 \text{ mm}$$

取 $D_2 = 58 \text{ mm}$，于是内径 $d_2 = \alpha D_2 = 29 \text{ mm}$。

实心轴与空心轴的截面积比为

$$\frac{A_1}{A_2} = \frac{\pi d_1^2}{4} \bigg/ \frac{\pi D_2^2}{4}(1-\alpha^2) = 1.3$$

讨论：

(1) 由上述结果可以看出，在传递同样的力偶矩时，空心轴所耗材料比实心轴少。因此，从强度方面考虑，空心圆轴要比实心圆轴更合理，所以工程上在加工工艺的允许下往往将轴制成空心的。但空心圆轴的壁厚不能过薄，否则发生局部皱褶而丧失承载能力。实际中，应综合考虑强度、刚度、加工复杂性、经济成本等合理设计截面形式。

(2) 上述结论也可以用扭转理论所提供的应力分布规律来解释。实心轴中心部分的材料受到的切应力很小，这部分材料没有充分发挥它的作用，因此做成空心的更能充分利用材料。

例题 3-5

传动机构如例题图 3-5 所示，功率从轮 B 输入，通过锥形齿轮将其一半传递给铅垂轴 C，另一半传递给水平轴 H。已知输入功率 $P_1 = 14 \text{ kW}$，水平轴 E 和 H 的转速 $n_1 = n_2 = 120 \text{ r/min}$；锥齿轮 A 和 D 的齿数分别为 $Z_1 = 36$，$Z_3 = 12$；各轴的直径分别为 $d_1 = 70 \text{ mm}$，$d_2 = 50 \text{ mm}$，$d_3 = 35 \text{ mm}$，试确定各轴横截面上的最大切应力。

分析： 首先需根据传递的功率确定各轴所受的扭矩，然后利用式(3-13)计算最大切应力。

解：

1) 求各轴所承受的扭矩

各轴所传递的功率分别为

$$P_1 = 14 \text{ kW}, \ P_2 = P_3 = P_1/2 = 7 \text{ kW}$$

各轴的转速分别为

$$n_1 = n_2 = 120 \text{ r/min}$$

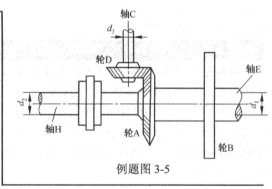

例题图 3-5

$$n_3 = n_1 \frac{z_1}{z_3} = 120 \times \frac{36}{12} = 360 \text{ r / min}$$

由式(3-1)求得各轴承受的扭矩为

$$T_1 = M_{e1} = 9549 \times \frac{14}{120} = 1114 \text{ N} \cdot \text{m}$$

$$T_2 = M_{e2} = 9549 \times \frac{7}{120} = 557 \text{ N} \cdot \text{m}$$

$$T_3 = M_{e3} = 9549 \times \frac{7}{360} = 185.7 \text{ N} \cdot \text{m}$$

2) 计算最大切应力

由式(3-13)得轴 E、H、C 横截面上的最大切应力分别为

$$\tau_{\max}(\text{E}) = \frac{T_1}{W_{P1}} = \frac{16 \times 1114}{\pi \times 70^3 \times 10^{-9}} = 16.54 \text{ MPa}$$

$$\tau_{\max}(\text{H}) = \frac{T_2}{W_{P2}} = \frac{16 \times 557}{\pi \times 50^3 \times 10^{-9}} = 22.69 \text{ MPa}$$

$$\tau_{\max}(\text{C}) = \frac{T_3}{W_{P3}} = \frac{16 \times 185.7}{\pi \times 35^3 \times 10^{-9}} = 21.98 \text{ MPa}$$

3.5　等直圆杆扭转的变形和刚度条件

扭转变形的表征——扭转角

圆轴扭转时的变形是用两截面绕轴线相对转动的角度来度量的，称为**扭转角**（angle of twist）。由式(3-11)得

$$\mathrm{d}\varphi = \frac{T}{GI_P}\mathrm{d}x \tag{3-19}$$

相距为 l 的两个截面之间的扭转角可通过将上式进行积分得

$$\varphi = \int_l \mathrm{d}\varphi = \int_l \frac{T}{GI_p}\mathrm{d}x \tag{3-20}$$

式中，GI_p 称为圆轴的抗扭刚度。若等直圆轴在两个横截面之间扭矩 T 不变，且 GI_P 为常量，则两截面的相对扭转角为

$$\varphi = \frac{Tl}{GI_P} \qquad \text{(rad)} \tag{3-21}$$

对于各段扭矩不等或截面极惯性矩不等的阶梯状圆轴，轴两端面的相对扭转角为

$$\varphi = \sum_{i=1}^{n} \frac{T_i l_i}{GI_{Pi}} \tag{3-22}$$

刚度条件

为了机械运动的稳定和工作精度，机器中的某些轴类构件，除应满足强度要求之外，还不应有过大的扭转变形。因此，要根据不同要求，对受扭圆轴的变形加以限制，即进行刚度设计。

从式(3-20)～式(3-22)可以看出，扭转角 φ 的大小与两截面间距离 l 有关，因此在很多情形下，该量不能准确地表征轴的扭转变形程度。而相距单位长度两截面的扭转角（称为单位长度扭转角）与轴的长度无关，能有效地表征轴的扭转变形程度。单位长度扭转角也称扭转角的变化率，即

$$\theta = \frac{\mathrm{d}\varphi}{\mathrm{d}x} = \frac{T}{GI_\mathrm{P}} \tag{3-23}$$

单位是 rad/m（弧度/米）。

扭转刚度设计要求单位长度扭转角限制在允许的范围内，即必须满足刚度条件

$$\theta = \frac{T}{GI_\mathrm{P}} \times \frac{180}{\pi} \leqslant [\theta] \tag{3-24}$$

式中，θ 和 $[\theta]$ 的单位均为 °/m (度/米)；$[\theta]$ 为许用单位长度扭转角，其数值根据轴的工作要求而定，例如，对用于精密机械的轴，$[\theta] = (0.25 \sim 0.5)\ (°/\mathrm{m})$；对一般传动轴，$[\theta] = (0.5 \sim 1.0)\ (°/\mathrm{m})$；对刚度要求不高的轴，$[\theta] = 2\ (°/\mathrm{m})$。

例题 3-6

例题图 3-6 中的杆件为圆锥体的一部分，设其锥度不大，两端的直径分别为 d_1 和 d_2，长度为 l。沿轴线作用着均匀分布的扭转力偶矩，集度为 m。试计算两端面的相对扭转角。

例题图 3-6

分析：该杆件为连续变截面圆轴，且作用着分布外力偶矩，所以应利用式(3-20)计算。

解：设距左端为 x 的任意横截面的直径为 d，按几何关系求得

$$d = d_2 \left(1 + \frac{d_1 - d_2}{d_2} \times \frac{x}{l} \right)$$

该横截面的极惯性矩为

$$I_\mathrm{P} = \frac{\pi d^4}{32} = \frac{\pi d_2^4}{32} \left(1 + \frac{d_1 - d_2}{d_2} \times \frac{x}{l} \right)^4$$

同一横截面上的扭矩为

$$T = mx$$

由式(3-20)得两端面的相对扭转角为

$$\varphi = \int_l \mathrm{d}\varphi = \int_l \frac{T}{GI_\mathrm{P}}\mathrm{d}x = \frac{32m}{G\pi d_2^4} \int_0^l \left(1 + \frac{d_1 - d_2}{d_2} \times \frac{x}{l} \right)^{-4} x\,\mathrm{d}x = \frac{16ml^2}{3G\pi d_1^2 d_2^2}\left(1 + 2\frac{d_2}{d_1} \right)$$

例题 3-7

一台电机的传动轴传递的功率为 40 kW，转速为 1400 r/min，直径为 40 mm，轴材料的许用切应力 $[\tau] = 40$ MPa，剪切弹性模量 $G = 80$ GPa，，许用单位扭转角 $[\theta] = 1\ °/\mathrm{m}$，试校核该轴的强度和刚度。

解：

1) 计算扭矩

$$T = M_\mathrm{e} = 9549\frac{N}{n} = 9549 \times \frac{40}{1400} = 272.8 \ \mathrm{N \cdot m}$$

2) 强度校核

$$\tau_{\max} = \frac{T}{W_P} = \frac{16 \times 272.8}{\pi \times (40 \times 10^{-3})^3} \, \text{Pa} = 21.7 \, \text{MPa} < 40 \, \text{MPa} = [\tau]$$

3) 刚度校核

$$\theta = \frac{T}{GI_P} \times \frac{180}{\pi} = \frac{32 \times 272.8}{80 \times 10^9 \times \pi \times (40 \times 10^{-3})^4} \times \frac{180}{\pi} = 0.77 \, °/\text{m} < 1 \, °/\text{m} = [\theta]$$

因此，该传动轴既满足强度条件，又满足刚度条件。

例题 3-8

有一闸门启闭机的传动轴。已知：材料为 45 号钢，剪切弹性模量 $G = 79$ GPa，许用切应力 $[\tau] = 88.2$ MPa，许用单位扭转角 $[\theta] = 0.5$ °/m，使圆轴转动的电动机功率 $P = 16$ kW，转速为 3.86 r/min，试选择合理的圆轴直径。

分析：该题同时给出了强度和刚度所应满足的许用切应力和许用单位扭转角，所以应分别利用强度条件[式(3-18)]和刚度条件[见式(3-24)]确定圆轴的直径，然后选择最大的值使强度和刚度同时得到满足。

解：

1) 计算传动轴传递的扭矩

$$T = M_e = 9549 \frac{P}{n} = 9549 \times \frac{16}{3.86} = 39.59 \; \text{kN·m}$$

2) 由强度条件[见式(3-18)]确定圆轴的直径

$$W_p \geqslant \frac{T}{[\tau]} = \frac{39.58 \times 10^3}{88.2 \times 10^6} = 0.4488 \times 10^{-3} \; \text{m}^3$$

式中，$W_p = \dfrac{\pi d^3}{16}$，于是得

$$d \geqslant \sqrt[3]{\frac{16 W_p}{\pi}} = \sqrt[3]{\frac{16 \times 0.4488 \times 10^{-3}}{\pi}} \, \text{m} = 131 \; \text{mm}$$

3) 由刚度条件[式(3-24)]确定圆轴的直径

$$I_P \geqslant \frac{T}{G[\theta]} \times \frac{180}{\pi}$$

式中，$I_P = \dfrac{\pi d^4}{32}$，于是得

$$d \geqslant \sqrt[4]{\frac{32T}{\pi G[\theta]} \times \frac{180}{\pi}} = 155 \; \text{mm}$$

选择圆轴的直径 $d = 155$ mm（可取 160 mm），既满足强度条件，又同时满足刚度条件。

例题 3-9

一组合轴如例题图 3-9 所示由内圆轴与外圆套组成，长为 l。内圆轴为铜，剪切弹性模量为 G_1，外圆套为钢，剪切弹性模量为 G_2，两者在交界面上牢固结合，钢套的内外半径分别为 R_1 和 R_2，在扭矩 T 的作用下，试推导扭转切应力和两端截面的相对扭转角。

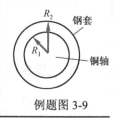

例题图 3-9

分析： 由于铜轴和钢套牢固结合，所以扭转变形时平面假设依然成立，于是两圆柱内的切应变均可由式(3-8)表示。由此仿照 3.4 节的思路，由铜轴和钢套各自的物理方程得到切应力表达式，然后由静力等效最终确定切应力。

解： 设由铜轴和钢套牢固结合后组成的复合圆柱产生的单位长度扭转角为 $\mathrm{d}\varphi/\mathrm{d}x$，由式(3-8)得切应变为

$$\gamma = \rho \frac{\mathrm{d}\varphi}{\mathrm{d}x}$$

由物理方程得铜轴和钢套的切应力分别为

$$\tau_1 = G_{铜}\gamma = G_1\rho\frac{\mathrm{d}\varphi}{\mathrm{d}x}, \quad \tau_2 = G_{钢}\gamma = G_2\rho\frac{\mathrm{d}\varphi}{\mathrm{d}x} \tag{a}$$

根据静力学等效，得

$$T = \int_{A_1} \rho\tau_1 \mathrm{d}A_1 + \int_{A_2} \rho\tau_2 \mathrm{d}A_2 = \int_{A_1} \rho G_1\rho\frac{\mathrm{d}\varphi}{\mathrm{d}x}\mathrm{d}A_1 + \int_{A_2} \rho G_2\rho\frac{\mathrm{d}\varphi}{\mathrm{d}x}\mathrm{d}A_2 = \frac{\mathrm{d}\varphi}{\mathrm{d}x}(G_1 I_{\mathrm{P}1} + G_2 I_{\mathrm{P}2})$$

求解，得

$$\frac{\mathrm{d}\varphi}{\mathrm{d}x} = \frac{T}{(G_1 I_{\mathrm{P}1} + G_2 I_{\mathrm{P}2})} \tag{b}$$

将式(b)代入式(a)，得切应力为

$$\tau_1 = \frac{TG_1\rho}{(G_1 I_{\mathrm{P}1} + G_2 I_{\mathrm{P}2})}, \quad \tau_2 = \frac{TG_2\rho}{(G_1 I_{\mathrm{P}1} + G_2 I_{\mathrm{P}2})}$$

将式(b)进行积分，得两端截面的相对扭转角为

$$\varphi = \frac{Tl}{(G_1 I_{\mathrm{P}1} + G_2 I_{\mathrm{P}2})}$$

讨论： 从上面的推导过程可以看出，平面假设起到了关键的作用，有了该假设才能获得应变分量的表达式，即几何关系。然后，再利用物理方程和静力等效获得应力的计算公式。这一思路正是材料力学分析杆件结构应力和变形的基本方法。

3.6 扭转超静定问题

同第 2 章的拉压问题一样，当扭转问题的未知力数目多于独立平衡方程数时，即为超静定问题。其求解可采用力法或位移法，并需要同时考虑：静力平衡关系、变形几何关系和内力-变形关系。其中，根据变形几何关系正确地写出变形协调方程是求解问题的关键。下面通过例题说明其解法。

例题 3-10

两端固定的圆截面杆 *AB*，在截面 *C* 处受一扭转力偶 M_e 作用，如图例题 3-10(a)所示，已知杆的扭转刚度为 GI_{P}，试求两杆端的约束反力偶矩。

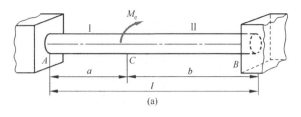

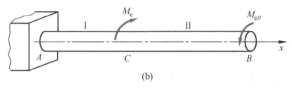

例题图 3-10

分析：有两个未知的约束反力偶矩，而平衡方程只有一个 $\sum M_x = 0$，故属于一次超静定问题。设想固定端 B 为多余约束，解除后加上相应的未知多余约束力偶矩 M_B，得如图例题 3-10(b) 所示的受扭静定杆（称为基本静定系）。因为原超静定杆两端为固定约束，所以基本静定系在外力偶矩和多余约束力偶矩作用下 B 端的扭转角应等于零。由此，建立变形协调方程。

解：由外力偶矩 M_e 引起的 B 端扭转角 φ_{BM} 与多余约束力偶矩 M_B 引起的 B 端扭转角 φ_{BB} 的大小相等，得变形协调方程为

$$\varphi_{BM} = \varphi_{BB} \tag{a}$$

由式(3-20)得 M_e 和 M_B 引起的扭转角分别为

$$\varphi_{BM} = \frac{M_e a}{GI}, \qquad \varphi_{BB} = \frac{M_{eB} l}{GI} \tag{b}$$

将式(b)代入式(a)中，得多余约束力偶矩为

$$M_{eB} = \frac{M_e a}{l} \tag{c}$$

由平衡方程不难求得固定端 A 的约束反力偶矩，大小为 $M_e b / l$。

讨论：本例题给出了一个利用力法求解超静定问题更一般的步骤：

(1) 去掉多余约束，代之以未知的多余约束力，得到一个基本静定系，注意该系统必须是一个能承受外力的结构，其上作用的力有原来的外力和未知的多余约束力；

(2) 根据原超静定结构的约束情况建立变形协调方程，其数目与解除的多余约束个数相同；

(3) 根据内力-变形关系求得基本静定系上每个力（包括外力和未知多余约束力）作用下的变形，代入变形协调方程，求得多余约束力；

(4) 由静力学平衡方程求得其他约束力。

例题 3-11

如例题图 3-11(a)所示，直径为 $d = 25\ \text{mm}$ 的钢轴上焊有两圆盘凸台，凸台上套有外直径 $D = 75\ \text{mm}$、壁厚 $\delta = 1.25\ \text{mm}$ 的薄壁管，当杆承受外加扭转力偶矩 $M_e = 73.6\ \text{N·m}$ 时，将薄壁管与凸台焊在一起，然后再卸去外加扭转力偶。假定凸台不变形，薄壁管与轴的材料相同，剪切弹性模量 $G = 40\ \text{GPa}$。试：

(1) 分析卸载后轴和薄壁管的横截面上有没有内力，二者如何平衡？

(2) 确定轴和薄壁管横截面上的最大切应力。

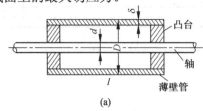

例题图 3-11

解：

(1) 分析卸载后轴和薄壁管横截面上的内力。

焊接前，轴承受扭矩，轴发生扭转变形。此时，若卸载，则轴的扭转变形将全部恢复，因而轴的横截面上不会有扭矩。但若与薄壁管焊接后再卸载，则轴的扭转变形不能完全恢复，因而轴的横截面上必然存在扭矩（设为 T_1），而且小于原来的扭矩（因为恢复了部分变形）。

例题图 3-11（续）

二者焊接后形成一个整体，如果用一个假想截面将整体截开，此时整个横截面由轴和薄壁管的两部分横截面组成。卸载后，由于没有外加扭矩的作用，所以仅在轴的横截面上存在扭矩（T_1）无法使整个横截面上的合力矩为零。因此，薄壁管的横截面上必然存在与 T_1 大小相等、方向相反的扭矩（记为 T_2），二者组成平衡力系，使截开的整个横截面上合力矩为零，如例题图 3-11(b)所示。于是，有

$$T_1 = T_2$$

(2) 确定轴和薄壁管横截面上的最大切应力。

设轴受扭矩 $M_e = 73.6\ \text{N·m}$ 作用时，长为 l 的两端面相对扭转角为 φ_0，如例题图 3-10(c)所示。于是，由式(3-21)得

$$\varphi_0 = \frac{M_e l}{G I_{P1}} \tag{a}$$

如例题图 3-10(d)所示，焊接后卸载，薄壁管承受扭转，设其相距为 l 的两端面相对扭转角为 φ_2，则轴上没有恢复的相对扭转角为 $\varphi_1 = \varphi_0 - \varphi_2$，即

$$\varphi_1 + \varphi_2 = \varphi_0 \tag{b}$$

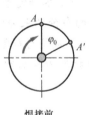

焊接前
(c)

焊接卸载后
(d)

例题图 3-11（续）

式(b)就是变形协调方程，其中

$$\varphi_1 = \frac{T_1 l}{G I_{P1}}, \qquad \varphi_2 = \frac{T_2 l}{G I_{P2}} \tag{c}$$

将式(a)和式(c)代入式(b)，得

$$\frac{M_e l}{GI_{P1}} = \frac{T_1 l}{GI_{P1}} + \frac{T_2 l}{GI_{P2}} \tag{d}$$

由此解得

$$T_1 = T_2 = \frac{I_{P2}}{I_{P1} + I_{P2}} M_e \tag{e}$$

其中

$$I_{P1} = \frac{\pi d^4}{32} = \frac{\pi}{32} \times 25^4 \times 10^{-12} = 38\,349.5 \times 10^{-12} \text{ m}^4$$

$$I_{P2} = \frac{\pi D^4}{32}\left[1 - \left(\frac{D-2\delta}{D}\right)^4\right] = \frac{\pi \times 75^4}{32}\left[1 - \left(\frac{72.5}{75}\right)^4\right] \times 10^{-12}$$

$$= 393\,922 \times 10^{-12} \text{ m}^4$$

于是，卸载后薄壁管横截面上的最大切应力为

$$\tau_{2max} = \frac{T_2}{W_{P2}} = \frac{M_e}{I_{P1} + I_{P2}} \cdot \frac{I_{P2}}{W_{P2}} = \frac{M_e}{I_{P1} + I_{P2}} \cdot \frac{D}{2} \tag{f}$$

将 I_{P1}、I_{P2} 值代入式(f)，得

$$\tau_{2max} = \frac{73.6 \times \dfrac{75}{2} \times 10^{-3}}{(38\,349.5 + 393\,922) \times 10^{-12}} \text{Pa} = 6.38 \text{ MPa}$$

卸载后，轴横截面上的最大剪应力为

$$\tau_{1max} = \frac{T_1}{I_{P1}} \cdot \frac{d}{2} = \frac{I_{P2} \cdot M_e}{I_{P1}(I_{P1} + I_{P2})} \cdot \frac{d}{2}$$

$$= \frac{73.6 \times \dfrac{25}{2} \times 393\,922 \times 10^{-3}}{(38\,349.5 + 393\,922) \times 38\,349.5 \times 10^{-12}} \text{Pa} = 21.86 \text{ MPa}$$

讨论：该例题实际上就是扭转装配应力问题。

3.7 扭转杆件的应变能和能量法

同第 2 章轴向拉压杆件一样，外加的扭矩做功将全部转化为扭转变形的应变能，根据这一原理可以建立计算变形的能量方法。

外力功和应变能

如图 3-13(a)所示的等直圆轴，左端固定，右端承受由 0 缓慢增加的外力偶 M_e，圆轴在线弹性范围内发生扭转，设截面 B 相对截面 A 的转角为 φ，外力偶 M_e 与转角 φ 的关系为如图 3-13(b)所示的直线，则外力偶 M_e 所做的功为

$$W = \frac{1}{2} M_e \varphi \tag{3-25}$$

根据外力做功等于应变能，扭转圆轴的应变能为

$$V_\varepsilon = W = \frac{1}{2} M_e \varphi = \frac{1}{2} T \varphi$$

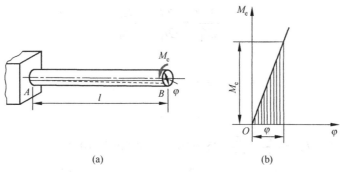

图 3-13 外力功的计算

其中内力扭矩 $T = M_e$。利用式(3-20)，得

$$V_\varepsilon = \frac{T^2 l}{2GI_P} \tag{3-26}$$

如果结构由 n 个不同的扭矩为常值的均匀等截面圆轴组成，则整个结构的应变能可以分段利用上述公式叠加得到，即

$$V_\varepsilon = \sum_{i=1}^{n} \frac{T_i^2 l_i}{2G_i I_{Pi}} \tag{3-27}$$

若杆件的扭矩 T、模量 G 和/或横截面面积 I_P 沿轴向变化，则应变能由下式计算：

$$V_\varepsilon = \sum_{i}^{n} \int_0^l \frac{T_i^2}{2G_i I_{Pi}} \mathrm{d}x \tag{3-28}$$

应变能还可以通过先求出应变能密度再积分确定。下面介绍扭转杆件应变能密度的计算。

应变能密度

取如图 3-14 所示的单元体，使其垂直于 x 轴的两个面平行于圆轴的横截面，于是该单元体处于纯剪切应力状态。设其左侧面固定，则单元体在切应力 τ 作用下的变形如图 3-14 所示，于是在线弹性范围内单元体上切应力 τ 所做的功为

$$\mathrm{d}W = \frac{1}{2}(\tau\mathrm{d}y\mathrm{d}z)(\gamma\mathrm{d}x) = \frac{1}{2}\tau\gamma(\mathrm{d}x\mathrm{d}y\mathrm{d}z) \tag{3-29}$$

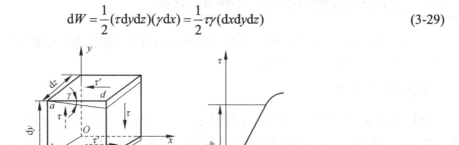

图 3-14 纯剪切应力状态下应变能密度的计算

由于单元体内所积蓄的应变能 $\mathrm{d}V_\varepsilon$ 数值上等于 $\mathrm{d}W$，于是，可得单位体积内的应变能即应变能密度 v_ε 为

$$v_\varepsilon = \frac{\mathrm{d}V_\varepsilon}{\mathrm{d}V} = \frac{\mathrm{d}W}{\mathrm{d}x\mathrm{d}y\mathrm{d}z} = \frac{1}{2}\tau\gamma \tag{3-30}$$

利用剪切胡克定律 $\tau = G\gamma$，上式可改写为

$$v_\varepsilon = \frac{\tau^2}{2G} = \frac{G}{2}\gamma^2 \tag{3-31}$$

等直圆杆扭转时的应变能 V_ε 可由 v_ε 积分得到，即

$$V_\varepsilon = \int_V v_\varepsilon \mathrm{d}V = \int_l \int_A v_\varepsilon \mathrm{d}A\mathrm{d}x = \int_l \int_A \frac{\tau^2}{2G}\mathrm{d}A\mathrm{d}x \tag{3-32}$$

式中，V 为杆件的体积，A 为杆件的横截面面积，l 为杆长。将式(3-12)代入式(3-32)即得式(3-26)。请读者自行验证。

能量方法

利用外力做功等于应变能这一能量守恒原理，可以计算变形。下面通过例题加以说明。

例题 3–12

如例题图 3-12 所示材料相同的阶梯圆轴，剪切模量 G 已知。试利用能量法计算 AB 两截面间的相对扭转角。

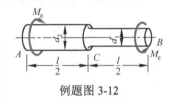

例题图 3-12

解： 首先求出两段圆轴内的总应变能，即

$$V_\varepsilon = \sum \frac{T^2 l}{2GI_P} = \frac{M_e^2 \frac{l}{2}}{2G\frac{\pi d_2^4}{32}} + \frac{M_e^2 \frac{l}{2}}{2G\frac{\pi d_1^4}{32}} = \frac{8M_e^2 l}{\pi G}\left(\frac{1}{d_1^4} + \frac{1}{d_2^4}\right) \tag{a}$$

根据外力做功等于应变能，得

$$\frac{1}{2}M_e\varphi = V_\varepsilon \tag{b}$$

将式(a)代入式(b)，得

$$\varphi = \frac{16M_e l}{\pi G}\left(\frac{1}{d_1^4} + \frac{1}{d_2^4}\right)$$

讨论： 请读者思考如何参照第 2 章 2.8 节的内容，建立求解等直扭转圆轴任意截面扭转角的能量方法（单位载荷法），并计算该例题中截面 C 相对截面 A 的转角。

3.8 非圆杆件的扭转

前面各节讨论了圆形截面杆的扭转，但工程中有些受扭构件的横截面并非圆形。本节对等直非圆截面杆件的扭转进行简单的讨论。

自由扭转和约束扭转

取一矩形截面杆，在其侧面画上等距的纵向和横向网线，两端受扭变形后，可以很容易地观察到：与等直圆杆的扭转不同，这些网格线将发生弯曲，横向周线不再位于同一平面内，如

图 3-15 所示。这说明其横截面在变形后将发生翘曲。因此，平面假设对于等直非圆杆（如正方形、矩形、三角形、椭圆形等）不再成立，等直圆杆的扭转应力计算公式不适用于非圆截面杆。

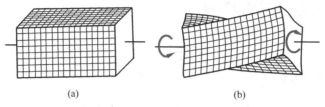

(a)   (b)

图 3-15   矩形截面杆的扭转

当等直杆在两端受外力偶作用，且端面可以自由翘曲时，称为**自由扭转**或**纯扭转**。此时，相邻两横截面的翘曲程度相同，横截面上仍然是只有切应力而没有正应力。若杆的两端受到约束而不能自由翘曲，则称为**约束扭转**。此时，相邻两横截面的翘曲程度不同，将在横截面上引起附加的正应力。由约束扭转所引起的附加正应力，在一般实体截面杆中通常很小，可略去不计。但在薄壁杆件中，这一附加正应力则可能较大而不能忽略。本节仅简单介绍矩形及狭长矩形截面的等直杆在自由扭转时的结果，这些结果一般要利用弹性力学的知识解答。

矩形截面杆自由扭转的切应力分布

不难证明：杆件扭转时，横截面边缘上各点的切应力都与截面边缘相切。如图 3-16(a)所示，若假设边缘各点的切应力不与边界相切，则总可以将其分解为沿边界切线方向的分量 τ_t 和法线方向的分量 τ_n。根据切应力互等定律，τ_n 应与杆件自由表面上的切应力 τ'_n 相等，但在自由表面上切应力 $\tau'_n = 0$。因此，在边缘上各点就只可能有沿边界切线方向的切应力。

同理可以证明，在截面凸角处的切应力等于零，如图 3-16(b)所示。

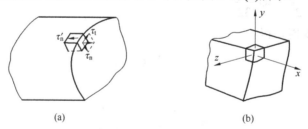

(a)   (b)

图 3-16   边缘点的切应力分布

根据弹性力学的解答，横截面上切应力分布如图 3-17 所示。从图中可以看出，最大切应力发生在矩形截面的长边中点处。为了对矩形截面杆进行扭转强度和刚度计算，这里仅给出横截面上最大切应力和单位长度扭转角的计算公式，其结果为

$$\tau_{\max} = \frac{T}{W_t}, \qquad \theta = \frac{T}{GI_t} \qquad (3\text{-}33a, b)$$

式中，W_t 为扭转截面系数，I_t 为截面的相当极惯性矩，GI_t 为非圆截面杆的扭转刚度。矩形截面的 I_t 和 W_t 与截面尺寸的关系如下：

$$I_t = \alpha b^4, \qquad W_t = \beta b^3 \qquad (3\text{-}34a, b)$$

式中，因数 α 和 β 可从表 3-1 中查出，其值均随矩形截面的长短边尺寸 h 和 b 的比值 $m = h/b$ 而变化。横截面上的最大切应力 $\tau_{\max}$ 发生在长边中点，即在截面周边上距形心最近的点；而在短

边中点处的切应力则为该边上各点切应力中的最大值，可根据 $\tau_{\max}$ 和表 3-1 中的因数 ν，按下式计算：

$$\tau = \nu \tau_{\max} \tag{3-35}$$

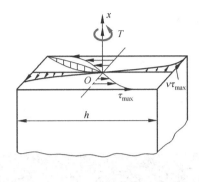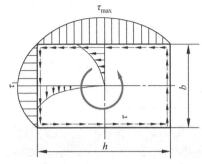

图 3-17　矩形横截面上的切应力分布

表 3-1　矩形截面杆在自由扭转时的因数 α、β 和 ν

$m = \dfrac{h}{b}$	1.0	1.2	1.5	2.0	2.5	3.0	4.0	6.0	8.0	10.0
α	0.140	0.199	0.294	0.457	0.622	0.790	1.123	1.789	2.456	3.123
β	0.208	0.263	0.346	0.493	0.645	0.801	1.150	1.789	2.456	3.123
ν	1.000	—	0.858	0.796	—	0.753	0.745	0.743	0.743	0.743

注：(1) 当 $m > 4$ 时，也可按下列近似公式计算 α、β 和 ν：

$$\alpha = \beta \approx \frac{1}{3}(m - 0.63), \quad \nu \approx 0.74$$

(2) 当 $m > 10$ 时，$\alpha = \beta \approx \frac{1}{3}m$，$\nu \approx 0.74$

对于狭长矩形截面，切应力的变化情况如图 3-18 所示（其中为了与一般矩形相区别，将狭长矩形的短边尺寸 b 改写为 δ），沿长边各点切应力的方向均与长边相切，其数值除顶点附近以外均相差不大，可由式(3-32a)计算得到。根据表 3-1 的注(2)可得 I_t 和 W_t 与截面尺寸之间的关系为

$$I_t = \frac{1}{3}h\delta^3, \qquad W_t = \frac{1}{3}h\delta^2 = \frac{I_t}{\delta} \tag{3-36a, b}$$

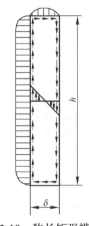

图 3-18　狭长矩形横截面上的切应力分布

例题 3-13

一矩形截面等直钢杆，横截面尺寸为 $h = 100 \text{ mm}$，$b = 50 \text{ mm}$；长度 $l = 2 \text{ m}$。在杆两端作用一个 $M_e = 4000 \text{ N·m}$ 的扭转力偶。钢的许用切应力 $[\tau] = 100 \text{ MPa}$，剪切模量 $G = 80 \text{ GPa}$，许可单位长度扭转角 $[\theta] = 1(°/\text{m})$。试校核杆的强度和刚度。

解：

由截面法求得截面扭矩 $T = M_e = 4000 \text{ N·m}$。

由 $m = \dfrac{h}{b} = \dfrac{100}{50} = 2$，通过表 3-1 查得 $\beta = 0.493$ 和 $\alpha = 0.457$。于是，由式(3-34)得

$$W_t = \beta b^3 = 0.493 \times (50 \times 10^{-3})^3 = 61.6 \times 10^{-6} \ \text{m}^3$$

$$I_t = \alpha b^4 = 0.457 \times (50 \times 10^{-3})^4 = 286 \times 10^{-8} \ \text{m}^4$$

再由式(3-32)，得

$$\tau_{max} = \frac{T}{W_t} = \frac{4000}{61.6 \times 10^{-6}} \ \text{Pa} = 65 \ \text{MPa} < [\tau]$$

$$\theta = \frac{T}{GI_t} = \frac{4000}{80 \times 10^9 \times 286 \times 10^{-8}} = 0.017\ 48 \ \text{rad/m}$$

$$= 1.0015 \ (°/\text{m}) \approx [\varphi']$$

因此，杆满足强度和刚度条件。

小　结

本章主要讲述了扭转杆件的内力、应力和变形计算，以及强度和刚度设计。其主要内容及要点总结为如下框图。

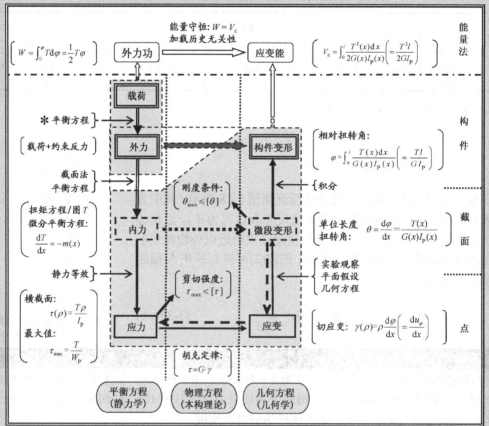

本章目标： 建立外载和约束下受扭等直圆杆（圆轴）的切应力和变形计算公式；建立相应的强度和刚度准则，指导工程中圆轴扭转的强度和刚度校核、许可载荷计算、截面设计、材料选取等。

研究思路：

(1) 利用受力平衡方程由外力偶矩确定约束反力偶矩。

若可直接由外载完全确定所有约束反力偶矩，则为静定结构；若不能直接由外载完全确定所有约束反力偶矩，则为超静定结构，此时需要考虑构件的变形，补充变形协调方程。

(2) 基于静力平衡和等效原理，利用截面法，确定内力——扭矩，绘制扭矩图。

(3) 利用静力等效原理，基于变形的平面假设，建立由扭矩计算切应力的公式：

$$\tau_\rho = \frac{T}{I_P}\rho \qquad （横截面）$$

$$\sigma_\alpha = -\tau\sin 2\alpha, \quad \tau_\alpha = \tau\cos 2\alpha \qquad （斜截面）$$

切应力互等定理： $\tau = \tau'$

(4) 利用物理方程（剪切胡克定律），由切应力确定切应变，即

$$\gamma = \frac{\tau}{G}$$

(5) 单位长度扭转角的计算公式为

$$\theta = \frac{\mathrm{d}\varphi}{\mathrm{d}x} = \frac{T}{GI_P}$$

(6) 通过积分，得 l 长度的相对扭转角为

$$\varphi = \int_0^l \frac{T(x)\mathrm{d}x}{G(x)I_P(x)}\left(=\frac{Tl}{GI_P}\right)$$

能量法：

(1) 扭转圆轴外力做功的计算：

$$W = \int_0^\varphi T\mathrm{d}\varphi\left(=\frac{1}{2}T\varphi\right)$$

(2) 扭转圆轴弹性应变能的计算：

$$V_\tau = \int_0^l \frac{T^2(x)\mathrm{d}x}{2G(x)I_P(x)}\left(=\frac{T^2l}{2GI_P}\right)$$

(3) 根据"弹性应变能的大小不依赖加载顺序（线弹性构件）"的事实，可以建立计算扭转圆轴任一截面相对扭转角的方法——单位载荷法，即

$$\Delta = \sum_i \int_0^{l_i} \frac{T_i(x)\overline{T}_i(x)\mathrm{d}x}{G_i(x)I_{Pi}(x)}$$

强度条件：

$$\tau_{max} = \frac{T_{max}}{W_P} \leqslant [\tau]$$

刚度条件：

$$\theta = \frac{T}{GI_P}\times\frac{180}{\pi} \leqslant [\theta]$$

了解非圆（主要是矩形）截面杆的扭转。

思 考 题

3-1 如果实心圆轴的直径增大一倍（其他情况不变），其最大切应力、轴的扭转角及极惯性矩将如何变化？

3-2 直径相同、材料不同的两根等长的实心圆轴，在相同的扭矩作用下，其最大切应力、扭转角及极惯性矩是否相同？

3-3 一空心圆轴的外径为 D，内径为 d，其抗扭截面模量 $W_{\mathrm{P}} = \dfrac{\pi D^3}{16} - \dfrac{\pi d^3}{16}$ 是否正确？

3-4 低碳钢和铸铁受扭失效时，如何用圆轴扭转时斜截面上的应力解释？

3-5 从强度方面考虑，空心圆截面轴何以比实心圆截面轴合理？

3-6 关于扭转切应力公式 $\tau(\rho) = \dfrac{T\rho}{I_{\mathrm{P}}}$ 的应用范围，有以下几种答案，请试判断哪一种是正确的。

(a) 等截面圆轴，弹性范围内加载；

(b) 等截面圆轴；

(c) 等截面圆轴与椭圆轴；

(d) 等截面圆轴与椭圆轴，弹性范围内加载。

3-7 两根长度相等、直径不等的圆轴受扭后，轴表面上母线转过相同的角度。设直径大的轴和直径小的轴的横截面上的最大切应力分别为 $\tau_{1\mathrm{max}}$ 和 $\tau_{2\mathrm{max}}$，材料的剪切弹性模量分别为 G_1 和 G_2。关于 $\tau_{1\mathrm{max}}$ 和 $\tau_{2\mathrm{max}}$ 的大小，有下列四种结论，请判断哪一种是正确的。

(a) $\tau_{1\mathrm{max}} > \tau_{2\mathrm{max}}$；

(b) $\tau_{1\mathrm{max}} < \tau_{2\mathrm{max}}$；

(c) 若 $G_1 > G_2$，则有 $\tau_{1\mathrm{max}} > \tau_{2\mathrm{max}}$；

(d) 若 $G_1 > G_2$，则有 $\tau_{1\mathrm{max}} < \tau_{2\mathrm{max}}$。

习 题

基础题

3-1 计算习题图 3-1 所示圆轴指定截面的扭矩，并在各截面上表示出扭矩的转向。

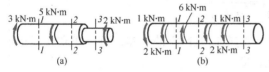

习题图 3-1

3-2 如习题图 3-2 所示的圆截面轴，AB 与 BC 段的直径分别为 d_1 和 d_2，且 $d_1 = 4d_2/3$。试求轴内的最大扭转切应力。

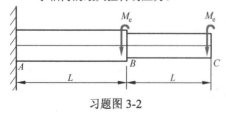

习题图 3-2

3-3 变截面轴受力如习题图 3-3 所示，图中尺寸单位为 mm。若已知 $M_{\mathrm{e1}} = 1765$ N·m，$M_{\mathrm{e2}} = 1171$ N·m，材料的剪切弹性模量 $G =$

80.4 GPa，试：(1) 画出扭矩图，确定最大扭矩；(2) 确定轴内最大切应力，并指出其作用位置；(3) 确定轴内最大相对扭转角 φ_{max}。

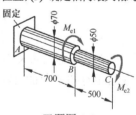

习题图 3-3

3-4 一根外径 $D = 80$ mm，内径 $d = 60$ mm 的空心圆截面轴，其传递的功率 $P = 150$ kW，转速 $n = 100$ r/min。试求内圆上一点和外圆上一点的切应力。

3-5 习题图 3-5 所示圆截面杆 AB 的左端固定，承受一集度为 m 的均布力偶矩作用，试导出计算截面 B 扭转角的公式。

习题图 3-5

3-6 习题图 3-6 所示薄壁圆锥形管的锥度很小，厚度 δ 不变，长为 l。左右两端平均直径分别为 d_1 和 d_2，试导出计算两端相对扭转角的公式。

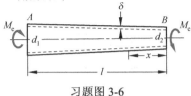

习题图 3-6

3-7 习题图 3-7 中的杆件为圆锥体的一部分，设其锥度不大，两端的直径分别为 d_1 和 d_2，长度为 l。沿轴线作用着均匀分布的扭转力偶矩，它在每单位长度内的集度为 m。试计算两端面的相对扭转角。

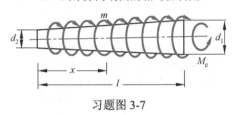

习题图 3-7

3-8 习题图 3-8 所示，钻头横截面直径为 20 mm，在顶部受均匀的阻抗扭矩 $m(\text{N} \cdot \text{m} / \text{m})$ 的作用，许用切应力 $[\tau] = 70$ MPa。(1) 求许可的 M_e；(2) 若 $G = 80$ GPa，求上端对下端的相对扭转角。

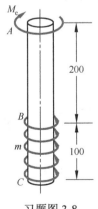

习题图 3-8

3-9 习题图 3-9 所示的传动轴，其直径 $d = 50$ mm。试计算：

(1) 轴的最大切应力；

(2) 截面 *I-I* 上半径为 20 mm 圆轴处的切应力；

(3) 从强度方面考虑三个轮子如何布置比较合理？为什么？

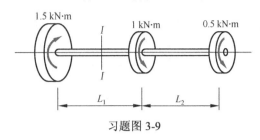

习题图 3-9

3-10 习题图 3-10 所示的传动轴，转速 $n = 500$ r/min，主动轮 1 输入的功率 $P_1 = 500$ kW，从动轮 2、3 输出功率分别为 $P_2 = 200$ kW，$P_3 = 300$ kW。已知 $[\tau] = 70$ MPa。试确定 *AB* 段的直径 d_1 和 *BC* 段的直径 d_2。若将主动轮 1 和从动轮 2 调换位置，试确定等直圆轴 *AC* 的直径 d。

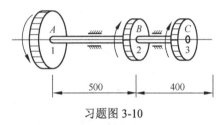

习题图 3-10

3-11 习题图 3-11 所示实心轴和空心轴用牙嵌式离合器连接在一起，其传递的功率 $P = 7.5$ kW，转速 $n = 96$ r/min，材料的许用应力 $[\tau] = 40$ MPa，试求实心轴段的直径 d_1 和空心轴段的外径 D_2（内外径比值为 0.7）。

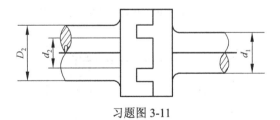

习题图 3-11

3-12 习题图 3-12 所示阶梯形圆轴直径分别为 $d_1 = 40$ mm，$d_2 = 70$ mm，轴上装有三个皮带轮，如图所示。已知由轮 3 输入的功率为 $P_3 = 30$ kW，轮 1 输出的功率为 $P_1 = 13$ kW，轴做匀速转动，转速 $n = 200$ r / min，材料的许用切应力 $[\tau] = 60$ MPa，$G =$

80 GPa，许用扭转角 $[\theta] = 2\,°/m$。试校核轴的强度和刚度。

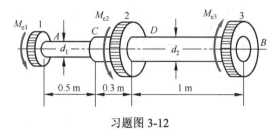

习题图 3-12

提高题

3-13 习题图 3-13 所示，设圆轴横截面上的扭矩为 T，试求四分之一横截面上（阴影区域）内力系的合力大小、方向和作用点。

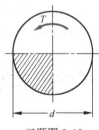

习题图 3-13

3-14 习题图 3-14 所示，长 l 的组合杆，由不同材料的实心圆截面杆和空心圆截面杆套在一起而成，内外两杆均在线弹性范围内工作，其扭转刚度分别为 $G_a I_{Pa}$ 和 $G_b I_{Pb}$。当组合杆两端面各自固结于刚性板上，并在刚性板处受一对扭转力矩 M_e 作用时，试求分别作用在内、外杆上的扭转力偶矩。

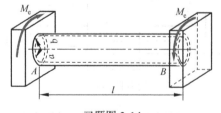

习题图 3-14

3-15 习题图 3-15(a)所示的受扭圆杆，沿平面 $ABCD$ 截取下半部分为研究对象，如习题图 3-15(b)所示。试问截面 $ABCD$ 上的切向内力所形成的力偶矩将由哪个力偶矩来平衡？

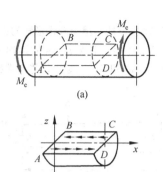

习题图 3-15

3-16 习题图 3-16 所示由厚度 $\delta = 8$ mm 的钢板卷制成的圆筒，平均直径为 $D = 200$ mm。接缝处用铆钉柳接。若铆钉直径 $d = 20$ mm，许用切应力 $[\tau] = 60$ MPa，许用挤压应力 $[\sigma_{bs}] = 160$ MPa，筒的两端受扭转力偶矩 $M_e = 30$ kN·m 作用，试求铆钉的间距 s。

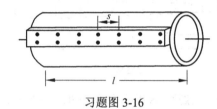

习题图 3-16

3-17 习题图 3-17 所示，AB 和 CD 两杆的尺寸相同。AB 为钢杆，CD 为铝杆，两种材料的剪切弹性模量之比为 $3:1$。若不计 BE 和 ED 两杆的变形，试问力 F 将以怎样的比例分配于 AB 和 CD 两杆？

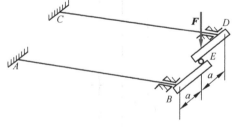

习题图 3-17

3-18 习题图 3-18 所示，轴 AB 的两端分别与 DE 和 BC 两杆刚性连接。力 F 作用前，轴及两杆皆在水平面内。设 BC 和 DE 为刚体（即弯曲变形不计），点 D 和点 E 的两根弹簧的刚度皆为 c。安置于轴 AB

两端的轴承允许轴转动，但不能移动。轴的直径为 d，长为 l。试求力 F 作用点的位移。

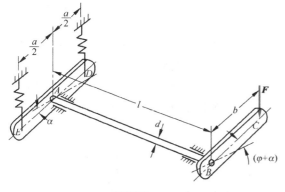

习题图 3-18

3-19 有一矩形截面的钢杆，其横截面尺寸为 100 mm × 50 mm，长度 $l = 2$ m，在杆的两端作用着一对力偶矩。若材料的 $[\tau] = 100$ MPa，$G = 80$ GPa，杆件的许用扭转角为 $[\theta] = 2°/m'$，试求作用于杆件两端的力偶矩的许用值。

3-20 外径为 120 mm，厚度为 5 mm 的薄壁圆杆，受 $T = 4$ kN·m 的扭矩作用，试按下列两种方式计算最大切应力：(1) 按闭口薄壁杆件扭转的近似理论计算；(2) 按空心圆截面杆扭转的精确理论计算。

3-21 如习题图 3-21 所示，实心圆轴和空心圆轴的横截面面积、长度、材料及扭矩均相同，空心圆轴内外径的比值为 α。试求：(1) 最大切应力的比值 $\tau_{\text{实}} : \tau_{\text{空}}$；(2) 扭转角的比值 $\varphi_{\text{实}} : \varphi_{\text{空}}$。

习题图 3-21

3-22 习题图 3-22 所示的受扭圆轴中，材料的切剪弹性模量为 G。试求：外表面点 K 沿纵向和周向的切应变 γ 及该点沿 45° 方向和 135° 方向的切应变 γ。

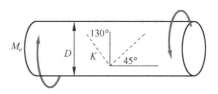

习题图 3-22

3-23 习题图 3-23 所示直径为 D 的实心受扭圆轴，其横截面上的扭矩为 T。试求图示阴影部分面积 A^* 所承担的扭矩 T^*。

习题图 3-23

3-24 习题图 3-24 所示直径为 D 的实心受扭圆轴，其横截面上的扭矩为 T。试求：(1) 图示 1/4 圆截面上 $\mathrm{d}F_s = \tau_\rho \mathrm{d}A$ 合力的大小 F、合力与 z 轴的夹角 α、合力作用点到圆心的距离 r；(2) 图示 1/2 圆截面上 $\mathrm{d}F_s = \tau_\rho \mathrm{d}A$ 的合力沿 y、z 方向的分量 F_y 和 F_z。

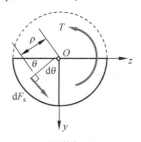

习题图 3-24

3-25 习题图 3-25 所示直径为 D 的实心受扭圆轴，受外力偶 M_e 作用，测得外表面 45° 方向的线应变为 ε。试求剪切弹性模量 G 的表达式。

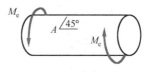

习题图 3-25

研究性题目

3-26 习题图 3-26 所示 T 字形薄壁截面杆长 $l = 2$ m，材料的 $G = 80$ GPa，受扭矩

$T = 200\,\text{N} \cdot \text{m}$ 的作用。试求：(1) 最大切应力及扭转角；(2) 作图表示沿截面的周边和厚度切应力分布的情况。

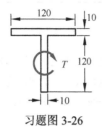

习题图 3-26

3-27 习题图 3-27 所示壁厚为 t、平均半径 $R_0 = 10t$ 的开口圆管和闭口圆管，长度、材料及扭矩均相同。试求：(1) 最大切应力的比值 $\tau_{\text{开}} : \tau_{\text{闭}}$；(2) 扭转角的比值 $\varphi_{\text{开}} : \varphi_{\text{闭}}$。

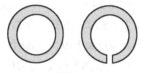

习题图 3-27

3-28 习题图 3-28 所示为工程中常用起缓冲、减振或控制作用的圆柱形密圈螺旋弹簧承受轴向压（拉）力作用。设弹簧圈的平均半径为 R，弹簧杆的直径为 d，弹簧的有效圈数（即除去两端与平面接触的部分后的圈数）为 n，弹簧材料的剪切弹性模量为 G。试在弹簧杆的斜度 α 小于 $5°$ 且弹簧圈的平均直径 D 比弹簧杆的直径 d 大得多的情况下，推导弹簧横截面的切应力和变形计算公式。

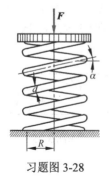

习题图 3-28

3-29 如习题图 3-29 所示由两种材料完好粘接

组合而成的复合等直圆筒，两种材料剪切弹性模量分别为 G_1 和 G_2，厚度相同。试分别就(a)、(b)两种情况：

(1) 绘制外力偶矩 M_e 与复合圆筒相对扭转角 $\Delta\varphi$ 之间的变化曲线；

(2) 计算杆件的总应变能和两种材料中分别存储的应变能；

(3) 若将复合圆筒等效为均匀材料，则等效剪切刚度分别为多少？

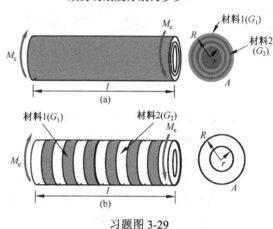

习题图 3-29

3-30 习题图 3-29 所示由两种材料完好粘接组合而成的复合杆件，其中材料 1 是剪切弹性模量为 G_1 的弹性材料，材料 2 是如习题图 3-30 所示的弹塑性材料。(1) 试绘制外力偶矩 M_e 与复合圆筒相对扭转角 $\Delta\varphi$ 之间的变化曲线；(2) 外力偶矩 M_e 达到某值 M_{e0} 使材料 2 完全屈服，然后完全卸载，求轴的残余变形。

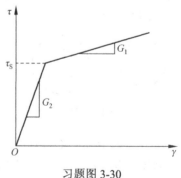

习题图 3-30

第 4 章

弯 曲 内 力

从本章开始将介绍最复杂的基本变形——弯曲变形的分析，包括受弯构件的内力、应力、变形，以及强度和刚度等。受弯构件简称为**梁**（beam），本章首先介绍梁的内力——剪力和弯矩的计算。

4.1 弯曲的概念及梁的简化模型

4.1.1 弯曲的概念

工程实际中存在着大量的受弯构件，如图 4-1(a)所示的桥式起重机大梁，图 4-2(a)所示的火车轮轴等。它们受力的特点是外力垂直于杆件的轴线，使轴线由直线变成曲线。

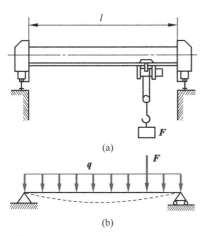

图 4-1 桥式起重机大梁及简图

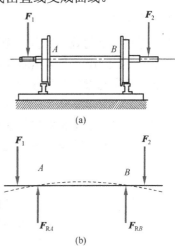

图 4-2 火车轮轴及简图

一般来说，当杆件在包含其轴线的纵向平面内承受垂直于轴线的外力或外力偶作用时，如图 4-3(a)所示，杆件的轴线将由直线变为曲线。这种变形称为**弯曲变形**（bend）。以弯曲变形为主的杆件称为梁。工程问题中，绝大部分受弯杆件的横截面都至少有一个对称轴，如图 4-3(b)所示，因而整个杆件至少有一个包含轴线的纵向对称面。当杆件上的所有外力都作用在纵向对称面内时，如图 4-3(a)所示，弯曲变形后的轴线将在其纵向对称面内变成一条连续光滑曲线。这是弯曲问题中最简单、最常见的**对称弯曲**，也是材料力学中弯曲基本变形的主要研究对象。

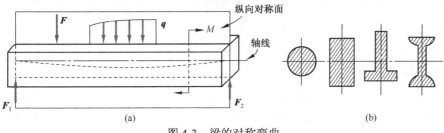

图 4-3 梁的对称弯曲

4.1.2 梁的简化模型

支座的简化

当外力为作用在梁纵向对称面内的平面力系时,在分析计算时通常将实体梁简化为其轴线,画出实际梁的简化图,图 4-1(b)和图 4-2(b)分别为起重机大梁和火车轮轴的计算简图。其中,支座可根据约束情况(详见《静力学》2.2 节)简化成下述三种基本形式:

(1) **固定端**   其简化形式如图 4-4(a)所示,这种支座使梁的端截面既不能移动,也不能转动;

(2) **固定铰支座**   其简化形式如图 4-4(b)所示,这种支座限制梁在支座处不能移动,但可绕铰中心转动;

(3) **可动铰支座**   其简化形式如图 4-4(c)所示,这种支座只限制梁在支撑处沿垂直于支撑面方向的移动。

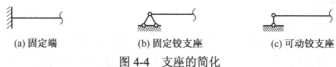

(a) 固定端   (b) 固定铰支座   (c) 可动铰支座

图 4-4   支座的简化

载荷的简化

若作用在梁上的载荷其分布范围都远小于梁的长度,则一般简化为集中载荷,包括集中力和集中力偶,图 4-1(a)和图 4-2(a)所示起重机吊车对大梁和车厢对轮轴的压力都可简化为集中力;当载荷分布范围与梁的长度相比不能忽略时,则应看做分布载荷,实际中主要是分布力,分布力偶不常见。如图 4-5 所示的楼梯,其自重即可看做沿楼梯长度 l 的均布力,而上面均匀密堆放的重物则可看做沿楼梯水平投影长度 d 的均布力。设楼梯的总自重为 G,重物总重量为 P,则它们相应的均布载荷集度分别为 G/l 和 P/d。

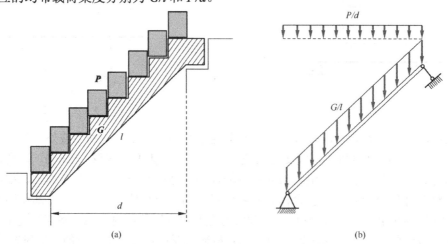

(a)   (b)

图 4-5   放置重物的楼梯及其计算简图

4.1.3 静定梁的基本形式和超静定梁

静定梁的三种基本形式

如果梁具有一个固定端(**悬臂梁**图 4-6(a)),或具有一个固定铰支座和一个可动铰支座[**简支梁**图 4-6(b)、**双臂外伸简支梁**图 4-6(c)]都有三个约束力,可由平面任意力系的三个独立的平衡方程求出,这种梁称为**静定梁**(statically determinate beam),如图 4-6 所示。

(a) 悬臂梁　　　　　(b) 简支梁　　　　　(c) 外伸简支梁

图 4-6　静定梁的三种形式

超静定梁

有时为了工程需要，对一个梁设置多个支撑，如图 4-7 所示，这时梁的约束反力数目就要多于独立的平衡方程数目，仅利用平衡方程就无法确定所有约束反力，这种梁称为**超静定梁**（statically indeterminate beam）。本章主要讲述静定梁对称弯曲的内力计算及内力图的画法。超静定梁将在第 6 章及《材料力学 II》中讨论。

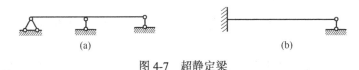

(a)　　　　　　　　　　　(b)

图 4-7　超静定梁

4.2　梁的内力和内力图

4.2.1　梁的内力——剪力和弯矩

截面法求内力——剪力和弯矩

可以利用前面章节介绍的截面法求得梁任意横截面上的内力。以图 4-8 所示跨度为 l 的简支梁 AB 为例，受力如图 4-8(a)所示，两端约束反力 F_{RA}、F_{RB} 可由平衡方程求得为

$$F_{RA} = \frac{l-a}{l}F, \quad F_{RB} = F - F_{RA} = \frac{a}{l}F$$

为求距 A 端 x 处横截面 m-m 上的内力，利用截面法，假想沿截面 m-m 将梁分成两部分，取其中任一部分为研究对象。首先，取左段为研究对象，如图 4-8(b)所示，截面 m-m 上将受到右侧作用的内力。由于原来的梁处于平衡状态，所以取出的梁左段仍应处于平衡状态。根据平衡条件，一方面作用于左段梁上的力在 y 方向上的总和应等于零，这说明在横截面 m-m 上一定有一个 y 方向的内力 F_S 与 F_{RA} 平衡，即由 $\sum F_y = 0$ 得 $F_S = F_{RA}$，F_S 称为横截面 m-m 上的**剪力**，它是与横截面相切的分布内力系的合力；另一方面，左段梁上各力对截面 m-m 形心 C 之矩的代数和为零，因此在截面 m-m 上必有一个力偶 M，由 $\sum M_C = 0$ 得 $M = F_{RA}x$，M 称为截面 m-m 上的**弯矩**，它是与横截面垂直的分布内力系的合力偶矩。由此可知，梁弯曲时横截面上一般存在两种内力——剪力和弯矩。

如果取截面 m-m 右段梁为研究对象，如图 4-8(c) 所示，用相同的方法也可求得截面 m-m 上左段梁对右段梁作用的内力——剪力和弯矩：$F_S = F - F_{RB} = F_{RA}$ 和 $M = F_{RB}(l-x) - F(a-x) = F_{RA}x$。

由以上分析可以得到如下结论：梁的任一横截面上剪力的数值等于该横截面一侧所有外力在垂直

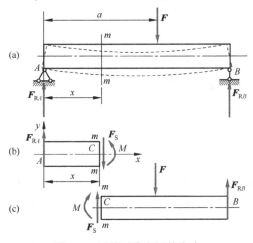

图 4-8　用截面法求梁的内力

于梁轴线方向上的投影的代数和；梁任一横截面上弯矩的数值等于该横截面一侧所有外力对该截面形心之矩的代数和，即

$$F_S = \sum_{i=1}^{n} (F_i)_{-侧}, \qquad M = \sum_{i=1}^{n} (M_{Ci})_{-侧} \tag{4-1}$$

内力的符号规定

显然，由于左右两段梁在截面上相互作用的内力互为作用力和反作用力，所以它们大小相等，方向相反。如按外力或约束力的正负号规定，上述计算得到的结果数值相等符号相反。为使它们不仅数值相等，而且符号也相同，就需要将截面上剪力和弯矩的符号与梁的变形联系起来，这里做如下规定，如图4-9所示：

(1) **剪力符号** 若梁某截面上的剪力使该截面内侧微段有顺时针方向转动的趋势，则为正，反之为负。

(2) **弯矩符号** 若梁某截面上的弯矩使该截面内侧微段有下凸的变形趋势，则为正，反之为负。

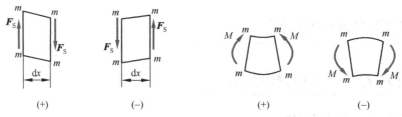

图 4-9 剪力和弯矩的符号规定

4.2.2 内力方程和内力图

剪力方程和弯矩方程

从上面的计算可以看出，在一般情况下，梁的不同截面上的内力是不同的，即剪力和弯矩是随截面位置而变化的。由于在进行梁的强度计算时，需要知道各横截面上剪力和弯矩中的最大值及它们所在截面的位置，因此就必须知道剪力、弯矩随截面变化的情况。以横坐标 x 轴表示横截面在梁轴线上的位置，则各横截面上的剪力和弯矩可表示为 x 的函数，即

$$F_S = F_S(x), \qquad M = M(x)$$

该函数表达式即为梁的**剪力方程**和**弯矩方程**。

可以利用前面介绍的截面法建立梁的剪力方程和弯矩方程。首先，建立坐标系，任意取一横截面，设其坐标为 x；然后，从该横截面处将梁截开，并假设所截开横截面上的剪力 $F_S(x)$ 和弯矩 $M(x)$ 都是正方向（即在图中按正方向绘出）；最后，分别利用力和力矩平衡方程，即可求得剪力方程 $F_S(x)$ 和弯矩方程 $M(x)$。有时需要根据梁上的外力（包括载荷和约束力）作用情况，分段建立方程，详见后面的例题。

剪力图和弯矩图

与前面的轴力图和扭矩图一样，为了便于形象地展示内力的变化规律，通常将剪力和弯矩沿梁长的变化情况用图形来表示，这种图形即分别称为**剪力图**（diagram of shearing force）和**弯矩图**（diagram of bending moment）。

绘制剪力图和弯矩图是梁的强度和刚度分析的首要步骤。可以利用多种方法绘制剪力图和

弯矩图，其中最基本的方法就是利用截面法先建立剪力方程和弯矩方程，然后建立剪力坐标系 $F_S\text{-}x$ 和弯矩坐标系 $M\text{-}x$，并在其中绘制出相应的曲线。其中，剪力坐标系通常取向上为正；弯矩坐标系通常取向下为正（如此规定使弯矩图恰好处于梁的受拉即凸起侧）。

以下通过例题先介绍这种基本方法，后续还将介绍其他方法。

例题 4-1

如例题图 4-1 所示悬臂梁受集度为 q 的均布荷载作用。试写出梁的剪力方程和弯矩方程，并绘制剪力图和弯矩图。

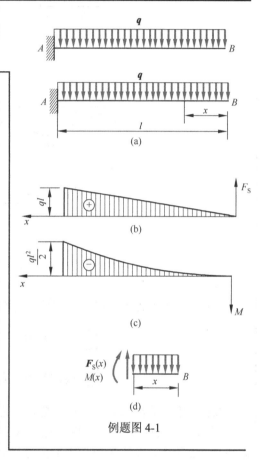

解：

(1) 利用截面法求剪力方程和弯矩方程。为计算方便将坐标原点取在梁的右端，如例题图 4-1(a)所示。以距右端为 x 的任意横截面截取梁右侧部分为研究对象，如例题图 4-1(d)所示。根据平衡方程，得该横截面的剪力方程和弯矩方程分别为

$$F_S(x) = qx \quad (0 \leqslant x < l) \tag{a}$$

$$M(x) = -qx \cdot \frac{x}{2} = -\frac{qx^2}{2} \quad (0 \leqslant x < l) \tag{b}$$

(2) 根据内力方程绘制剪力图和弯矩图。建立剪力坐标系，向上为正。由式(a)可知，剪力图在 $0 \leqslant x < l$ 范围内是一条斜直线，这样只需要确定直线上两点，例如 $x = 0$ 和 $x = l$ 处的剪力值 $F_S = 0$ 和 $F_S = ql$，即可绘出剪力图，如例题图 4-1(b)所示。

建立弯矩坐标系，向下为正。由式(b)可知，弯矩图在 $0 \leqslant x < l$ 范围内是一条二次抛物线，这就需要确定其上至少三个点，例如 $x = 0$、$x = l/2$、$x = l$ 处的弯矩值 $M = 0$、$M = ql^2/8$、$M = ql^2/2$，才可绘出弯矩图，如例题图 4-1(c)所示。

例题图 4-1

讨论： (1) 由内力图可见，正的剪力值绘于 x 轴上方；正的弯矩值则绘于 x 轴的下方，即弯矩图绘于梁的受拉侧。

(2) 由图可见，梁横截面上的最大剪力为 $F_{S,max} = ql$，最大弯矩(按绝对值计)为 $M_{max} = ql^2/2$，它们都发生在固定端右侧横截面上。

例题 4-2

如例题图 4-2(a)所示简支梁受集中力 F 作用，试写出剪力方程和弯矩方程，并绘制剪力图和弯矩图。

分析： 由于梁在点 C 受集中力作用，很显然，AC 和 CB 两段横截面上的内力不相同，故需将梁分为两段分别写出剪力方程和弯矩方程。

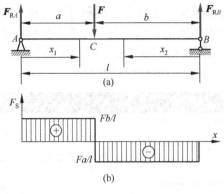

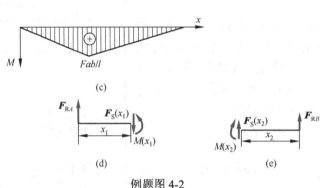

例题图 4-2

解:

(1) 由平衡方程先求出 A、B 两支座处的约束反力。如例题图 4-2(a)所示,由平衡方程得

$$\sum M_A(F) = 0, \quad F_{RB} \cdot l - F \cdot a = 0, \quad F_{RB} = \frac{Fa}{l}$$

$$\sum M_B(F) = 0, \quad F_{RA} \cdot l - F \cdot b = 0, \quad F_{RA} = \frac{Fb}{l}$$

(2) 利用截面法求剪力方程和弯矩方程。将梁分为 AC 和 CB 两段分别进行计算。

对 AC 段梁取点 A 为坐标原点,取距离原点为 x_1 处截面左侧的部分为研究对象,如例题图 4-2(d)所示,由平衡方程得剪力方程和弯矩方程分别为

$$F_S(x_1) = F_{RA} = \frac{Fb}{l} \qquad (0 < x < a) \tag{a}$$

$$M(x_1) = F_{RA}x = \frac{Fb}{l}x \qquad (0 \leqslant x \leqslant a) \tag{b}$$

对 BC 段梁取点 B 为坐标原点,取距离原点为 x_2 处截面右侧的部分为研究对象,如例题图 4-2(e)所示,由平衡方程得剪力方程和弯矩方程分别为

$$F_S(x_2) = -F_{RB} = -\frac{aF}{l} \qquad (0 < x_2 < b) \tag{c}$$

$$M(x_2) = F_{RB}x_2 = \frac{aF}{l}x_2 \qquad (0 \leqslant x_2 \leqslant b) \tag{d}$$

(3) 根据内力方程绘制剪力图和弯矩图。由式(a)和式(c)可知,左右两段梁的剪力图均为平行于 x 轴的直线,如例题图 4-2(b)所示;由式(b)和式(d)可知,左右两段梁的弯矩图各为一条斜直线,如例题图 4-2(c)所示。

讨论：由内力图可见，在集中力 **F** 作用的截面处，剪力不再连续，有突变，其间断值刚好等于 **F**；在该截面处弯矩是连续的，但出现角点，曲线不再光滑。

例题 4-3

如例题图 4-3(a)所示的简支梁，在截面 C 受集中力偶矩 M 作用。试写出梁的剪力方程和弯矩方程，并绘制剪力图和弯矩图。

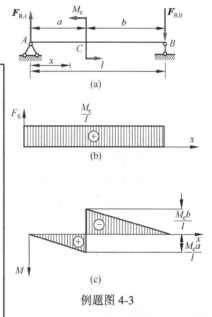

例题图 4-3

分析：由于梁在截面 C 受到集中力偶的作用，很显然，AC 和 CB 两段横截面上的弯矩不相同，所以应将梁分为两段进行分析。

解：

(1) 由平衡方程求 A、B 两支座处的约束反力，结果为

$$F_{RA} = \frac{M_e}{l}, \qquad F_{RB} = \frac{M_e}{l}$$

(2) 利用截面法求剪力方程和弯矩方程。由于整个梁没有集中力作用，由截面法很容易知道整个梁上的剪力为常值，即

$$F_S(x) = F_{RA} = \frac{M_e}{l} \qquad (0 < x < l) \qquad \text{(a)}$$

但由于集中力偶的作用，AC 和 CB 两段梁的弯矩方程需要分段求解。

AC 段弯矩方程为

$$M(x) = F_{RA}x = \frac{M_e}{l}x \qquad (0 \leqslant x < a) \qquad \text{(b)}$$

CB 段弯矩方程为

$$M(x) = F_{RA}x - M_e = \frac{M_e}{l}x - M = -\frac{M_e}{l}(l-x) \qquad (a < x \leqslant l) \qquad \text{(c)}$$

(3) 根据内力方程绘制剪力图和弯矩图。由式(a)可知，整个梁的剪力图是一条平行于 x 轴的直线图，如例题图 4-3(b)所示；由式(b)和式(c)可知，左右两段梁的弯矩图各为一条斜直线，在截面 C 处有间断，如例题图 4-3(c)所示。

讨论：由内力图可见，在集中力偶作用的截面处弯矩图不连续，有突变，其间断值恰好等于集中力偶 M；但集中力偶对剪力图没有影响。

控制面及其内力变化特征

由上述例题 4-2 和例题 4-3 可以看到，有集中力或力偶作用的截面处，内力图往往会出现不连续（间断）或不光滑（角点）等现象。这种载荷（外载荷和约束反力）有突变的截面，如集中力或力偶作用处、分布载荷作用间断处或分布载荷集度发生突变处等，在其两侧内力的值和/或变化函数规律可能不同，通常将这种内力发生突变的截面称为**控制面**。控制面通常包括：

(1) 集中力或力偶作用面的左右两侧截面（之间距离为零，但包括集中力或力偶的作用面）；

(2) 分布载荷作用的起点和终点所在的截面；

(3) 分布载荷集度发生突变的截面。

例如，图4-10中梁上的 A、B、C、D、E、F、G、H、I、J 等截面都是控制面。

求解内力方程时通常在控制面处将梁分成若干段分别进行研究，所以内力方程常为分段函数；绘制内力图时，通常先求出控制面左右两侧内力并绘于图上，然后在控制面之间绘制内力图。

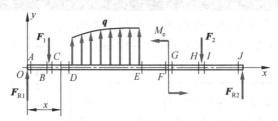

图 4-10   梁上的控制截面

应用截面法和平衡的概念，不难证明，梁上的集中力或集中力偶作用处的控制截面上剪力和弯矩的变化规律。以图4-10中 F_1 和 M_e 作用处的控制截面为例，分别沿控制截面 B、C 和 F、G 截取零长度的梁段 BC 和 FG，受力分别如图4-11(a)、(b)所示。根据平衡，有

集中力作用[见图4-11(a)]:

$$F_S^+ = F_S^- - F_1, \quad M^+ = M^-$$

集中力偶作用[见图4-11(b)]:

$$F_S^+ = F_S^-, \quad M^+ = M^- - M_e$$

可见，集中力引起剪力间断，间断值等于集中力，但不会引起弯矩间断；集中力偶引起弯矩间断，间断值等于集中力偶，但不会引起剪力间断。利用后面将要学习的载荷-剪力-弯矩微分关系还可进一步证明：集中力将引起弯矩出现角点，使左右两侧的弯矩变化函数规律发生变化；但力偶矩对剪力没有任何影响。另外，不难证明，分布载荷作用间断处或分布载荷集度发生突变处，剪力和弯矩都不出现间断，但会出现角点。

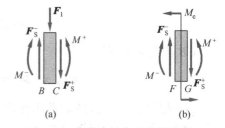

图 4-11   集中力或集中力偶作用处控制截面上的剪力和弯矩

由以上例题，可以总结出求解剪力方程与弯矩方程并绘制剪力图与弯矩图的主要步骤如下：

(1) 根据载荷及约束反力的作用情况，确定控制面，从而确定是否需要分段及分几段求解；

(2) 应用截面法确定控制面的剪力和弯矩值（包括正负号）；

(3) 分段建立剪力方程和弯矩方程，注意可选取统一的坐标系，也可在每段内单独选取坐标并建立独立的坐标系；

(4) 建立剪力坐标系和弯矩坐标系，并将控制面上的剪力和弯矩值标在坐标系中，这样即得到内力图上的一些特殊点；

(5) 根据各段的剪力方程和弯矩方程，在控制面之间绘制剪力曲线和弯矩曲线，得到所需要的剪力图与弯矩图。若是直线，一般由两点就可确定；若是二次曲线，则至少需要三个点才能绘制。

例题 4–4

如例题图4-4(a)所示的外伸梁 AB 承受集中力、集中力偶和均布力载荷作用。试列出内力方程并绘制内力图。

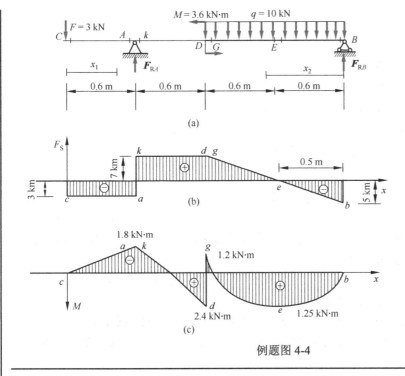

例题图 4-4

分析： 根据梁所受的外载荷和支撑情况容易判定，从左至右截面 C、A、K、D、G、B 均为控制面。因此，可先利用截面法计算控制面上的剪力和弯矩，然后分段列写内力方程，并根据方程在控制面之间连图线，即得内力图。

解：

(1) 求梁的约束反力。解除支座约束，梁的受力如例题图 4-4(a)所示，根据平衡方程得

$$\sum M_B(F) = 0, \qquad F \times 4 \times 0.6 - F_{RA} \times 3 \times 0.6 + M_e + \frac{1}{2} q(2 \times 0.6)^2 = 0$$

$$\sum F_y = 0, \qquad -F + F_{RA} + F_{RB} - 2q \times 0.6 = 0$$

求解方程得

$$F_{RA} = \frac{1}{3}\left(4F + \frac{M_e}{0.6} + 2q \times 0.6\right) = 10 \text{ kN}, \qquad F_{RB} = F + 2q \times 0.6 - F_A = 5 \text{ kN}$$

(2) 确定控制面上的剪力和弯矩值。应用截面法，计算出各控制面上的剪力和弯矩如下：

C 截面：$F_S = -3 \text{ kN}, \quad M = 0$

A 截面：$F_S = -3 \text{ kN}, \quad M = -1.8 \text{ kN·m}$

K 截面：$F_S = 7 \text{ kN}, \quad M = -1.8 \text{ kN·m}$

D 截面：$F_S = 7 \text{ kN}, \quad M = 2.4 \text{ kN·m}$

G 截面：$F_S = 7 \text{ kN}, \quad M = -1.2 \text{ kN·m}$

B 截面：$F_S = -5 \text{ kN}, \quad M = 0$

将这些值分别标在剪力坐标系 $F_S\text{-}x$ 和弯矩坐标系 $M\text{-}x$ 中，便得到相应的各点 c、a、k、d、g、b，如例题图 4-4(b)、(c)所示。

(3) 建立剪力方程和弯矩方程。由控制面将梁分为 CA、KD、GB 段，如例题图 4-4(a)所示。对于 CA、KD 段选点 C 为坐标原点，并用坐标 x_1 表示横截面位置；对于 BG 段，为计算

简单，选点 B 为坐标原点，并用坐标 x_2 表示横截面位置。于是，各段的剪力方程和弯矩方程分别为

CA 段：$F_S(x_1) = -3\,(\text{kN})$　$(0 < x_1 < 0.6\,\text{m})$ (a)

$M(x_1) = -3x_1\,(\text{kN}\cdot\text{m})$　$(0 \leqslant x_1 \leqslant 0.6\,\text{m})$ (b)

KD 段：$F_S(x_1) = -3 + 10 = 7\,(\text{kN})$　$(0.6\,\text{m} < x_1 < 1.2\,\text{m})$ (c)

$M(x_1) = -3x_1 + 10(x_1 - 0.6)(\text{kN}\cdot\text{m})$　$(0.6\,\text{m} \leqslant x_1 \leqslant 1.2\,\text{m})$ (d)

BG 段：$F_S(x_2) = 10x_2 - 5\,(\text{kN})$　$(0 < x_2 < 1.2\,\text{m})$ (e)

$M(x_2) = 5x_2 - 5x_2^2\,(\text{kN})$　$(0 \leqslant x_2 \leqslant 1.2\,\text{m})$ (f)

(4) 根据内力方程，在控制面之间连图线，绘制内力图。

根据剪力方程式(a)和式(c)可知，CA 和 KD 段的剪力都是常值，所以剪力图形均为平行于 x 轴的水平直线。于是，连接坐标系 F_S-x 中点 c、点 a 得到 CA 段的剪力图；连接点 k、点 d 得到 KD 段的剪力图，如例题图 4-4(b)所示。

根据剪力方程(e)可知，BG 段剪力是 x 的线性函数，所以剪力图应为斜直线，于是连接点 b、点 g 可得 BG 段的剪力图，如例题图 4-4(b)所示。

根据弯矩方程式(b)和式(d)可知，CA 和 KD 段的弯矩都是 x 的线性函数，所以这两段的弯矩图均为斜直线，于是，可通过顺序连接 M-x 坐标系中的点 c、点 a 和点 k、点 d 得到，如例题图 4-4(c)所示。

根据弯矩方程(f)可知，BG 梁段的弯矩是 x 的二次函数，又因为 q 向下为负，弯矩图为凸向 M 坐标正方向的抛物线。为了准确绘制曲线，除 BG 段上两个控制面上的弯矩值外，还需确定在这一段内二次函数有没有极值点，以及极值点的位置和极值点的弯矩值。根据 $M_3(x_2)$ 的极值条件：$\mathrm{d}M_3(x)\,/\,\mathrm{d}x = 0$，得 $10x_2 - 5 = 0$，由此解出 $x_2 = 0.5\,\text{m}$，即恰好在截面 E 上弯矩取得极值。代入式(f)，得 BG 段内的最大弯矩为 $M = 1.25\,\text{kN}\cdot\text{m}$。将其标在 M-x 坐标系中得到点 e，根据两个控制点 b、g 和极值点 e，可绘制 BG 段的弯矩图，如例题图 4-4(c)所示。

讨论： 从绘制的剪力图、弯矩图可以得出如下规律：

(1) 在集中力作用的截面处，剪力不再连续，有突变，其间断值刚好等于集中力大小；弯矩是连续的，但出现角点，曲线不再光滑。

(2) 在集中力偶作用的截面处弯矩图不连续，有突变，其间断值恰好等于集中力偶大小；但集中力偶对剪力图没有影响。

(3) 有均布荷载作用的梁段，剪力图为斜直线，弯矩图为抛物线。确定该抛物线至少需要三个点，两个控制面上的弯矩和极值弯矩。极值弯矩截面恰好对应剪力为零的截面。

叠加法作内力图

在弹性小变形情况下，梁在载荷作用下，其长度的改变可忽略不计，且梁的约束反力和内力均是载荷的线性函数。因此，当梁上同时作用有多个载荷时，每个载荷所引起的梁的约束反力和内力将不受其他载荷的影响。于是，**梁在多个载荷共同作用时的内力，就等于各载荷单独作用时内力的代数和。** 利用这一叠加原理，可以简化内力方程和内力图的求解过程。利用这种叠加法，通常需要熟记几种简单载荷作用下梁的内力图。

例题 4-5

如例题图 4-5(a)所示受均布荷载 q，并在自由端受集中荷载 $F = ql$ 作用的悬臂梁，试利用叠加法作剪力图和弯矩图。

分析：梁同时承受集中力 F 和分布力 q 的作用，由于这两种载荷单独作用下的内力图很容易绘制，根据叠加原理，可以将这两种载荷单独作用下的内力图进行代数叠加，即可得到梁在原载荷作用下的内力图。

解：分别绘制梁在集中荷载 F 和均布荷载 q 单独作用[例题图 4-5(b)和(c)]时的剪力图和弯矩图，见例题图 4-5(b1)和(c1)、(b2)和(c2)。将例题图 4-5(b1)和(c1)对应点处的剪力值代数相加，即得所求的剪力图[例题图 4-5(a1)]；将例题图 4-5(b2)和(c2)对应点处的弯矩值代数相加，即得所求的弯矩图[例题图 4-5(a2)]。值得注意的是，这里所说的叠加指的是对应于与梁上同一点处内力值的代数相加，而不是图形的拼接。

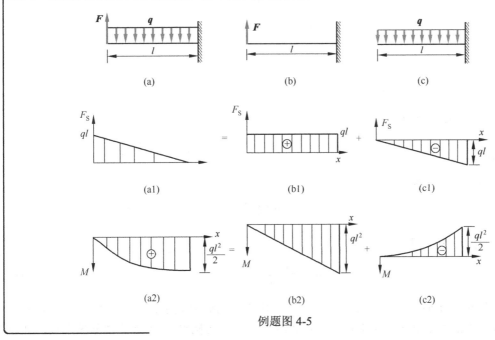

例题图 4-5

4.3 载荷-剪力-弯矩微分关系

与前面拉压和扭转一样，对于梁也同样存在载荷与内力之间的微分关系。本节将导出这种微分关系，并介绍如何利用它来快速准确地绘制内力图。

微分关系的推导

如图 4-12(a)所示的梁，其上作用的分布载荷集度 $q(x)$ 是 x 的连续函数。设分布载荷向上为正，反之为负，并以 A 为原点，取 x 轴向右为正。用坐标分别为 x 和 $x+dx$ 的两个横截面从梁上截出长为 dx 的微段，其受力如图 4-12(b)所示。

由 y 方向上的受力平衡，得

$$\sum F_y = 0 , \qquad F_S(x) + q(x)dx - \left[F_S(x) + dF_S(x) \right] = 0$$

解得

$$q(x) = \frac{dF_S(x)}{dx} \qquad (4-2)$$

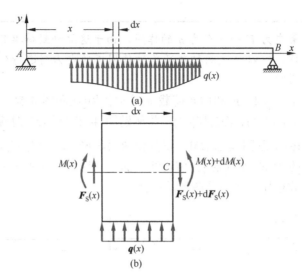

图 4-12 载荷-剪力-弯矩的微分关系

由关于点 C 的力矩平衡得

$$\sum M_C = 0, \quad -M(x) - F_S(x)dx - \frac{1}{2}q(x)(dx)^2 + [M(x) + dM(x)] = 0$$

略去二阶小量 $q(x)(dx)^2$，解得

$$F_S(x) = \frac{dM(x)}{dx} \tag{4-3}$$

将式(4-3)代入式(4-2)中，得

$$q(x) = \frac{d^2 M(x)}{dx^2} \tag{4-4}$$

式(4-2)、式(4-3)和式(4-4)就是载荷集度、剪力和弯矩之间的微分关系。显然，这些微分关系在集中力或力偶作用点不成立（除非引入奇异函数或广义函数的概念）。由这些微分关系式，可知 $q(x)$ 和 $F_S(x)$ 分别是剪力图和弯矩图的斜率；$q(x) = 0$ 和 $F_S(x) = 0$ 的截面分别对应 $F_S(x)$ 和 $M(x)$ 取极值的点。

请读者自行证明：若梁上同时作用着连续分布的力偶矩，其集度为 $m(x)$，逆时针为正，则式(4-2)仍然成立，而式(4-3)和式(4-4)分别应改写为

$$F_S(x) = \frac{dM(x)}{dx} + m(x) \tag{4-5}$$

$$q(x) = \frac{d^2 M(x)}{dx^2} + \frac{dm(x)}{dx} \tag{4-6}$$

上述微分关系还可写成积分关系，但积分区间不能包含集中力和力偶。

微分关系的应用

根据以上得到的载荷-剪力-弯矩微分关系，以及前面介绍的控制截面的内力特征，可以总结得到剪力图和弯矩图的一些特征，见表 4-1。这些关系对快速绘制剪力图和弯矩图，或检查结果的正确性具有重要的帮助。

表 4-1 不同外力作用下的剪力图和弯矩图特征

	无外力段	均布载荷段		集中力	集中力偶
外力	$q = 0$	$q > 0$ $\qquad$ $q < 0$		F $\quad$ C	M_e $\quad$ C
F_S 图特征	水平直线 $F_S > 0$ $\qquad$ $F_S < 0$	斜直线		突变 F_{S1} $\quad$ C F_{S2} $F_{S1} - F_{S2} = F$	无变化 C
M 图特征	斜直线 M $\qquad$ M	曲线 M 上凸 $\quad$ M 下凸		折角 M	突变 与 M_e 反 $\quad$ M_2 M $\quad$ M_1 $M_1 - M_2 = M_e$

下面举例说明如何利用上述关系快速绘制剪力图和弯矩图。

例题 4-6

试利用微分关系绘制如例题图 4-6(a)（为方便，这里重新画在例题图 4-6 中）所示外伸梁的内力图，并求剪力和弯矩的最大值。

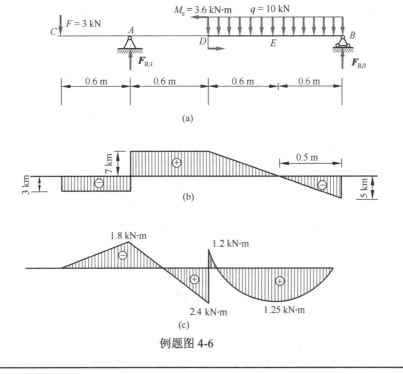

例题图 4-6

解：

(1) 求梁的约束反力。解除支座约束，梁的受力如例题图 4-4(a)所示，根据平衡方程得

$$\sum M_B(F) = 0, \qquad F \times 4 \times 0.6 - F_{RA} \times 3 \times 0.6 + M_e + \frac{1}{2}q(2 \times 0.6)^2 = 0$$

$$\sum F_y = 0, \qquad -F + F_{RA} + F_{RB} - 2q \times 0.6 = 0$$

求解方程，得

$$F_{RA} = \frac{1}{3}\left(4F + \frac{M_e}{0.6} + 2q \times 0.6\right) = 10\,\text{kN}, \qquad F_{RB} = F + 2q \times 0.6 - F_{RA} = 5\,\text{kN}$$

(2) 分段直接绘制内力图。

① *CA* 段：因为 $q = 0\,\text{kN}$，所以剪力图为水平直线，弯矩图为斜直线。

剪力图：利用截面法计算得该段两端面（点 *C* 右侧截面和点 *A* 左侧截面）的剪力为

$$F_{C右} = F_{A左} = -F = -3\,\text{kN}$$

直接连线两端面的值，即为该段梁的剪力图，如例题图 4-6(b)所示。

弯矩图：点 *C*、*A* 均没有力偶矩作用，所以弯矩连续，由截面法得

$$M_C = 0, \quad M_A = -F \times a = -1.8\,\text{kN·m}$$

直接连线两端面的值即得该段梁的弯矩图，如例题图 4-6(c)所示。

② *AD* 段：因为 $q = 0\,\text{kN}$，所以剪力图为水平直线；弯矩图为斜直线。

剪力图：由于点 *A* 作用有集中力（支座约束反力）F_{RA}，所以剪力有间断，根据该点左右两侧截面的剪力变化规律（见表 4-1）得 $F_{A右} = F_{A左} + F_{RA} = 7\,\text{kN}$。由该点的值画水平线至点 *D* 得该段梁的剪力图，如例题图 4-6(b)所示。

弯矩图：截面 *A* 弯矩连续为 $-1.8\,\text{kN·m}$，利用截面法，计算得点 *D* 左侧截面的弯矩为

$$M_{D左} = -F \times 2a + F_{RA} \times a = 2.4\,\text{kN·m}$$

直接连线两端面的值即得该段的弯矩图，如例题图 4-6(c)所示。

③ *DB* 段：因为 $q < 0$（因其方向向下），所以剪力图为向下的斜直线（斜率为负），弯矩图为下凸的抛物线。

剪力图：点 *D* 没有集中力作用，剪力连续；*B* 端左侧截面的剪力为 $F_{B左} = -F_{RB} = -5\,\text{kN}$。直接连线 *DB* 段两端面的值即得该段的剪力图，如例题图 4-6(b)所示。剪力方程为 $F_S(x) = -F_{RB} + qx \ (0 < x \le 2a)$。

弯矩图：由于点 *D* 有力偶作用，所以弯矩间断，根据该点左右两侧截面的弯矩变化规律（见表 4-1）得 $M_{D右} = M_{D左} - M_e = -1.2\,\text{kN·m}$；显然，点 *B* 的弯矩 $M_B = 0$。

由于该段弯矩为抛物线，所以应计算第三点的值才能绘制曲线。为此，我们求抛物线顶点（即剪力为零的点）的值：令 $F_S(x) = 0$ 得 $x = F_{RB}/q = 0.5\,\text{m}$，即为例题图 4-6(a)中点 *E*，由截面法得该点的弯矩为

$$M_E = F_{RB} \times 0.5 - q \times 0.5^2 / 2 = 1.25\,\text{kN·m}$$

由 *D*、*E*、*B* 三点的弯矩值绘制抛物线得该段梁的弯矩图，如例题图 4-6(c)所示。

(3) 确定剪力和弯矩的最大值。由剪力图和弯矩图可直接确定：在 *AD* 段剪力最大，$F_{S\max} = 7\,\text{kN}$；点 *D* 左侧截面上弯矩最大，$M_{\max} = M_{D左} = 2.4\,\text{kN·m}$。

讨论：(1) 该题也可利用截面法，结合集中力和力偶作用点左右两侧截面内力的变化规律（见表 4-1），首先确定控制面的剪力：$F_{C右}$、$F_{A左}$、$F_{A右}$、F_D、$F_{B左}$，然后根据微分关系确定各段梁的剪力图形状，并连线得整个梁的剪力图。再同样确定控制面的弯矩：M_C、M_A、$M_{D左}$、$M_{D右}$、M_B，以及剪力为零点处的弯矩 M_E，然后根据微分关系确定各段梁的弯矩图形状，并连线得整个梁的弯矩图。

(2) 该题也可以不先确定控制截面的内力，而是从左至右分段利用集中力和力偶作用点左右两侧截面内力的变化规律（表 4-1），以及积分关系逐段求得内力方程并绘制内力图，请读者自行尝试。

(3) 内力为 n 次曲线，则必须至少选 $n+1$ 个点才能确定画出内力图。一般除了端点外，通常选取极值点；区间内没有极值点则可任意选取较容易计算的点。

(4) 上述整个分析过程不必写出，可直接绘出内力图。

4.4 平面刚架

由若干直杆组成的结构，当杆件变形时，两杆连接处保持刚性，即两杆轴线的夹角（一般为直角）保持不变，这种结构称为**刚架**（rigid frame），也称为**框架**。刚架中的横杆称为横梁，竖杆称为立柱，二者连接处称为刚节点，如图 4-13 所示。刚架主要承受弯曲变形。

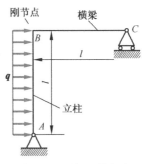

图 4-13　刚架及其组成

在平面载荷作用下，组成刚架的杆件横截面上一般存在轴力、剪力和弯矩三个内力分量。其中，剪力和轴力的正负号仍与前述规定相同，与观察者所处的位置无关，如图 4-14(a)和(b)所示；但弯矩若采用前述的规定，则与观察者位置有关，如图 4-14(c)所示。因此，考虑到组成刚架的杆件取向不同，为了能确切表示内力沿各杆件轴线的变化规律，习惯上按下列约定：

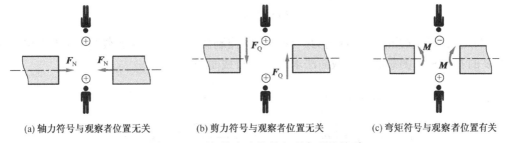

(a) 轴力符号与观察者位置无关　　(b) 剪力符号与观察者位置无关　　(c) 弯矩符号与观察者位置有关

图 4-14　刚架的内力符号与观察者的关系

剪力图及轴力图可画在刚架轴线的任一侧（通常，正值画在刚架外侧），但须注明正负号；弯矩图画在各杆的受拉侧，不注明正负号。

绘制刚架内力图的方法和步骤与梁的类似，以下举例说明。

例题 4-7

刚架的支承和受力如例题图 4-7(a)所示，竖杆承受集度为 q 的均布载荷作用，刚节点 B 处受到呈 45° 角的集中力 $F = ql$ 作用。若已知 q、l，试画出刚架的轴力图、剪力图和弯矩图。

解：

(1) 求支座的约束反力。解除约束，刚架受力如例题图 4-7(a)所示，由刚架的总体平衡方程：

$$\sum M_A = 0 \ , \quad \sum F_x = 0 \ , \quad \sum F_y = 0$$

求得 A、C 两处的约束力分别为

$$F_C = \frac{1+\sqrt{2}}{2}ql \ , \quad F_{Ax} = \frac{2+\sqrt{2}}{2}ql \ , \quad F_{Ay} = \frac{1}{2}ql$$

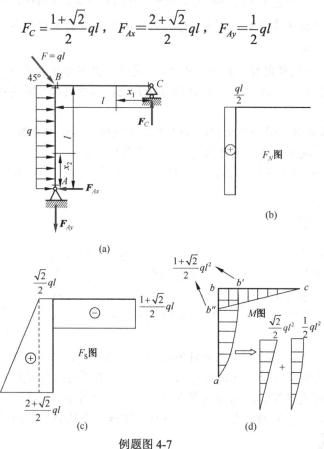

例题图 4-7

(2) 利用截面法求控制截面的内力。该刚架的控制截面有 C 端左侧截面、A 端上侧截面、刚节点 B 的右侧和下侧截面。由截面法求得这些横截面的内力为

$$F_{NC左} = 0 \ , \quad F_{SC左} = -F_C = -\frac{1+\sqrt{2}}{2}ql \ , \quad M_{C左} = 0$$

$$F_{NA上} = F_{Ay} = \frac{1}{2}ql \ , \quad F_{SA上} = F_{Ax} = \frac{2+\sqrt{2}}{2}ql \ , \quad M_{A上} = 0$$

$$F_{NB右} = 0 \ , \quad F_{SB右} = \frac{1+\sqrt{2}}{2}ql \ , \quad M_{B右} = \frac{1+\sqrt{2}}{2}ql^2$$

$$F_{NB下} = \frac{1}{2}ql \ , \quad F_{SB下} = \frac{\sqrt{2}}{2}ql \ , \quad M_{B下} = \frac{1+\sqrt{2}}{2}ql^2$$

根据载荷-内力的微分关系可知：BC 段梁($0 \leqslant x_1 \leqslant l$)的轴力、剪力图均为水平线，弯矩图为斜直线；$AB$ 段梁($0 \leqslant x_2 \leqslant l$)的轴力图为水平线，剪力图为斜直线，弯矩图为二次曲线。据此，连接控制面的值即得轴力图、剪力图和弯矩图，结果如例题图 4-7(b)、(c)、(d)所示。其中，在画 AB 段梁的弯矩图时，使用叠加法比较方便，即将集中力 F 和分布力 q 分别单独作用时的弯矩叠加，如例题图 4-7(d)所示。

讨论：(1) 绘制轴力图和剪力图时，可任意假设正向（通常指向刚架外侧为正），并标注正负号；绘制弯矩图时需将其画在受拉侧。但对于初学者可能并不容易正确判断哪侧受拉，此时也可以采用前述弯矩符号定义并建立弯矩坐标系的办法：任意规定使梁向一侧凸的弯矩为正，同时选取弯矩坐标轴指向该侧为正。不难证明，据此绘制的弯矩图恰好在受拉侧。

(2) 该例题也可采用先利用截面法求内力方程，再画内力图的方法，此时内力坐标系的建立同上。结果为

BC 段($0 \leqslant x_1 \leqslant l$)：$F_N(x_1) = 0$，$F_S(x_1) = \dfrac{1+\sqrt{2}}{2} ql$，$M(x_1) = \dfrac{1+\sqrt{2}}{2} qlx_1$

AB 段($0 \leqslant x_2 \leqslant l$)：$F_N(x_2) = \dfrac{ql}{2}$，$F_S(x_2) = \dfrac{2+\sqrt{2}}{2} ql - qx_2$，$M(x_2) = qlx_2 - \dfrac{1}{2}qx_2^2 + \dfrac{\sqrt{2}}{2} qlx_2$

刚节点处的截面是刚架中重要的控制面，其内力满足一定的变化规律。如图 4-15 所示的刚节点作用集中力 F_x 和 F_y 及集中力偶 M_e，由平衡方程得

$$F_{N1} = F_{S2} - F_x, \quad F_{S1} = F_{N2} - F_y, \quad M_1 = M_2 - M_e$$

该关系式可用来绘制内力图或校验内力图绘制的正确与否。容易验证该例题的答案能够保证节点 B 满足上式。

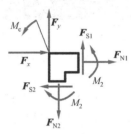

图 4-15 刚节点截面上的内力

4.5 平面曲杆

拥有纵向对称面的许多杆件，其轴线是一平面曲线，如连环、吊钩、门拱等，这类构件称为平面曲杆或平面曲梁。当荷载作用于曲杆的纵向对称平面内时，其横截面上的内力一般包括轴力、剪力和弯矩。其中，轴力和剪力的符号规定同前，画图时标注正负号；弯矩则可以任意规定正负号，但弯矩图画在受拉侧，且不标注正负号。平面曲杆的内力也可以利用截面法求解，以下举例说明。

例题 4-8

例题图 4-8(a)所示的半圆环，A 端固定，B 端受集中荷载 F 作用，试作曲杆的内力图。

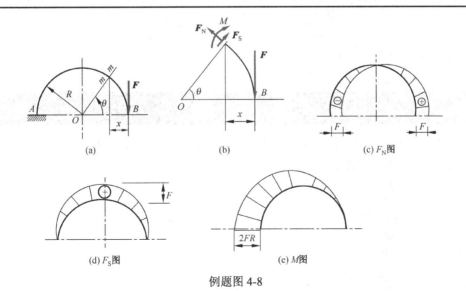

例题图 4-8

解： 对于环状曲杆，宜用极坐标表示其横截面位置。取圆环中心 O 为极点，OB 为极轴，θ 表示横截面的位置，如例题图 4-8(a)所示。沿该截面截取右侧的梁段，其受力如例题图 4-8(b)所示。由平衡方程，得曲杆的内力方程为

$$F_N(\theta) = F\cos\theta \qquad (0 < \theta < \pi)$$

$$F_S(\theta) = F\sin\theta \qquad (0 \leqslant \theta \leqslant \pi)$$

$$M(\theta) = Fx = FR(1-\cos\theta) \qquad (0 \leqslant \theta < \pi)$$

以曲杆的轴线为基线，将求得的内力值分别标在与横截面相对应的径向线上，连接这些点的光滑曲线即为曲杆的内力图，如例题图 4-8(c)、(d)、(e)所示。

小　结

本章目标： 介绍梁的内力概念，建立内力-载荷关系，讲述内力方程的求解和内力图的绘制方法。其中绘制内力图是本章的重点。

主要内容：

1. 弯曲内力：剪力和弯矩

2. 弯曲内力的符号规定：

剪力：梁某截面上的剪力使该截面内侧微段有顺时针方向转动趋势，则为正，反之为负。

弯矩：梁某截面上的弯矩使该截面内侧微段有下凸变形趋势，则为正，反之为负。

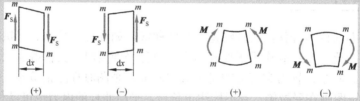

3. 绘制内力图的方法和技巧：

(1) 可以利用截面法列写剪力、弯矩方程，然后剪力坐标系绘制；

(2) 确定控制面上的内力值，分段绘制内力图；

(3) 重点掌握利用荷载-剪力-弯矩间的微分关系绘制内力图：

$$\frac{dF_S(x)}{dx} = q(x), \qquad \frac{dM(x)}{dx} = F_S(x)$$

(4) 建议记住表 4-1 中总结的规律；

(5) 注意利用叠加法绘制内力图。

思　考　题

4-1　平衡微分方程中的正负号由哪些因素所确定？简支梁受力及 Ox 坐标取向如图所示。请分析下列平衡微分方程中哪一个是正确的：

(A) $\dfrac{dF_S}{dx} = q(x), \qquad \dfrac{dM}{dx} = F_S$；

(B) $\dfrac{dF_S}{dx} = -q(x), \qquad \dfrac{dM}{dx} = -F_S$；

(C) $\dfrac{dF_S}{dx} = -q(x), \qquad \dfrac{dM}{dx} = F_S$；

(D) $\dfrac{dF_S}{dx} = q(x), \qquad \dfrac{dM}{dx} = -F_S$。

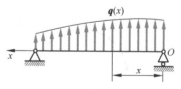

思考题图 4-1

4-2 若简支梁上无集中力偶，则其剪力图中正剪力图的轮廓线与 x 轴围成的面积之和与负正剪力图的轮廓线与 x 轴围成的面积之和，两者有什么关系？说明理由。

4-3 简支梁 AD 是否可能得出图示的剪力图？如可能，给出梁上的荷载情况。

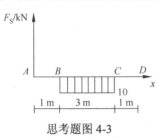

思考题图 4-3

4-4 有体重均为 800 N 的两人，需借助跳板从沟的左端到右端。已知该跳板的许可弯矩 $[M] = 600$ N·m。不计跳板的重量，试问两人采用什么办法可安全过沟。

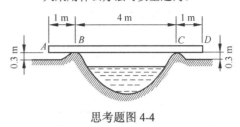

思考题图 4-4

习 题

基础题

4-1 求图示各梁指定截面 A、B、C、D 上的剪力和弯矩。

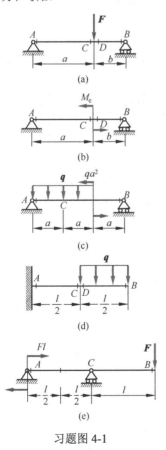

习题图 4-1

(f)

习题图 4-1（续）

4-2 求图示各梁的内力方程，绘制内力图，并求 $F_{S\max}$ 和 $M_{\max}$。

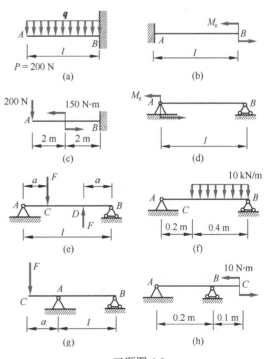

习题图 4-2

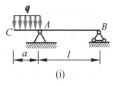

(i)

习题图 4-2（续）

4-3 不通过内力方程，直接绘制图示各梁的内力图，并求 F_{Smax} 和 M_{max}。

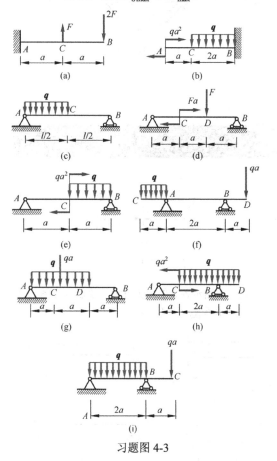

(a)

(b)

(c)

(d)

(e)

(f)

(g)

(h)

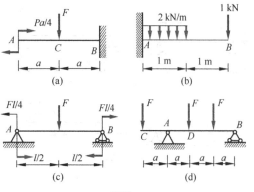

(i)

习题图 4-3

4-4 用叠加法作图示各梁的弯矩图，求 M_{max}。

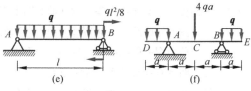

(e)

(f)

习题图 4-4（续）

4-5 静定梁承受平面载荷，但无集中力偶作用，其剪力图如图所示。试确定梁上的载荷及梁的弯矩图，并确定梁的支撑情况。

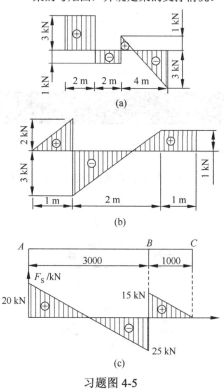

(a)

(b)

(c)

习题图 4-5

4-6 已知静定梁的剪力图和弯矩图如图所示，试确定梁上的载荷及梁的支撑。

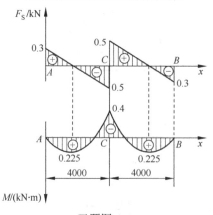

习题图 4-6

4-7 试作多跨连续梁的剪力图和弯矩图。

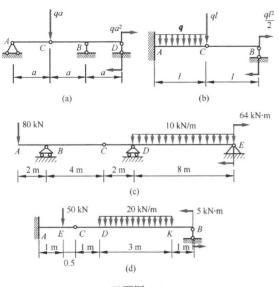

(a)

(b)

(c)

(d)

习题图 4-7

4-8 试绘制图示各刚架的内力图。

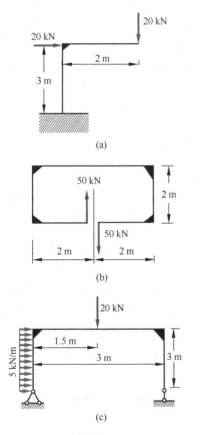

(a)

(b)

(c)

习题图 4-8

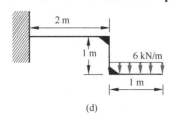

(d)

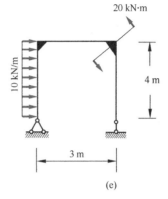

(e)

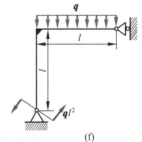

(f)

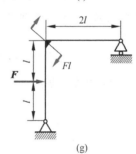

(g)

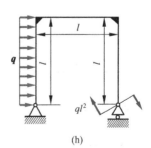

(h)

习题图 4-8（续）

4-9 曲杆受力如图所示，试写出杆横截面上的内力方程并绘制内力图。

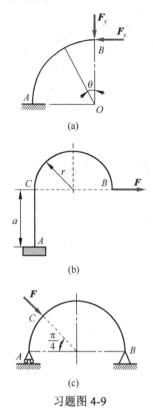

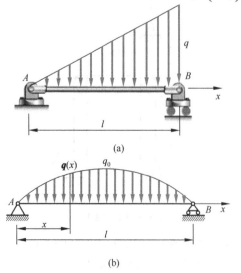

习题图 4-9

提高题

4-10 试作如下情况梁的剪力图和弯矩图：

(a) 简支梁受到按线性规律分布的荷载作用。

(b) 简支梁上的分布荷载按抛物线规律分布，其方程为 $q(x) = \dfrac{4q_0 x}{l}\left(1 - \dfrac{x}{l}\right)$。

习题图 4-10

4-11 试作图示斜梁的内力图。

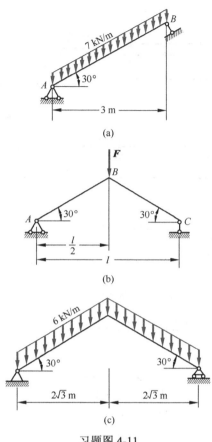

习题图 4-11

研究性题

4-12 某简支梁上作用有 n 个间距相等的集中力，其总荷载为 F，每个荷载等于 F/n，梁的跨度为 l，荷载的间距则为 $\dfrac{l}{n+1}$。

(1) 试导出梁中最大弯矩的一般公式。

(2) 将(1)的结果与承受均布荷载 q 的简支梁的最大弯矩相比较。设 $ql = F$。

(3) 若将系列集中力换成 $2F/[n(n+1)]$，$4F/[n(n+1)]$，$\cdots$，$2nF/[n(n+1)]$，则结果如何？若将力改成力偶，则结果如何？

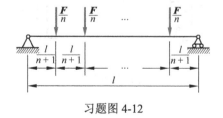

习题图 4-12

4-13 静定空间刚架结构受力如习题图 4-13 所示，试写出各段构件的内力方程，并作该刚架的内力图。

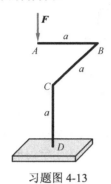

习题图 4-13

4-14 固支半圆曲杆受力如习题图 4-14 所示，试写出该曲杆的内力方程，并作内力图。

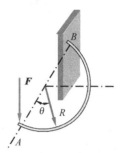

习题图 4-14

第5章

弯曲应力

第 4 章详细讨论了梁弯曲时横截面上的剪力 F_S 和弯矩 M。一般情况下，梁的横截面上既有剪力又有弯矩，通常称为**横力弯曲**（transverse bending）或**剪切弯曲**。第 4 章的结果表明：弯矩是垂直于横截面的内力系的合力偶矩，而剪力是切于横截面的内力系的合力。可见，弯矩只与横截面上的正应力相关，而剪力只与切应力相关。本章将介绍梁弯曲时横截面上正应力和切应力的分析过程及弯曲强度计算。本章的内容将涉及平面图形的几何性质，为了学习的连贯，请读者先学习本书附录 A 的内容。

5.1　纯弯曲

5.1.1　纯弯曲的概念

若梁或梁上的某段内任意横截面上无剪力而只有弯矩，则横截面上只有与弯矩对应的正应力，这种情况称为**纯弯曲**（pure bending）。如图 5-1(a)所示，简支梁 AB 在距离两端点等距的 C、D 处承受两相等的力 F 作用，其内力图如图 5-1(b)、(c)所示。显然，AC 和 DB 段梁横截面上同时存在剪力和弯矩，属于横力弯曲或剪切弯曲；CD 段梁横截面上内力只有弯矩没有剪力，因此是纯弯曲。为使问题简化，以下我们首先研究这种纯弯曲梁横截面的应力情况。

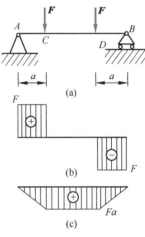

图 5-1　纯弯曲梁

5.1.2　纯弯曲的正应力

同前面扭转问题一样，分析纯弯曲梁横截面的正应力依然通过以下三个步骤进行：

(1) 根据实验观察到的纯弯曲变形特征提出变形假设——平面假设，并据此导出变形的几何关系，获得应变分布的规律；

(2) 根据物理关系——胡克定律，得到应力分布规律；

(3) 由静力学等效关系，得到由内力弯矩计算横截面上各点正应力的公式。

变形特征和平面假设

为观察纯弯曲梁的变形特征，如图 5-2(a)所示，在梁表面绘上纵向和横向直线，当梁端部施加一对力偶 M 后，如图 5-2(b)所示，可以观察到：横向直线 mm、nn 转过了一个角度，但仍为直线；位于凸边的纵向线 ab 伸长了，位于凹边的纵向线 cd 缩短了；纵向线变弯后，仍与横向直线垂直。由纯弯曲变形的这些特征，可以提出如下平面假设：**梁弯曲变形后其横截面仍保持为平面，且仍与变形后的梁轴线垂直。**

若将梁看做由平行于轴线的纵向纤维组成，则在梁发生如图 5-2(c)所示的弯曲变形时，其下部纵向纤维伸长，而上部纵向纤维缩短。根据变形的连续性可知，梁内肯定有一层长度不变的纤维层，称为**中性层**（neutral layer）。中性层与横截面的交线称为**中性轴**（neutral axis）。由于载荷作用于梁的纵向对称面内，梁的变形沿纵向对称，所以中性轴垂直于横截面的对称轴。梁弯曲变形时，其横截面绕中性轴旋转某一角度。

另外，对于纯弯曲变形，还假设梁的各纵向纤维之间无挤压，即无正应力。这样，所有与轴线平行的纵向纤维均处于轴向拉压。

以下将根据上述两个假设推导纯弯曲的正应力。

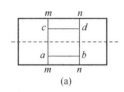 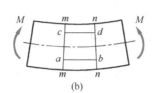 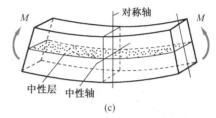

图 5-2 矩形截面梁纯弯曲时的变形情况

几何关系

图 5-3(a)为从图 5-2(a)所示梁中取出的长为 dx 的微段，变形后其两端横截面相对转动了 $d\theta$ 角。由图 5-3(a)，得变形后距中性层为 y 处的各纵向纤维长度为

$$\widehat{ab} = (\rho + y)d\theta$$

式中，ρ 为中性层上的纤维 $\widehat{O_1O_2}$ 的曲率半径。由几何关系可得 $\widehat{O_1O_2} = \rho d\theta = dx$，于是，由正应变的定义，得纤维 $\widehat{ab}$ 的应变为

$$\varepsilon = \frac{\widehat{ab} - dx}{dx} = \frac{(\rho + y)d\theta - \rho d\theta}{\rho d\theta} = \frac{y}{\rho} \tag{a}$$

由式(a)可知，梁内任一层纵向纤维的线应变 ε 与其到中性层的距离（即 y 坐标）成正比。

物理关系

由于假设纵向纤维处于轴向拉压，所以当在比例极限以下，即当 $\sigma \leqslant \sigma_P$ 时，根据胡克定理，有

$$\sigma = E\varepsilon = E \cdot \frac{y}{\rho} \tag{b}$$

由式(b)可知，横截面上任一点的正应力与该纤维层到中性层的距离（y 坐标）成正比，其分布规律如图 5-4 所示。式(a)和式(b)中的曲率半径 ρ 尚为未知量，以下将通过考虑物理关系和静力学关系确定。

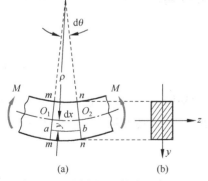  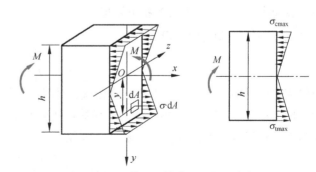

图 5-3 纵向纤维 ab 的伸长变形　　图 5-4 矩形截面梁横截面上的正应力分布

静力学关系

如图 5-4 所示，取截面的纵向对称轴为 y 轴，中性轴为 z 轴，过 y 轴和 z 轴的交点沿纵向线

取为 x 轴。横截面上坐标为 $(y，z)$ 的微面积上的内力为 $\sigma \cdot \mathrm{d}A$。于是，整个截面上所有内力组成空间平行力系。根据截面分布内力平行于 x 轴的合力为零，并考虑式(b)，得

$$F_{\mathrm{N}} = \int_A \sigma \mathrm{d}A = \int_A E\frac{y}{\rho}\mathrm{d}A = \frac{E}{\rho}\int_A y\mathrm{d}A = 0 \qquad (c)$$

式中

$$\int_A y\mathrm{d}A = S_z$$

称为横截面对中性轴的**静矩**（static moment），是平面图形的几何参数之一，见附录A。由于 $\dfrac{E}{\rho} \neq 0$，所以应有 $S_z = 0$。设横截面面积为 A，形心 y 坐标为 y_C，则 $S_z = A \cdot y_C$，因此有 $y_C = 0$，即中性轴 z 必过截面形心。

根据截面分布内力绕 y 轴的合力偶矩为零，并利用式(b)，得

$$M_y = \int_A z\sigma \mathrm{d}A = \frac{E}{\rho}\int_A yz\mathrm{d}A = 0 \qquad (d)$$

式中

$$\int_A yz\mathrm{d}A = I_{yz}$$

称为横截面对轴 y、z 的**惯性积**（product of inertia），是平面图形的另一个几何参数，见附录 A。因为 y 轴为对称轴，且 z 轴又过形心，所以 y 轴、z 轴均为横截面的**形心主惯性轴**，因此 $I_{yz} = 0$ 恒成立，即式(d)自然成立。

截面分布内力绕 z 轴的合力偶矩恰好为弯矩 M，于是，考虑式(b)，得

$$M = \int_A y\sigma \mathrm{d}A = \frac{E}{\rho}\int_A y^2\mathrm{d}A \qquad (e)$$

式中

$$\int_A y^2\mathrm{d}A = I_z$$

称为横截面对中性轴的**惯性矩**（moment of inertia），见附录 A。式(e)可写为

$$\frac{1}{\rho} = \frac{M}{EI_z} \qquad (5\text{-}1)$$

即为梁弯曲变形后中性层曲率（$1/\rho$）的数学表达式。式(5-1)表明，当弯矩不变时，EI_z 越大，曲率 $1/\rho$ 越小，故 EI_z 称为梁的**抗弯刚度**。

将式(5-1)代入式(b)中，得

$$\sigma = \frac{My}{I_z} \qquad (5\text{-}2)$$

即为梁纯弯曲时横截面上正应力的计算公式。对图 5-3 所示的坐标系，若 $M > 0$，则当 $y > 0$ 时，σ 为拉应力；当 $y < 0$ 时，σ 为压应力。显然，在梁的上下表面，y 值达到极值，σ 也达到极值。对高为 h 的矩形截面梁，有 $y_{\max} = \pm h/2$，因此

$$\sigma_{\max} = \frac{Mh}{2I_z} = \frac{M}{W_z} \qquad (5\text{-}3)$$

式中，$W_z = I_z / y_{\max} = 2I_z / h$ 称为截面对中性轴的**抗弯截面系数**（section modulus in bending），仅与截面的几何形状及尺寸有关。下面给出几种常用典型截面的截面惯性矩和抗弯截面系数。

截面惯性矩和抗弯截面系数

(1) 高为 h、宽为 b 的矩形截面：

$$I_z = \frac{bh^3}{12}, \qquad W_z = \frac{I_z}{h/2} = \frac{bh^2}{6}$$

(2) 直径为 d 的圆形截面：

$$I_z = \frac{\pi d^4}{64}, \qquad W_z = \frac{I_z}{d/2} = \frac{\pi d^3}{32}$$

(3) 外径为 D、内径为 d 的空心圆形截面：

$$I_z = \frac{\pi(D^4 - d^4)}{64}, \qquad W_z = \frac{I_z}{D/2} = \frac{\pi D^3}{32}\left[1 - \left(\frac{d}{D}\right)^4\right]$$

5.2 横力弯曲时的正应力及强度条件

正应力计算

上述正应力的计算公式是针对纯弯曲的情况推导的。但工程实际中的梁大多发生横力弯曲，此时梁的横截面由于存在切应力会发生翘曲。此外，横向力还使各纵向线之间发生挤压。因此，纯弯曲的平面假设和纵向线之间无挤压的假设对横力弯曲实际上都不再成立。但弹性力学的分析结果表明，当梁的跨长与截面高度之比 l/h 大于 5 时，梁横截面上的正应力按纯弯曲理论计算其误差不超过 1%，能够满足工程问题的精度要求。

由于横力弯曲时，弯矩随截面位置变化，所以任意横截面上正应力的计算公式为

$$\sigma = \frac{M(x)y}{I_z} \tag{5-4}$$

一般情况下，对于等截面梁，最大正应力 σ_{max} 常发生在最大弯矩的横截面上距中性轴最远处。于是，由式(5-4)得

$$\sigma_{max} = \frac{M_{max} y_{max}}{I_z} \tag{5-5}$$

或

$$\sigma_{max} = \frac{M_{max}}{W_z} \tag{5-6}$$

式中，抗弯截面系数 $W_z = I_z/y_{max}$。前面已经给出了若干常用典型截面的 I_z 和 W_z 的计算公式，复杂形状截面的参量可参考附录 A 计算。对于工程中常用的各类轧制型钢（如工字型钢等），相关的结果可直接从附录 B 的型钢表中查得。

正应力强度条件

梁在纯弯曲情况下横截面上只有正应力。即使是在横力弯曲情况下，由剪力引起的切应力一般也很小（详见 5.3 节），而由横向力引起的挤压应力也可以忽略不计。因此，一般情况下可以依据正应力建立梁的强度条件，即

$$\sigma_{max} = \frac{M_{max}}{W_z} \leqslant [\sigma] \tag{5-7}$$

式中，$[\sigma]$为材料的许用正应力。对于抗拉和抗压强度相同的材料（如碳钢等）制成的梁，式(5-7)中取绝对值最大的正应力即可。当梁由抗拉和抗压强度不同的材料（如铸铁、混凝土等脆性材料）制成时，需要同时考虑拉应力和压应力强度条件：

$$\sigma_{tmax} \leqslant [\sigma_t], \quad \sigma_{cmax} \leqslant [\sigma_c] \tag{5-8}$$

以下通过例题进一步说明梁的正应力计算和强度条件的应用。

例题 5-1

将直径$d = 1$ mm 的钢丝绕在直径为$D = 2$ m 的卷筒上，试计算该钢丝中产生的最大正应力。设$E = 200$ GPa。

分析：由于变形前后的几何形状已经给出，所以可以直接计算变形，并利用物理关系得到钢丝截面正应力，也可直接利用前面的式(b)计算。

解：将钢丝绕到卷筒上后产生弯曲变形，由于$D \gg d$，所以钢丝中性层的曲率半径为

$$\rho = \frac{D+d}{2} \approx \frac{D}{2}$$

其值为一常数，所以是纯弯曲。由式(b)得正应力为

$$\sigma = E\frac{y}{\rho} = 2E\frac{y}{D}$$

将$y_{max} = \dfrac{d}{2}$代入上式，得最大应力为

$$\sigma_{max} = \frac{Ed/2}{D/2} = \frac{200 \times 10^9 \times 1 \times 10^{-3}/2}{2/2} \text{ Pa} = 100 \text{ MPa}$$

讨论：由于已知变形，所以计算正应力并没有利用静力学关系。读者也可以先由式(5-1)计算弯曲M，然后再由式(5-3)计算正应力。

例题 5-2

承受均布载荷的简支梁如例题图 5-2(a)所示。已知：梁的截面为矩形，宽为$b = 20$ mm，高为$h = 30$ mm；梁长为$l = 450$ mm；均布载荷集度$q = 10$ kN/m。试求梁最大弯矩截面C上点 1、2 处的应力。

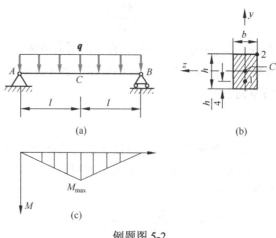

例题图 5-2

解:

(1) 确定弯矩及其所在的最大截面。计算支座约束反力,作弯矩图,如例题图 5-2(c)所示,梁的中点 C 处横截面上弯矩最大,其值为

$$M_{max} = \frac{ql^2}{8} = \frac{10 \times 10^3 \times (450 \times 10^{-3})^2}{8} = 0.253 \times 10^3 \text{ N·m}$$

(2) 计算截面惯性矩。根据矩形截面惯性矩的公式,得

$$I_z = \frac{bh^3}{12} = \frac{20 \times 10^{-3} \times (30 \times 10^{-3})^3}{12} = 4.5 \times 10^{-8} \text{ m}^4$$

(3) 求弯矩最大截面上 1、2 两点处的正应力。

均布载荷作用在纵向对称面内,因此横截面的水平对称轴(z)即为中性轴。根据弯矩最大截面上的弯矩方向,可以判断出:点 1 受拉应力,点 2 受压应力。1、2 两点到中性轴的距离分别为

$$y_1 = \frac{h}{2} - \frac{h}{4} = \frac{h}{4} = \frac{30 \times 10^{-3}}{4} = 7.5 \times 10^{-3} \text{ m}$$

$$y_2 = \frac{h}{2} = \frac{30 \times 10^{-3}}{2} = 15 \times 10^{-3} \text{ m}$$

于是,有式(5-4)得弯矩最大截面 C 上 1、2 两点处的正应力分别为

$$\sigma(1) = \frac{M_{max} y_1}{I_z} = \frac{0.253 \times 10^3 \times 7.5 \times 10^{-3}}{4.5 \times 10^{-8}} = 0.422 \times 10^8 \text{ Pa} = 42.2 \text{ MPa}$$

$$\sigma(2) = \frac{M_{max} y_2}{I_z} = \frac{0.253 \times 10^3 \times 15 \times 10^{-3}}{4.5 \times 10^{-8}} = 0.842 \times 10^8 \text{ Pa} = 84.2 \text{ MPa}$$

例题 5-3

圆截面外伸梁,其外伸部分是空心的,梁的受力与尺寸如例题图 5-3(a)所示,图中长度单位为 mm。已知 $F = 10$ kN,$q = 5$ kN/m,许用应力 $[\sigma] = 140$ MPa,试校核梁的强度。

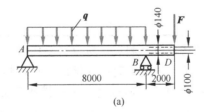

(a)

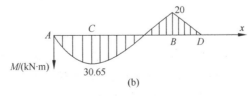

(b)

例题图 5-3

分析：由于是分段变截面梁，所以应分段校核梁的强度，或者分段利用式(5-5)或式(5-6)计算每段的最大正应力，并得到整个梁上的最大正应力，然后进行强度校核。

解：

(1) 计算梁的支座约束反力，绘制弯矩图，如例题图 5-3(b)所示。在实心梁 AB 段上，最大弯矩发生在中间某截面 C 处，大小为 $M_{maxC}=30.65$ kN·m；在空心梁 BD 段上，最大弯矩发生在截面 B 处，大小为 $M_{maxB}=20$ kN·m。

(2) 分别计算实心 AB 段和空心 BD 段上的最大正应力，并与许用应力比较：

$$\sigma_{maxC}=\frac{M_{maxC}}{W_{zC}}=\frac{32\times30.65\times10^{3}\ N\cdot m}{\pi(140\times10^{-3}\ m)^{3}}=113.8\times10^{6}\ Pa=113.8\ MPa<[\sigma]$$

$$\sigma_{maxB}=\frac{M_{maxB}}{W_{zB}}=\frac{32\times20\times10^{3}\ N\cdot m}{\pi(140\times10^{-3}m)^{3}\left[1-\left(\dfrac{100}{140}\right)^{4}\right]}=100.3\times10^{6}\ Pa=100.3\ MPa<[\sigma]$$

所以，梁的强度是安全的。

例题 5-4

铸铁梁的载荷及截面尺寸如例题图 5-4(a)、(b)所示，点 C 为 T 形截面的形心，惯性矩 $I_z=6013\times10^4$ mm^4，材料的许用拉应力 $[\sigma_t]=48$ MPa，许用压应力 $[\sigma_c]=80$ MPa，试求该梁的最大拉应力和最大压应力，并校核强度。

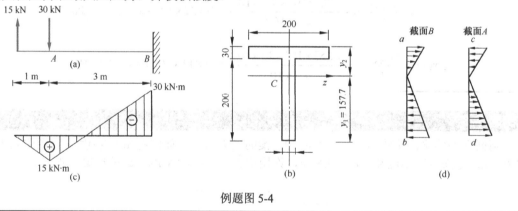

例题图 5-4

分析：梁由拉压强度不同的铸铁材料制成，所以需要同时校核拉/压强度。由于梁的横截面上下不具有对称性，所以截面的上下边缘到中性轴的距离不相等，如例题图 5-4(b)所示，因此，整个梁上的最大拉应力和压应力可能不出现在同一横截面上。于是，需要先绘出梁的弯矩图，然后在弯矩极值（正或负）点判断最大拉/压应力出现的截面，再利用式(5-5)或式(5-6)计算其值，并校核强度。

解：

(1) 计算梁的支座约束反力，绘制弯矩图。结果如例题图 5-4(c)所示。在截面 A、B 处弯矩取得极值，分别为 $M_A=15$ kN·m 和 $M_B=30$ kN·m。最大拉/压应力只可能出现在这两个截面处。可以将该两截面上的最大拉/压应力均计算出来，然后比较得到整个梁上的最大拉/压应力，也可以经过如下判断减小计算量。

(2) 求最大拉/压应力。

由弯矩图可知，截面 A、B 上的应力分布如例题图 5-4(d)所示，截面 A 的下边缘及截面 B 的上边缘受拉，截面 A 的上边缘及截面 B 的下边缘受压。

虽然 $|M_A| < |M_B|$，但 $|y_1| < |y_2|$，所以只有分别计算 A、B 两截面的拉应力（分别出现在 A/B 截面的下/上边缘），才能判断出整个梁的最大拉应力所对应的截面；但不难直接判断，截面 B 下边缘的压应力最大。

截面 A 下边缘处的拉应力为

$$\sigma_t = \frac{M_A y_1}{I_z} = \frac{15 \times 10^3 \times 157.7 \times 10^{-3}}{6013 \times 10^4 \times 10^{-12}}\,\text{Pa} = 0.393 \times 10^8\,\text{Pa} = 39.3\,\text{MPa}$$

截面 B 上边缘处的拉应力为

$$\sigma_t = \frac{M_B y_2}{I_z} = \frac{30 \times 10^3 \times 72.3 \times 10^{-3}}{6013 \times 10^4 \times 10^{-12}}\,\text{Pa} = 0.362 \times 10^8\,\text{Pa} = 36.2\,\text{MPa}$$

比较可知，整个梁的最大拉应力出现在截面 A 的下边缘处，其值为 $\sigma_{t\max} = 39.3$ MPa。

截面 B 下边缘处的压应力为整个梁的最大压应力，结果为

$$\sigma_{c\max} = \frac{M_B y_1}{I_z} = \frac{30 \times 10^3 \times 157.7 \times 10^{-3}}{6013 \times 10^4 \times 10^{-12}}\,\text{Pa} = 0.786 \times 10^6\,\text{Pa} = 78.6\,\text{MPa}$$

(3) 校核拉、压强度

$$\sigma_{t\max} = 39.3 \quad \text{MPa} < 48\,\text{MPa} = \left[\sigma_t\right]$$

$$\sigma_{c\max} = 78.6\,\text{MPa} < 80\,\text{MPa} = [\sigma_c]$$

均满足强度条件，因此梁是安全的。

讨论：

(1) 当中性轴为截面的对称轴时，由弯矩图可直观地判断梁弯矩最大值所发生的截面即为危险截面，危险截面上应力值最大的点称为危险点。为了保证构件有足够的强度，危险点的应力需满足相应的强度条件。当中性轴不是截面的对称轴时，危险点不一定只发生在最大弯矩所在的截面，可能会有两个危险截面，如本例题。此时，需全面考虑两个危险截面上的危险点的应力。

(2) 由拉、压许用应力[σ_t]和[σ_c]不相等的材料制成的梁，其横截面往往设计成上下不对称，以尽量使梁的最大工作拉应力 $\sigma_{t\max}$ 和最大工作压应力 $\sigma_{c\max}$ 分别同时达到（或接近）材料的许用拉应力[σ_t]和许用压应力[σ_c]，从而充分发挥材料的利用效率。对于本例题，请读者思考如何设计截面几何尺寸（如中间腹板厚度），使梁的最大拉、压应力同时达到许用应力。

5.3 横力弯曲时的切应力及强度条件

在工程实际中，梁大多数发生横力弯曲，横截面上不仅有正应力，还有切应力。但由于绝大多数梁为细长梁，在一般情况下，细长梁的强度取决于其正应力强度，无须考虑其切应力强度。但是，在有些情况下，如梁的跨度较小或在支座附近作用有较大载荷、铆接或焊接的组合截面钢梁（例如，工字形截面的腹板厚度与高度之比，较一般型钢截面的对应比值小）、木梁等特殊情况，则必须考虑切应力强度。为此，本节介绍梁的切应力计算，以及切应力强度条件。

5.3.1 横力弯曲时的切应力

梁的切应力计算比较复杂，以下仅介绍几种常见截面梁的切应力计算。

矩形截面梁

图 5-5(b)为图 5-5(a)所示矩形截面梁的任意一截面 *n-n*，其上剪力 F_s 沿 *y* 轴向下。由于梁的侧面为自由表面，其上无切应力，故根据切应力互等定理可知，横截面上侧边处的切应力必与侧边平行；对称轴 *y* 处的切应力必沿 *y* 轴方向，即与侧边平行。根据以上分析，对于狭长矩形截面可以假设：① 横截面上各点处的切应力均与侧边平行，即平行于 *y* 轴；② 横截面上距中性轴等距处的切应力大小相等。

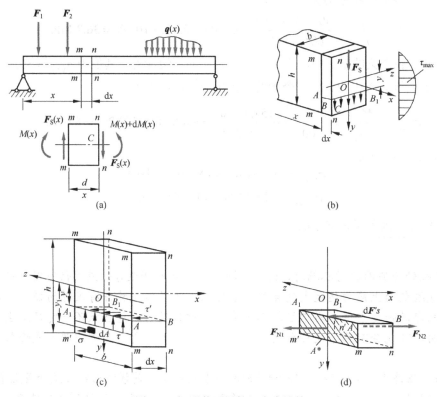

图 5-5　矩形截面梁的切应力计算

以截面 *m-m* 和 *n-n* 截取梁中长为 d*x* 的微段进行分析，如图 5-5(c)所示。设截面 *m-m* 上的弯矩为 *M*，则截面 *n-n* 上的弯矩为 *M* + d*M*。为了计算距离中性层为 *y* 处的切应力，在该处平行于梁中，以截面 AA_1B_1B 截取出部分长方体 $ABnm\text{-}A_1B_1n'm'$，如图 5-5(d)所示。其左右两个端面 $mm'A_1A$ 和 $nn'B_1B$ 上与各自正应力对应的法向内力 F_{N1} 和 F_{N2} 分别为

$$F_{N1} = \int_A \sigma_2 \mathrm{d}A = \int_A \frac{My_1}{I_z} \mathrm{d}A = \frac{M}{I_z} \int_A y_1 \mathrm{d}A = \frac{M}{I_z} S_z^*$$

$$F_{N2} = \int_A \sigma_2 \mathrm{d}A = \int_A \frac{(M+\mathrm{d}M)}{I_z} y_1 \mathrm{d}A = \frac{M+\mathrm{d}M}{I_z} \int_A y_1 \mathrm{d}A = \frac{M+\mathrm{d}M}{I_z} S_z^*$$

式中

$$S_z^* = \int_A y_1 \mathrm{d}A \tag{a}$$

为矩形 $mm'A_1A$（横截面上距中性轴 z 为 y 的横线以外的部分）的面积 A^* 对中性轴 z 的静矩。

由于 $F_{N1} \neq F_{N2}$，故纵截面 AA_1B_1B 上必须有切向内力 $\mathrm{d}F_S'$ 作用，以使截取的部分保持平衡，如图 5-5(d)所示。于是，根据 $\sum F_x = 0$，得

$$\mathrm{d}F_S' = F_{N2} - F_{N1} = \frac{\mathrm{d}M}{I_z}S_z^* \tag{b}$$

显然，纵截面 AA_1B_1B 上的切向内力 $\mathrm{d}F_S'$ 是由该面上的切应力 τ' 合成的，由切应力互等定理，τ' 应与横截面上距中性轴 z 为 y 的 AA_1 处的切应力 τ 相等。根据前面的假设，τ' 沿 AA_1 不变，在 $\mathrm{d}x$ 长度内也没有变化。即纵截面 AA_1B_1B 上的切应力 τ' 在该纵截面内没有变化。于是，有

$$\mathrm{d}F_S' = \tau'b\mathrm{d}x$$

将上式代入式(b)中，得

$$\tau' = \frac{\mathrm{d}M}{\mathrm{d}x} \times \frac{S_z^*}{I_z b} = \frac{F_S S_z^*}{I_z b}$$

再根据切应力互等定理，得横截面的切应力计算公式为

$$\tau = \frac{F_S S_z^*}{I_z b} \tag{5-9}$$

在切应力计算公式(5-9)中，剪力 F_S 在横截面上是一定的，截面惯性矩 I_z 和宽度 b 也是一定的。可见，切应力 τ 沿截面高度（即坐标 y）的变化情况由静矩 S_z^* 与坐标 y 之间的关系确定。对于矩形截面，如图 5-6(a)所示，阴影部分的静矩 S_z^* 为

$$S_z^* = b\left(\frac{h}{2} - y\right)\left[y + \frac{1}{2}\left(\frac{h}{2} - y\right)\right] = \frac{b}{2}\left(\frac{h^2}{4} - y^2\right)$$

将上式代入式(5-9)中，得

$$\tau = \frac{F_S}{2I_z}\left(\frac{h^2}{4} - y^2\right)$$

由上式可知，矩形截面梁横截面上的切应力大小沿截面高度方向按二次抛物线规律变化，如图 5-6(b)所示，且在横截面上、下边缘处（$y = \pm h/2$）为零，在中性轴上（$y = 0$）达到最大，其值为

$$\tau_{\max} = \frac{F_S h^2}{8I_z} = \frac{F_S h^2}{8 \times bh^3/12} = \frac{3F_S}{2bh} = \frac{3}{2}\frac{F_S}{A} \tag{5-10}$$

式中，$A = bh$ 为矩形截面的面积。式(5-10)表明，矩形截面两的最大切应力是平均应力 $\frac{F_S}{A}$ 的 1.5 倍。

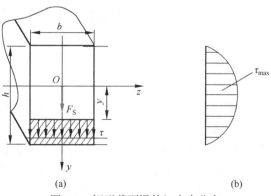

图 5-6 矩形截面梁的切应力分布

工字形截面梁

1) 腹板上的切应力

工字形截面梁由腹板和翼缘组成。由于腹板是狭长矩形，所以上述计算矩形截面梁切应力的两个假设仍然成立，因此可以沿用同样的推导过程得到腹板上任一点的切应力计算公式。如图 5-7(a)、(b)所示，结果仍为式(5-9)，其中 S_z^* 的意义不变，由下式给出：

$$S_z^* = b\delta\left(\frac{h}{2}-\frac{\delta}{2}\right)+\left(\frac{h}{2}-\delta-y\right)d\times\left(\frac{\frac{h}{2}-\delta-y}{2}+y\right)=\frac{b\delta}{2}(h-\delta)+\frac{d}{2}\left[\left(\frac{h}{2}-\delta\right)^2-y^2\right]$$

可见，腹板上的切应力沿腹板高度方向的变化规律仍为二次抛物线，如图 5-7(c)所示。在中性轴处有最大值为

$$\tau_{max}=\frac{F_S S_{z\,max}^*}{I_z d}=\frac{F_S}{I_z d}\left[\frac{b\delta}{2}(h-\delta)+\frac{d}{2}\left(\frac{h}{2}-\delta\right)^2\right]$$

对于一般工程中的工字形截面梁，中性轴上的切应力值可由下式计算

$$\tau_{max}=\frac{F_S S_{z\,max}^*}{I_z d} \tag{5-11}$$

式中，d 为腹板的厚度，$S_{z\,max}^*$ 为中性轴一侧的截面面积对中性轴的静矩，比值 $I_z/S_{z\,max}^*$ 可直接由附录 B 的型钢表查出。

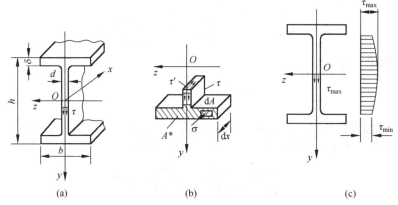

图 5-7 工字形截面梁腹板上的切应力计算和分布

腹板与翼缘交界处（$y=\frac{h}{2}-\delta$）往往也是强度校核的重点，此处的切应力为

$$\tau_{min}=\frac{F_S}{I_z d}\times\frac{b\delta}{2}(h-\delta)$$

2) 翼缘上的切应力

因为翼缘的上、下表面无切应力，所以翼缘横截面上平行于剪力 F_S 的切应力在其上、下边缘处为零。又由于翼缘很薄，因此翼缘横截面上平行于 F_S 的切应力很小，故不予考虑。 但是，翼缘上存在着平行于翼缘的切应力。如图 5-8 所示，从长为 dx 的梁段[见图 5-8(a)]中用铅垂的纵截面在翼缘上截取包含翼缘自由边在内的分离体[见图 5-8(b)]，由于分离体前后两个部分横截面上弯曲正应力构成的合力不相等，即 $F_{N1} \neq F_{N2}$，因而切开的铅垂纵截面上必有由切应力 τ_1'（设为均匀分布）构成的合力，以保持分离体平衡，于是有

$$dF'_S = \tau'\delta dx = F_{N2} - F_{N1}$$

同矩形截面梁的推导，可得切应力 τ'_1 为

$$\tau'_1 = \frac{F_S S^*_z}{I_z \delta} = \frac{F_S}{I_z \delta} \times \left[\delta u \left(\frac{h}{2} - \frac{\delta}{2}\right)\right] = \frac{F_S}{2I_z} \times u(h - \delta)$$

再由切应力互等定理可知，翼缘横截面上距自由边为 u 处有平行于翼缘横截面边长的切应力 $\tau_1 = \tau'_1$，它随 u 按线性规律变化。

以上分析表明，上、下翼缘与腹板横截面上的切应力构成了"切应力流"，其分布如图 5-8(c) 所示。横截面上的切应力主要分布于腹板上，一般腹板可承担整个横截面上剪力 F_S 的 90% 以上，且腹板上的切应力近似均匀分布，因此可利用剪力 F_S 除以腹板横截面积，近似计算腹板上的切应力。

翼缘部分的切应力数值一般很小，可以忽略。但由于翼缘整体距离中性轴最远，所以其上的正应力比较大，因此翼缘承担了截面上的大部分弯矩。

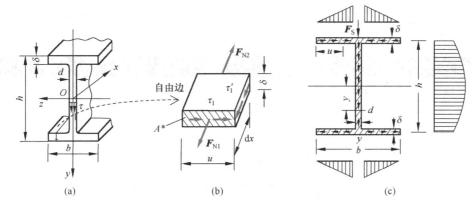

图 5-8 工字形截面梁翼缘上的切应力计算和分布

圆形截面梁

如图 5-9 所示，圆形截面梁上的横截面切应力分布比较复杂，不再平行于剪力 F_S。其求解较困难，但可如下近似计算。由切应力互等定理可知，圆形截面边缘上各点的切应力方向必与圆周相切。所以，在水平弦 ab 两端点，与圆周相切的切应力作用线交于 y 轴某点 d。由于对称性，ab 中点 c 的切应力必垂直并通过点 d。据此，假设 ab 上各点的切应力都通过点 d。另外，假设 ab 上各点切应力的垂直分量 τ_y 均相等。于是，完全沿用矩形截面梁切应力的推导方法可以得到 τ_y 的近似计算公式，结果同式(5-9)一样，式中的 b 为弦 ab 的长。

中性轴上各点的切应力与剪力 F_S 同向（即等于 τ_y），而且切应力在此达到最大值 τ_{max}。根据式(5-9)，取 b 为圆的直径 d，而 S^*_z 为半圆面积对中性轴的静矩，即

$$b = d, \quad S^*_z = \left(\frac{\pi d^2}{8}\right) \cdot \frac{2d}{3\pi}$$

于是

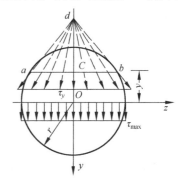

图 5-9 圆形截面梁的切应力分布

$$\tau_{\max} = \frac{F_S S_z^*}{I_z b} = \frac{4 F_S}{3A} \qquad (5\text{-}12)$$

式中， $A = \dfrac{\pi}{4} d^2$ 为圆形截面的面积。可见，截面最大切应力是平均应力的 4/3。

5.3.2 横力弯曲时的切应力强度条件

以上分析表明，一般情况下，梁横截面的切应力在中性轴上达到最大，而在该处正应力为零，所以中性轴上的点处于纯剪切状态。同扭转问题一样，可以直接建立切应力强度条件。由式(5-9)，得梁弯曲时的切应力强度条件为

$$\tau_{\max} = \frac{F_{S\max} S_{z\max}^*}{I_z b} \leqslant [\tau] \qquad (5\text{-}13)$$

梁在载荷作用下，进行强度计算时必须同时满足正应力强度条件和切应力强度条件。一般情况下，满足正应力强度条件的梁都能够满足切应力条件，但在本节开始时提到的几种情况下，需要考虑切应力强度条件。在设计梁的截面尺寸时，通常先按正应力强度条件确定截面尺寸，然后再按切应力强度条件校核。

例题 5-5

工字钢截面简支梁如例题图 5-5(a)所示。已知 $l = 2$ m， $q = 10$ kN/m， $F = 200$ kN， $a = 0.2$ m。许用应力 $[\sigma] = 160$ MPa， $[\tau] = 100$ MPa。试选择工字钢型号。

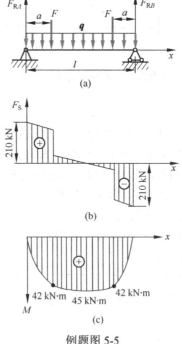

例题图 5-5

分析： 本例题同时要求满足正应力和切应力强度条件，为此，先根据正应力强度条件选取合适的工字钢型号，然后再进行切应力强度校核。

解：

(1) 计算梁的支座反力，并绘制剪力图和弯矩图。结果如例题图 5-5(b)、(c)所示。由图可知，最大剪力和弯矩分别为 $F_{S\max} = 210\ \text{kN}$ 和 $M_{\max} = 45\ \text{kN·m}$。

(2) 根据正应力强度条件，选取工字钢型号。由式(5-7)，得

$$W_z \geq \frac{M_{\max}}{[\sigma]} = \frac{45 \times 10^3}{160 \times 10^6} = 281 \times 10^{-6}\ \text{m}^3 = 281\ \text{cm}^3$$

查附录 B 的型钢表，选取 22a 工字钢可满足正应力强度条件，该号型钢的 $W_z = 309\ \text{cm}^3$，$I_z / S_z^* = 18.9\ \text{cm}$，腹板厚度为 $d = 0.75\ \text{cm}$。

(3) 校核切应力强度条件。由式(5-13)，得

$$\tau_{\max} = \frac{F_{S\max} S_{z\max}^*}{I_z b} = \frac{210 \times 10^3}{18.9 \times 10^{-2} \times 0.75 \times 10^{-2}}\ \text{Pa} = 148\ \text{MPa} > 100\ \text{MPa} = [\tau]$$

可见，选取 22a 工字钢并不能满足切应力强度，所以需要重新选择。重新选取 25b 工字钢，由型钢表查得：$I_z / S_z^* = 21.3\ \text{cm}$，$d = 1\ \text{cm}$。由式(5-13)，得

$$\tau_{\max} = \frac{F_{S\max} S_{z\max}^*}{I_z b} = \frac{210 \times 10^3}{21.3 \times 10^{-2} \times 1 \times 10^{-2}}\ \text{Pa} = 98.6\ \text{MPa} < 100\ \text{MPa} = [\tau]$$

因此，选取 25b 工字钢，可以同时满足梁的正应力和切应力强度条件。

例题 5-6

如例题图 5-6(a)所示，跨度 $l = 4\ \text{m}$ 的箱形截面简支梁，沿全长受均布荷载 q 作用，由四块红松木板胶合而成，截面如例题图 5-6(b)所示，图中长度单位为 mm。已知 $[\sigma] = 10\ \text{MPa}$，$[\tau] = 1\ \text{MPa}$，胶合缝的许用剪应力 $[\tau'] = 0.5\ \text{MPa}$。试求该梁的容许载荷集度 q 之值。

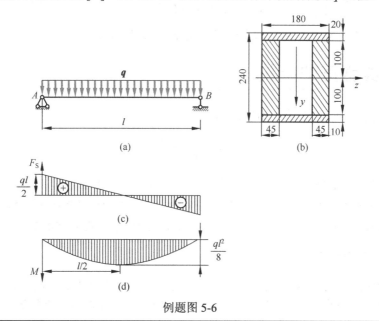

例题图 5-6

分析：本例题同时要求满足正应力和切应力强度条件，为此，先根据正应力强度条件确定容许载荷集度，然后再进行切应力强度校核。

解：

(1) 计算梁的支座反力，并绘制剪力图和弯矩图。结果如例题图 5-6(c)、(d)所示。由图可知，最大剪力和弯矩分别为 $F_{S\max} = ql/2 = 2q$ kN 和 $M_{\max} = ql^2/8 = 2q$ kN·m。

(2) 根据正应力强度条件，确定容许载荷集度。

$$I_z = \frac{180 \times 240^3}{12} - \frac{1}{12}(180 - 2 \times 45) \times (240 - 2 \times 20)^3 = 14\ 736 \times 10^4\ \text{mm}^4$$

$$W_z = \frac{I_z}{y_{\max}} = \frac{14\ 736 \times 10^4}{120} = 1228 \times 10^3\ \text{mm}^3$$

由式(5-7)，得

$$\sigma_{\max} = \frac{M_{\max}}{W_z} = \frac{2q}{1228 \times 10^{-6}} \leqslant [\sigma] = 10\ \text{MPa}$$

$$q \leqslant 6.14\ \text{kN/m}$$

(3) 校核切应力强度条件。

① 截面中性轴切应力最大处：

$$S_{z\max} = 180 \times 20 \left(100 + \frac{20}{2}\right) + 2 \times 45 \times 100 \times \frac{100}{2} = 846 \times 10^3\ \text{mm}^3$$

$$\tau_{\max} = \frac{F_{S\max} S_{z\max}}{bI_z} = \frac{2 \times 6.14 \times 10^3 \times 846 \times 10^{-6}}{90 \times 10^{-3} \times 14736 \times 10^{-8}} \text{Pa} = 0.78\ \text{MPa} < [\tau]$$

② 胶合缝处：

$$S_z = 180 \times 20 \left(100 + \frac{20}{2}\right) = 396 \times 10^3\ \text{mm}^3$$

$$\tau' = \frac{F_{S\max} S_z}{bI_z} = \frac{2 \times 6.14 \times 10^3 \times 396 \times 10^{-6}}{90 \times 10^{-3} \times 14736 \times 10^{-8}} \text{Pa} = 0.367\ \text{MPa} < [\tau]$$

切应力强度条件均得到满足，故梁的容许载荷集度为 6.14 kN/m。

5.4 提高梁强度的措施

根据前面的分析，弯曲正应力强度条件：

$$\sigma_{\max} = \frac{M_{\max}}{W_z} \leqslant [\sigma]$$

是进行梁设计时的主要依据。从该条件不难看出，提高梁的承载能力可从两方面考虑：一是合理安排梁的受力情况，以降低最大弯矩 $M_{\max}$ 的大小；二是采用合理的截面形状，以提高 W_z 的值，充分发挥材料的作用。工程上，往往从以下几方面采取措施提高梁的强度。

支座和载荷的合理布置

改善梁的受力情况，尽量降低梁内最大弯矩，也就相对地提高了梁的强度。其中，首先可考虑的方案是合理布置两的支座。以简支梁受均布载荷作用为例，当支座在梁的两个端点时，如图 5-10(a)所示，梁的最大弯矩为

$$M_{\max} = \frac{ql^2}{8} = 0.125ql^2$$

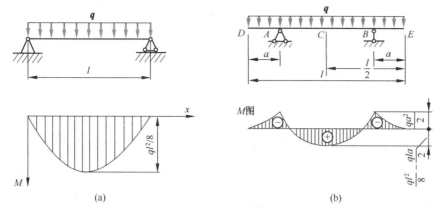

图 5-10 支座的合理布置

若将两端支座靠近，如图 5-10(b)所示，向中间移动距离 0.2*l*，则梁上最大弯矩减小为

$$M_{max} = \frac{ql^2}{40} = 0.025ql^2$$

只是前者的 1/5。可见，如此布置支座，可使承载能力提高 4 倍。

其次，合理布置载荷，也可达到降低最大弯矩的效果。例如，在情况允许的条件下，可以把较大的集中力分散成较小的力，或者改变成分布载荷，如图 5-11(a)把作用于跨度中点的集中力 ***F*** 分散成图 5-11(b)所示的两个集中力，则最大弯矩将由 $M_{max} = \frac{1}{4}Fl$ 降低为 $M_{max} = \frac{1}{8}Fl$。另外，将集中力尽可能靠近支座，也能达到类似的效果。如图 5-11(c)所示，梁的最大弯矩仅为 $M_{max} = \frac{5}{36}Fl$，比同样的集中力 ***F*** 作用于梁中点时的最大弯矩（$\frac{1}{4}Fl$）小很多。

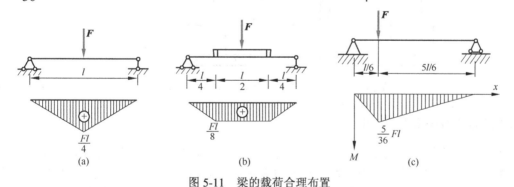

图 5-11 梁的载荷合理布置

截面形状的合理选取

前面已指出，增加抗弯截面系数 W_z 的值也可以提高梁的强度。但若同时梁的横截面面积也增加，则将增加材料的消耗，不够经济。通常用比值 W_z/A 衡量截面的合理性和经济性。W_z/A 值越大，截面越趋经济、合理。W_z/A 值与截面形状密切相关。考虑到梁横截面上的正应力沿着高度方向线性分布，距中性轴越远处，正应力越大，中性轴附近的各点正应力很小。因此，当距中性轴最远点上的正应力达到许用应力时，中性轴附近各点的正应力还远远小于许用应力。可见，横截面上中性轴附近的材料没有得到充分利用。为了使这部分材料得到充分利用，应尽可能使横截面上的面积分布在距中性轴较远处，这样可以在不增加横截面面积的同时，增加 W_z 的值，从而增加 W_z/A 的值。表 5-1 中列出了几种常见截面的 W_z/A 值，从中可见，空心圆截面的

W_z/A 值较实心的大，而工字形截面的更大。工程结构中，常用空心截面和工字形、槽形、箱形等薄壁截面。即使是矩形截面梁，竖放时的 W_z/A 值比横放时也要大。

表 5-1 常见截面的 W_z/A 值

截面形状	矩形	实心圆	空心圆 $d/D = 0.8$	
W_z/A	$0.167h$	$0.125d$	$0.205D$	$(0.29 \sim 0.31)h$

在选择截面的合理形状时，还应考虑到材料的特性。对拉、压强度相等的材料（如碳钢），宜采用关于中性轴对称的截面，如圆形、矩形、工字形等。这样，可使截面上下边缘处的最大拉、压应力大小相等，同时达到或接近许用应力。对拉、压强度不相等的材料（如铸铁），宜采用中性轴偏于受拉一侧的截面形状，如图 5-12 中所示的一些截面。对于这类截面，如能使 y_1 和 y_2 之比接近于下列关系：

$$\frac{\sigma_{\text{tmax}}}{\sigma_{\text{cmax}}} = \frac{M_{\max}y_1}{I_z} \bigg/ \frac{M_{\max}y_2}{I_z} = \frac{y_1}{y_2} = \frac{[\sigma_{\text{t}}]}{[\sigma_{\text{c}}]}$$

则可使最大拉/压应力同时达到或接近许用应力，以充分发挥材料的强度。

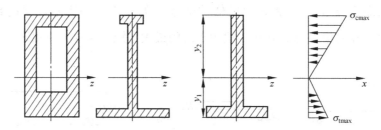

图 5-12 材料拉、压强度不同时的合理截面形式

变截面梁或等强度梁的应用

前面讨论的梁都是等截面的，即 W_z 为常数，但弯矩却随截面的位置而变化。由正应力计算公式可知，对于等截面梁，只有在弯矩最大的截面上，正应力才能达到最大，并最先达到或接近许用应力。其余各截面上弯矩较小，应力也就较低，材料没有得到充分利用。因此，为了节约材料，减轻自重，可改变截面尺寸，使抗弯截面系数随弯矩而变化——在弯矩较大处采用较大截面，而在弯矩较小处采用较小截面。这种截面沿轴线变化的梁，称为**变截面梁**（beam of variable cross section）。如果变截面梁各横截面上的最大正应力都相等，且都等于许用应力，就是**等强度梁**（beam of constant strength）。变截面梁的正应力计算仍可近似地用等截面梁的公式。设梁在任一截面上的弯矩为 $M(x)$，而截面的抗弯截面系数为 $W(x)$，根据上述等强度梁的要求，应有

$$\sigma_{\max} = \frac{M(x)}{W(x)} = [\sigma]$$

即

$$W(x) = \frac{M(x)}{[\sigma]} \tag{5-14}$$

这就是等强度梁的抗弯截面系数 $W(x)$ 沿梁轴线的变化规律。

例题 5-7

例题图 5-7(a)所示，在集中力 **F** 作用下的简支梁为矩形截面等强度梁，(1) 若设截面高度 h = 常数，试求宽度 b 随 x 的变化函数；(2) 若宽度 b = 常数，试求高度 h 随 x 的变化函数。

解：

(1) h = 常数，由式(5-14)，得

$$W(x) = \frac{b(x)h^2}{6} = \frac{M(x)}{[\sigma]} = \frac{\dfrac{F}{2}x}{[\sigma]}$$

求得

$$b(x) = \frac{3Fx}{[\sigma]h^2} \tag{a}$$

即截面宽度 $b(x)$ 是 x 的一次函数，如例题图 5-7(b)所示。因为载荷对称于跨度中点，因而截面形状也关于跨度中点对称。

按照式(a)，在梁的两端，$b(x) = 0$，即截面宽度等于零。这显然不能满足剪切强度要求。因而要按剪切强度条件改变支座附近截面的宽度。设所需要的最小截面宽度为 $b_{\min}$，如例题图 5-7(c)所示，根据切应力强度条件

$$\tau_{\max} = \frac{3F_{s\max}}{2A} = \frac{3}{2}\frac{\dfrac{F}{2}}{b_{\min}h} = [\tau]$$

求得

$$b_{\min} = \frac{3F}{4h[\sigma]}$$

讨论： 实际中常用阶梯梁代替截面连续变化的梁，如例题图 5-7(d)所示的汽车及其他车辆上经常使用的叠板弹簧，就是上述等强度梁的变形。

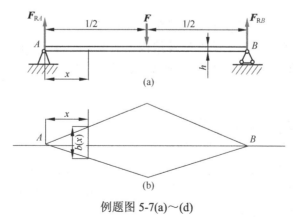

例题图 5-7(a)～(d)

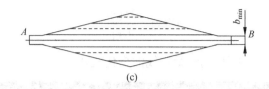

(c)

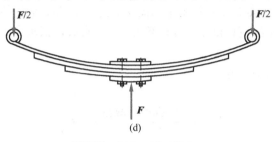

(d)

例题图 5-7(a)~(d)（续）

(2) b = 常数，用完全相同的方法可以求得

$$h(x) = \sqrt{\frac{3Fx}{b[\sigma]}} \quad \text{和} \quad h_{\min} = \frac{3F}{4h[\tau]}$$

按上式确定的梁的形状如例题图 5-7(e)所示。如把梁做成例题图 5-7(f)所示的形式，就成为在厂房建筑中广泛使用的"鱼腹梁"了。

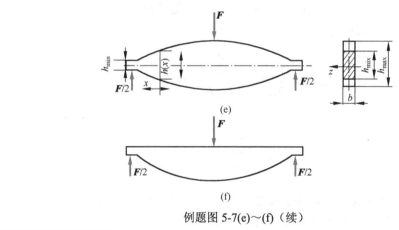

(e)

(f)

例题图 5-7(e)~(f)（续）

利用式(5-14)，还可求得圆截面等强度梁的截面直径沿轴线的变化规律。但考虑到加工的方便及结构上的要求，常用阶梯形状的变截面梁（即阶梯轴）来代替理论上的等强度梁，如图 5-13 所示。

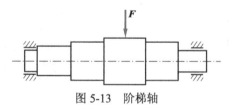

图 5-13 阶梯轴

5.5 非对称弯曲、斜弯曲

前面章节讨论的弯曲都是梁至少要有一个纵向对称面，且载荷都作用于这一对称面内，这样梁弯曲后的轴线也在这一对称面内。本节将讨论梁不存在纵向对称面，或者虽有纵向对称面，但载荷并不在这个平面内的情况。

非对称弯曲

仍然从纯弯曲入手分析一般非对称弯曲的正应力计算,其分析仍以 5.1 节提出的关于梁变形的两个基本假设为基础:① 平面假设,② 纵向纤维间无正应力。

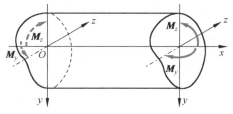

图 5-14 非对称弯曲

设梁的轴线为 x 轴,横截面内通过形心的两根任意轴为 y 轴和 z 轴,如图 5-14 所示。显然,y 轴和 z 轴并不一定是形心主惯性轴。因为作用于两端的力偶矩总可以分解为 xy 和 xz 两个平面中的力偶矩 M_z 和 M_y(图中所示方向为正),可分别讨论二者引起的应力,然后再叠加。所以,不失一般性,仅考虑两端力偶矩在 xy 平面内的情况,即仅有 M_z 作用,$M_y = 0$。以下正应力的分析仍从几何关系、物理关系和静力学关系三个方面考虑。

取长为 dx 的微段梁,如图 5-15(a)所示。图中画阴影线的曲面为中性层,它与横截面的交线为中性轴,其位置未知待定。根据平截面假设,变形后两相邻横截面各自绕中性轴相对转动 $d\theta$ 角,并仍保持为平面。图 5-15(b)表示垂直于中性轴的纵向平面,它与中性层的交线为 $O'O''$(未知),ρ 为 $O'O''$ 的曲率半径。仿照 5.2 节中推导线应变的方法,容易求得距中性层为 η 的纵向纤维的线应变为

$$\varepsilon = \frac{(\rho + \eta)d\theta - \rho d\theta}{\rho d\theta} = \frac{\eta}{\rho} \tag{a}$$

此即为变形几何关系。

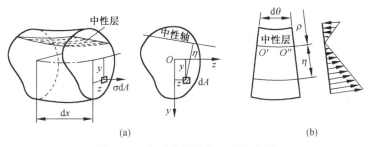

图 5-15 非对称弯曲的正应力分析

由于假设纵向纤维间无正应力,所以各纵向纤维皆为单向拉伸或压缩,根据胡克定律得

$$\sigma = E\varepsilon = E\frac{\eta}{\rho} \tag{b}$$

此即为物理关系,它表明横截面上任意点的正应力与该点到中性轴的距离 η 成正比,如图 5-15(b)所示。

根据静力学关系,横截面上的正应力合成内力:轴力 F_N、弯矩 M_y 和 M_z。显然,对于图 5-14 所示的情况,只有 M_z 不为零,其余内力都为零。因此,有

$$F_N = \int_A \sigma dA = 0 \tag{c}$$

$$M_y = \int_A z\sigma dA = 0 \tag{d}$$

$$M_z = \int_A y\sigma dA \tag{e}$$

将式(b)代入式(c)中,得

$$\int_A \sigma \mathrm{d}A = \frac{E}{\rho}\int_A \eta \mathrm{d}A = 0$$

该式表明，横截面 A 对中性轴的静矩等于零，即中性轴必然通过截面形心；而连接各截面形心的轴线就位于中性层内，且长度不变。于是，应将图 5-15 所示的中性轴改画成如图 5-16 所示的通过截面形心的位置，但方向待定。以 θ 表示由中性轴与 y 轴所成的角度，且以逆时针方向为正，则有 $\eta = y\sin\theta - z\cos\theta$，代入式(b)，得

$$\sigma = \frac{E}{\rho}\left(y\sin\theta - z\cos\theta\right) \tag{f}$$

将式(f)代入式(d)中，得

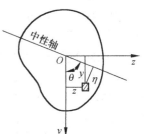

$$M_y = \frac{E}{\rho}\left(\sin\theta \cdot \int_A yz\mathrm{d}A - \cos\theta \cdot \int_A z^2\mathrm{d}A\right) = \frac{E}{\rho}\left(I_{yz}\sin\theta - I_y\cos\theta\right) = 0$$

由此求得

$$\tan\theta = \frac{I_y}{I_{yz}} \tag{5-15}$$

上式给出了中性轴的方向。至此，也就完全确定了中性轴的位置。

图 5-16　确定中性轴的方位

将式(f)代入式(e)中，得

$$M_z = \frac{E}{\rho}\left(\sin\theta \cdot \int_A y^2\mathrm{d}A - \cos\theta \cdot \int_A yz\mathrm{d}A\right) = \frac{E}{\rho}\left(I_z\sin\theta - I_{yz}\cos\theta\right) \tag{g}$$

将式(f)和式(g)联立消去 $\dfrac{E}{\rho}$，并利用式(5-15)消去 θ，得

$$\sigma = \frac{M_z(y\sin\theta - z\cos\theta)}{I_z\sin\theta - I_{yz}\cos\theta} = \frac{M_z(y\tan\theta - z)}{I_z\tan\theta - I_{yz}} = \frac{M_z(I_y y - I_{yz}z)}{I_y I_z - I_{yz}^2} \tag{5-16}$$

此即为在 xy 平面内作用纯弯曲力偶矩 $\boldsymbol{M}_z$ 的非对称弯曲正应力的计算公式。若 $M_z = 0$，而只在 xz 平面内作用纯弯曲力偶矩 $\boldsymbol{M}_y$（注意正负号），如图 5-14 所示，则同样可求得非对称弯曲正应力为

$$\sigma = \frac{M_y(I_z z - I_{yz}y)}{I_y I_z - I_{yz}^2} \tag{5-17}$$

此时的中性轴由式(5-17)中 $\sigma = 0$ 得到。

　　更一般的情况是在包含杆件轴线的任意纵向平面内作用一对纯弯曲力偶矩，若将其分解成作用于 xy 和 xz 两坐标平面内的 $\boldsymbol{M}_z$ 和 $\boldsymbol{M}_y$，则直接叠加(5-16)和(5-17)两式，即得相应的弯曲正应力为

$$\sigma = \frac{M_z(I_y y - I_{yz}z)}{I_y I_z - I_{yz}^2} + \frac{M_y(I_z z - I_{yz}y)}{I_y I_z - I_{yz}^2} \tag{5-18}$$

中性轴由式(5-18)中 $\sigma = 0$ 得

$$(M_z I_y - M_y I_{yz})y_0 + (M_y I_z - M_z I_{yz})z_0 = 0$$

这就是中性轴方程，它表明中性轴是一条通过截面形心的直线，其与 y 轴的夹角 θ（定义逆时针为正）由下式确定：

$$\tan\theta = \frac{z_0}{y_0} = -\frac{M_z I_y - M_y I_{yz}}{M_y I_z - M_z I_{yz}} \tag{5-19}$$

　　以上讨论的是非对称纯弯曲。对于非对称横力弯曲，由于通常伴随扭转变形，计算变得比

较复杂。但对于实体杆件，当横力通过截面形心作用时，可以省略扭转变形，利用纯弯曲的公式近似计算横力弯曲的截面正应力。

另外，下面两种常见的特殊情况，值得提出进行单独讨论。

(1) 若只在 xy 平面内作用纯弯曲力偶矩 M_z，且 xy 平面为形心主惯性平面，即 y 轴、z 轴为截面的形心主惯性轴，则因 $M_y = 0$，$I_{yz} = 0$，故式(5-16)或式(5-18)简化为

$$\sigma = \frac{M_z y}{I_z}$$

中性轴为 $y = 0$，即与 z 轴重合。垂直于中性轴的 xy 平面，既是梁的挠曲线所在的平面，又是弯曲力偶矩 M_z 的作用平面，这种情况称为**平面弯曲**。显然，本章前面讨论的对称弯曲就属于平面弯曲。另外，对于实体杆件，若弯曲力偶矩 M_z 的作用面平行但不重合于形心主惯性平面，则以上结果仍然适用。这时，M_z 的作用面与挠曲线所在平面相互平行，但不重合。

(2) 若 M_z 和 M_y 同时存在，但它们的作用平面 xy 和 xz 皆为形心主惯性平面，即 y 轴和 z 轴均为截面的形心主惯性轴，则因 $I_{yz} = 0$，式(5-18)简化为

$$\sigma = \frac{M_y z}{I_y} + \frac{M_z y}{I_z} \tag{5-20}$$

问题转化为在两个形心主惯性平面内的平面弯曲的叠加。这种弯曲称为**斜弯曲**（skew bending）。由于在工程中常见，所以下面做较详细的介绍。

斜弯曲

在工程实际中，梁的截面常具有两个或两个以上的对称轴，但有时横向载荷并不作用在纵向对称面内，如图 5-17(a)所示，此时梁也将会产生弯曲，但不是平面弯曲，而是斜弯曲。还有一种情形也会产生斜弯曲，如图 5-17(b)所示，所有横向载荷都作用在纵向对称面内，但不是同一个纵向对称面。

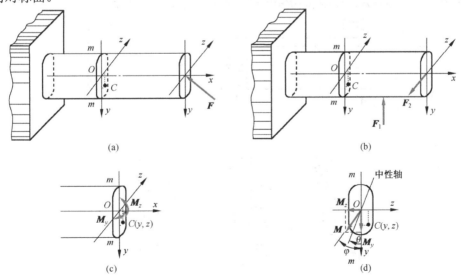

图 5-17 斜弯曲

在小变形条件下，可以将斜弯曲分解成两个纵向对称面内的平面弯曲，分别计算两个平面弯曲下横截面上的应力，然后将同一点的应力代数值相加，即得到斜弯曲时的应力。如图 5-17(c)所示的截面 mm，弯矩 M_z 和 M_y 作用下的两个平面弯曲，式(5-20)给出了横截面的正应力计算公

式。显然,斜弯曲时横截面上的正应力呈线性分布,中性轴方程可由式(5-20)令 $\sigma = 0$[或由式(5-19)令 $I_{yz} = 0$]得到

$$\frac{M_y}{I_y}z_0 + \frac{M_z}{I_z}y_0 = 0 \tag{5-21}$$

其与 y 轴的夹角 θ 为

$$\tan\theta = \frac{z_0}{y_0} = -\frac{M_z}{M_y}\frac{I_y}{I_z} = -\frac{I_y}{I_z}\tan\varphi$$

式中, φ 为横截面上弯矩矢量 M_y 与 M_z(注意,定义使 z 轴或 y 轴上坐标为正的点受拉为正)合成的弯矩矢量 M 与 y 轴间的夹角,如图 5-17(d)所示。通常,由于截面的 $I_y \neq I_z$,所以中性轴与合成弯矩 M 的方向不在一条直线上,即与合成弯矩 M 所在的平面不相互垂直,这是斜弯曲与平面弯曲的重要区别。

由以上分析不难看出,斜弯曲时正应力最大的点应发生在截面上距中性轴最大的边界点处,如边界上切线与中性轴平行的点[如图 5-18(a)所示],或距中性轴最远的角点[如图 5-18(b)所示]。

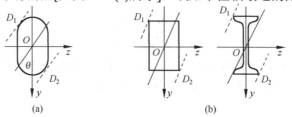

图 5-18 截面上最大正应力的点

以矩形截面悬臂梁为例,如图 5-19(a)所示,在自由端横截面内作用与 y 轴夹角为 φ 的集中力 F,将其沿 y 轴、z 轴分解后分别在 xOz 和 xOy 平面内引起平面弯曲。两个力均在固定端 mm 截面产生最大弯矩,其中沿 y 轴的分力 $F\cos\varphi$ 引起的弯矩为 $M_z = -Fl\cos\varphi$,沿 z 轴的分力 $F\sin\varphi$ 引起的弯矩为 $M_y = -Fl\sin\varphi$,如图 5-19(b)所示,这里的正负号规定同前。

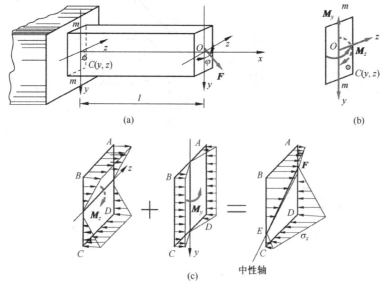

图 5-19 矩形截面梁斜弯曲时的内力和正应力

将 M_z 和 M_y 作用下的应力叠加得到截面 mm 上的应力分布,如图 5-19(c)所示。截面上任意一点的正应力由式(5-20)给出。在 M_z 作用下,最大拉、压应力分别发生在 AB 边及 CD 边;在

M_y 作用下，最大拉、压应力分别发生在 BC 边及 AD 边。二者叠加的结果是：最大拉、压应力分别出现在点 B 和点 D，其值分别为

$$\sigma_{tmax} = \left| \frac{M_y}{W_y} \right| + \left| \frac{M_z}{W_z} \right| \quad （点\ B） \tag{a}$$

$$\sigma_{cmax} = -\left(\left| \frac{M_y}{W_y} \right| + \left| \frac{M_z}{W_z} \right| \right) \quad （点\ D） \tag{b}$$

中性轴方程由式(5-21)给出，特别注意中性轴与 y 轴的夹角 θ 为

$$\tan\theta = \frac{z_0}{y_0} = -\frac{M_z}{M_y}\frac{I_y}{I_z} = -\frac{I_y}{I_z}\cot\varphi$$

对于矩形截面，$I_y \neq I_z$，所以中性轴不垂直于加载方向，即梁的弯曲变形不在载荷作用的平面内，因此不是平面弯曲；但若是正方形截面，则有 $I_y = I_z$，所以任意方向的力都引起平面弯曲。实际上，只要截面存在两个垂直的形心主惯性轴，且关于这两个轴的形心主惯性矩相等，如圆形、正方形、正八边形，以及任意具有 90° 旋转对称的截面等，过形心任意方向的力都只引起平面弯曲。

对于圆截面，式(a)、(b)不再适用。这是因为，两个对称面内的弯矩所引起的最大拉、压应力不发生在同一点。实际上，当圆截面梁发生斜弯曲时，因为过形心的任意轴均为截面的对称轴，当横截面上同时作用有两个弯矩时，可以将弯矩求矢量和，此合成弯矩矢量仍然沿着横截面的对称轴方向，所以是平面弯曲，直接利用平面弯曲的公式即可，如图 5-20 所示。因此，圆截面上的最大拉、压应力的公式为

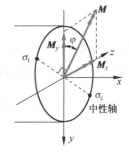

图 5-20 圆截面梁的斜弯曲

$$\sigma_{tmax} = \frac{M}{W} = \frac{\sqrt{M_y^2 + M_z^2}}{W}, \quad \sigma_{cmax} = -\frac{M}{W} = -\frac{\sqrt{M_y^2 + M_z^2}}{W}$$

例题 5-8

一般生产车间所用的吊车大梁，两端由钢轨支撑，可以简化为简支梁，如例题图 5-8(a) 所示。图中 $l = 2\text{m}$，大梁由 32a 热轧普通工字钢制成，材料的许用应力 $[\sigma] = 160\ \text{MPa}$。起吊的重物作用在梁的中点，$F = 80\ \text{kN}$，且作用线与 y 轴间的夹角 $\alpha = 5°$，试校核吊车大梁的强度是否安全。

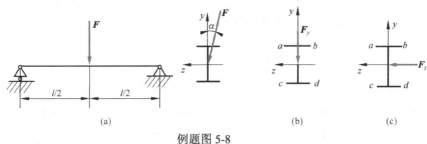

例题图 5-8

分析：由于载荷不在截面的纵向对称面内，所以为斜弯曲，横截面上最大正应力发生在角点上，因此只需要找到危险截面，然后按式(a)或式(b)计算该截面上的最大应力，并进行强度校核。

解：

(1) 载荷分解，将斜弯曲分解为两个平面弯曲的组合。

将 F 分解为两个分力 F_y 和 F_z，它们分别在 xy 和 xz 平面内引起平面弯曲变形，如例题图 5-8(b) 和(c)所示。其中

$$F_y = F\cos\alpha, \quad F_z = F\sin\alpha$$

(2) 计算危险截面上的内力。

根据弯曲内力分析，两个平面弯曲的最大弯矩均在梁的跨中截面上，分别为

$$M_{z\max} = \frac{F_y \cdot l}{4} = \frac{F\cos\alpha \cdot l}{4}$$

$$M_{y\max} = \frac{F_z \cdot l}{4} = \frac{F\sin\alpha \cdot l}{4}$$

(3) 计算最大正应力并校核其强度。

载荷 F_y 作用下，梁在 xy 平面内弯曲，截面上边缘 ab 上各点承受最大压应力，下边缘 cd 上各点承受最大拉应力；载荷 F_z 作用下，梁在 xz 平面内弯曲，截面右角点 b、d 承受最大压应力，左角点 a、c 承受最大拉应力。将两个平面弯曲叠加，则点 c 承受最大拉应力，点 b 承受最大压应力。因此，点 b、c 都是危险点，且该两点的最大正应力数值相等，为

$$\sigma_{\max} = \frac{M_{y\max}}{W_y} + \frac{M_{z\max}}{W_z} = \frac{F\sin\alpha \cdot l}{4W_y} + \frac{F\cos\alpha \cdot l}{4W_z}$$

查附录 B 型钢表，得 32a 热轧普通工字钢的 $W_y = 70.758 \text{ cm}^3$，$W_z = 692.2 \text{ cm}^3$，又已知 $l = 4$ m，$F = 80$ kN，$\alpha = 5°$，将这些数据代入上式，得

$$\sigma_{\max} = \frac{F\sin\alpha \cdot l}{4W_y} + \frac{F\cos\alpha \cdot l}{4W_z}$$

$$= \frac{80\times10^3 \times \sin 5° \times 4}{4 \times 70.758\times10^{-6}} + \frac{80\times10^3 \times \cos 5° \times 4}{4 \times 692.2\times10^{-6}}$$

$$= 213.7 \text{ MPa} > [\sigma]$$

且

$$\frac{\sigma_{\max} - [\sigma]}{[\sigma]} \times 100\% = \frac{213.7 - 160}{160} \times 100\% = 33.7\% > 5\%$$

因此，该吊车梁是不安全的。

讨论：若载荷 F 沿着 y 轴方向作用，即 $\alpha = 0$，则梁在 xy 平面内产生平面弯曲变形，上述结果 $\sigma_{\max}$ 中的第一项变为零。于是，梁内的最大正应力为

$$\sigma_{\max} = \frac{80\times10^3 \times 4}{4 \times 692.2\times10^{-6}} \times 10^{-6} = 115.6 \text{ MPa}$$

该值比斜弯曲时的最大正应力（213.7MPa）减小了45.9%。可见，载荷偏离对称轴很小的角度，最大正应力就会有较大的增加，这对梁的强度是一个很大的威胁，所以实际工程中应尽量避免这种现象发生，特别是工字钢这类专门为抵抗某个纵向对称面弯曲的特殊截面梁。这也是为什么吊车起吊重物时只能在吊车大梁垂直下方起吊，而不允许在大梁的侧面斜方向起吊的原因。

例题 5-9

例题图 5-9(a)所示圆截面杆的直径 $d = 130$ mm，试求杆上的最大正应力及其作用的位置。

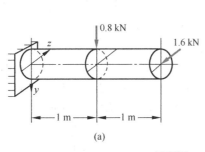
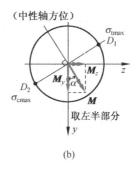

例题图 5-9

分析： 由于是圆截面，所以可以先确定危险截面，获得该截面上的合成弯矩，然后再按照平面弯曲求该截面的最大正应力。

解：

(1) 确定危险截面上的内力。

杆的左半段为斜弯曲，右半段为平面弯曲。分析易知固定端处为危险截面，截面上有两个弯矩分量，如例题图 5-9 (b)所示，分别为

$$M_z = 0.8 \times 1 = 0.8 \text{ kN·m}, \qquad M_y = 1.6 \times 2 = 3.2 \text{ kN·m}$$

固定端截面上合成弯矩的大小为

$$M = \sqrt{M_y{}^2 + M_z{}^2} = 3.3 \text{ kN·m}$$

同时，可求出该合成弯矩的方位，即变形后中性轴所在的方位，如例题图 5-9(b)所示，中性轴与 y 轴的夹角 α 为

$$\alpha = \arctan \frac{M_z}{M_y} = \arctan \frac{0.8}{3.2} = 14.04°$$

(2) 计算杆上的最大正应力。

在合成弯矩的作用下，杆上的最大正应力发生在距离中性轴最远的点，即例题图 5-9(b) 中的点 D_1（最大拉应力）和 D_2（最大压应力），正应力的大小为

$$\sigma_{\max} = \frac{M}{W} = \frac{3.3 \times 10^3 \times 32}{\pi (0.13)^3} = 15.3 \text{ MPa}$$

讨论： 对于任意"截面存在两个垂直的形心主惯性轴，且关于这两个轴的形心主惯性矩相等"的梁，都可以采用该例题的方法求解，只是关于中性轴的惯性矩计算，需要利用附录中的惯性矩转轴公式。

5.6 开口薄壁杆件的弯曲切应力、弯曲中心

以上给出了非对称弯曲横截面上的正应力计算。至于切应力，一般不能按照 5.3 节的方法获得。若是实体截面梁，由于切应力不是控制强度的主要因素，通常不考虑。但对于开口薄壁截面，切应力往往较大，需要考虑。前面 5.3 节曾针对工字钢、T 形截面梁，在纵向对称面内发生横力弯曲时的切应力计算进行了讨论。若载荷不作用在纵向对称面内，或开口薄壁截面不存在对称轴，情况又将如何？试验与理论分析都表明，即使载荷经过形心，开口薄壁梁的一般非对

称弯曲，也通常伴有较大的扭转。如图 5-21(a)所示的槽形截面梁，在过形心的外力 **F** 作用下发生明显的扭转，由于开口薄壁杆件的抗扭刚度较小，所以这种扭转在工程中危害很大，应尽量避免。是否有适当的加载方式避免这种扭转的发生呢？实践告诉我们，这是可以实现的。如图 5-21(b)所示，将外力移至槽形钢以外的某一点 **A**，梁可以只发生平面弯曲，而无扭转变形。这样的点称为**弯曲中心**或**剪切中心**（shearing center）。弯曲中心在工程中具有重要的意义，本节将主要介绍如何确定开口薄壁梁的弯曲中心。为此，首先介绍开口薄壁梁的弯曲切应力计算。

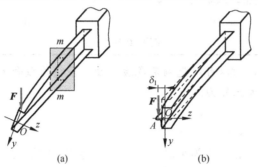

图 5-21 槽形截面梁的横力弯曲

弯曲切应力

如图 5-22(a)所示的厚为 δ 的任意开口薄壁杆件，受横向外力 **F** 作用。

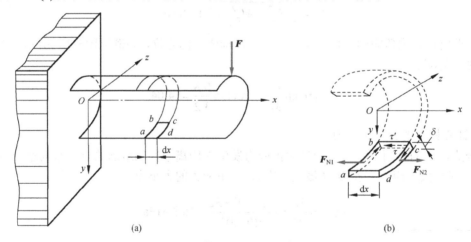

图 5-22 开口薄壁梁横截面的弯曲切应力

设集中力通过弯曲中心，杆件只发生平面弯曲而无扭转变形，即横截面上只有正应力和弯曲切应力，没有扭转切应力。其中，正应力由式(5.19)计算。弯曲切应力的计算则可采取 5.3 节计算矩形截面弯曲切应力的方法。不失一般性，设外力 **F** 沿 y 轴，截取长为 dx 的微梁段，并在其上以平行于轴向的截面进一步截取一部分 abcd，如图 5-22(b)所示，该部分的受力也在图中示出，其中 **F**$_{N1}$ 和 **F**$_{N2}$ 由横截面的正应力合成，结果为

$$F_{N1} = \int_{A^*} \sigma dA = \frac{M_z S_z^*}{I_z}, \quad F_{N2} = \int_{A^*} (\sigma + d\sigma) dA = \frac{(M_z + dM_z)S_z^*}{I_z}$$

式中，A^* 为截取部分侧面 ab 或 cd 的面积，S_z^* 为这部分面积对 z 轴的静矩，M_z 为 ab 所在横截面上的弯矩。根据剪切互等定理，纵向面 bc 上的切应力 $\tau' = \tau$，其合力为 $\tau'\delta dx$。由 abcd 沿 x 方向的力平衡得

$$\tau = \frac{\mathrm{d}M_z}{\mathrm{d}x} \frac{S_z^*}{I_z \delta} = \frac{F_{Sy} S_z^*}{I_z \delta} \tag{5-22}$$

式中，F_{Sy} 为横截面上平行与 y 轴的剪力。式(5-22)与矩形截面弯曲切应力计算公式的形式完全相同。若横截面上的剪力沿 z 轴方向，则同样可得切应力计算公式为

$$\tau = \frac{\mathrm{d}M_y}{\mathrm{d}x} \frac{S_y^*}{I_y \delta} = \frac{F_{Sz} S_y^*}{I_y \delta} \tag{5-23}$$

作为特例，图 5-23(a)给出了图 5-21(a)所示梁槽形截面 *mm* 上的切应力分布。若将该分布切应力向截面形心 C 简化，则除了得到一向下的力 F_{Sy} 以外，还有一力偶 M_C。如果外力 F 的作用线通过形心 C，显然，力偶 M_C 的存在将引起梁的扭转。但根据静力学中任意平面力系的简化，我们总可以在该截面内找到一点，使得截面切应力向该点简化只有合力，而没有力偶。当外力作用在通过该点的合力所在的纵向平面时，即可以使梁不发生扭转。这一点就是弯曲中心。可见，求截面切应力组成的平面力系简化为一个合力的简化中心，即得到弯曲中心。

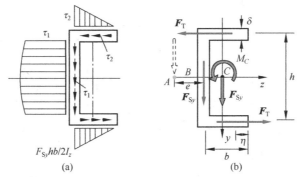

图 5-23 槽形梁横截面上的弯曲切应力分布及合成

弯曲中心

如图 5-22 所示的一般形式的开口截面梁，图 5-24 所示为其任一横截面。设弯曲中心为点 A，先考虑该横截面上只有剪力 F_{Sy}，弯曲切应力由式(5-22)给出，其向点 A 简化的结果为一合力，并等于 F_{Sy}。根据合力矩定理，弯曲切应力对任意一点（如图示点 B）的矩等于 F_{Sy} 对同一点的矩，即

$$F_{Sy} a_z = \int_A \tau r \mathrm{d}A = \frac{F_{Sy}}{I_z \delta} \int_A S_z^* r \mathrm{d}A$$

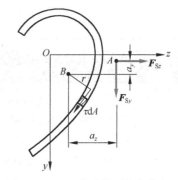

图 5-24 开口薄壁截面的弯曲中心

其中，已利用了式(5-22)，式中 a_z 为 F_{Sy} 对点 B 的力臂。于是，由上式得

$$a_z = \frac{1}{I_z \delta} \int_A S_z^* r \mathrm{d}A \tag{5-24}$$

同理，假设截面只有剪力 F_{Sz}，则同样的推导过程得

$$a_y = \frac{1}{I_y \delta} \int_A S_y^* r \mathrm{d}A \tag{5-25}$$

式中，a_y 为 F_{Sz} 对点 B 的力臂。值得注意的是，式(5-24)和式(5-25)只与截面形状和尺寸有关，而与载荷无关。可见，弯曲中心是开口薄壁截面的几何特性之一。

以图 5-23 所示的槽形截面为例，取腹板中心点 B 为矩心，由合力矩定理得

$$h\int_0^b \tau_2 \delta \mathrm{d}\eta = F_{\mathrm{S}y}e \qquad\qquad\text{(a)}$$

其中，τ_2 由式(5-22)得

$$\tau_2 = \frac{F_{\mathrm{S}y}S_z^*}{I_z\delta} = \frac{F_{\mathrm{S}y}\eta h}{2I_z} \qquad (S_z^* = \frac{\eta\delta h}{2})$$

代入式(a)中，得

$$e = \frac{h^2 b^2 \delta}{4I_z}$$

不难证明：

(1) 如果截面存在对称轴，则弯曲中心一定过该对称轴；

(2) 若截面有两个对称轴，则弯曲中心一定在它们的交点上；

(3) 如果截面由两个狭长矩形交汇组成，则弯曲中心在汇交点上。

一些简单截面的弯曲中心列于表 5-2 中。

表 5-2　几种截面的弯曲中心位置

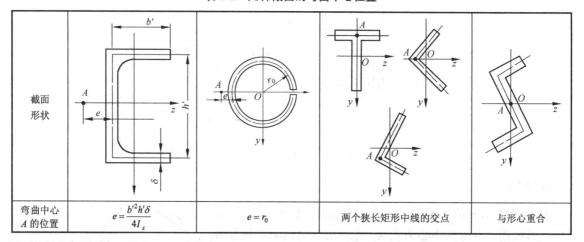

截面形状				
弯曲中心 A 的位置	$e = \dfrac{b'^2 h'\delta}{4I_z}$	$e = r_0$	两个狭长矩形中线的交点	与形心重合

小　结

本章目标：建立外载荷和约束下梁弯曲的正应力和切应力计算公式；建立相应的强度准则，指导工程中梁的强度校核、许可载荷计算、截面设计、材料选取等。

研究思路：

(1) 利用几何关系，基于变形的平面假设，建立几何方程——正应变与曲率的关系：

$$\varepsilon(y) = \frac{y}{\rho}$$

(2) 利用物理方程（胡克定律），得到横截面正应力的分布公式：

$$\sigma(y) = E\varepsilon(y) = E\frac{y}{\rho}$$

(3) 利用静力等效原理，建立由弯矩计算横截面正应力的公式：

$$\sigma(y) = \frac{My}{I_z}$$

(4) 根据微段局部的静力平衡和切应力互等定理，建立横截面切应力的近似计算公式：

$$\tau(y) = \frac{F_S S_z^*}{I_z b}$$

强度条件：

(1) 正应力强度条件：

$$\sigma_{\max} = \frac{M_{\max}}{W_z} \leqslant [\sigma]$$

拉压不同：

$$\sigma_{t\max} \leqslant [\sigma_t], \ \sigma_{c\max} \leqslant [\sigma_c]$$

(2) 切应力强度条件：

$$\tau_{\max} = \frac{F_{S\max} S_{z\max}}{I_z b} \leqslant [\tau]$$

平面图形的几何参数：

(1) 形心、静矩、惯性矩、平行移轴定理。

(2) 中性层和中性轴。

了解一般非对称弯曲正应力的计算和中性轴的确定。

了解斜弯曲正应力的计算和强度校核。

了解开口薄壁杆件的弯曲切应力计算和弯曲中心的确定。

思 考 题

5-1 对于既有正弯矩区段又有负弯矩区段的梁，如果横截面为上下对称的工字形，则整个梁的横截面上的 $\sigma_{t\max}$ 和 $\sigma_{c\max}$ 是否一定在弯矩绝对值最大的横截面上？

5-2 对于全梁横截面上弯矩均为正值（或均为负值）的梁，如果中性轴不是横截面的对称轴，则整个梁的横截面上的 $\sigma_{t\max}$ 和 $\sigma_{c\max}$ 是否一定在弯矩最大的横截面上？

5-3 受均布载荷作用的梁，如果不忽略纵向纤维层之间的正应力，则它的分布如何？最大是多少？

5-4 实体杆件和闭口薄壁杆件非对称横力弯曲时是否会发生扭转？如果有，为什么常常忽略？

5-5 截面为正方形的梁按图示两种方式放置。试问哪种方式比较合理？

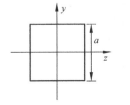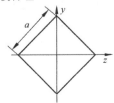

思考题图 5-5

5-6 请判断下列四种图形中的切应力流方向哪一种是正确的。

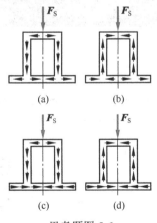

思考题图 5-6

5-7 槽形截面悬臂梁加载如思考题图 5-7 所示。图中 C 为形心，O 为弯曲中心。关于自由端截面位移有以下四种结论，请判断哪一种是正确的。

(A) 只有向下的移动，没有转动；

(B) 只绕点 C 顺时针方向转动；

(C) 向下移动且绕点 O 逆时针方向转动；

(D) 向下移动且绕点 O 顺时针方向转动。

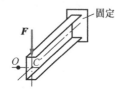

思考题图 5-7

5-8 等边角钢悬臂梁，受力如思考题图 5-8 所示。关于截面 A 的位移有以下四种答案，请判断哪一种是正确的。

(A) 下移且绕点 O 转动；

(B) 下移且绕点 C 转动；

(C) 下移且绕 z 轴转动；

(D) 下移且绕 z' 轴转动。

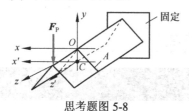

思考题图 5-8

5-9 四种不同截面的悬臂梁，在自由端承受集中力，其作用方向如思考题图 5-9 所示，图中 O 为弯曲中心。试问哪几种情形下可以直接应用弯曲正应力公式和弯曲切应力公式？

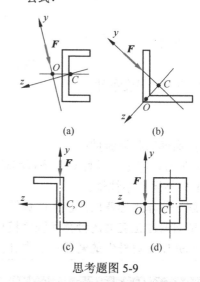

思考题图 5-9

习　　题

基础题

5-1 悬臂梁受力及截面尺寸如习题图 5-1 所示。图中的尺寸单位为 mm。求：梁的 1-1 截面上 A、B 两点的正应力。

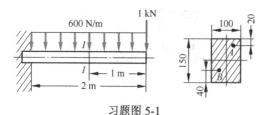

习题图 5-1

5-2 矩形截面简支梁如习题图 5-2(a)所示，承受均布载荷 q 作用。若已知 $q = 2$ kN/m，$l = 3$ m，$h = 2b = 240$ mm。试求：截面竖放[见图(c)]和横放[见图(b)]时梁内的最大正应力，并加以比较。

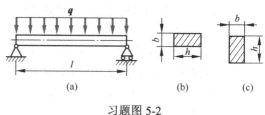

习题图 5-2

5-3 厚度为 $h = 1.5$ mm 的刚带，卷成直径为 $D = 3$ mm 的圆环，试求钢带横截面上的最大正应力。已知钢的弹性模量 $E = 210$ GPa。

5-4 T 形截面梁如例题图 5-3(a)所示。已知 $F_1 = 8$ kN，$F_2 = 20$ kN，$a = 0.6$ m；横截面的惯性矩 $I_z = 5.33 \times 10^6$ mm^4。试求梁的最大拉应力和最大压应力。

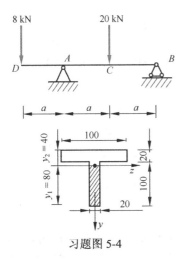

习题图 5-4

5-5 加热炉炉前机械操作装置如习题图 5-5 所示，图中的尺寸单位为 mm。其操作臂由两根无缝钢管所组成。外伸端装有夹具，夹具与所夹持钢料的总重 $F = 2200$ N，平均分配到两根钢管上。求梁内最大正应力（不考虑钢管自重）。

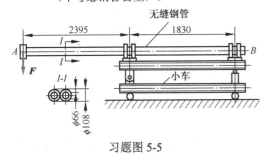

习题图 5-5

5-6 梁在铅垂纵向对称面内受外力作用而弯曲。当梁具有习题图 5-6 所示各种不同形状的横截面时，试分别绘出各横截面上的正应力沿其高度变化的图。

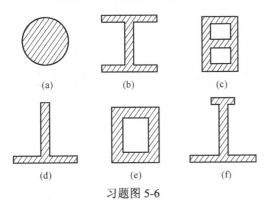

习题图 5-6

5-7 矩形截面的悬臂梁受集中力和集中力偶作用，如习题图 5-7 所示。试求截面 m-m 和固定端面 n-n 上 A、B、C、D 四点处的正应力。

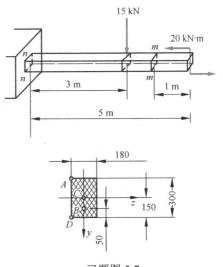

习题图 5-7

5-8 由 16 号工字钢制成的简支梁，如习题图 5-8 所示，承受集中载荷 F。在梁的截面 C-C 处下边缘，用标距 $s = 20$ mm 的应变仪量得纵向伸长 $\Delta S = 0.008$ mm。已知梁的跨长 $l = 1.5$ m，$a = 1$ m，弹性模量 $E = 210$ GPa。试求力 F 的大小。

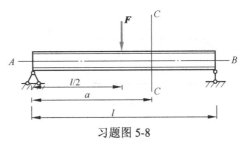

习题图 5-8

5-9 简支梁的载荷情况及尺寸如习题图 5-9 所示，试求梁下边缘的总伸长。

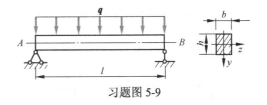

习题图 5-9

5-10 外伸梁 AC 承受载荷如习题图 5-10 所示，$M_e = 40$ kN·m，$q = 20$ kN/m。材料的许用弯

曲正应力$[\sigma]$ = 170 MPa，许用切应力$[\tau]$ = 100 MPa。试选择工字钢的型号。

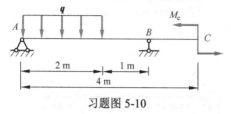

习题图 5-10

5-11 由 10 号工字钢制成的梁 *ABD*，如习题图 5-11 所示，左端 *A* 处为固定铰支座，点 *B* 处用铰链与钢制圆截面杆 *BC* 连接，杆 *BC* 在 *C* 处用铰链悬挂。已知圆截面杆直径 *d* = 20 mm，梁和杆的许用应力均为$[\sigma]$=160 MPa，试求结构的许用均布载荷集度$[q]$。

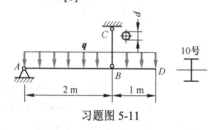

习题图 5-11

5-12 外伸梁承受集中载荷 *F* 作用，尺寸如习题图 5-12 所示。已知 *F* = 20 kN，许用应力$[\sigma]$ = 160 MPa，试选择工字钢的型号。

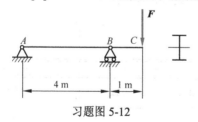

习题图 5-12

5-13 一简支木梁受力如习题图 5-13 所示，载荷 *F* = 5 kN，间距 *a* = 0.7 m，材料的许用正应力$[\sigma]$ = 10 MPa，横截面为 $\dfrac{h}{b}$ =3 的矩形。试按正应力强度条件确定梁横截面的尺寸。

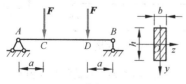

习题图 5-13

5-14 如习题图 5-14 所示，为改善载荷分布，在主梁 *AB* 上安置辅助梁（副梁）*CD*，设主梁和辅助梁的抗弯截面系数分别为 W_1 和 W_2，材料相同，试求辅助梁的合理长度 *a*。

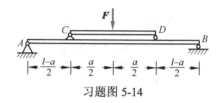

习题图 5-14

5-15 如习题图 5-15 所示，*AB* 为简支梁，当载荷 *F* 直接作用在梁的跨度中点时，梁内最大弯曲正应力超过许用应力 30%。为减小梁 *AB* 内的最大正应力，在其上配置一辅助梁 *CD*，*CD* 也可以看做是简支梁。试求辅助梁的长度 *a*。

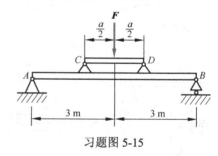

习题图 5-15

5-16 一正方形截面悬臂梁的尺寸及所受载荷如习题图 5-16 所示。木料的许用弯曲正应力$[\sigma]$ = 10 MPa。现需在梁的截面 *C* 上中性轴处钻一直径为 *d* 的圆孔，试问在保证梁强度的条件下，圆孔的最大直径 *d*（不考虑圆孔处应力集中的影响）可达多少？

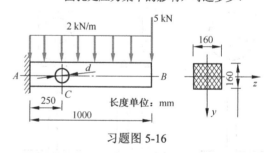

习题图 5-16

5-17 横截面如习题图 5-17 所示的铸铁简支梁，跨长 *l* = 2 m，在其中点受一集中载荷作用 *F* = 80 kN。已知许用拉应力$[\sigma_t]$ = 30 MPa，

许用压应力 $[\sigma_t] = 90$ MPa。试根据截面最为合理的要求确定截面尺寸，并校核梁的强度。

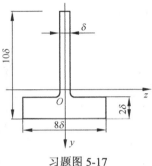

习题图 5-17

5-18 一铸铁梁如习题图 5-18 所示。已知材料的拉伸强度极限 $\sigma_{bt} = 150$ MPa，压缩强度极限 $\sigma_{bc} = 630$ MPa。试求梁的安全系数。

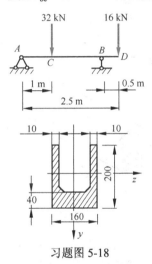

习题图 5-18

5-19 悬臂梁 AB 受力如习题图 5-19 所示，其中 $F = 10$ kN，$M_e = 70$ kN·m，$a = 3$ m。梁横截面的形状及尺寸均示于图中（单位为 mm），C 为截面形心，截面对中性轴的惯性矩 $I_z = 1.02 \times 10^8$ mm⁴，拉伸许用应力 $[\sigma]_t = 40$ MPa，压缩许用应力 $[\sigma]_c = 120$ MPa。试校核梁的强度是否安全。

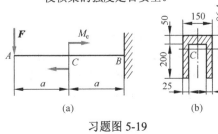

习题图 5-19

5-20 梁的受力及横截面尺寸如习题图 5-20 所示。试：

(1) 绘出梁的剪力图和弯矩图；

(2) 确定梁内横截面上的最大拉应力和最大压应力；

(3) 确定梁内横截面上的最大切应力；

(4) 画出横截面上的切应力流。

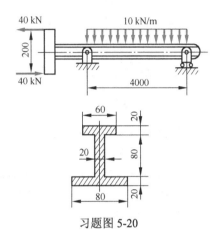

习题图 5-20

5-21 已知习题图 5-21 所示铸铁简支梁的 $I_{z1} = 645 \times 10^6$ mm⁴，$E = 120$ GPa，许用拉应力 $[\sigma_t] = 30$ MPa，$E = 120$ GPa，许用压应力 $[\sigma_t] = 90$ MPa。试求：

(1) 许可载荷 F；

(2) 在许可载荷作用下，梁下边缘的总伸长量。

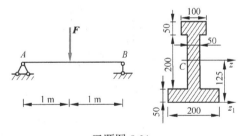

习题图 5-21

提高题

5-22 木制悬壁梁，其横截面由 7 块木料用两种钉子 A、B 连接而成，形状如习题图 5-22 所示。梁在自由端承受沿铅垂对称轴方向的集中力 F 作用。已知 $F = 6$ kN，$I_z = 1.504 \times 10^9$ mm⁴；A 种钉子的纵向间距为

75 mm，B 种钉子的纵向间距为 40 mm（图中未标出）。试求：

(1) 每一个 A 类钉子所受的剪力；

(2) 每一个 B 类钉子所受的剪力。

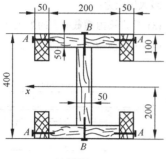

习题图 5-22

5-23 用螺钉将 4 块木板连接而成的箱形梁如习题图 5-23 所示。每块木板的横截面面积皆为 150 mm×25 mm。若每一螺钉的许可剪力为 1.1 kN，试确定螺钉的间距 s。已知 $F = 5.5$ kN。

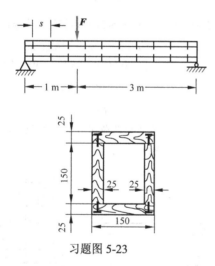

习题图 5-23

5-24 如习题图 5-24 所示梁由两根 36a 工字钢铆接而成。铆钉的间距为 $s = 150$ mm，直径 $d = 20$ mm，许用切应力 $[\tau] = 90$ MPa。梁横截面上的剪力 $F_S = 40$ kN。试校核铆钉的剪切强度。

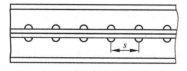

习题图 5-24

5-25 如习题图 5-25 所示的简支梁 AB 承受均布载荷，其集度 $q = 407$ kN/m，梁的截面尺寸如习题图 5-25(b) 所示，材料的许用正应力 $[\sigma] = 210$ MPa，许用剪应力 $[\tau] = 130$ MPa。试校核该梁的强度。

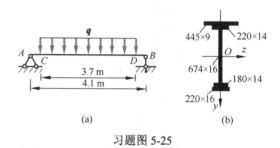

习题图 5-25

5-26 从圆木中锯成的矩形截面梁，受力及尺寸如习题图 5-26 所示。试求下列两种情形下 h 与 b 的比值：

(1) 横截面上的最大正应力尽可能小；

(2) 曲率半径尽可能大。

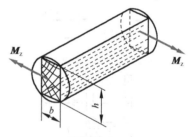

习题图 5-26

5-27 如习题图 5-27 所示，以力 F 将置于地面的钢筋提起。若钢筋单位长度的重量为 q，当 $b = 2a$ 时，试求所需的力 F。

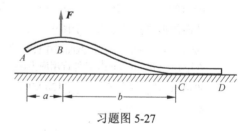

习题图 5-27

5-28 矩形截面梁高 300 mm，宽 150 mm，截面弯矩为 240 kN·m。已知材料的抗拉弹性模量 E_t 为抗压弹性模量 E_c 的 1.5 倍，如图所示。试求最大拉伸和压缩应力。

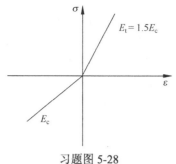

习题图 5-28

5-29　图示正方形和圆形截面，将上下两端对称地截去高为 h 的部分，试求使剩余部分抗弯截面系数最大的 h 值。

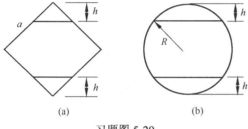

习题图 5-29

5-30　试确定图示厚为 δ 的薄壁截面弯曲中心。

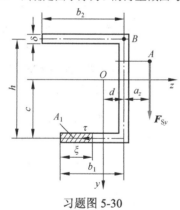

习题图 5-30

5-31　试确定图示箱形开口截面的弯曲中心 A 的位置。设截面壁厚 δ 及开口都很小。

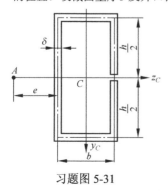

习题图 5-31

5-32　图示悬臂梁中，集中力 F_1 和 F_2 分别作用在铅垂对称面和水平对称面内，并且垂直于梁的轴线，如图所示。已知 $F_1 = 2$ kN，$F_2 = 600$ N，$l = 1$ m，材料的许用应力 $[\sigma] = 200$ MPa。试确定下面两种情形下梁的横截面尺寸：(a) 截面为矩形，$h = 2b$；(b) 截面为圆形。

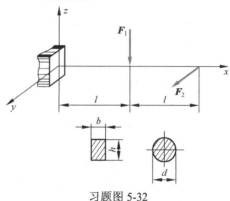

习题图 5-32

5-33　矩形截面悬臂梁受力如图所示，其中力 F 的作用线通过截面形心。试：(a) 已知 F、b、h、l 和 β，求图中虚线所示截面上点 a 处的正应力；(b) 求使点 a 处正应力为零时的角度 β 的数值。

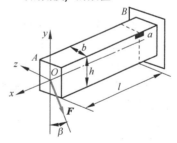

习题图 5-33

研究性题目

5-34　从习题图 5-34(a)所示的简支梁上截取出如习题图 5-34(b)所示的一部分，试分析其各面上的受力情况及力的平衡。

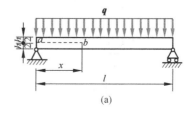

(a)

习题图 5-34

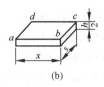

习题图 5-34（续）

5-35 试证明：对于正多边形截面梁或中心对称截面梁，无论如何放置，截面对形心轴的惯性矩都相同，且当 y_{max} 取最小值时，抗弯截面系数 W_z 最大。

5-36 承受弯矩 M 的纯弯曲梁，截面为矩形，高为 h，宽为 b；材料拉伸应力-应变关系为 $\sigma = C\varepsilon^n$（C 和 n 为材料常数，$0 < n \leqslant 1$），且拉压性质相同。试推导横截面的正应力计算公式。

5-37 如图所示的矩形截面梁，长为 L，截面高为 h，宽为 b，梁的上下表面承受均布切应力 q。试求横截面上的正应力和切应力。

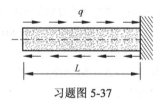

习题图 5-37

5-38 由两种材料完好粘接组合而成的复合 T 形梁承受纯弯曲变形，横截面尺寸如习题图 5-38 所示，两种材料弹性模量分别为 E_1 和 E_2，外力偶矩为 M_e，试求横截面上的正应力分布。

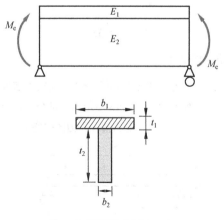

习题图 5-38

5-39 由理想弹塑性材料制成矩形截面简支梁，长为 l，截面高为 b，宽为 c，中间承受集中载荷 F 作用，材料的应力-应变关系如习题图 5-39(a) 所示，试求中间整个截面全部屈服时的载荷大小，并确定梁上的弹塑性交界面曲线[如习题图 5-39(b) 所示]。

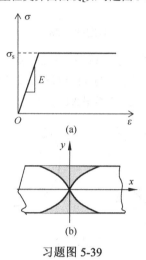

习题图 5-39

5-40 均布载荷作用下的简支梁由圆管及实心圆杆套合而成，如习题图 5-40 所示，变形后两杆仍密切接触。两杆材料的弹性模量分别为 E_1 和 E_2，且 $E_1 = 2E_2$。试求应力分布和两杆各自承担的弯矩。

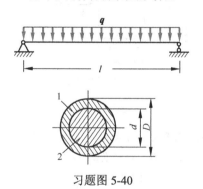

习题图 5-40

第6章

弯曲变形

某些弯曲构件，仅有足够的强度尚无法满足实际工程的需求，构件还需具备足够的抵抗变形的能力，即满足一定刚度条件。如图 6-1 所示，齿轮传动轴弯曲变形过大会影响齿轮间的正常啮合，加速齿轮与轴承间磨损，使机床产生噪声，降低加工精度。又如，吊车梁变形过大就会导致小车"爬坡"，车体振动。精密仪器设备中的构件，更需要对其受弯构件变形加以限制，使构件具有足够的刚度，满足实际工程需求。但也有些实际工程却希望构件受力后产生较大变形，如图 6-2 所示的车辆叠板弹簧，正是利用其变形较大的特点达到减振的目的。

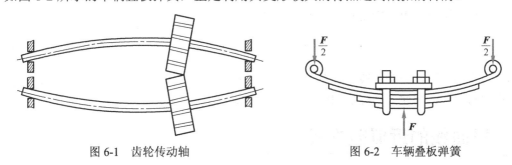

图 6-1　齿轮传动轴　　　　　　　　　图 6-2　车辆叠板弹簧

综上所述，弯曲构件不仅要满足一定的强度条件，还需要满足一定的刚度条件，才能确保构件的安全服役，而刚度条件的建立正是以变形计算为基础的。本章首先介绍梁弯曲变形的表征参量——挠度和转角，再讲述挠曲线的求解方法——积分法和叠加法，并讨论简单超静定梁的计算；然后，建立梁的刚度条件，讨论提高梁刚度的措施；最后，简单介绍梁的弯曲应变能计算和求解变形的能量方法。

6.1　弯曲变形的表征

弯曲变形最明显的特征是：轴线偏离原来的位置，由直线变为一条光滑连续的曲线。该曲线称为梁的**挠曲线**（deflection curve），其方程用轴线偏离原来位置的线位移随轴线坐标变化的函数表示。挠曲线每一点上可定义挠度和转角，表示局部的变形特征。

挠度和转角

图6-3所示的是一简支梁，建立图示坐标系，取构件左端点为该坐标原点，以梁变形前的轴线为 x 轴。梁变形后，其轴线上各点产生线位移。由于已经假设梁的变形主要为弹性小变形，故梁上任一点的水平位移分量与铅垂位移分量相比可以忽略不计。因此，可以认为梁轴线上各点只有垂直于变形前轴线的线位移，称**挠度**（deflection of beam），以 w 表示。图 6-3 中，cc'（即 w_c）为梁上点 C 的挠度。在图示坐标系中，规定挠度（w）向上为正，向下为负。

梁弯曲时，轴线上各点除了产生线位移（挠度）外，

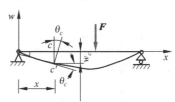

图 6-3　简支梁的挠曲线、挠度和转角

横截面本身还将绕其中性轴产生转角，称为横截面的**转角**（slope），记为 θ。图 6-2 中，θ_c 为梁变形后横截面 c-c' 的转角。在图示坐标系中，规定转角以逆时针为正，顺时针为负。

挠度和转角的关系

通常，梁变形后的挠度和转角随横截面位置的不同而改变，即是截面位置 x 的函数。其中，挠度 w 与 x 的函数关系记为

$$w = f(x) \tag{6-1}$$

称其为梁的**挠曲线方程**或**挠度方程**。

由于梁变形后截面与其挠曲线垂直，因此，横截面的转角就等于挠曲线在该横截面处切线与 x 轴的夹角，如图 6-3 所示。于是，有

$$\tan\theta = \frac{\mathrm{d}w}{\mathrm{d}x} = f'(x) \tag{6-2}$$

一般在弹性小变形范围内，转角 θ 值很小，因此式(6-2)可以写为

$$\theta \approx \tan\theta = \frac{\mathrm{d}w}{\mathrm{d}x} = f'(x) \tag{6-3}$$

式(6-3)称为**转角方程**，是挠曲线方程对 x 的一阶导数。可见，若已知挠曲线方程，就可以通过求导确定梁的转角。因此，确定挠曲线方程是计算梁变形的关键。

6.2　挠曲线的近似微方程

挠曲线的曲率

5.1 节中的式(5-1)已经给出了梁纯弯曲变形时中性层曲率与横截面上弯矩 M 之间的关系，即

$$\frac{1}{\rho} = \frac{M}{EI_z}$$

此即为梁纯弯曲变形时的挠曲线曲率计算公式。

梁发生横力弯曲变形时，横截面上的剪力会使梁产生附加的变形。但对于跨度远大于其高度的细长梁，剪力对其变形的影响很小，可以忽略不计。因此，可将上述纯弯曲挠曲线的曲率计算公式推广到横力弯曲的情况，只是横力弯曲时弯矩和曲率半径均为横截面位置 x 的函数，即

$$\frac{1}{\rho(x)} = \frac{M(x)}{EI_z} \tag{6-4}$$

由高等数学的知识可知，对方程为 $w = f(x)$ 的任一平面曲线，其上任意一点的曲率为

$$\frac{1}{\rho(x)} = \pm \frac{\dfrac{\mathrm{d}^2 w}{\mathrm{d}x^2}}{\left[1 + \left(\dfrac{\mathrm{d}w}{\mathrm{d}x}\right)^2\right]^{3/2}} \tag{a}$$

其中正负号的选取将在下面讨论。

挠曲线微分方程

将式(a)代入式(6-4)中，得

$$\pm \frac{\dfrac{\mathrm{d}^2 w}{\mathrm{d}x^2}}{\left[1 + \left(\dfrac{\mathrm{d}w}{\mathrm{d}x}\right)^2\right]^{3/2}} = \frac{M(x)}{EI_z} \tag{6-5}$$

式(6-5)即是挠曲线的微分方程，但由于是非线性的，所以求解较难。但在小变形情况下，$w = f(x)$ 是一变化较缓的曲线，因此转角 $\theta = \dfrac{\mathrm{d}w}{\mathrm{d}x}$ 是一小量，即有 $\left(\dfrac{\mathrm{d}w}{\mathrm{d}x}\right)^2 \ll 1$。于是，式(6-5)可以简化为

$$\pm \frac{\mathrm{d}^2 w}{\mathrm{d}x^2} = \frac{M(x)}{EI_z} \tag{6-6}$$

坐标系选取与正负规定

式(6-6)中的正负号需要根据弯矩的正负及坐标系选取方式确定。挠度 w 的坐标选取向上为正，如图 6-3 所示。由弯矩正负号规定可知：当弯矩为正时，挠曲线为向下凸的曲线，如图 6-4(a)所示，其二阶导数 $\dfrac{\mathrm{d}^2 w}{\mathrm{d}x^2} > 0$；当弯矩为负时，挠曲线为向上凸的曲线，如图 6-4(b)所示，其二阶导数 $\dfrac{\mathrm{d}^2 w}{\mathrm{d}x^2} < 0$。因此，在图 6-4 所选取的坐标系中，弯矩与挠曲线二阶导数 $\dfrac{\mathrm{d}^2 w}{\mathrm{d}x^2}$ 同号，式(6-6)左侧应取正号，于是可得

$$\frac{\mathrm{d}^2 w}{\mathrm{d}x^2} = \frac{M}{EI_z} \tag{6-7}$$

通常，将式(6-7)称为挠曲线的近似微分方程，是一个二阶常系数线性微分方程，很容易利用积分法求解。

图 6-4　挠曲线与弯矩的符号关系

6.3　计算梁变形的积分法

将式(6-7)积分一次，可得转角方程为

$$\theta(x) = \frac{\mathrm{d}w}{\mathrm{d}x} = \int \frac{M}{EI_z}\mathrm{d}x + C \tag{6-8}$$

再积分一次，可得挠曲线方程为

$$w(x) = \iint \frac{M}{EI_z}\mathrm{d}x\mathrm{d}x + Cx + D \tag{6-9}$$

若 EI_z 为常数，如均匀等直梁，则上述两式可以写为

$$EI_z \theta(x) = EI_z \frac{\mathrm{d}w}{\mathrm{d}x} = \int M(x)\mathrm{d}x + C \tag{6-10}$$

$$EI_z w(x) = \iint M(x)\mathrm{d}x\mathrm{d}x + Cx + D \tag{6-11}$$

式(6-8)~式(6-11)中的 C 和 D 为积分常数，需要由梁上某些特殊点上已知的挠度或转角来确定。这些点上已知的挠度或转角称为边界条件。例如，在铰支座处，挠度为零；在固定端处，挠度和转角均为零。可参见以下例题 6-1 和例题 6-2。

当多个载荷作用于梁上时，可分段利用式(6-8)~式(6-11)，此时为了确定全部积分常数，还会用到分段连接挠曲线的光滑连续性条件，即挠度和转角均连续，详见以下例题 6-3。

例题 6-1

如例题图 6-1 所示，悬臂梁 AB 的抗弯刚度 EI_z 为常量，梁长为 l，试求在 F 作用下梁的挠曲线方程和转角方程，并计算最大挠度和最大转角。

例题图 6-1

分析：为利用近似微分方程求解挠曲线和转角方程，首先应建立坐标系，求得弯矩方程；然后可直接利用式(6-10)和式(6-11)积分，其中的积分常数则需考虑边界条件。对于这里的悬臂梁，边界条件是：固定端 A 处的挠度和转角均为零。

解：

(1) 列弯矩方程。

取梁的左端 A 为坐标原点，建立如例题图 6-1 所示的坐标系。梁的弯矩方程为

$$M(x) = F(l - x)$$

(2) 建立挠曲线近似微分方程并积分，即

$$EI_z \frac{\mathrm{d}^2 w}{\mathrm{d}x^2} = M(x) = F(l - x) = Fl - Fx \tag{a}$$

将式(a)积分一次，得

$$EI_z \frac{\mathrm{d}w}{\mathrm{d}x} = EI_z \theta(x) = Flx - \frac{1}{2}Fx^2 + C \tag{b}$$

再将式(b)积分一次，得

$$EI_z w(x) = \frac{1}{2}Flx^2 - \frac{1}{6}Fx^3 + Cx + D \tag{c}$$

(3) 确定积分常数。

悬臂梁 AB 的边界条件为固定端 A 处的转角和挠度均为零，即

$$x = 0 \text{ 时，} \theta_A = 0; \quad x = 0 \text{ 时，} w_A = 0$$

将上述边界条件分别代入方程式(b)和式(c)，可得

$$C = 0, \quad D = 0$$

(4) 确定转角方程和挠曲线方程。

将积分常数 $C = 0$ 和 $D = 0$ 代入式(b)和式(c)中，得转角方程和挠曲线方程分别为

$$\theta(x) = \frac{Fx}{2EI_z}(2l - x) \tag{d}$$

$$w(\theta) = \frac{Fx^2}{6EI_z}(3l - x) \tag{e}$$

(5) 求最大转角 $\theta_{\max}$ 和最大挠度 $w_{\max}$。

显然，最大转角和挠度在力 **F** 的作用点处，将 $x=l$ 分别代入式(d)和式(e)中，得

$$\theta_{\max}=\frac{Fl^2}{2EI_z}, \qquad w_{\max}=\frac{Fl^3}{3EI_z}$$

例题 6-2

如例题图 6-2 所示的简支梁 AB，其抗弯刚度 EI 为常量，试求梁在均布载荷 **q** 作用下的最大挠度和最大转角。

分析：步骤同前，利用积分法求解，其中的积分常数由简支梁的边界条件确定，即在两铰支点挠度为零。

例题图 6-2

解：

(1) 列弯矩方程。

选取如图所示的坐标系，弯矩方程为

$$M(x)=\frac{ql}{2}x-\frac{qx^2}{2}$$

(2) 由挠曲线近似微分方程二次积分，得

$$EI\frac{\mathrm{d}^2w}{\mathrm{d}x^2}=M(x)=\frac{ql}{2}x-\frac{qx^2}{2}$$

$$EI\frac{\mathrm{d}w}{\mathrm{d}x}=EI\theta(x)=\frac{ql}{4}x^2-\frac{q}{6}x^3+C \qquad (a)$$

$$EIw(x)=\frac{ql}{12}x^3-\frac{q}{24}x^4+Cx+D \qquad (b)$$

(3) 确定积分常数

简支梁 AB 的边界条件为

$$x=0 \text{ 时}, \ w_A=0; \qquad x=l \text{ 时}, \ w_B=0$$

将上述条件代入式(b)中，可求得

$$C=-\frac{ql^3}{24}, \qquad D=0 \qquad (c)$$

(4) 将式(c)代入式(a)和式(b)中，可得梁的转角方程和挠曲线方程为

$$\theta(x)=\frac{q}{24EI}(6lx^2-4x^3-l^3) \qquad (d)$$

$$w(x)=\frac{qx}{24EI}(2lx^2-x^3-l^3) \qquad (e)$$

(5) 确定最大转角 $\theta_{\max}$ 和最大挠度 $w_{\max}$。

梁 AB 结构对称，载荷对称，因此在两端支座处有转角的最大值，在跨中有挠度的最大值[也可直接求函数式(d)、式(e)的最大值]。由式(d)、式(e)，得

$$\theta_{\max}=\theta_B=-\theta_A=\frac{ql^3}{24EI}; \qquad w_{\max}=\frac{5ql^4}{384EI}$$

例题 6-3

如例题图 6-3 所示的简支梁 AB，在点 C 处作用有集中力 F，抗弯刚度为 EI，试求梁的挠曲线方程和转角方程。

分析：由于梁上作用集中载荷，所以需要分段对微分方程进行积分求解，其中积分常数的确定除了考虑 A、B 铰支端的边界条件外，还需要利用截面 C 处挠度和转角的连续条件。

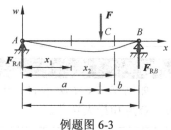

例题图 6-3

解：

(1) 分段列弯矩方程。

在 F 作用下，梁 AC 段和 BC 段的弯矩方程不同，分段求得弯矩方程为

AC 段：
$$M(x_1) = \frac{b}{l}Fx_1 \qquad (0 \leqslant x_1 \leqslant a)$$

BC 段：
$$M(x_2) = \frac{b}{l}Fx_2 - F(x_2 - a) \qquad (a \leqslant x_2 \leqslant l)$$

(2) 分段由挠曲线近似微分方程并积分。

AC 段：
$$EI\frac{\mathrm{d}^2 w_1}{\mathrm{d}x_1^2} = M(x_1) = \frac{b}{l}Fx_1$$

$$EI\theta_1(x_1) = EI\frac{\mathrm{d}w_1}{\mathrm{d}x_1} = \frac{b}{2l}Fx_1^2 + C_1 \tag{a}$$

$$EIw_1(x_1) = \frac{b}{6l}Fx_1^3 + C_1 x_1 + D_1 \tag{b}$$

BC 段：
$$EI\frac{\mathrm{d}^2 w_2}{\mathrm{d}x_2^2} = M(x_2) = \frac{b}{l}Fx_2 - F(x_2 - a)$$

$$EI\theta_2(x_2) = EI\frac{\mathrm{d}w_2}{\mathrm{d}x_2} = \frac{b}{2l}Fx_2^2 - \frac{F}{2}(x_2 - a)^2 + C_2 \tag{c}$$

$$EIw_2(x_2) = \frac{b}{6l}Fx_2^3 - \frac{F}{6}(x_2 - a)^3 + C_2 x + D_2 \tag{d}$$

(3) 确定积分常数。

在分段积分过程中出现的四个积分常数 C_1、D_1、C_2、D_2，由边界条件和连续条件确定。

① 连续条件：梁 AC 段和 BC 段的交界处 C 有转角和挠度连续，即

$$x_1 = x_2 = a \text{ 时}, \quad \theta_1 = \theta_2, \quad w_1 = w_2 \tag{e}$$

将式(e)分别代入式(a)、式(c)及式(b)、式(d)中，得

$$C_1 = C_2, \qquad D_1 = D_2$$

② 边界条件：

$$x_1 = 0 \text{ 时}, \quad w_1 = 0; \quad x_2 = l \text{ 时}, \quad w_2 = 0 \tag{f}$$

将式(f)分别代入式(b)、式(d)中，可得

$$C_1 = C_2 = -\frac{Fb}{6l}(l^2 - b^2), \qquad D_1 = D_2 = 0$$

(4) 确定梁转角方程和挠曲线方程。

将获得的积分常数代入式(a)～式(d)中，可得梁的转角方程和挠曲线方程为

AC 段 $(0 \leqslant x_1 \leqslant a)$ ：

$$\theta(x_1) = \frac{Fb}{6EIl}(b^2 + 3x_1^2 - l^2) \tag{g}$$

$$w(x_1) = \frac{Fbx_1}{6lEI}(b^2 + x_1^2 - l^2) \tag{h}$$

BC 段 $(a \leqslant x_2 \leqslant L)$ ：

$$\theta(x_2) = \frac{Fb}{6EIl}\left[(3x_2^2 + b^2 - l^2) - \frac{3l}{b}(x_2 - a)^2\right] \tag{i}$$

$$w(x_2) = \frac{Fb}{6lEI}\left[(x_2^2 + b^2 - l^2)x_2 - \frac{l}{b}(x_2 - a)^3\right] \tag{j}$$

讨论：

(1) 恰当的积分技巧和边界条件、连续条件的运用，可以使积分常数的求解过程更简单。如该例题在积分时，由于式(c)、式(d)保留了括号项 $(x_2 - a)$，才可由连续条件直接得到 $C_1 = C_2$ 和 $D_1 = D_2$，简化了计算。否则，积分常数的确定将会很烦琐。

(2) 由式(g)、式(i)可得梁截面 A、C、B 的转角分别为

$$\theta_A = -\frac{Fab}{6EIl}(l+b), \quad \theta_C = \frac{Fab}{3EIl}(a-b), \quad \theta_B = \frac{Fab(l+a)}{6EIl}$$

当 $a > b$ 时，截面 B 处的转角有最大值。

若 $a > b$，在 AC 段转角从 θ_A 至 θ_C，由负值变化为正值，所以一定存在 $\theta = \dfrac{dw}{dx} = 0$ 的梁截面，说明挠度的最大值出现在 AC 段。令式(g)等于零，可得梁上出现最大挠度的截面位置 x_0 为

$$\theta(x_0) = \frac{Fb}{6EIl}(b^2 + 3x_0^2 - l^2) = 0$$

$$x_0 = \sqrt{\frac{l^2 - b^2}{3}} \tag{k}$$

相应的最大挠度为

$$w_{max} = w(x_0) = -\frac{Fb}{9\sqrt{3}EIl}\sqrt{(l^2 - b^2)^3} \tag{l}$$

当外力作用于梁中点处时，由式(k)可知，最大挠度出现在 $x_0 = l/2$ 的梁中点处，其值为

$$w_{max} = w(x_0) = -\frac{Fl^3}{48EI}$$

当外力作用点无限接近梁 B 端时，由式(k)可知，最大挠度出现在 $x_0 = \dfrac{l}{\sqrt{3}} = 0.577l$ 处，其值为

$$w_{max} = w(x_0) = -\frac{Fbl^2}{9\sqrt{3}EI}$$

上述计算结果表明，即使当外力作用点无限接近梁 B 端时，最大挠度还是出现在梁的中点附近。此时，用梁中点挠度近似代替最大挠度所带来的误差为 2.65%，而比直接计算梁的最大挠度要简单得多。

6.4 计算梁变形的叠加法

上一节介绍的积分法是求解梁弯曲挠度和转角的基本方法。当梁上作用载荷较复杂时，特别是只需要确定某些特定截面的转角和挠度时，积分法就显得过于烦琐，此时可借助一些简单载荷作用下的解，利用叠加法计算梁在复杂载荷作用下的变形，以避免冗繁的计算过程。

由上一节中的式(6-8)～式(6-11)可以看出：在线弹性小变形假设下，梁的转角和挠度均与载荷成线性关系，所以叠加原理成立。因此，当梁上同时作用多个载荷时，由每个载荷在梁上同一截面处所引起的挠度和转角不受其他载荷的影响，可分别求出各载荷单独作用下该截面处的挠度和转角，再将它们进行代数相加，获得在多个载荷作用下该截面处的挠度和转角。这种方法称为**叠加法**。叠加法虽然不是一种独立的求解方法，但在求多个载荷作用下梁指定截面处的转角和挠度时，借助表 6-1 给出的若干简单载荷作用时的结果，显得简单、快捷。

表 6-1 简单载荷作用下梁的变形

序号	梁的计算简图	挠曲线方程	挠度和转角
1		$w = -\dfrac{M_e x^2}{2EI}$, $(0 \leq x \leq a)$ $w = -\dfrac{M_e a}{2EI}(2x-a)$, $(a \leq x \leq L)$	$w_{max} = \|w_B\| = \dfrac{M_e a}{2EI}(2l-a)(\downarrow)$ $\theta_B = -\dfrac{M_e a}{EI}$
2		$w = -\dfrac{Fx^2}{6EI}(3a-x)$, $(0 \leq x \leq a)$ $w = -\dfrac{Fx^2}{6EI}(3x-a)$, $(a \leq x \leq L)$	$w_{max} = \|w_B\| = \dfrac{Fa^2}{6EI}(3l-a)(\downarrow)$ $\theta_B = -\dfrac{Fa^2}{2EI}$
3		$w = -\dfrac{qx^2}{24EI}(6l^2 - 4lx + x^2)$	$w_{max} = \|w_B\| = \dfrac{ql^4}{8EI}(\downarrow)$ $\theta_B = -\dfrac{ql^3}{6EI}$
4		$w = -\dfrac{M_e x}{6EIl}(2l^2 - 3lx + x^2)$	在 $x = \left(1-\dfrac{1}{\sqrt{3}}\right)l$ 处, $w_{max} = \dfrac{M_e l^2}{9\sqrt{3}EI}(\downarrow)$ 在 $x=\dfrac{l}{2}$ 处, $w_C = \dfrac{M_e l^2}{16EI}(\downarrow)$ $\theta_A = -2\theta_B = -\dfrac{M_e l}{3EI}$
5		$w = -\dfrac{M_e x}{6EIl}(l^2 - 3b^2 - x^2)$ $(0 \leq x \leq a)$ $w = -\dfrac{M_e x}{6EIl} \times [-(l^2 - 3b^2)x - 3l(x-a)^2 + x^3]$ $(a \leq x \leq l)$	在 $x = \left(1-\dfrac{1}{\sqrt{3}}\right)l$ 处, $w_{max} = \dfrac{M_e l^2}{9\sqrt{3}EI}(\downarrow)$ 在 $x=\dfrac{l}{2}$ 处, $w_C = \dfrac{M_e l^2}{16EI}(\downarrow)$ $\theta_A = -2\theta_B = -\dfrac{M_e l}{3EI}$

续表

序号	梁的计算简图	挠曲线方程	挠度和转角
6	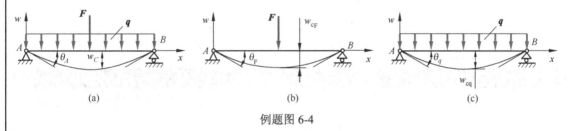	$w=-\dfrac{Fbx}{6EIl}(l^2-b^2-x^2)$ $(0 \leqslant x \leqslant a)$ $w=-\dfrac{F}{6EIl}\times[(l^2-b^2)x+\dfrac{l}{b}(x-a)^3-x^3]$ $(a \leqslant x \leqslant l)$	若 $a>b$，在 $x=\sqrt{\dfrac{l^2-b^2}{3}}$ 处 $w_{max}=\dfrac{Fb(l^2-b^2)^{\frac{3}{2}}}{9\sqrt{3}EIl}(\downarrow)$ 在 $x=l/2$ 处， $w_C=\dfrac{Fb}{48EI}(3l^2-4b^2)(\downarrow)$ $\theta_A=-\dfrac{Fab(l+b)}{6EIl}$ $\theta_B=\dfrac{Fab(l+a)}{6EIl}$
7		$w=-\dfrac{qx}{24EI}(l^3-2lx^2+x^3)$	在 $x=l/2$ 处， $w_{max}=w_C=\dfrac{5ql^4}{384EI}(\downarrow)$ $\theta_A=\theta_B=\dfrac{ql^3}{24EI}$

例题 6-4

如例题图 6-4(a)所示的简支梁，作用有集中力 F 和均布载荷 q，梁的抗弯刚度为 EI，跨长为 l，试求梁跨中截面的挠度 w_C 及左端支座处的转角 θ_A。

例题图 6-4

分析：梁上载荷可分解为集中力 F 和均布载荷 q 两种简单载荷。由叠加原理，梁各处的 w_C（或 θ_A）等于集中力 F 单独作用下[如例题图 6-4(b)所示]所产生的挠度（或转角）叠加上均布载荷 q 单独作用下[如例题图 6-4(c)所示]所产生的挠度（或转角）。

解：

(1) 查表 6-1，在 F 单独作用下截面 C 处的挠度和截面 A 处的转角分别为

$$w_{CF}=-\frac{Fl^3}{48EI}, \qquad \theta_{AF}=-\frac{Fl^2}{16EI}$$

(2) 查表 6-1，在 q 单独作用下截面 C 处的挠度和截面 A 处的转角分别为

$$w_{Cq}=-\frac{5ql^4}{384EI}, \qquad \theta_{Aq}=-\frac{ql^3}{24EI}$$

(3) 根据叠加原理，在 F 和 q 共同作用下截面 C 处的挠度和截面 A 处的转角分别为

$$w_C=w_{CF}+w_{Cq}=-\left(\frac{Fl^3}{48EI}+\frac{5ql^4}{384EI}\right)$$

$$\theta_A=\theta_{AF}+\theta_{Aq}=-\left(\frac{Fl^2}{16EI}+\frac{ql^3}{24EI}\right)$$

例题 6-5

如例题图 6-5 所示的悬臂梁，抗弯刚度为 EI，右半段作用有均布载荷 q。试求梁自由端 B 处的转角 θ_B 和挠度 w_B。

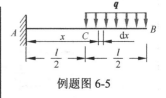

例题图 6-5

分析：梁在分布力作用下的变形，无法直接查表 6-1 叠加求得。可以利用微积分的概念，在 BC 段上距固定端 A 为 x 的截面处取一小段 dx，作用在该微段上的载荷 $q\,dx$ 可以视为一集中力，查表 6-1 可得梁在微小集中力 $q\,dx$ 作用下自由端 B 处的转角 $d\theta_B$ 和挠度 dw_B，然后积分得梁在均布载荷作用下 B 处的挠度和转角。

解：

查表 6-1 可知，在小微力 $q\,dx$ 作用下，悬臂梁自由端 B 处的转角 $d\theta_B$ 和挠度 dw_B 分别为

$$d\theta_B = -\frac{(q\,dx)x^2}{2EI} = -\frac{qx^2\,dx}{2EI}$$

$$dw_B = -\frac{(q\,dx)x^2(3l-x)}{6EI} = -\frac{qx^2(3l-x)\,dx}{6EI}$$

根据叠加原理，对上述结果在均布载荷作用的区域上积分，即可得梁在均布载荷作用下 B 处的挠度和转角为

$$\theta_B = -\int_{\frac{l}{2}}^{l} \frac{q}{2EI}x^2\,dx = -\frac{7ql^3}{48EI}$$

$$\omega_B = -\int_{\frac{l}{2}}^{l} \frac{q}{6EI}(3l-x)x^2\,dx = -\frac{41ql^4}{384EI}$$

例题 6-6

如例题图 6-6(a) 所示的变截面梁，已知 F、l、EI，试求截面 C 处的转角 θ_C 和挠度 w_C。

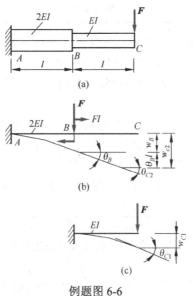

例题图 6-6

分析：由于梁 ABC 在 AB 段和 BC 段的抗弯刚度不同，因此无法直接查表 6-1 得到截面 C 处的转角和挠度。可采用如下的思路：① 计算 AB 段变形、BC 段刚化（即视为不变形的刚

体）时截面 C 处的转角和挠度，② 计算 AB 段刚化、BC 段变形时截面 C 处的转角和挠度。然后将两结果叠加，获得整个变截面梁在截面 C 处的转角和挠度。

解：

(1) 假设 BC 段刚化，考虑 AB 段变形。将外力 F 向 B 截面简化，得一集中力 F 和一集中力偶 Fl，如例题图 6-6(b)所示。在 F 和 Fl 共同作用下 AB 段的变形可由长度为 L、刚度 $2EI$、自由端分别单独作用 F、Fl 的悬臂梁变形结果叠加而得。查表 6-1，利用叠加法，得截面 B 处的转角和挠度分别为

$$\theta_B = -\frac{Fl^2}{4EI} - \frac{(Fl)l}{2EI} = -\frac{3Fl^2}{4EI}$$

$$w_B = -\frac{Fl^3}{6EI} - \frac{Fl^3}{4EI} = -\frac{5Fl^3}{12EI}$$

由于梁的挠曲线在点 B 光滑连续，当 AB 段产生变形时，刚化的 BC 段随之倾斜，并转过一个与截面的转角相同的角度，如例题图 6-6(b)所示。于是，截面 C 处的转角和挠度分别为

$$\theta_{C_2} = \theta_B = -\frac{3Fl^2}{4EI}$$

$$w_{C_2} = w_B + \theta_B l = -\frac{5Fl^3}{12EI} - \frac{3Fl^3}{4EI} = -\frac{7Fl^3}{6EI}$$

(2) 假设 AB 段刚化，则 AB 段不产生变形，只有 BC 段产生变形，BC 段相当于固定在 B 端的长度为 L、刚度为 EI、自由端作用 F 的悬臂梁，如例题图 6-6(c)所示。查表 6-1，可得此时截面 C 的转角和挠度分别为

$$\theta_{C_1} = -\frac{Fl^2}{2EI}, \quad w_{C_1} = -\frac{Fl^3}{3EI}$$

(3) 根据叠加原理，变截面梁 ABC 在截面 C 处的转角和挠度为上述两结果的代数和，即为

$$\theta_C = \theta_{C_1} + \theta_{C_2} = -\frac{Fl^2}{2EI} - \frac{3Fl^2}{4EI} = -\frac{5Fl^2}{4EI}$$

$$w_C = w_{C_1} + w_{C_2} = -\frac{Fl^3}{3EI} - \frac{7Fl^3}{6EI} = -\frac{3Fl^3}{2EI}$$

讨论： 该例题在利用叠加法求解时，将梁分成两段，分别求解一段刚化、另一段变形时的结构变形，然后进行叠加。在处理分段变截面或变刚度梁、外伸梁、刚架时，经常用到这种逐段刚化的方法。

例题 6-7

如例题图 6-7(a)所示的简单刚架 ABC，EI 为常量。若忽略杆件的轴向变形，试求自由端 C 的水平位移和铅垂位移。

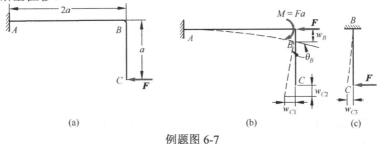

例题图 6-7

解：

(1) 当 BC 段刚化时，刚架 AB 部分的变形如例题图 6-7(b)所示。将力 F 平移至点 B 后得一集中力 F 和集中力偶 $M = Fa$。若轴向力 F 的影响忽略不计，则悬臂梁 AB 截面 B 的转角和铅垂位移通过查表 6-1 可得

$$\theta_B = -\frac{2Fa^2}{EI}, \qquad w_B = -\frac{2Fa^3}{EI}$$

由上述截面 B 转角和铅垂位移引起的自由端 C 的水平位移和垂直位移分别为

$$w_{C1} = \theta_B \times a = -\frac{2Fa^3}{EI}$$

$$w_{C2} = w_B = -\frac{2Fa^3}{EI}$$

(2) 当 AB 段刚化时，其变形等效于例题图 6-7(c)所示悬臂梁 BC 在 F 作用下的变形。截面 C 的水平位移通过查表 6-1 可得

$$w_{C3} = -\frac{Fa^3}{3EI}$$

(3) 根据叠加原理，刚架 ABC 自由端 C 的水平位移和铅垂位移分别为

$$w_H = w_{C1} + w_{C3} = -\frac{7Fa^3}{3EI}$$

$$w_V = w_{C2} = -\frac{2Fa^3}{EI}$$

6.5　简单超静定梁

实际工程中，为了提高梁的强度和刚度，往往要在静定梁[如图 6-5(a)所示]上增加约束，如图 6-5(b)所示。由于增加了多余约束，未知约束反力的个数多于独立平衡方程的个数，所以不能由静力平衡方程确定所有约束反力，因此这种梁属于超静定梁，相应多余约束的反力称为多余约束反力，多余约束的数目就是超静定梁的超静定次数，图 6-5(b)所示即为一次超静定梁。这些多余约束从维持平衡的角度看是多余的，但能有效减小梁的内力和变形，是实际工程中提高梁强度和刚度十分有效的措施。

图 6-5　静定和超静定梁

欲求解超静定梁的全部约束反力，必须综合考虑梁的变形关系、物理关系和静力关系三方面。解出多余约束反力后，再按照与静定梁完全相同的方式计算强度和刚度。

超静定梁的解法

下面以图 6-5(b)所示的梁为例，说明超静定梁的一般解法。

(1) 判断超静定次数。梁受力如图 6-6(a)所示，在 A、B、C 处共有 4 个未知约束反力，而梁只具有 3 个独立的平衡方程，所以是一次超静定梁。

(2) 选择静定基，并建立相当系统。假设支座 B 为多余约束，设想将其去掉得到一静定梁（即简支梁 ABC），该静定梁称为原超静定梁的**静定基**。在静定基解除约束处（即支座 B 处）以约束反力 F_{RB} 代替 B 处的多余约束，则由原超静定梁上全部外载荷和多余约束反力 F_{RB} 共同作用的静定梁[如图 6-6(b)所示]称为原超静定问题的**相当系统**。

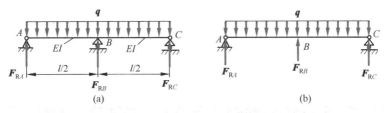

图 6-6 超静定梁及其相当系统

(3) 根据相当系统的变形关系、物理关系和静力平衡方程计算多余约束反力 F_{RB}。为了保证相当系统和原超静定梁具有相同的受力和变形，要求相当系统在多余约束反力处的变形与原超静定梁在该处的变形相同。即与原超静定结构变形相比，图 6-6(b)所示的相当系统应满足如下变形关系：

$$w_B = 0 \tag{a}$$

图 6-6(b)所示简支梁上 B 处的挠度 w_B 可用叠加法计算，其值等于均布载荷 q 单独作用下点 B 挠度 w_{Bq} 和多余约束反力 F_{RB} 单独作用下点 B 挠度 w_{BR} 的代数叠加，即

$$w_B = w_{Bq} + w_{BR}$$

于是，变形关系式(a)可表示为

$$w_{Bq} + w_{BR} = 0 \tag{b}$$

现考虑其物理关系，查表 6-1，可得 w_{Bq} 和 w_{BR} 分别为

$$w_{Bq} = -\frac{5ql^4}{384EI}, \qquad w_{BR} = \frac{F_{RB}l^4}{48EI} \tag{c}$$

将式(c)代入式(b)中，得补充方程为

$$-\frac{5ql^4}{384EI} + \frac{F_{RB}l^3}{48EI} = 0$$

该式为考虑变形协调性后得到的补充方程，于是可求得多余约束反力为

$$F_{RB} = \frac{5}{8}ql$$

在已知 F_{RB} 的情况下，由图 6-6(b)所示简支梁 ABC 的静力平衡方程，很容易求得 A、C 处的约束反力，结果为

$$F_{RA} = \frac{3}{16}ql, \qquad F_{RC} = \frac{3}{16}ql$$

梁所受的全部约束反力已知后，可进一步作梁的剪力图和弯矩图，进行强度计算或变形计算。

讨论：

(1) 上述例题是通过比较超静定梁与其静定相当系统的变形，根据两者受力变形完全相同来建立补充方程，求解超静定梁的多余约束反力。这种求解方法称为变形比较法。

(2) 在求解超静定梁多余约束反力时，多余约束的选择可以是任意的，但选择的多余约束应便于求解。对应于不同的多余约束，其静定基和相当系统也各不相同，变形条件也不尽相同。例如，上述例题也可将支座 C 看成多余约束，从而得到的静定基为外伸梁，此时相当系统的求

解比较烦琐。再如，图 6-7(a)所示的一次超静定梁，若将支座 B 作为多余约束，则静定基和相当系统如图 6-7(b)所示，则其变形协调条件为 $w_B = 0$；若将固定端的转角约束看成多余约束，则静定基和相当系统如图 6-7(c)所示的，其变形协调条件为 $\theta_A = 0$。

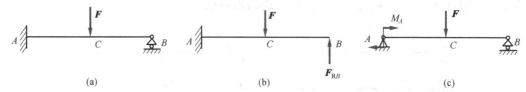

图 6-7　超静定梁的不同静定基和相当系统

例题 6-7

如例题图 6-7(a)所示，抗弯刚度为 EI 的等截面梁 AB，在受力前处于水平，弹簧无伸长。已知弹簧刚度系数为 k，试求在载荷 F 作用下弹簧的受力。

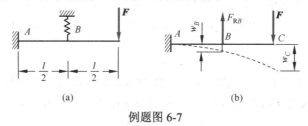

例题图 6-7

分析： 显然，梁 AB 为一次超静定梁，将弹簧看成多余约束，则得到的相当系统[如例题图 6-7(b)所示]变形较容易求解，而补充的变形协调方程则通过弹簧的变形规律得到。

解： 梁 AB 为一次超静定梁。设弹簧为多余约束，将其解除后，得静定基为一悬臂梁，如例题图 6-7(b)所示，在 F 和 F_{RB} 共同作用下的悬臂梁为原超静定问题的相当系统。与原超静定结构相比，在 F 和 F_{RB} 共同作用下，悬臂梁在 B 处的挠度 w_B 应等于弹簧的伸长量 δ_B，即

$$w_B = \delta_B \tag{a}$$

利用叠加法，查表 6-1，得

$$w_B = \frac{5F\left(\dfrac{l}{2}\right)^2}{6EI} - \frac{F_{RB}\left(\dfrac{l}{2}\right)^3}{3EI} \tag{b}$$

根据弹簧变形的胡克定律，得

$$\delta_B = \frac{F_{RB}}{k} \tag{c}$$

将式(b)和式(c)代入式(a)中，得补充方程为

$$\frac{5F\left(\dfrac{l}{2}\right)^2}{6EI} - \frac{F_{RB}\left(\dfrac{l}{2}\right)^3}{3EI} = \frac{F_{RB}}{k}$$

由上式求解，得弹簧的受力为

$$F_{RB} = \frac{5F}{2\left(\dfrac{24EI}{kl^3} + 1\right)}$$

例题 6-8

如例题图 6-8(a)所示，梁 *AB* 两端均为固定约束，抗弯刚度为 *EI*。若左端转动一微小角度 θ，忽略轴向力的影响，试求由此引起的两端约束反力。

例题图 6-8

分析：由于忽略轴向力的影响，所以梁为二次超静定梁，可通过解除一端的约束得到相当系统，补充方程则由解除约束端的已经位移和转角条件获得。

解：梁 *AB* 为二次超静定梁。设支座 *A* 为多余约束，解除其约束，得静定基为一悬臂梁，其相当系统如例题图 6-8(b)所示。与原结构相比，相当系统在 F_A 和 M_A 作用下，*A* 处的挠度和转角分别应满足如下变形协调方程：

$$w_A = 0 , \qquad \theta_A = \theta \tag{a}$$

利用叠加法，查表 6-1，得

$$w_A = \frac{M_A l^2}{2EI} - \frac{F_{RA} l^2}{3EI} , \qquad \theta_A = \frac{M_A l}{EI} - \frac{F_{RA} l}{2EI} \tag{b}$$

将式(b)代入式(a)中，得

$$\frac{M_A l^2}{2EI} - \frac{F_{RA} l^2}{3EI} = 0, \qquad \frac{M_A l}{EI} - \frac{F_{RA} l}{2EI} = \theta$$

联立求解，得

$$F_{RA} = \frac{6EI\theta}{l^2}, \qquad M_A = \frac{4EI\theta}{l}$$

求出多余约束反力 F_{RA} 和 M_A 后，以例题图 6-8(b)所示的悬臂梁为研究对象，列平衡方程可得 *B* 处约束反力为

$$F_{RB} = -F_{RA} = -\frac{6EI\theta}{l^2}, \qquad M_B = \frac{2EI\theta}{l}$$

讨论：由上述例题可知，对于超静定梁，由于多余约束的限制，支座处的微小角度会引起梁的附加内力和装配应力，而静定结构则不会因此出现这种附加内力和装配应力。温度变化时，同样也会引起超静定梁产生附加的温度应力。装配应力、温度应力的产生是超静定结构区别于静定结构的重要特征。

6.6 梁的刚度条件

工程设计中，除了强度条件外，常常还对梁的变形加以限制，要求满足一定刚度条件。例如，对楼板的挠度加以限制，以防抹灰脱落或出现裂缝；对机床主轴的挠度和转角加以限制，以确保加工精度，等等。

梁的刚度条件为：最大挠度 w_{max} 和最大转角 θ_{max}（或特定截面的挠度和转角）分别不得超过许用挠度[w]和许用转角[θ]，即

$$w_{max} \leq [w], \qquad \theta_{max} \leq [\theta] \qquad\qquad (6\text{-}12)$$

工程中常见受弯构件的[w]和[θ]值可以从有关的规范和手册中查得。例如，在土木工程中通常取

$$[w] = \frac{l}{200} \sim \frac{l}{900}$$

对于机械工程中的传动轴，通常取

$$[w] = \frac{l}{500} - \frac{l}{1000}, \qquad [\theta] = 0.005 \sim 0.001 \text{ rad}$$

其中，l 为梁的计算跨度。

例题 6-9

例题图 6-9(a)所示的外伸梁 ABC 为空心轴，外径 $D = 80$ mm，内径 $d = 40$ mm，$l = 400$ mm，$a = 200$ mm，弹性模量 $E = 210$ GPa。梁上载荷 $F_1 = 1$ kN，$F_2 = 2$ kN。若截面 C 处的挠度不得超过[w] = 0.001l，截面 B 处的转角不得超过[θ] = 0.001 rad，试校核该梁的刚度。

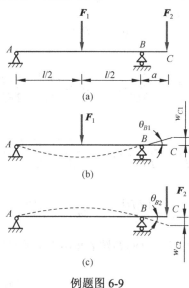

例题图 6-9

分析：梁的挠度和转角许用值均已知，为了根据刚度条件(6-12)校核梁的刚度，需要计算截面 C 处的挠度和截面 B 处的转角，可采用叠加法或其他方法。

解：

(1) 计算截面 C 的挠度 w_C 和截面 B 的转角 θ_B。

根据叠加原理，例题图 6-9(a)可视为例题图 6-9(b)和(c)两种情况的叠加。

例题图 6-9(b)中，AB 段变形相当于跨中作用集中力 F_1 的简支梁。相应地，BC 段将没有变形地随之转动 θ_B，所以在 F_1 单独作用下截面 B 的转角 θ_{B1} 可查表 6-1，得

$$\theta_{B1} = \frac{F_1 l^2}{16EI}$$

其中，

$$I = \frac{\pi D^4}{64}(1 - \alpha^4) = \frac{\pi \times 0.08^4}{64}\left[1 - \left(\frac{0.04}{0.08}\right)^4\right] = 18.85 \times 10^{-6} \text{ m}^4$$

所以

$$\theta_{B1} = \frac{1 \times 10^3 \times 0.4^2}{16 \times 210 \times 10^9 \times 18.85 \times 10^{-6}} = 2.53 \times 10^{-5} \ \text{rad}$$

查表 6-1，得截面 C 处的挠度为

$$w_{C1} = \theta_{B1} \cdot a = 2.53 \times 10^{-5} \times 0.2 = 5.06 \times 10^{-6} \ \text{m}$$

同理，用叠加法可计算出在 F_2 单独作用下，截面 B 的转角 θ_{B2} 和截面 C 的挠度 w_{C2} 分别为

$$\theta_{B2} = -\frac{F_{P2}al}{3EI} = -\frac{2 \times 10^3 \times 0.2 \times 1}{3 \times 210 \times 10^9 \times 18.85 \times 10^{-6}}$$
$$= -1.347 \times 10^{-4} \ \text{rad}$$

$$w_{C2} = -\frac{F_2 a^2}{3EI}(l + a) = -\frac{2 \times 10^3 \times 0.2(0.4 + 0.2)}{3 \times 210 \times 10^9 \times 18.85 \times 10^{-6}}$$
$$= -4.04 \times 10^{-5} \ \text{m}$$

由叠加原理，在 F_1 和 F_2 共同作用下，截面 B 的转角和截面 C 的挠度分别为

$$\theta_B = \theta_{B1} + \theta_{B2} = 2.53 \times 10^{-5} - 1.347 \times 10^{-4} = -1.09 \times 10^{-4} \ \text{rad}$$

$$w_C = w_{C1} + w_{C2} = 5.06 \times 10^{-5} - 4.04 \times 10^{-5} = -3.54 \times 10^{-5} \ \text{m}$$

(2) 刚度校核。

根据上面计算的结果易知

$$(\theta_B) = 1.09 \times 10^{-4} < [\theta]$$

$$|w_C| = 3.54 \times 10^{-5} \ \text{m} < [w] = 0.001l = 0.0001 \times 0.4 = 4 \times 10^{-5} \ \text{m}$$

所以，截面 B 处的转角和截面 C 处的挠度均满足刚度条件，故梁 ABC 满足刚度要求。

6.7 提高梁刚度的措施

由前面关于梁的挠度和转角分析可知，梁的弯曲变形与横截面弯矩（或外载荷）大小、跨度长短成正比，与梁的抗弯刚度 EI 成反比。因此，当需要提高梁的抗弯刚度时，可以从这些因素着手。以下介绍经常采用的若干措施。

合理布置载荷，减小梁的横截面弯矩

由于梁的变形与弯矩成正比，因此，通过选择合理的加载方式使梁产生较小的弯矩，可以有效减小梁的变形。例如，将集中力改成分布力可明显减小梁的变形。如图 6-8 所示的悬臂梁，若载荷以集中力的形式施加在自由端，如图 6-8(a)所示，其最大挠度为 $w_B = Fl^3/3EI$；若改为均布载荷，且有 $F = ql$，如图 6-8(b)所示，则梁上的最大挠度为 $w_B = Fl^3/8EI$，比集中载荷作用时的值减小 62.5%。

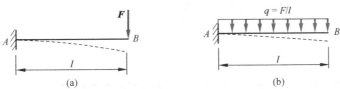

图 6-8 不同载荷形式下悬臂梁的变形

减小梁的跨距

由表 6-1 可知，梁的挠度、转角与梁跨度 l 的 n 次方（$n = 1$、2、3、4）成正比，所以，改

变梁的跨度对变形有显著的影响。减小梁的跨度是提高梁抗弯刚度的有效措施。例如，对于如图 6-9(a) 所示的简支梁，可以改用外伸梁的形式[如图 6-9(b)所示]或增加中间支座的方法[如图 6-9(c)所示] 减小跨度，提高梁的抗弯刚度。

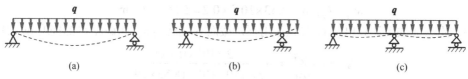

图 6-9 减小跨度，提高抗弯刚度

合理选取截面形状和材料，提高梁的抗弯刚度

梁的抗弯刚度 EI 由梁横截面的惯性矩 I 和材料的弹性模量 E 组成，增加这两个值均可以提高梁的抗弯刚度。由于梁的变形与横截面的惯性矩 I 成反比，因此可以用加大 I 值的方法提高梁的抗弯刚度。例如，可以采取工字形、U 形等截面形式。

同样地，梁的变形与材料的弹性模量 E 成反比，所以可以采用弹性模量 E 较大的材料提高梁的抗弯刚度。但工程中常用钢的弹性模量一般比较接近，所以采用高强度钢或优质钢并不能显著地提高梁的抗弯刚度。

6.8 梁的弯曲应变能和能量法

梁在外载荷作用下发生变形，外力做功将全部转化为应变能。本节将首先介绍梁纯弯曲时的弯曲应变能计算，然后推广到一般情况，并建立计算梁挠度和转角的能量方法。

弯曲应变能

如图 6-10(a)所示的梁，在外力偶 M_e 作用下发生纯弯曲变形，梁储备应变能。设梁左右端截面在变形后绕中性轴的相对转角为 θ，则在梁变形过程中，外力偶 M_e 与相对转角 θ 维持线性变化，如图 6-10(b)所示。于是，外力偶 M_e 所做的功为

$$W = \frac{1}{2} M_e \theta \qquad\qquad\text{(a)}$$

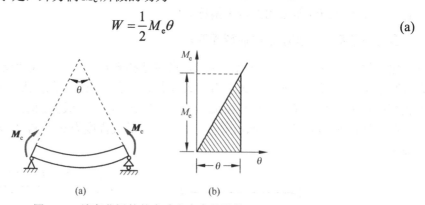

图 6-10 纯弯曲梁的外力功和应变能计算

根据能量守恒，外力偶 M_e 所做的功将全部转变为梁的弯曲应变能 V_ε，在纯弯曲时内力弯矩 M 为常数，且等于 M_e。于是有

$$V_\varepsilon = W = \frac{1}{2} M_e \theta = \frac{1}{2} M \theta \qquad\qquad\text{(b)}$$

根据前面求解变形的方法，可得相对转角 θ 为

$$\theta = \frac{Ml}{EI} \tag{c}$$

将式(c)代入式(a)，得纯弯曲梁的应变能为

$$V_\varepsilon = \frac{M^2 l}{2EI} \tag{d}$$

当梁发生横力弯曲时，会有剪切变形产生，梁除了弯曲应变能外，还存在剪切应变能。但对于细长梁，剪切应变能比弯曲应变能小很多，可以忽略不计（参见习题 6-33），而弯曲应变能的计算则可由上述纯弯曲的结果推广而得。注意到横力弯曲时横截面上的弯矩是随截面位置变化的[记为 $M(x)$]，为此，取梁上微段 dx 考查。此微段可以近似看做是纯弯曲，于是应用式(d)得微段上储备的应变能为

$$\mathrm{d}V_\varepsilon = \frac{M(x)^2 \mathrm{d}x}{2EI}$$

沿梁的全长 l 积分，可得梁的弯曲应变能为

$$V_\varepsilon = \int_0^l \frac{M^2(x)\mathrm{d}x}{2EI} \tag{6-13}$$

根据外力做功等于构件中储存的应变能，可以直接求解外力作用方向上的位移，如下面的例题。

例题 6-10

如例题图 6-10 所示的悬臂梁 AB，抗弯刚度为 EI，自由端 B 承受集中力偶作用。试求梁的应变能及截面 B 处的转角。

解：

(1) 计算梁的应变能。

建立如例题图 6-10 所示的坐标系。梁的弯矩方程为

$$M(x) = M_\mathrm{e}$$

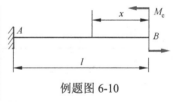

例题图 6-10

代入式(6-13)中，得梁的应变能为

$$V_\varepsilon = \int_0^l \frac{M(x)^2 \mathrm{d}x}{2EI} = \frac{M_\mathrm{e}^2 l}{2EI}$$

(2) 求截面 B 处的转角。

外力偶 M_e 所做的功为

$$W = \frac{1}{2}M_\mathrm{e}\theta_B$$

根据外力功等于应变能，得

$$\frac{1}{2}M_\mathrm{e}\theta_B = \frac{M_\mathrm{e}^2 l}{2EI}$$

求解，得截面 B 处的转角为

$$\theta_B = \frac{M_\mathrm{e}l}{EI}$$

讨论： 该例题提供了一种求解特定截面位移的简便方法，但遗憾的是只适用于单个载荷作用的情况，且只能求得载荷作用方向的位移。不过，借助第 2 章例题 2-12 中"虚加载荷"的思

路，并利用"应变能只取决于外力的最终值，而与加载历史无关"这一事实，可以建立求解任意一点位移的能量方法。以下介绍两种常用的能量法。

能量法 1：单位载荷法

如图 6-11(a)所示的梁 AB，承受任意力和力偶作用，不失一般性记这些力或力偶为 $F_1, F_2, \cdots, F_n$ [通常称为**广义力**（generalized force）]。设梁的弯矩为 $M(x)$，则应变能为

$$V_\varepsilon = \int_l \frac{M^2(x)\mathrm{d}x}{2EI} \tag{a}$$

现在考查如何利用能量原理求梁上任意一点 C 的位移 Δ [该位移可以是挠度或转角，称为**广义位移**（generalized displacement）]。

为了获得点 C 的位移，考虑通过以下两种顺序不同的加载方式在点 C 虚加一广义力 X，并令 $X = 1$（因此，X 称为单位载荷或单位力）。若待求位移 Δ 为挠度，则 X 为力；若 Δ 为转角，则 X 为力偶。

(1) 第一种加载方式：先作用 $X = 1$，再作用 $F_1, F_2, \cdots, F_n$ 至最终值。

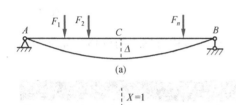

在作用 $F_1, F_2, \cdots, F_n$ 前，先作用 $X = 1$，如图 6-11(b)所示。设 $X = 1$ 引起的梁的弯矩为 $\bar{M}(x)$，则此时梁的应变能为

$$\bar{V}_\varepsilon = \int_l \frac{\bar{M}^2(x)\mathrm{d}x}{2EI} \tag{b}$$

然后保持 $X = 1$ 不变，再作用 $F_1, F_2, \cdots, F_n$ 至最终值，如图 6-11(c)所示。由于线弹性叠加原理成立，所以 $F_1, F_2, \cdots, F_n$ 作用导致梁产生的附加变形与如图 6-11(a)所示的结构一样，弯矩也一样为 $M(x)$，梁增加的弯曲应变能仍由式(a)给出。因为事先 C 处已有 $X = 1$ 存在，所以在施加 $F_1, F_2, \cdots, F_n$ 的过程中力 $X = 1$ 做功为 $1 \cdot \Delta$。这样，按先作用 $X = 1$ 再作用 $F_1, F_2, \cdots, F_n$ 的顺序加载，梁的总应变能为 $V_\varepsilon + \bar{V}_\varepsilon + 1 \cdot \Delta$。

图 6-11 利用不同加载顺序的应变能相等导出单位载荷法

(2) 第二种加载方式：$F_1, F_2, \cdots, F_n$ 和 X 同时缓慢加载至最终值。此时，梁的弯曲应变能为

$$V'_\varepsilon = \int_l \frac{[M(x) + \bar{M}(x)]^2\mathrm{d}x}{2EI} \tag{c}$$

两种加载方式得到的应变能相同，即有

$$V'_\varepsilon = V_\varepsilon + \bar{V}_\varepsilon + 1 \cdot \Delta \tag{d}$$

将式(a)、式(b)、式(c)代入式(d)，得

$$\Delta = V'_\varepsilon - (V_\varepsilon + \bar{V}_\varepsilon) = \int_l \frac{[M(x) + \bar{M}(x)]^2\mathrm{d}x}{2EI} - \left[\int_l \frac{M^2(x)\mathrm{d}x}{2EI} + \int_l \frac{\bar{M}^2(x)\mathrm{d}x}{2EI}\right]$$

$$= \int_l \frac{M(x)\bar{M}(x)\mathrm{d}x}{EI} \tag{6-14}$$

式(6-14)给出了一种计算指定某截面挠度或转角的简便方法，其中的积分称为**莫尔积分**。对于拉压杆件和扭转杆件也有类似的公式，见本书第 2、3 章。以下通过例题说明其在求解梁挠度和转角方面的应用。

例题 6-11

外伸梁受力如例题图 6-11(a)所示，已知弹性模量 EI。试用单位载荷法求梁上截面 C 的挠度和截面 A 的转角。

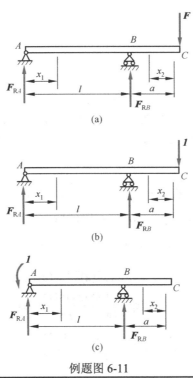

例题图 6-11

解：

1) 计算截面 C 的挠度

(1) 求梁在原载荷作用下约束反力和弯矩方程。梁在载荷作用下的受力图如例题图 6-11(a) 所示，则

$$\sum M_B(F) = 0, \qquad F_{RA} = -\frac{Fa}{l}$$

建立如例题图 6-11(a)所示的坐标系，AB 和 BC 段的弯矩方程分别为

$$M(x_1) = -\frac{Fa}{l}x_1, \qquad M(x_2) = -Fx_2 \tag{a}$$

(2) 求梁在单位力单独作用下约束反力和弯矩方程。在待求挠度的截面 C 处单独施加与挠度相应的单位集中力 **1**，如例题图 6-11(b)所示。梁在该单位力作用下的受力图如例题图 6-11(b) 所示，则

$$\sum M_B(F) = 0, \qquad \bar{F}_{RA} = -\frac{a}{l}$$

建立如例题图 6-11(b)所示的坐标系，AB 和 BC 段的弯矩方程分别为

$$\bar{M}(x_1) = -\frac{a}{l}x_1, \qquad \bar{M}(x_2) = -x_2 \tag{b}$$

(3) 用莫尔积分计算截面 C 的挠度。将式(a)和式(b)代入式(6-14)，得

$$w_C = \int_0^l \frac{M(x_1)\bar{M}(x_1)}{EI}\mathrm{d}x_1 + \int_0^a \frac{M(x_2)\bar{M}(x_2)}{EI}\mathrm{d}x_2$$

$$= \frac{1}{EI}\int_0^l\left(-\frac{Fa}{l}x_1\right)\left(-\frac{a}{l}x_1\right)\mathrm{d}x_1 + \frac{1}{EI}\int_0^a(-Fx_2)(-x_2)\mathrm{d}x_2$$

$$= \frac{Fa^2(l+a)}{3EI}$$

2) 计算截面 A 的转角

(1) 梁在原载荷作用下的弯矩方程由式(a)给出。

(2) 求梁在单位力偶单独作用下约束反力和弯矩方程。在待求转角的截面 A 处单独施加与转角相应的单位集中力偶矩 1，如例题图 6-11(c)所示。梁在该单位力偶矩作用下的受力图如例题图 6-11(c)所示，则

$$\sum M_B(F) = 0 \qquad \bar{F}_{RA} = -\frac{1}{l}$$

建立如例题图 6-11(c)所示坐标系，AB、BC 段的弯矩方程分别为

$$\bar{M}(x_1) = \frac{x_1}{l} - 1 \qquad \bar{M}(x_2) = 0 \tag{c}$$

(3) 用莫尔积分计算截面 A 处的转角。将式(a)和式(c)代入式(6-14)，得

$$\theta_A = \int_0^l \frac{M(x_1)\bar{M}(x_1)}{EI}\mathrm{d}x_1 + \int_0^a \frac{M(x_2)\bar{M}(x_2)}{EI}\mathrm{d}x_2$$

$$= \frac{1}{EI}\int_0^l\left(-\frac{Fa}{l}x_1\right)\left(\frac{x_1}{l} - 1\right)\mathrm{d}x_1 + \frac{1}{EI}\int_0^a(-Fx_2)\cdot(0)\mathrm{d}x_2$$

$$= \frac{Fal}{6EI}$$

讨论：直接利用单位载荷法可以方便快捷地求得指定截面的挠度和转角，但关于莫尔积分的计算需要用到高等数学知识。其实，关于莫尔积分的计算还有一个更简便的图乘法，这将在《材料力学 II》中详细讲解。

能量法 2：卡氏定理

利用与上面类似的思路可以导出求解结构变形的一个重要定理——卡氏定理。

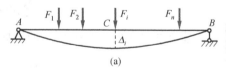

(a)

如图 6-12(a)所示，梁受任意广义力 $F_1, F_2, \cdots, F_i, \cdots, F_n$ 的作用，记应变能为 $V_\varepsilon(F_1, F_2, \cdots, F_i, \cdots, F_n)$，它是 $F_1, F_2, \cdots, F_i, \cdots, F_n$ 的二次函数，求力 F_i 作用点 C 处沿作用方向上的广义位移 Δ_i。为此，考虑如下两种顺序不同的加载方式：

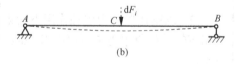

(b)

(1) **第一种加载方式：**先在点 C 处沿 Δ_i 的方向作用微增量力 $\mathrm{d}F_i$，如图 6-12(a)所示，此时的应变能应为 $V_\varepsilon(0, 0, \cdots, \mathrm{d}F_i, \cdots, 0)$；然后再保持 $\mathrm{d}F_i$ 不变作用 $F_1, F_2, \cdots, F_i, \cdots, F_n$。于是总的应变能为 $V_\varepsilon(F_1, F_2, \cdots, F_i, \cdots, F_n) + V_\varepsilon(0, 0, \cdots, \mathrm{d}F_i, \cdots, 0) + \Delta_i\mathrm{d}F_i$。

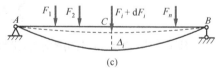

(c)

图 6-12 卡氏定理的推导

(2) **第二种加载方式：**力 $F_1, F_2, \cdots, F_i, \cdots, F_n$ 和微增量力 $\mathrm{d}F_i$ 同时缓慢加载，此时结构的应变能为 $V_\varepsilon(F_1, F_2, \cdots, F_i + \mathrm{d}F_i, \cdots, F_n)$。

两种加载方式最后的应变能相等，于是有

$$V_\varepsilon(F_1, F_2, \cdots, F_i + \mathrm{d}F_i, \cdots, F_n) = V_\varepsilon(F_1, F_2, \cdots, F_i, \cdots, F_n) + V_\varepsilon(0, 0, \cdots, \mathrm{d}F_i, \cdots, 0) + \varDelta_i \mathrm{d}F_i$$

由于 $\mathrm{d}F_i$ 是微分量，所以 $V_\varepsilon(0, 0, \cdots, \mathrm{d}F_i, \cdots, 0)$ 是 $\mathrm{d}F_i$ 的二阶小量，略去后得到

$$\varDelta_i \mathrm{d}F_i = [V_\varepsilon(F_1, F_2, \cdots, F_i + \mathrm{d}F_i, \cdots, F_n) - V_\varepsilon(F_1, F_2, \cdots, F_i, \cdots, F_n)] = \frac{\partial V_\varepsilon}{\partial F_i} \cdot \mathrm{d}F_i$$

于是，有

$$\varDelta_i = \frac{\partial V_\varepsilon}{\partial F_i} \tag{6-15}$$

式(6-15)指出，若将应变能视为所有载荷的函数，则应变能关于任一载荷的偏导数等于该载荷作用点沿其作用方向的位移。该定理称为卡氏第二定理，通常简称为**卡氏定理**。

卡氏定理提供了又一种求解结构指定点位移的方法。若待求位移处没有载荷作用，则可以任意假设一载荷 P 作用在待求位移处并沿位移方向，求导后令 $P = 0$ 即得所求结果。

分别将卡氏定理用于弯曲、扭转和拉压变形，可以得到

$$\varDelta_i = \int_l \frac{M(x)}{EI} \cdot \frac{\partial M(x)}{\partial F_i} \mathrm{d}x \tag{6-16}$$

$$\theta_i = \int_l \frac{T(x)}{GI_p} \cdot \frac{\partial T(x)}{\partial M_e} \mathrm{d}x \tag{6-17}$$

$$\varDelta_i = \int_l \frac{F_N(x)}{EA} \cdot \frac{\partial F_N(x)}{\partial F_i} \mathrm{d}x \tag{6-18}$$

例题 6-12

试用卡氏定理求解例题 6-11。

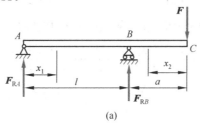

(a)

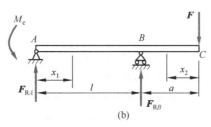

(b)

例题图 6-12

解：

1) 计算截面 C 的挠度

(1) 求梁在原载荷作用下的约束反力，列例题图 6-12(a)所示坐标系下 AB 和 BC 段的弯矩方程为

$$M(x_1) = -\frac{Fa}{l} x_1, \qquad M(x_2) = -Fx_2 \tag{a}$$

(2) 求梁弯矩方程对已知集中力 F 的偏导数。

欲求挠度的 C 截面处有相应的已知集中力 F，分别将 AB 和 BC 段的弯矩方程对该集中力 F 求偏导，得

$$\frac{\partial M(x_1)}{\partial F} = -\frac{a}{l}x_1, \qquad \frac{\partial M(x_2)}{\partial F} = -x_2 \tag{b}$$

(3) 用卡氏定理计算截面 C 的挠度。将式(a)和式(b)代入式(6-16)，得

$$
\begin{aligned}
w_C &= \int_0^l \frac{M(x_1)}{EI}\frac{\partial M(x_1)}{\partial F}\mathrm{d}x_1 + \int_0^a \frac{M(x_2)}{EI}\frac{\partial M(x_2)}{\partial F}\mathrm{d}x_2 \\
&= \frac{1}{EI}\int_0^l \left(-\frac{Fa}{l}x_1\right)\left(-\frac{a}{l}x_1\right)\mathrm{d}x_1 + \frac{1}{EI}\int_0^a (-Fx_2)(-x_2)\mathrm{d}x_2 \\
&= \frac{Fa^2(l+a)}{3EI}
\end{aligned}
$$

2) 计算截面 A 的转角

由于截面 A 处没有相应的外力偶，所以为了计算截面 A 的转角，可在 A 截面处附加一外力偶 M_e，如例题图 6-12(b)所示。

(1) 求梁在原载荷和附加外力偶 M_e 共同作用下 AB 的 BC 段弯矩方程为

$$M(x_1) = \left(\frac{M_\mathrm{e}}{l} - \frac{Fa}{l}\right)x_1 - M_\mathrm{e}, \qquad M_2(x_2) = -Fx_2 \tag{c}$$

(2) 分别将 AB 和 BC 段的弯矩方程对 M_e 求偏导数，得

$$\frac{\partial M(x_1)}{\partial M_\mathrm{e}} = \frac{x_1}{l} - 1, \qquad \frac{\partial M(x_2)}{\partial M_\mathrm{e}} = 0 \tag{d}$$

(3) 用卡氏定理计算截面 A 处的转角。令式(c)和式(d)中 $M_\mathrm{e}=0$，并将结果代入式(6-16)，得

$$
\begin{aligned}
\theta_A &= \int_0^l \frac{M(x_1)}{EI}\frac{\partial M(x_1)}{\partial M_\mathrm{e}}\mathrm{d}x_1 + \int_0^a \frac{M(x_2)}{EI}\frac{\partial M(x_2)}{\partial M_\mathrm{e}}\mathrm{d}x_2 \\
&= \frac{1}{EI}\int_0^l \left(-\frac{Fa}{l}x_1\right)\left(\frac{x_1}{l} - 1\right)\mathrm{d}x_1 + \frac{1}{EI}\int_0^a (-Fx_2)\cdot(0)\mathrm{d}x_2 \\
&= \frac{Fal}{6EI}
\end{aligned}
$$

讨论：结合例题 6-11 和例题 6-12，可以对单位载荷法和卡氏定理法求弯曲变形进行总结对比，见下表。可以看到，单位载荷法的计算相对较简单和规范。

单位载荷法	卡 氏 定 理	
列原外载荷作用下的弯矩方程	待求位移方向上有相应已知载荷	列原外载荷作用下的弯矩方程
	待求位移方向上无相应已知载荷	首先在待求位移方向上附加相应载荷，然后列原外载荷和附加相应载荷共同作用下的弯矩方程
在待求位移方向上施加单位力，列该单位力单独作用下的弯矩方程	将弯矩方程关于待求位移方向上相应载荷求偏导数	
由莫尔积分 $\varDelta_i = \int_l \frac{M(x)\overline{M}(x)\mathrm{d}x}{EI}$ 求位移	由 $\varDelta_i = \int_l \frac{M(x)}{EI}\cdot\frac{\partial M(x)}{\partial F_i}\mathrm{d}x$ 求位移	

小 结

本章目标：建立外载荷和约束下梁的弯曲变形计算公式；建立相应的刚度条件，指导工程中梁的刚度校核、许用载荷计算、截面设计、材料选取等。

主要结果：

(1) 曲率与弯矩的关系：

$$\frac{1}{\rho(x)} = \frac{M(x)}{EI_z}$$

(2) 挠曲线的近似微分方程：

$$\frac{\mathrm{d}w^2}{\mathrm{d}x^2} = \frac{M}{EI_z}$$

(3) 积分得挠曲线方程和转角方程：

$$w(x) = \iint \frac{M}{EI_z} \mathrm{d}x\mathrm{d}x + Cx + D$$

$$\theta(x) = \frac{\mathrm{d}w}{\mathrm{d}x} = \int \frac{M}{EI_z} \mathrm{d}x + C$$

● 积分常数由边界条件和连续条件确定
● 叠加法计算梁的挠度和转角

刚度条件：

$$w_{\max} \leqslant [w]$$

$$\theta_{\max} \leqslant [\theta]$$

能量法：

(1) 梁弯曲应变能的计算：

$$V_\varepsilon = \int_0^l \frac{M^2(x)\mathrm{d}x}{2EI}$$

(2) 能量法 1（单位载荷法）：

$$\Delta = \int_l \frac{M(x)\bar{M}(x)\mathrm{d}x}{EI}$$

(3) 能量法 2（卡氏定理）：

$$\Delta_i = \frac{\partial V_\varepsilon}{\partial F_i} = \int_l \frac{M(x)}{EI} \cdot \frac{\partial M(x)}{\partial F_i} \mathrm{d}x$$

关于梁的总结：

第 4、5、6 章讲述的关于梁的内力、应力和变形计算以及强度和刚度设计，其主要内容及要点可以总结为如下框图。

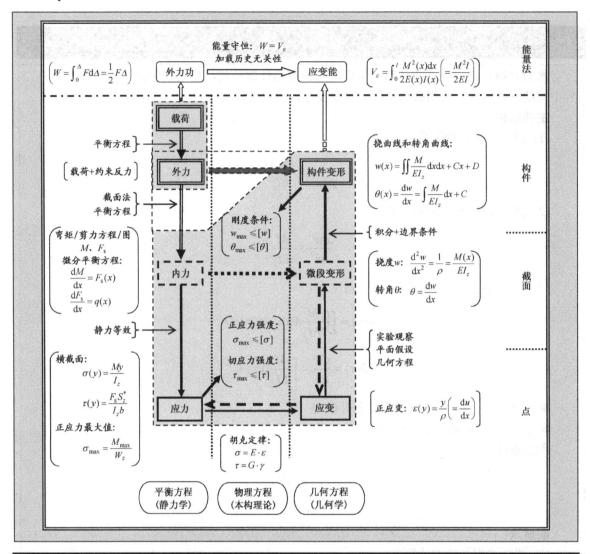

思 考 题

6-1 若建立如思考题图 6-1(b)、(c)所示坐标系
计算梁挠度和转角,与思考题图 6-1(a)所
示坐标系所求挠度和转角是否相同?

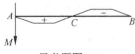

思考题图 6-1

6-2 若某梁的弯矩图如思考题图 6-2 所示,试
画出该梁挠曲线的大致形状。

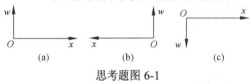

思考题图 6-2

6-3 若用积分法求图示各梁挠曲线方程,试问
应各分为几段?出现几个积分常数?写出
相应的边界条件。

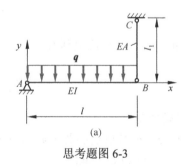

思考题图 6-3

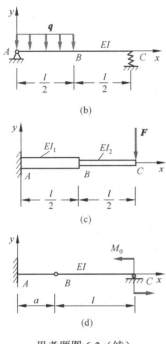

(b)

(c)

(d)

思考题图 6-3（续）

6-4 如思考题图 6-4 所示，若只在悬臂梁的自由端作用弯曲力偶矩 M_e，使其成为纯弯曲，则由 $\dfrac{1}{\rho} = \dfrac{M_e}{EI}$ 知 $\rho =$ 常量，挠曲线应为圆弧。若由微分方程 $\dfrac{d^2\omega}{dx^2} = \dfrac{M}{EI}$ 积分，将得到 $w = \dfrac{M_e x^2}{2EI}$。它表明挠曲线是一条抛物线。何以产生这种差别？试求按两种结果所得最大挠度的相对误差。

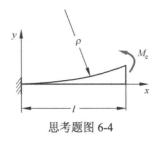

思考题图 6-4

6-5 如思考题图 6-5 所示，一端固定的板条截面尺寸为 0.4 mm × 6 mm，将它弯成半圆形。试问这种情况下，能否用 $\dfrac{d^2w}{dx^2} = \dfrac{M}{EI}$ 计算变形？何故？

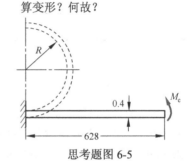

思考题图 6-5

6-6 如思考题图 6-6 所示，总重为 W、长度为 $3a$ 的物质钢筋，对称地放置于宽为 a 的刚性平台上。试求钢筋与平台间的最大间隙 δ。设 $EI =$ 常量。

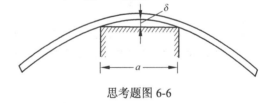

思考题图 6-6

习 题

基本题

6-1 试用积分法求图示各梁自由端的挠度和转角。梁的 EI 已知。

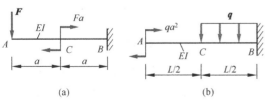

(a)   (b)

习题图 6-1

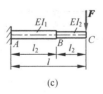

(c)

习题图 6-1（续）

6-2 试用积分法求图示各等截面梁 A 端的转角 θ_A 和跨中 C 的挠度 w_C。梁的 EI 已知。

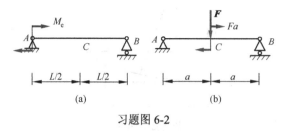

习题图 6-2

6-3 试用叠加法求图示各等截面梁截面 A 的挠度 w_A、截面 B 的转角 θ_B。梁的抗弯刚度 EI 已知。

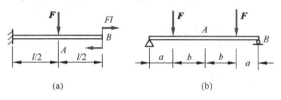

习题图 6-3

6-4 如图所示的工字形简支梁，$L = 5$ m，$q = 3$ kN/m，$E = 200$ GPa，$[w/L] = 1/400$，试选择合适的工字钢型号，以满足刚度要求。

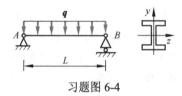

习题图 6-4

6-5 试求图示各等截面超静定梁的约束反力，并作梁的弯矩图。已知梁的抗弯刚度为 EI。

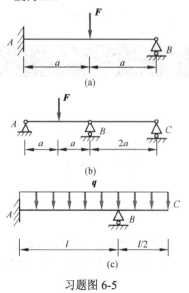

习题图 6-5

6-6 试求图示等截面超静定梁的约束反力，并作梁的弯矩图。已知梁的抗弯刚度为 EI。

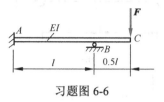

习题图 6-6

6-7 试求图示等截面梁截面 C 处的转角 θ_c。已知梁的抗弯刚度为 EI。

习题图 6-7

6-8 如图所示的梁 ABC，中间支座比两端低 δ，若要使梁在中点处的弯矩值与 AB 段和 BC 段的最大弯矩数值相等，试求 δ 的取值。已知梁的抗弯刚度为 EI。

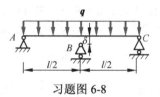

习题图 6-8

提高题

6-9 试用积分法求图示各外伸等截面梁 A 端的转角 θ_A 和 C 端的挠度 w_C。梁的 EI 已知。

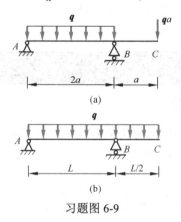

习题图 6-9

6-10 弹簧扳手的主要尺寸及其受力简图如图所示，材料的 $E = 210$ GPa。当扳手产生 200 N·m 的力矩时，试求点 C（刻度所在处）的挠度。

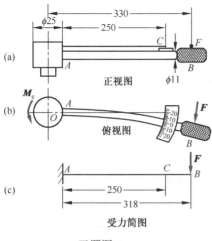

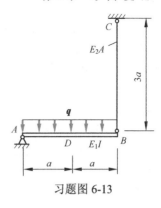

习题图 6-13

6-14 图示矩形截面梁 ABC, $AB = 2\,\text{m}$, $BC = 1\,\text{m}$, 横截面的高 $h = 20\,\text{cm}$、宽 $b = 10\,\text{cm}$, $E_1 = 10\,\text{GPa}$。圆截面杆 $BE = 2\,\text{m}$, 直径 $d = 3.5\,\text{mm}$, $E_2 = 200\,\text{GPa}$, $q = 3\,\text{kN/m}$。试求截面 C 的挠度。

习题图 6-10

6-11 试用叠加法求图示各梁外伸端的挠度 w_c 和转角 θ_c。已知梁的抗弯刚度 EI。

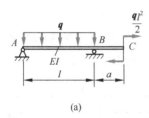

(a)

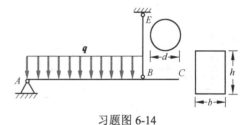

习题图 6-14

6-15 刚架 ABC 受力如图所示, 试求其自由端 C 的水平位移和铅垂位移(忽略轴向力影响)。

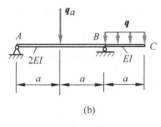

(b)

习题图 6-11

6-12 图示外伸梁 ABC, 已知 $E = 200\,\text{GPa}$, $I = 400 \times 10^6\,\text{mm}^4$, B 处为弹性支座, 弹簧刚度为 $k = 4\,\text{MN/m}$, $F = 50\,\text{kN}$。试求外伸端 C 的挠度 w_C。

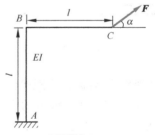

习题图 6-15

6-16 梁 ACB 受力如图所示, 若要使梁在跨中处 C 的挠度值与外伸端 A 和 B 的挠度值相等, 试求外伸部分的长度 x。已知梁的抗弯刚度为 EI。

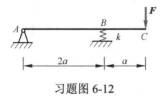

习题图 6-12

6-13 试求图示结构截面 D 的挠度 w_D。

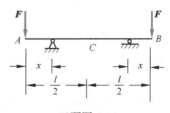

习题图 6-16

6-17 如图所示直径为 $d = 15$ cm 的钢轴，已知 $F = 40$ kN，$E = 200$ GPa。若规定支座 A 处的转角许用值 $[\theta] = 5.24 \times 10^{-3}$ rad，试校核钢轴的刚度。

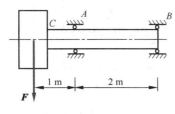

习题图 6-17

6-18 如习题图 6-18 所示，若滚轮沿悬臂梁、简支梁移动时，要求滚轮总保持水平路径，试问需将梁的轴线预先弯成怎样的曲线？设 EI =常量。

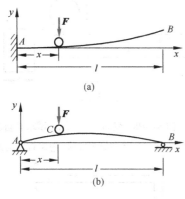

习题图 6-18

6-19 如图所示，梁放置在刚性平台上，有长为 a 的一端位于平台外，梁的单位长度重量为 q，抗弯刚度为 EI，试求梁自由端的挠度和转角。

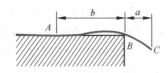

习题图 6-19

6-20 悬臂梁的横截面尺寸为 75 mm × 150 mm，在截面 B 上固定一个指针 BC，如习题图 6-20 所示。在集中力 3 kN 作用下，试求指针 C 端的位移。设 $E = 200$ GPa。

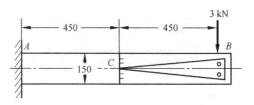

习题图 6-20

6-21 如习题图 6-21 所示的等强度梁，设 F、a、b、h 及弹性模量 E 均已知。试求该梁的最大挠度。

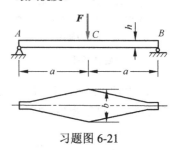

习题图 6-21

6-22 试用积分法求习题图 6-22(a)所示超静定梁的约束反力。设 $EI =$ 常量。

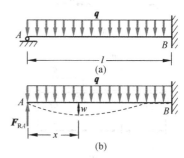

习题图 6-22

6-23 试求图示等截面超静定刚架的约束反力。已知刚架抗弯刚度为 EI。

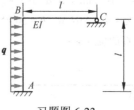

习题图 6-23

6-24 如图所示，刚架 ABC 的抗弯刚度为 EI，重量为 G 的钢球放置在距离点 B 为 a 的地方，设球与梁之间的静摩擦系数为 μ。试求使钢球滚动的最小 a 值。

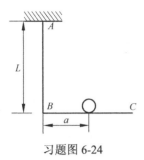

习题图 6-24

6-25 如图所示悬臂梁的自由端恰好与光滑斜面接触。若温度升高 ΔT，试求梁内最大弯矩。设 E、A、I、α 已知，且梁的自重及轴力对弯曲变形的影响皆可略去不计。

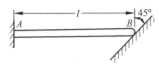

习题图 6-25

6-26 如图所示外伸梁，其自由端作用力偶矩 M_e，试用能量法求跨度中点 C 的挠度。

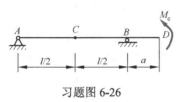

习题图 6-26

6-27 变截面梁如图所示，试用能量法求在力 F 作用下截面 B 的竖向位移和截面 A 的转角。

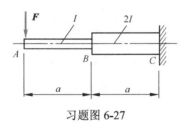

习题图 6-27

6-28 刚架如图所示，各杆 EI 皆相等。试用能量法求截面 A 的位移和转角。

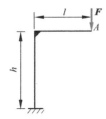

习题图 6-28

6-29 等截面曲杆如图所示。试用能量法求截面 A 的垂直位移和水平位移，以及截面 A 的转角。EI 已知。

习题图 6-29

6-30 如图所示的矩形截面杆，杨氏模量 $E = 210$ GPa，截面高 $h = 120$ mm，宽 $b = 80$ mm。试求梁的挠曲线方程。

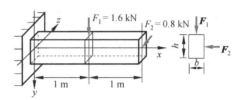

习题图 6-30

研究性题目

6-31 试推导如下关于挠曲线的微分方程，并建立相关的边界条件：

$$\frac{\mathrm{d}^4 w}{\mathrm{d} x^4} = \frac{q(x)}{EI}$$

试用上述方程求简支梁或悬臂梁受均布载荷、简支梁中间受集中力或集中力偶时的挠曲线方程。

6-32 如图所示的简支梁放置于弹性地基上，梁与地基的相互作用可以简化为刚度为 K 的分布弹簧，梁上作用任意分布载荷，试推导梁挠度的微分方程。

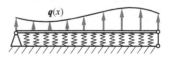

习题图 6-32

6-33 试用应变能密度公式计算梁横力弯曲时的弯曲应变能和剪切应变能，并以中心作用集中力的矩形截面简支梁为例，比较弯曲和剪切两种应变能的大小，说明什么情况下可以忽略剪切应变能。

6-34 如图所示，悬臂梁的下面是一半径为 R 的刚性圆柱面。在集中力 **F** 作用下，试求端点 *B* 的挠度。梁的 *EI* 为常数。

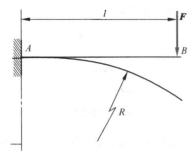

习题图 6-34

6-35 如图所示，同种材料制成的薄片 *A* 和 *B*，横截面为相同的矩形，弹性模量为 *E*，薄片 *A* 长为 *l*，薄片 *B* 比 *A* 短一微小量 *δ*。由外力将薄片 *B* 伸长至 *l*，然后与薄片 *A* 牢固地粘接在一起，形成一体。试确定释放外力后粘接在一起的两薄片的形状和横截面上的应力分布。

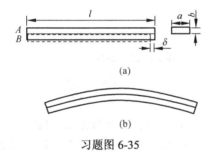

习题图 6-35

6-36 如图所示，长度相同、材料不同的两金属片 *A* 和 *B* 粘接在一起，横截面为相同的矩形，弹性模量分别为 E_A 和 E_B，热膨胀系数分别为 α_A 和 α_B。当环境温度升高 ΔT 时，试确定粘接在一起的双金属片形状和横截面上的应力分布。

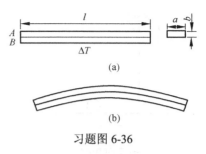

习题图 6-36

6-37 如图所示，等截面梁 *AB* 在中点 *C* 为固定铰约束，*A*、*B* 端分别与杆 1、2 铰接。若已知梁的 *EI*、杆的 *EA*，且 $I = Aa^2$，试求杆 1、2 的轴力和梁 *AB* 内的最大弯矩。

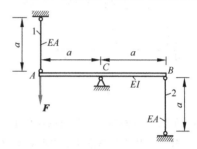

习题图 6-37

6-38 如图所示，直梁 *ABC* 在承受荷载前搁置在支座 *A*、*C* 上，梁与支座 *B* 间有一间隙 *Δ*。当加上均布荷载后，梁发生变形而在中点处与支座 *B* 接触，因而三个支座都产生约束反力。如要使这三个约束反力相等，则 *Δ* 值应为多大？

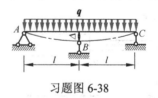

习题图 6-38

第7章

应力状态、强度理论

本章将讲述连续变形体力学中最重要的两个基本概念：应力、应变和它们之间的关系（胡克定律），以及有关能量的计算，并在此基础上介绍几种典型的强度理论。

7.1 概述

一点的应力状态、单元体

绪论中曾经指出，一点的局部受力情况可利用过该点截面上的应力来描述。为了描述方便，通常用三对相互垂直的截面围绕该点截取一个长方体，各边边长无限小，使其趋于宏观上的一个点，同时可认为每个面上的应力都是均匀的，且相互平行的截面上的应力都是相同的，这样的长方体称为**单元体**（element），在平面问题中常将长方体简化为长方形。因此，一点的受力情况就可由单元体各个面上的应力分量表示。但是，所截取的单元体方位不同，其表面的应力分量也会不同。如图 7-1(a)所示的轴向拉伸杆件，以横截面和平行于轴线的截面截取的单元体仅在横截面上有正应力分量σ，如图 7-1(b)所示。但若以与横截面夹角为α 和β ($\alpha + \beta = 90°$)的相互垂直的两组截面来截取单元体，则根据 2.3.2 节的知识可知，其每个面上都同时有正应力和切应力，如图 7-1(c)所示。所谓**一点的应力状态**（state of stress at a given point），应该是通过该点所有不同方位截面上的应力集合。显然，由于过一点的截面有无穷多个，所以一点的单元体的取法就有无穷多种，不同的应力分量组合也就有无限多种，这为一点应力状态的数学定量表征带来了困难，也自然而然地提出了问题：这些无穷多个单元体的应力状态之间是否存在关系？是否可以由某种方位单元体上的所有应力分量来确定其他任意方位单元体的应力分量？如果可以，则我们就能够以任意一个方位单元体的应力分量表征一点的应力状态。为回答该问题，依然考查图 7-1 所示的情况。由 2.3.2 节的式(2-6)和式(2-7)，得

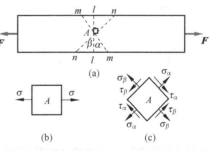

$$\sigma_\alpha = \sigma \cos^2 \alpha \ , \quad \tau_\alpha = \frac{1}{2}\sigma \sin 2\alpha$$

$$\sigma_\beta = \sigma \cos^2 \beta = \sigma \sin^2 \alpha \ , \quad \tau_\beta = \frac{1}{2}\sigma \sin 2\beta = \frac{1}{2}\sigma \sin 2\alpha = \tau_\alpha$$

图 7-1 轴向拉伸杆件上一点的应力状态

这说明图 7-1(c)所示的应力状态完全可由图 7-1(b)所示的应力状态唯一确定。可见，对于图 7-1 所示的简单情况，同一点、不同方位单元体的应力状态之间的确存在唯一确定的关系。那么，对于一般单元体，所有面均存在应力分量的复杂情况，是否也有类似的关系？如果有，如何得到这种关系？这将是本章要回答的第一个问题。

主单元体、主平面与主应力

过一点的截面不同，其上的应力也不同，但一般既有正应力，又有切应力。若切应力为零，则该截面称为**主平面**（principle plane），主平面上的正应力称为**主应力**（principle stress）。若单元体的三个相互垂直的面上没有切应力，即都是主平面，则该单元体称为**主单元体**（principle element）。也就是说，主单元体的三个相互正交的平面上只有三个主应力，它们可以是拉应力，也可以是压应力，或者等于零。这三个主应力相应的状态称为主应力状态。若三个主应力只有一个不等于零，则称为**单向应力**（unixial stress）**状态**，也称为简单应力状态，如图 7-1 所示的轴向拉压；若三个主应力中有两个不等于零，则称为**二向应力**（biaxial stress）**状态**，也称为**平面应力**（plane stress）**状态**；当三个主应力都不等于零时，称为**三向应力**（triaxial stress）**状态**。二向和三向应力状态也称为复杂应力状态。单向和二向应力状态是三向应力状态的特例形式，由于此时单元体上有两个相对的面上没有应力，所以可以用长方体的平面投影——长方形表示单元体，如图 7-1 所示。物体内任意一点是否一定存在且只存在一个主单元体？其方位（即主平面）及其上的主应力是否可以由任意方位单元体的应力状态唯一确定？这是本章要回答的第二个问题。

主应力状态是非常重要的概念，对强度理论的建立具有重要的意义。而本章要回答的第三个问题就是：如何建立复杂应力状态下的强度理论？由于不可能通过试验的方法直接确定所有应力状态下强度失效的极限应力，因此必须研究在各种不同的复杂应力状态下强度失效（断裂或屈服）的共同规律，分析失效的共同原因，确定强度的特征参量，并借助简单应力状态（如单轴应力状态或纯剪切应力状态）下的试验结果，建立复杂受力时的强度条件，这就是所谓的**强度理论**（strength theory）。本章的分析将告诉我们：复杂应力状态下的强度条件大都可以由三个主应力分量表达。

一般地，在分析一点处的应力状态时，首先要围绕该点选取一个合适方位的单元体，使其各面上的应力分量能够容易地由基本变形的应力计算公式获得。如图 7-2(a)所示的受集中载荷作用的悬臂梁，其上 A、B、C 各点的应力状态，最简单的是选取由横截面和纵向截面截取的单元体来描述，这样可以很容易利用前面学过的知识，获得单元体各表面上的应力分量，如图 7-2(b)、(c)、(d)所示。一般地，对于矩形截面杆，单元体的一对面取为杆的横截面，另外两对面取为平行于杆表面的纵向截面；对于圆截面杆，单元体的一对面取为横截面，另外两对面中有一对为同轴圆柱面，另一对则为通过杆轴线的纵向截面。如此选取的单元体，其各面上的应力可直接利用前面各章的公式计算。

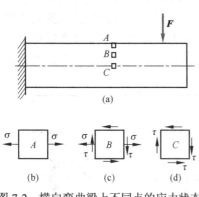

图 7-2 横向弯曲梁上不同点的应力状态

例题 7-1

圆柱形薄壁压力容器的纵向剖面和横截面如例题图 7-1(a)所示，壁厚 δ 远小于直径 D（一般 $\delta < D/20$），内部作用压力 p。试分析容器壁上任一点的应力状态。

分析：假想将容器沿横截面和纵截面剖开，由平衡分析可知：截面上都将产生正应力。其中作用在横截面上的正应力沿容器轴线方向，称为**轴向应力**（axial stress）或纵向应力，用 σ_{m} 表示；作用在纵截面上的正应力沿圆周的切线方向，称为**周向应力**（hoop stress）或环向

应力,用 σ_t 表示。因为容器壁较薄,若不考虑端部效应,可认为上述两种应力均沿容器厚度方向均匀分布,且可用平均直径 D 近似代替内外径。然后采用截面法,根据力的平衡,导出轴向应力 σ_m 和周向应力 σ_t 与 D、δ、p 的关系式。

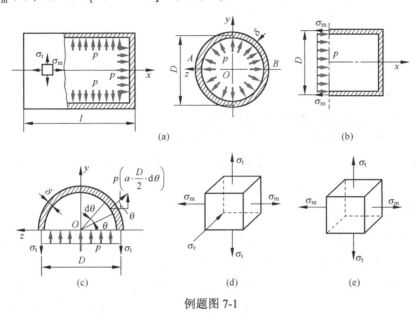

例题图 7-1

解:

(1) 轴向应力。以横截面将容器连同其中的气体截开,取右半侧为研究对象,其受力如例题图 7-1(b)所示,则沿容器轴线方向的总压力为 $p \times \dfrac{\pi D^2}{4}$。细圆环状的截面上轴向正应力 σ_m 均匀分布,根据平衡方程

$$\sum F_x = 0, \quad -\sigma_m(\pi D \delta) + p \times \frac{\pi D^2}{4} = 0$$

得

$$\sigma_m = \frac{pD}{4\delta} \tag{7-1}$$

(2) 周向应力。先以相距为 a 的两个横截面截取容器的圆柱筒身及所含气体,再以直径纵向平面截开柱筒和气体,取出上半部分,其受力如例题图 7-1(c)所示。纵向截面上的周向应力 σ_t 均匀分布在两个长为 a、宽为 δ 的矩形截面上,并合成内力 $(a \times 2\delta)\sigma_t$。所截取容器连同气体沿 y 轴的总压力为 paD,根据平衡方程

$$\sum F_y = 0, \quad \sigma_t(a \times 2\delta) - paD = 0$$

得

$$\sigma_t = \frac{pD}{2\delta} \tag{7-2}$$

(3) 径向应力。容器内表面上任一点沿径向的正应力称为径向应力 σ_r,其值等于容器内压,即

$$\sigma_r = -p$$

于是,圆筒内表面上各点的应力分别为

$$\sigma_1 = \sigma_t = \frac{pD}{2\delta}, \quad \sigma_2 = \sigma_m = \frac{pD}{4\delta}, \quad \sigma_3 = \sigma_r = -p$$

应力状态如例题图 7-1(d)所示。但是对于薄壁容器，由于 $D/\delta \gg 1$，所以，与 σ_m、σ_t 相比，σ_r 很小。而且 σ_r 自内向外沿壁厚方向逐渐减小，至外壁时变为零。因此，分析实际问题时往往忽略径向应力 σ_r，容器筒壁上各点均可视为平面应力状态，如例题图 7-1(e)所示。

工程中的实际构件常常可近似看做处于平面应力状态，因此本章将主要讲述对这种情况的分析。

7.2 平面应力状态分析的解析法

本节将根据力的平衡原理，利用解析的方法进行平面应力状态的分析，获得过一点任意截面上的应力表达式，并确定主应力、最大切应力及其所在的截面。

任意斜截面上的应力

一般平面应力状态的单元体如图7-3(a)所示，单元体上两对垂直面上的应力分量分别为 σ_x、τ_{xy} 和 σ_y、τ_{yx}，其中切应力的第一个下标表示该切应力作用面的法向，第二个下标表示切应力作用的方向。规定应力分量的正负号为：正应力以拉应力为正，压应力为负；切应力使单元体顺时针转动时为正，反之为负。这一规定与前面杆件内力——轴力和剪力的符号规定一致。

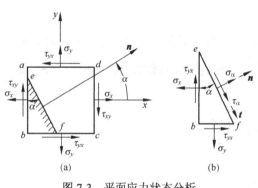

设有任一倾角为 α 的斜截面（简称 α 截面），其外法线 n 与 x 轴的夹角为 α，并规定从 x 轴到截面外法线 n 逆时针转向为正。用 α 截面将单元体截为两部分，该截面上的正应力和切应力分别以 σ_α 和 τ_α 表示。考察其中任意一部分，如斜截面左下方部分，其受力如图 7-3(b)所示，其中各应力的符号理解为其数值，而方向则由箭头表示。设斜截面 ef 的面积为 dA，考虑作用在单元体各面上力的平衡，沿斜截面法向 n 和切向 t 的平衡方程分别为

图 7-3 平面应力状态分析

$$\sum F_n = 0 , \quad \sigma_\alpha dA - \sigma_x(dA\cos\alpha)\cos\alpha + \tau_{xy}(dA\cos\alpha)\sin\alpha + \tau_{yx}(dA\sin\alpha)\cos\alpha - \sigma_y(dA\sin\alpha)\sin\alpha = 0$$

$$\sum F_t = 0 , \quad \tau_\alpha dA - \sigma_x(dA\cos\alpha)\sin\alpha - \tau_{xy}(dA\cos\alpha)\cos\alpha + \tau_{yx}(dA\sin\alpha)\sin\alpha + \sigma_y(dA\sin\alpha)\cos\alpha = 0$$

根据切应力互等定理可知，τ_{xy} 和 τ_{yx} 数值大小相等，所以可以用 τ_{xy} 代换 τ_{yx}，同时利用三角函数的倍角公式，由上述平衡方程得

$$\sigma_\alpha = \frac{\sigma_x + \sigma_y}{2} + \frac{\sigma_x - \sigma_y}{2}\cos 2\alpha - \tau_{xy}\sin 2\alpha \qquad (7\text{-}3)$$

$$\tau_\alpha = \frac{\sigma_x - \sigma_y}{2}\sin 2\alpha + \tau_{xy}\cos 2\alpha \qquad (7\text{-}4)$$

以上公式表明，任一斜截面上的正应力 σ_α 和切应力 τ_α 随其倾角 α 的改变而变化，即 σ_α 和 τ_α 都是 α 的函数。由此，利用数学求极值的方法可进一步确定正应力和切应力的极值，以及它们所在截面的方位。

主应力和主平面

将式(7-3)对 α 求导数，并令导数等于零，得

$$\frac{\mathrm{d}\sigma_\sigma}{\mathrm{d}\alpha} = -(\sigma_x - \sigma_y)\sin 2\alpha - 2\tau_{xy}\cos 2\alpha = 0$$

记满足上式的 α 值为 α_0，则在 α_0 所确定的截面上，正应力即达到最大值 $\sigma_{\max}$ 或最小值 $\sigma_{\min}$。求解上式，得

$$\tan 2\alpha_0 = \frac{\sin 2\alpha_0}{\cos 2\alpha_0} = -\frac{2\tau_{xy}}{\sigma_x - \sigma_y} \tag{7-5}$$

将式(7-5)代入式(7-4)中得 $\tau_{\alpha_0} = 0$，即正应力取极值的截面上切应力为零，所以该截面即为主平面，其上的正应力即为主应力。由式(7-5)可以在一个周期（π）内求出夹角为 90° 的两个角度 α_0 和 $90° + \alpha_0$，并由此确定出两个互相垂直的主平面，其中一个是最大正应力所在的平面，另一个是最小正应力所在的平面。将 α_0 及 $90° + \alpha_0$ 代入式(7-3)中，可求得

$$\left.\begin{array}{l}\sigma_{\max}\\\sigma_{\min}\end{array}\right\} = \frac{\sigma_x + \sigma_y}{2} \pm \frac{1}{2}\sqrt{(\sigma_x - \sigma_y)^2 + 4\tau_{xy}^2} \tag{7-6}$$

在使用这些公式时需注意，最大正应力 $\sigma_{\max}$ 所在的方位恰好是单元体中两个切应力共同指向的方位。

最大切应力

用以上类似的方法，也可以确定极值切应力及其所在的平面。将式(7-4)中的 τ_α 对 α 求导数，并令导数为零，得

$$\frac{\mathrm{d}\tau_\alpha}{\mathrm{d}\alpha} = (\sigma_x - \sigma_y)\cos 2\alpha - 2\tau_{xy}\sin 2\alpha = 0$$

记满足上式的 α 值为 α_1，则在 α_1 所确定的斜截面上，切应力达到最大或最小值。由上式得

$$\tan 2\alpha_1 = \frac{\sigma_x - \sigma_y}{2\tau_{xy}} \tag{7-7}$$

由式(7-7)可求出两个夹角为 90° 的角度 α_1 和 $90° + \alpha_1$，代入式(7-4)中便可求得切应力的最大和最小值为

$$\left.\begin{array}{l}\tau_{\max}\\\tau_{\min}\end{array}\right\} = \pm \frac{1}{2}\sqrt{(\sigma_x - \sigma_y)^2 + 4\tau_{xy}^2} \tag{7-8}$$

比较式(7-6)和式(7-8)，可得

$$\left.\begin{array}{l}\tau_{\max}\\\tau_{\min}\end{array}\right\} = \pm \frac{\sigma_{\max} - \sigma_{\min}}{2} = \pm \frac{\sigma_1 - \sigma_3}{2} \tag{7-9}$$

即切应力的极值在数值上相等，都等于两个主应力之差的一半。

对比式(7-5)和式(7-7)，可得

$$\tan 2\alpha_1 = -\frac{1}{\tan 2\alpha_0} = \cot(-2\alpha_0) = \tan\left(\frac{\pi}{2} + 2\alpha_0\right)$$

即

$$\alpha_1 = \pm\frac{\pi}{4} + \alpha_0 \tag{7-10}$$

可见，极值切应力的平面与主平面之间的夹角为 45°，这些结论可用于解释低碳钢和铸铁试样轴向拉压及扭转时破坏的实验现象。

例题 7-2

单元体如例题图 7-2(a)所示，应力单位为 MPa。试求：(1) 图示指定截面上的正应力和切应力；(2) 该点的主应力及主平面；(3) 该点的最大切应力及其作用面。

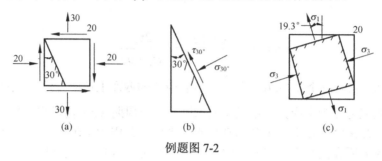

例题图 7-2

解：

(1) 确定指定截面的正应力及切应力。

按应力的符号规则，有

$$\sigma_x = -20 \text{ MPa}, \quad \sigma_y = 30 \text{ MPa}, \quad \tau_{xy} = -\tau_{yx} = 20 \text{ MPa}, \quad \alpha = 30°$$

代入斜截面应力计算式(7-3)和式(7-4)，得

$$\sigma_{30°} = \frac{\sigma_x + \sigma_y}{2} + \frac{\sigma_x - \sigma_y}{2}\cos 2\alpha - \tau_{xy}\sin 2\alpha$$

$$= \frac{-20+30}{2} + \frac{-20-30}{2}\cos 60° - 20\sin 60° = -24.8 \text{ MPa}$$

$$\tau_{30°} = \frac{\sigma_x - \sigma_y}{2}\sin 2\alpha + \tau_{xy}\cos 2\alpha$$

$$= \frac{-20-30}{2}\sin 60° + 20\cos 60° = -11.7 \text{ MPa}$$

将上述计算结果标示在单元体上，结果如例题图 7-2(b)所示。

(2) 确定主应力及主平面。

由式(7-6)，得主应力大小为

$$\left.\begin{array}{c}\sigma_{\max} \\ \sigma_{\min}\end{array}\right\} = \frac{\sigma_x + \sigma_y}{2} \pm \frac{1}{2}\sqrt{(\sigma_x - \sigma_y)^2 + 4\tau_{xy}^2}$$

$$= \frac{-20+30}{2} \pm \sqrt{\left(\frac{-20-30}{2}\right)^2 + 20^2} = \begin{cases} 37 \text{ MPa} \\ -27 \text{ MPa}\end{cases}$$

根据上述计算结果，按代数值大小确定三个主应力，分别为

$$\sigma_1 = 37 \text{ MPa}, \quad \sigma_2 = 0, \quad \sigma_3 = -27 \text{ MPa}$$

由式(7-5)，得

$$\tan 2\alpha_0 = -\frac{2\tau_{xy}}{\sigma_x - \sigma_y} = -\frac{2 \times 20}{-20 - 30} = 0.8$$

从上式可求得两个相互垂直的主平面的方位角分别为

$$\alpha_0 = 19.3°, \quad 109.3°$$

将主应力和主平面标示在单元体上，结果如例题图 7-2(c)所示。

(3) 确定最大切应力及其作用面。

由式(7-8)，得切应力的极值为

$$\left.\begin{array}{c}\tau_{max}\\\tau_{min}\end{array}\right\} = \pm\frac{1}{2}\sqrt{(\sigma_x - \sigma_y)^2 + 4\tau_{xy}^2} = \pm\sqrt{\left(\frac{-20-30}{2}\right)^2 + 20^2} = \pm 32 \text{ MPa}$$

由式(7-7)，得

$$\tan 2\alpha_1 = \frac{\sigma_x - \sigma_y}{2\tau_x} = \frac{-20-30}{2\times 20} = -1.25$$

从上式可求得两个相互垂直的切应力作用面的方位角，分别为

$$\alpha_1 = 64.3°, \quad 154.3°$$

讨论：

(1) 利用式(7-6)计算主应力时，通常有两种方法确定主应力 σ_1 作用的平面：

- 方法 1：σ_x、σ_y 中代数值较大的应力，与 σ_1 的夹角一定小于 45°；
- 方法 2：单元体上两个切应力共同指向的方位是最大正应力所在的方位。

(2) 主应力还可以通过求解特征值问题获得。定义如下的应力矩阵

$$\boldsymbol{S} = \begin{bmatrix} \sigma_x & \tau_{yx} \\ \tau_{yx} & \sigma_y \end{bmatrix} \tag{7-11}$$

这是一个实对称阵，一定存在实特征值。其特征值方程为

$$\begin{vmatrix} \sigma_x - \sigma & \tau_{yx} \\ \tau_{yx} & \sigma_y - \sigma \end{vmatrix} = 0 \tag{7-12}$$

由此式容易求得其特征值恰好为式(7-6)。进一步求解对应特征值的特征向量，就是对应主应力的主平面法向向量。以本例题为例，由特征值方程

$$\begin{vmatrix} -20 - \sigma & -20 \\ -20 & 30 - \sigma \end{vmatrix} = 0, \quad \sigma^2 - 10\sigma - 1000 = 0$$

求解得到特征值，即主应力为 $\sigma_1 = 37$ MPa、$\sigma_3 = -27$ MPa。对应主应力 σ_1 的特征向量由

$$\begin{bmatrix} -20 - \sigma_1 & -20 \\ -20 & 30 - \sigma_1 \end{bmatrix} \begin{Bmatrix} n_{1x} \\ n_{1y} \end{Bmatrix} = 0$$

求得为 $\{n_{1x}, n_{1y}\} = \pm\{0.330, -0.943\}$。容易验证，以此为法线的斜截面倾角正如例题图 7-2(c)所示。同样可获得对应主应力 σ_3 的特征向量和斜截面倾角。

例题 7-3

平面弯曲梁的尺寸如例题图 7-3(a)所示，某横截面上的内力为 M、$\boldsymbol{F}_S$，试分析截面上点 1、2、3、4 的应力状态。

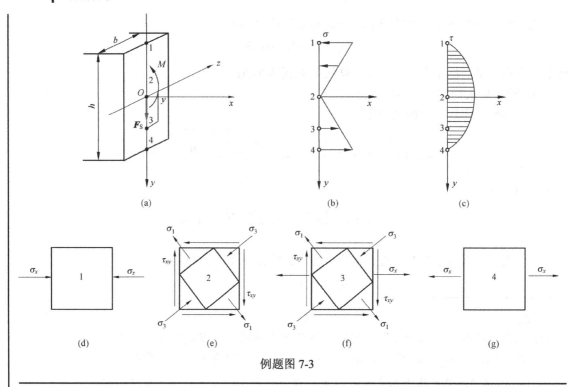

例题图 7-3

分析：由弯曲应力的计算式(5-4)和式(5-9)可知，横截面上的正应力和切应力分布如例题图 7-3(b)和(c)所示。选取表面平行或垂直于横截面的单元体，根据各点所在位置的不同，单元体上与横截面相对应的侧面上的应力也不一样。

解：

(1) 围绕各点选取单元体，并分析其应力状态。

点 1：位于截面上边缘，侧面（与横截面平行）上只有弯曲正应力（压应力），没有切应力，为单向应力状态，如例题图 7-3(d)所示。弯曲正应力为

$$\sigma_x = -\frac{M}{W_z}$$

点 2：位于中性轴上，侧面上弯曲正应力为零，弯曲切应力取最大值；根据切应力互等定理，单元体的上下面（与横截面垂直）上也有等值、反向的切应力。应力状态如例题图 7-3(e)所示。弯曲切应力为

$$\tau_{xy} = \frac{3F_S}{2A}$$

这种只有切应力而无正应力的应力状态，称为纯剪切应力状态。

点 3：位于中性轴下方，侧面上既有弯曲正应力，又有弯曲切应力；单元体的上下面上也有等值、反向的切应力，但无正应力。应力状态如例题图 7-3(f)所示。弯曲正应力 σ_x 和弯曲切应力 τ_{xy} 分别为

$$\sigma_x = \frac{My}{I_z}, \qquad \tau_{xy} = \frac{F_S S^*}{I_z b}$$

点4：与点1对称，侧面上只有弯曲正应力 σ_x（拉应力），为单向应力状态，应力状态如例题图 7-3(g)所示。弯曲正应力 σ_x 大小为

$$\sigma_x = \frac{M}{W_z}$$

(2) 分析各点处的主应力状态。

所有单元体的前后面（平行于 xy 平面）上均无应力，是主应力为零的主平面。点 1 和点 4 处只在 x 侧面上有正应力，其余面均无应力。因此，这两点均为单向应力状态，前面选取的单元体就是主单元体。

点 1 处的主应力分别为

$$\sigma_1 = \sigma_2 = 0 , \quad \sigma_3 = -\sigma_x$$

点 4 处的主应力分别为

$$\sigma_1 = \sigma_x , \quad \sigma_2 = \sigma_3 = 0$$

点 2 为纯剪切应力状态，其主应力可由式(7-6)求得，分别为

$$\sigma_1 = \tau , \quad \sigma_2 = 0 , \quad \sigma_3 = -\tau$$

主平面的方位角可由式(7-5)求得，为 $\alpha_0 = \pm 45°$。将前面选取的单元体绕 z 轴顺（或逆）时针旋转 45° 角，所得的单元体即为主单元体，如例题图 7-3(e)所示。

点 3 为一般平面应力状态，如例题图 7-3(f)所示，根据其单元体表面的已知应力 σ_x、σ_y 和 τ_{xy}，利用式(7-6)可求得主应力为

$$\left. \begin{array}{c} \sigma_1 \\ \sigma_3 \end{array} \right\} = \frac{\sigma_x}{2} \pm \sqrt{\left(\frac{\sigma_x}{2}\right)^2 + \tau_{xy}^2} , \qquad \sigma_2 = 0$$

主平面的方位角可由式(7-5)求得。

讨论： 由以上分析可以看出，梁横截面上不同高度点的主应力大小、主平面方位均不相同。在求出梁某截面上一点的主应力方向后，把其中一个主应力的方向延长并与相邻横截面相交。求出交点的主应力方向，继续将其延长与下一个相邻横截面相交。依次类推，将得到一条折线。当相邻截面无限趋近时，将得到一条曲线，该曲线称为**主应力迹线**（main stress trace），经过每一点有两条相互垂直的主应力迹线。在主应力迹线上，任一点的切线即代表该点主应力的方向。图 7-4 表示简支梁在均布载荷 q 作用下的两组主应力迹线，实线为主拉应力迹线，虚线为主压应力迹线。在钢筋混凝土梁中，钢筋的作用是抵抗拉伸，所以应使钢筋尽可能地沿主拉应力迹线的方向布置。

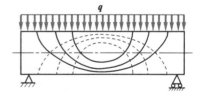

图 7-4 梁的主应力迹线

7.3 平面应力状态分析的图解法

上述任意斜截面的应力计算式(7-3)、式(7-4)对应着以应力为坐标轴的应力平面上的曲线，由此可建立平面应力状态的图解分析方法，并获得 7.2 节给出的所有计算公式和结论。

应力圆

在 7.2 节的讨论中指出，平面应力状态下，倾角为 α 的斜截面上，正应力 σ_α 与切应力 τ_α 均

为 α 的函数。可由此消去 α 后得到 σ_α 和 τ_α 的函数关系。为此，将式(7-3)中右端的第一项移至方程左端，式(7-4)不变，得

$$\sigma_\alpha - \frac{\sigma_x + \sigma_y}{2} = \frac{\sigma_x - \sigma_y}{2}\cos 2\alpha - \tau_{xy}\sin 2\alpha$$

$$\tau_\alpha = \frac{\sigma_x - \sigma_y}{2}\sin 2\alpha + \tau_{xy}\cos 2\alpha$$

将上两式等号两边平方，然后相加，得

$$\left(\sigma_\alpha - \frac{\sigma_x + \sigma_y}{2}\right)^2 + \tau_\alpha^2 = \left(\sqrt{\left(\frac{\sigma_x - \sigma_y}{2}\right)^2 + \tau_{xy}^2}\right)^2 \tag{7-13}$$

若以横坐标表示正应力 σ，纵坐标表示切应力 τ，则式(7-13)即为圆的方程，由该方程所绘制的圆称为**应力圆**（stress circle）或**莫尔圆**。应力圆圆心 C 的坐标和半径分别为

$$C = \left(\frac{\sigma_x + \sigma_y}{2}, 0\right), \qquad R = \sqrt{\left(\frac{\sigma_x - \sigma_y}{2}\right)^2 + \tau_{xy}^2} \tag{7-14}$$

对于图 7-5(a)所示的处于一般平面应力状态的单元体，根据其上的应力分量 σ_x、σ_y、τ_{xy} 和 τ_{yx}，由圆心坐标及半径，即可绘制与该单元体相对应的应力圆。但是这样作图并不方便，一般可按如下步骤画应力圆。

(1) 在 $O\sigma\tau$ 坐标系内，按选定的比例尺量取 $OA = \sigma_x$，$Aa = \tau_{xy}$，得到与单元体中面 A 上的应力（σ_x, τ_{xy}）对应的点 a，点 a 的坐标值即为单元体中面 A 上的应力 σ_x 及 τ_{xy}；

(2) 量取 $OD = \sigma_y$，$Dd = \tau_{yx} = -\tau_{xy}$，得到与单元体中面 D 上的应力（σ_y, τ_{yx}）对应的点 d；

(3) 连接 ad，与横坐标交于点 C。由几何关系知，点 C 的坐标为 $\left(\dfrac{\sigma_x + \sigma_y}{2}, 0\right)$，即为应力圆的圆心。以 C 为圆心，以 Ca（或 Cd）为半径作圆，如图 7-5(b)所示，即为对应图 7-5(a)所示单元体的应力圆。

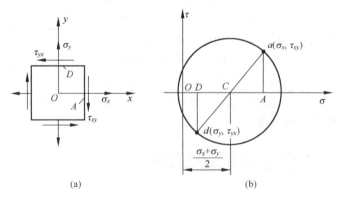

(a)　　　　　　　　　(b)

图 7-5　应力圆的绘制

由应力圆确定任意斜截面上的应力

应力圆上每一点都对应着单元体内某一斜截面上的应力。据此，可以方便地求解任意斜截面上的应力及该点处的应力极值。以图 7-6(a)所示的单元体为例，其对应的单位圆如图 7-6(b)所

示。为求法向 $\boldsymbol{n}$ 与 x 轴夹角为逆时针 α 的斜截面（如图 7-6(a)所示）上的应力，在应力圆上，从点 D 开始，逆时针沿着圆周转过 2α 圆心角，得到点 E，则点 E 的坐标就代表该斜截面上的应力。证明如下：

如图 7-6(b)所示，点 E 的坐标为

$$OF = OC + CF = OC + CE\cos(2\alpha_0 + 2\alpha)$$
$$= OC + CE\cos 2\alpha_0\cos 2\alpha - CE\sin 2\alpha_0\sin 2\alpha \tag{a}$$

$$FE = CE\sin(2\alpha_0 + 2\alpha)$$
$$= CE\sin 2\alpha_0\cos 2\alpha + CE\cos 2\alpha_0\sin 2\alpha \tag{b}$$

CD 和 CE 都是圆的半径，于是有如下关系：

$$CE\sin 2\alpha_0 = CD\sin 2\alpha_0 = AD = \tau_{xy} \tag{c}$$

$$CE\cos 2\alpha_0 = CD\cos 2\alpha_0 = CA = \frac{\sigma_x - \sigma_y}{2} \tag{d}$$

将式(c)、式(d)代入式(a)、式(b)中，得

$$OF = OC + CA\cos 2\alpha - AD\sin 2\alpha$$
$$= \frac{\sigma_x + \sigma_y}{2} + \frac{\sigma_x - \sigma_y}{2}\cos 2\alpha - \tau_x\sin 2\alpha$$
$$FE = AD\cos 2\alpha + CA\sin 2\alpha$$
$$= \frac{\sigma_x - \sigma_y}{2}\sin 2\alpha + \tau_x\cos 2\alpha$$

将上式与式(7-3)、式(7-4)比较，可知 $OF = \sigma_\alpha$、$FE = \tau_\alpha$，即证明点 E 的坐标代表 α 斜截面上的应力。

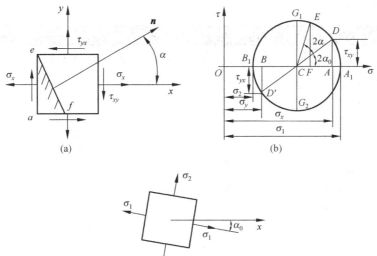

图 7-6　应力圆的应用

由应力圆确定主应力和主平面

利用应力圆，还可以确定主应力和主平面的方位，以及最大切应力。从应力圆可直观地看

出，在圆上所有点中，A_1、B_1 两点的横坐标（代表正应力）分别为最大值和最小值，且其纵坐标（代表切应力）均为零。所以，A_1、B_1 两点分别代表最大和最小正应力，即给出两个主应力：

$$\sigma_1 = OA_1 = OC + CA_1 = \frac{\sigma_x + \sigma_y}{2} + \frac{1}{2}\sqrt{(\sigma_x - \sigma_y)^2 + 4\tau_{xy}^2}$$

$$\sigma_2 = OB_1 = OC - CB_1 = = \frac{\sigma_x + \sigma_y}{2} - \frac{1}{2}\sqrt{(\sigma_x - \sigma_y)^2 + 4\tau_{xy}^2}$$

这与 7.2 节中得到的结果完全一致。在应力圆上，由点 D 到点 A_1 所对应的圆心角为 $2\alpha_0$（顺时针）。相应地，在单元体中由 x 轴也按顺时针转过 α_0，就得到了 σ_1 所在主平面的法向；同样可以得到 σ_2 所在主平面的法向，主单元体如图 7-6(c)所示。按照 α 角的符号规定——顺时针为负，$\tan 2\alpha_0$ 应为负，在应力圆中可直接得到

$$\tan 2\alpha_0 = -\frac{DA}{CA} = -\frac{2\tau_{xy}}{\sigma_x - \sigma_y}$$

这与 7.2 节中的式(7-5)完全一致。

由应力圆确定最大切应力

显然，在应力圆上的所有点中，具有最大和最小纵坐标的最高点 G_1 和最低点 G_2，分别代表了最大和最小切应力。其大小等于应力圆的半径，即

$$\left.\begin{array}{c}\tau_{\max}\\\tau_{\min}\end{array}\right\} = \pm\frac{\sigma_1 - \sigma_3}{2}$$

在切应力最大值处，一般存在正应力。$\tau_{\max}$（$\tau_{\min}$）作用平面的法向由 σ_1 作用主平面的法向逆（顺）时针转过 45° 得到。

例题 7-4

已知例题图 7-4(a)所示单元体的应力状态 $\sigma_x = -30\,\text{MPa}$，$\sigma_y = 50\,\text{MPa}$，$\tau_{xy} = 20\,\text{MPa}$。试利用应力圆，求该点的主应力、主平面方位及最大切应力。

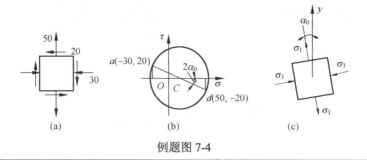

例题图 7-4

解：

(1) 作应力圆。

在 $O\sigma\tau$ 坐标系内，按选定的比例尺，以 $\sigma_x = -30\,\text{MPa}$，$\tau_{xy} = 20\,\text{MPa}$ 为坐标确定点 a；以 $\sigma_y = 50\,\text{MPa}$，$\tau_{yx} = -20\,\text{MPa}$ 为坐标确定点 d。连接 ad 交横坐标轴于点 C，以点 C 为圆心，以 Ca 为半径画应力圆，如例题图 7-4(b)所示。按所选比例尺量出 $OC = 10$，应力圆半径 $R = 44.7$。

(2) 求主应力和主平面。

由例题图 7-4(b)所示的应力圆，可得主应力为

$$\sigma_1 = OC + R = 10 + 44.7 = 54.7 \text{ MPa}$$
$$\sigma_3 = OC - R = 10 - 44.7 = -34.7 \text{ MPa}$$

即三个主应力分别为 $\sigma_1 = 54.7$ MPa, $\sigma_2 = 0$, $\sigma_3 = -34.7$ MPa。由例题图 7-4(b)中的几何关系，得

$$\sin 2\alpha_0 = \frac{\tau}{R} = \frac{20}{44.7}, \quad \alpha_0 = 13.3°$$

主应力与主平面如例题图 7-4(c)所示。

(3) 求最大切应力。

最大切应力等于应力圆的半径，即

$$\tau_{\max} = R = 44.7 \text{ MPa}$$

例题 7-5

例题图 7-5(a)所示的是一个平面应力状态的点，若要使得该点的最大切应力 $\tau_{\max} \le 85$ MPa，试求 τ_{xy} 的取值范围。图中应力的单位为 MPa。

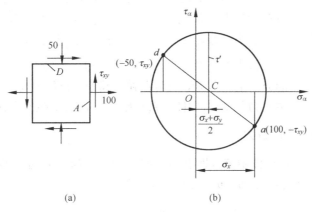

例题图 7-5

解： 已知 $\sigma_x = 100$ MPa, $\sigma_y = -50$ MPa, 于是所给应力状态对应的应力圆圆心坐标为 $(25, 0)$，故应力圆位置如例题图 7-5(b)所示，但半径 R 未知。根据图中的几何关系，可得

$$R^2 = \left(\sigma_x - \frac{\sigma_x + \sigma_y}{2}\right)^2 + \tau_{xy}^2$$

将 $\tau_{\max} = R \le 85$ MPa 代入上式，得

$$\tau_{xy}^2 \le (\tau_{\max})^2 - \left(\sigma_x - \frac{\sigma_x + \sigma_y}{2}\right)^2 \le 85^2 - \left(\frac{100+50}{2}\right)^2 = 1600$$

解得

$$\tau_{xy} \le 40 \text{ MPa}$$

由本节分析可见，通过应力圆完全可以得到 7.2 节推导的解析公式。不仅如此，应力圆

还提供了一种分析和解决复杂应力状态的直观而简洁的图解法。在应用应力圆分析问题时，应注意应力圆与单元体之间的对应关系：

(1) **点面对应**——应力圆上某一点的坐标值对应着单元体某一面上的正应力和切应力；

(2) **转向对应**——应力圆上的点沿圆周旋转，对应着单元体上斜截面法线沿相同方向的旋转；

(3) **倍角对应**——应力圆上的点转过的角度，等于单元体上斜截面法线旋转角度的两倍；

(4) **特殊点对应**——应力圆与正应力轴的交点（即左右顶点）对应最小和最大正应力（即主应力），上下顶点对应最大和最小切应力，其值等于半径。

7.4　空间应力状态

对于受力物体内一点的应力状态，最普遍的情况是所取单元体所有面上都有正应力和切应力，而且切应力可分解为沿坐标轴的两个分量，如图 7-7(a)所示，称为**三向应力状态**或**空间应力状态**。在空间应力状态下，切应力的正负号规定与前面平面应力状态的定义不同，这里定义：切应力指向和其作用面的外法向指向符号相同时为正，相反时为负。

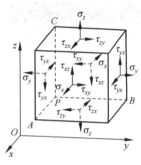

图 7-7　空间应力状态

如图 7-7 中前（后）侧面的 τ_{xy} 指向沿+y（-y）方向，作用面外法向沿 +x（-x）方向，所以是正号；右（左）侧面的 τ_{yx} 指向沿+x（-x）方向，作用面外法向沿+y（-y）方向，所以也是正号。于是，根据切应力互等定理，有 $\tau_{xy}=\tau_{yx}$、$\tau_{yz}=\tau_{zy}$、$\tau_{zx}=\tau_{xz}$。因此，独立的应力分量只有 6 个，即 σ_x、σ_y、σ_z、τ_{xy}、τ_{yz} 和 τ_{zx}。在空间应力状态下，主单元体上的三个主应力均不等于零，如图 7-8(a)所示。空间应力状态的分析非常复杂，通常在弹性理论中详细介绍。本节将只讨论当三个主应力已知时[如图 7-8(a)所示]，任意斜截面上的应力计算。

由主应力确定斜截面上的应力

以任意斜截面 ABC 从单元体中截取四面体 OABC，如图 7-8(b)所示。设斜截面 ABC 的单位法向矢量 **n** 的三个方向余弦为 l、m、n，它们应满足关系式

$$l^2 + m^2 + n^2 = 1 \tag{a}$$

设该斜截面上的正应力和切应力分别为 σ_n 和 τ_n，根据四面体 OABC 的平衡[如图 7-8(b)所示]，不难得到斜截面 ABC 上的应力沿 x、y、z 坐标轴的分量为

$$p_x = \sigma_1 l, \quad p_y = \sigma_2 m, \quad p_z = \sigma_3 n \tag{7-15}$$

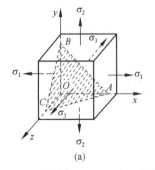
(a)

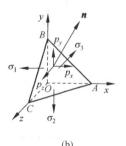
(b)

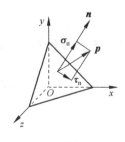
(c)

图 7-8　由主应力确定斜截面上的应力

它们在法向上投影的代数和为斜截面的正应力，即

$$\sigma_n = \sigma_1 l^2 + \sigma_2 m^2 + \sigma_3 n^2 \tag{7-16}$$

斜截面的正应力 σ_n 和切应力 τ_n 合成为总应力 $p = \sqrt{p_x^2 + p_y^2 + p_z^2} = \sqrt{\sigma_1^2 l^2 + \sigma_2^2 m^2 + \sigma_3^2 n^2}$，如图 7-8(c) 所示。于是，有

$$\tau_n = \sqrt{\sigma_1^2 l^2 + \sigma_2^2 m^2 + \sigma_3^2 n^2 - \sigma_n^2} \tag{7-17}$$

应力圆

　　一个空间应力状态的点，其主单元体如图 7-9(a) 所示。利用应力圆可确定该点处的正应力和切应力的极值。首先，分析平行于 σ_3 的一组平面，其任一平面上的应力均与 σ_3 无关，只与 σ_1 和 σ_2 有关。于是，这类截面上的应力可由 σ_1 和 σ_2 画出的应力圆上的点来表示，而该应力圆的最大和最小正应力分别为 σ_1 和 σ_2，如图 7-9(b) 中所示右侧的小圆。同理，分别画出平行于 σ_1 和 σ_2 的另外两组平面的应力圆，就得到了对应于该三向应力状态单元体的所有三个应力圆，如图 7-9(b) 所示。与三个主应力都不平行的一般斜截面，其上的正应力和切应力，必位于上述三个应力圆所围成的阴影范围内，如图 7-9(b) 所示。证明如下：

　　由式(a)、式(7-16)和式(7-17)可求得 l^2、m^2、n^2，结果分别为

$$l^2 = \frac{\tau_n^2 + (\sigma_n - \sigma_2)(\sigma_n - \sigma_3)}{(\sigma_1 - \sigma_2)(\sigma_1 - \sigma_3)}, \quad m^2 = \frac{\tau_n^2 + (\sigma_n - \sigma_3)(\sigma_n - \sigma_1)}{(\sigma_2 - \sigma_3)(\sigma_2 - \sigma_1)}, \quad n^2 = \frac{\tau_n^2 + (\sigma_n - \sigma_1)(\sigma_n - \sigma_2)}{(\sigma_3 - \sigma_1)(\sigma_3 - \sigma_2)}$$

上式形式变化后可写为

$$\left(\sigma_n - \frac{\sigma_2 + \sigma_3}{2}\right)^2 + \tau_n^2 = \left(\frac{\sigma_2 - \sigma_3}{2}\right)^2 + l^2(\sigma_1 - \sigma_2)(\sigma_1 - \sigma_3) \geqslant \left(\frac{\sigma_2 - \sigma_3}{2}\right)^2 \tag{b}$$

$$\left(\sigma_n - \frac{\sigma_3 + \sigma_1}{2}\right)^2 + \tau_n^2 = \left(\frac{\sigma_3 - \sigma_1}{2}\right)^2 + m^2(\sigma_2 - \sigma_3)(\sigma_2 - \sigma_1) \leqslant \left(\frac{\sigma_3 - \sigma_1}{2}\right)^2 \tag{c}$$

$$\left(\sigma_n - \frac{\sigma_1 + \sigma_2}{2}\right)^2 + \tau_n^2 = \left(\frac{\sigma_1 - \sigma_2}{2}\right)^2 + n^2(\sigma_3 - \sigma_1)(\sigma_3 - \sigma_2) \geqslant \left(\frac{\sigma_1 - \sigma_2}{2}\right)^2 \tag{d}$$

式中，已经考虑了 $\sigma_1 \geqslant \sigma_2 \geqslant \sigma_3$。上述 3 个等式方程在以 σ_n 为横坐标、以 τ_n 为纵坐标的平面内表示 3 个圆，它们的交点坐标即表示斜截面 ABC 上的应力 σ_n 和 τ_n。上述 3 个不等式方程恰好表示图 7-9(b) 中的阴影范围，这说明斜截面 ABC 上的应力在该阴影范围内。

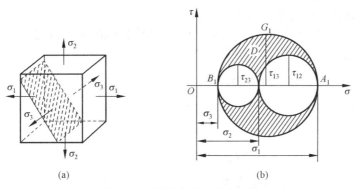

(a)　　　　　　　　(b)

图 7-9　三向应力状态的应力圆

正应力和切应力极值

在图 7-9(b)所示的空间应力圆中，该点处的最大正应力等于最大的应力圆上点 A_1 的横坐标 σ_1，最小正应力等于该应力圆上点 B_1 的横坐标 σ_3，最大切应力等于该应力圆上点 G_1 的纵坐标

$$\tau_{\max} = \frac{\sigma_1 - \sigma_3}{2} \tag{7-18}$$

由点 G_1 的位置可知，最大切应力作用的截面与 σ_1 和 σ_3 作用的主平面各成 45° 角。

例题 7-6

试根据例题图 7-6(a)所示单元体各面上的应力，作应力圆，并求主应力、最大切应力，以及它们作用平面的方位。

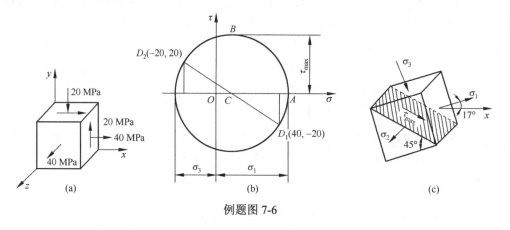

例题图 7-6

分析： 图示空间应力状态的点，有一个主应力（沿 z 轴）及其主平面是已知的，将单元体向垂直于该方向（z 轴方向）投影，即得到一平面应力状态，应用上一节中的内容，就可以得到对应于这个平面应力状态的应力圆。

解：

(1) 绘制应力圆。

由于图中所示单元体的前后两面上无切应力，因而该面上的正应力 $\sigma_z = 40$ MPa 为该点处的一个主应力。垂直于 z 轴的各截面上的应力与主应力 σ_z 无关，可根据 x 截面和 y 截面上的应力绘制应力圆。如例题图 7-6(b)所示。

(2) 利用应力圆求主应力和最大切应力。

按选定的比例尺，从应力圆上量出两个主应力分别为 46 MPa 和 −26 MPa，得到了包括 $\sigma_z = 40$ MPa 在内的三个主应力，分别为

$$\sigma_1 = 46 \text{ MPa}, \quad \sigma_2 = \sigma_z = 40 \text{ MPa}, \quad \sigma_3 = -26 \text{ MPa}$$

由应力圆得 $2\alpha_0 = 34°$，$\alpha_0 = 17°$。由此可确定 σ_1 的方向，主单元体如例题图 7-6(c)所示。该点的最大切应力为

$$\tau_{\max} = CB = 36 \text{ MPa}$$

其作用平面平行于 σ_2 且与 σ_1 的夹角为 45°，如例题图 7-6(c)所示。

7.5 平面应变状态分析

在前面关于杆件基本变形的研究中，多次提到一点的应力将引起该点的应变，所以与一点应力状态相对应的是该点的应变状态。一点的应变状态可由 3 个线应变分量 ε_x、ε_y、ε_z 和 3 个切应变分量 γ_{xy}、γ_{yz}、γ_{zx}（另外 3 个切应变分量 γ_{yx}、γ_{zy}、γ_{xz} 的大小分别与这 3 个对应相等）表示。与应力分量一样，一点的线应变和切应变分量将随方向而变化。本节将简述应变状态的分析，且仅考虑一般的平面应变状态，即仅有三个平面应变分量 ε_x、ε_y、γ_{xy} 的情况。读者可以发现，前面关于应力状态的分析结果可直接推广到应变状态。

应变的坐标转换、任意方向的应变

如图 7-10(a)所示的单元体 $ABCD$，在平面应力作用下产生变形，变为图 7-10(b)所示的平行四边形 $A'B'C'D'$。若不考虑单元体的刚体平动和转动，则单元体的变形如图 7-10(c)所示。以下求对角线 AC 变化后的长度 $A'C'$，以及直角 CAP 变化后的角度 $C'A'P'$，并由此求得沿 x' 方向的应变。

将图 7-10(c)所示的单元体变形分解为三个变形的叠加：仅发生 ε_x 变形、仅发生 ε_y 变形及仅发生 γ_{xy} 变形。分别求出这三种独立变形下对角线 AC 的长度和角度变化，然后叠加，并根据线应变和切应变的定义，求得沿 x' 方向的应变。

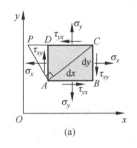 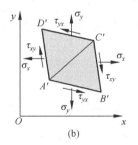 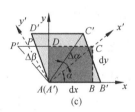

(a)	(b)	(c)

图 7-10 平面单元体的变形

分别独立发生 ε_x、ε_y 和 γ_{xy} 变形时，对角线 AC 的长度和角度改变如图 7-11 所示，忽略高阶小量，叠加后得到 AC 的总伸长量为

$$A'C' - AC = \varepsilon_x \mathrm{d}x \cos\alpha + \varepsilon_y \mathrm{d}y \sin\alpha - \gamma_{xy} \mathrm{d}y \cos\alpha$$

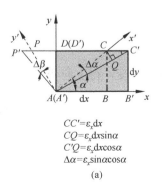 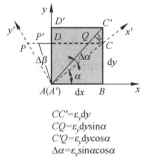 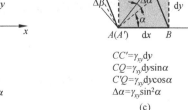

$CC' = \varepsilon_x \mathrm{d}x$	$CC' = \varepsilon_y \mathrm{d}y$	$CC' = \gamma_{xy} \mathrm{d}y$
$CQ = \varepsilon_x \mathrm{d}x \sin\alpha$	$CQ = \varepsilon_y \mathrm{d}y \sin\alpha$	$CQ = \gamma_{xy} \mathrm{d}y \sin\alpha$
$C'Q = \varepsilon_x \mathrm{d}x \cos\alpha$	$C'Q = \varepsilon_y \mathrm{d}y \cos\alpha$	$C'Q = \gamma_{xy} \mathrm{d}y \cos\alpha$
$\Delta\alpha = \varepsilon_x \sin\alpha\cos\alpha$	$\Delta\alpha = \varepsilon_y \sin\alpha\cos\alpha$	$\Delta\alpha = \gamma_{xy} \sin^2\alpha$
(a)	(b)	(c)

图 7-11 平面单元体变形的分解

根据线应变的定义，并考虑到 $AC = \mathrm{d}x / \cos\alpha = \mathrm{d}y / \sin\alpha$，得沿 x' 方向的线应变为

$$\varepsilon_{x'} = \frac{A'C' - AC}{AC} = \varepsilon_x \cos^2\alpha + \varepsilon_y \sin^2\alpha - \frac{\gamma_{xy}}{2}\sin 2\alpha$$

$$= \frac{\varepsilon_x + \varepsilon_y}{2} + \frac{\varepsilon_x - \varepsilon_y}{2}\cos 2\alpha - \frac{\gamma_{xy}}{2}\sin 2\alpha \tag{7-19}$$

忽略高阶小量，对角线 AC 角度的改变为 $\Delta\alpha = CQ / AC$（逆时针为正），将图示三种情况下的值代数叠加，得 AC 总的角度改变为

$$\Delta\alpha = \angle B'A'C' - \angle BAC = -\varepsilon_x \sin\alpha\cos\alpha + \varepsilon_y \sin\alpha\cos\alpha + \gamma_{xy}\sin^2\alpha$$

将上式中的 α 替换为 $\alpha + 90°$，得与 AC 垂直的线段 AP 的角度改变为

$$\Delta\beta = \angle B'A'P' - \angle BAP = \varepsilon_x \sin\alpha\cos\alpha - \varepsilon_y \sin\alpha\cos\alpha + \gamma_{xy}\cos^2\alpha$$

根据切应变的定义，并规定使直角增大的切应变为正，得

$$\frac{\gamma_{x'y'}}{2} = \frac{1}{2}(\Delta\beta - \Delta\alpha) = \frac{1}{2}(\angle C'A'P' - \angle CAP)$$

$$= \frac{\varepsilon_x - \varepsilon_y}{2}\sin 2\alpha + \frac{\gamma_{xy}}{2}\cos 2\alpha \tag{7-20}$$

将式(7-19)中的 α 替换为 $\alpha + 90°$ 可得 ε_y。通常将 $\varepsilon_{x'}$ 和 $\gamma_{x'y'}$ 记为 ε_α 和 γ_α，称为任意 α 方向的线应变和切应变。利用式(7-19)可以建立测量一点应变状态的方法。线应变容易利用应变计直接测量，而切应变不易测量，所以可以先测量选定的三个特定方向的线应变，然后由式(7-19)建立三个方程，联立求解即可得到 ε_x、ε_y 和 γ_{xy}。

主应变及主方向

比较式(7-19)、式(7-20)和式(7-3)、式(7-4)可以发现，两组公式完全相似。平面应变状态中的 ε_x、ε_y 和 ε_α 相当于平面应力状态中的 σ_x、σ_y 和 σ_α；而平面应变状态中的 $\frac{\gamma_{xy}}{2}$ 和 $\frac{\gamma_\alpha}{2}$ 则相当于平面应力状态中的 τ_{xy} 和 τ_α。由于这种相似关系，在平面应力状态中由式(7-3)和式(7-4)导出的所有结论，对平面应变状态都成立。例如，对应于主应力和主平面，在平面应变状态中，通过一点一定存在两个相互垂直的方向，在这两个方向上，线应变达到最大值和最小值且切应变等于零。这样的极值线应变称为**主应变**（principle strain），相应的方向称为主方向。

将式(7-5)中的应力代以相对应的应变，得主应变方向为

$$\tan 2\alpha_0 = -\frac{\gamma_{xy}}{\varepsilon_x - \varepsilon_y} \tag{7-21}$$

由上式解出 α_0，代入式(7-19)中，或将式(7-6)中的应力代以相对应的应变，得主应变为

$$\left.\begin{array}{r}\varepsilon_{\max}\\\varepsilon_{\min}\end{array}\right\} = \frac{\varepsilon_x + \varepsilon_y}{2} \pm \sqrt{\left(\frac{\varepsilon_x - \varepsilon_y}{2}\right)^2 + \left(\frac{\gamma_{xy}}{2}\right)^2} \tag{7-22}$$

主应变和主方向也可通过求解应变矩阵

$$\boldsymbol{\Gamma} = \begin{bmatrix} \varepsilon_x & \gamma_{yx}/2 \\ \gamma_{yx}/2 & \varepsilon_y \end{bmatrix}$$

的特征值和特征向量获得，上式中 $\gamma_{yx} = -\gamma_{xy}$。

应变圆

利用上述相似关系，在平面应力状态中使用应力圆的图解法，也可推广为平面应变状态中的应变圆图解法。作图时，以横坐标表示线应变，以纵坐标表示切应变的二分之一，方法与 7.3 节完全类似，可由应变圆直接获得任意方向的应变、主应变、主方向等，在此将不再详细讲述。

7.6 广义胡克定律

在轴向拉压变形及扭转变形中，曾讨论了单向应力状态和纯剪切应力状态下描述材料应力-应变关系的胡克定律，本节将讨论在线弹性小变形范围内，复杂应力状态下的应力-应变关系，即**广义胡克定律**（generalization Hooke law）。

对于各向同性材料，沿各个方向的材料常数均相同。因此在线弹性小变形范围内，沿坐标轴方向，正应力只引起线应变，而切应力只引起同一平面内的切应变。

如图 7-12(a)所示，根据第 2 章轴向拉压部分的知识，如果单元体上只有 σ_x 作用（即单向应力状态），则将引起 x、y、z 三个方向的线应变

$$\varepsilon_x = \frac{\sigma_x}{E}, \quad \varepsilon_y = \varepsilon_z = -\nu \frac{\sigma_x}{E} \tag{a}$$

其中，ν 为材料的泊松比。

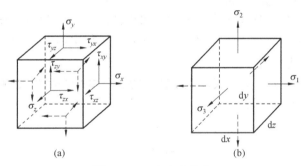

图 7-12 三向应力状态

同理，单元体仅在 σ_y 或 σ_z 单向应力作用下，同样会引起 x、y、z 三个方向的线应变，即

$$\varepsilon_y = \frac{\sigma_y}{E}, \quad \varepsilon_x = \varepsilon_z = -\nu \frac{\sigma_y}{E} \tag{b}$$

$$\varepsilon_z = \frac{\sigma_z}{E}, \quad \varepsilon_x = \varepsilon_y = -\nu \frac{\sigma_z}{E} \tag{c}$$

应用叠加原理，将式(a)、式(b)和式(c)中同方向的线应变依次叠加，可以得到 σ_x、σ_y 和 σ_z 共同作用时，复杂应力状态下的应力-应变关系为

$$\begin{cases} \varepsilon_x = \dfrac{1}{E}\left[\sigma_x - \nu(\sigma_y + \sigma_z)\right] \\[2mm] \varepsilon_y = \dfrac{1}{E}\left[\sigma_y - \nu(\sigma_x + \sigma_z)\right] \\[2mm] \varepsilon_z = \dfrac{1}{E}\left[\sigma_z - \nu(\sigma_x + \sigma_y)\right] \end{cases} \tag{7-23}$$

对于复杂应力状态下的切应力，可利用第 3 章中的纯剪切胡克定律，求得在 xy、yz 和 zx 三

个面内的切应变分别为

$$\gamma_{xy} = \frac{\tau_{xy}}{G}, \quad \gamma_{yz} = \frac{\tau_{yz}}{G}, \quad \gamma_{zx} = \frac{\tau_{zx}}{G} \tag{7-24}$$

式(7-23)和式(7-24)统称为广义胡克定律。

在平面应力状态下，若应力 σ_z 为零，则广义胡克定律简化为

$$\varepsilon_x = \frac{1}{E}(\sigma_x - \nu\sigma_y), \quad \varepsilon_y = \frac{1}{E}(\sigma_y - \nu\sigma_x), \quad \varepsilon_z = -\frac{\nu}{E}(\sigma_x + \sigma_y), \quad \gamma_{xy} = \frac{\tau_{xy}}{G} \tag{7-25}$$

上式表明，单元体在平面应力状态下，其应变状态并不是平面应变状态，因为 ε_z 不一定为零。但 7.5 节中的公式都适用，因为 z 方向不存在切应变。

当单元体的 6 个面皆为主平面时，令 x、y、z 的方向分别与 σ_1、σ_2、σ_3 的方向一致，如图 7-12(b)所示，则广义胡克定律简化为

$$\begin{cases} \varepsilon_1 = \dfrac{1}{E}\left[\sigma_1 - \nu(\sigma_2 + \sigma_3)\right] \\[2mm] \varepsilon_2 = \dfrac{1}{E}\left[\sigma_2 - \nu(\sigma_1 + \sigma_3)\right] \\[2mm] \varepsilon_3 = \dfrac{1}{E}\left[\sigma_3 - \nu(\sigma_1 + \sigma_2)\right] \end{cases} \tag{7-26}$$

此时，由于主单元体上切应力为零，3 个坐标平面内的切应变也等于零，故坐标 x、y、z 的方向就是主应变的方向，即主应变和主应力的方向重合。所以，式(7-26)中的 ε_1、ε_2、ε_3 即是 3 个主应变。可以证明，若 $\sigma_1 \geqslant \sigma_2 \geqslant \sigma_3$，则 $\varepsilon_1 \geqslant \varepsilon_2 \geqslant \varepsilon_3$。工程实际中，通常先实验测量得主应变后，再利用式(7-26)求得主应力。

对于各向同性的线弹性材料，广义胡克定律中的 3 个弹性常数 E、G 和 ν 并不完全独立。后面将证明它们之间存在如下关系：

$$G = \frac{E}{2(1+\nu)} \tag{7-27}$$

对于绝大多数各向同性材料，泊松比 ν 一般在 0～0.5 之间取值，因此，剪切弹性模量 G 的取值范围为 $E/3 < G < E/2$。

体积应变和平均应力

考察应力作用下单元体的体积变化。如图 7-12(b)所示的主单元体，边长分别为 $\mathrm{d}x$、$\mathrm{d}y$ 和 $\mathrm{d}z$，变形前单元体的体积为 $V = \mathrm{d}x\mathrm{d}y\mathrm{d}z$。变形后单元体的 3 个棱边长度分别为 $(1+\varepsilon_1)\mathrm{d}x$、$(1+\varepsilon_2)\mathrm{d}y$ 和 $(1+\varepsilon_3)\mathrm{d}z$。于是变形后单元体的体积为 $V_1 = \mathrm{d}x(1+\varepsilon_1) \cdot \mathrm{d}y(1+\varepsilon_2) \cdot \mathrm{d}z(1+\varepsilon_3)$。展开该式，并略去高阶小量，得

$$V_1 = (1+\varepsilon_1+\varepsilon_2+\varepsilon_3)\mathrm{d}x\mathrm{d}y\mathrm{d}z$$

定义构件受力变形后，单位体积的体积改变为**体积应变**（volume strain），以 ε_V 表示，则有

$$\varepsilon_V = \frac{V_1 - V}{V} = \varepsilon_1 + \varepsilon_2 + \varepsilon_3$$

将广义胡克定律式(7-26)代入上式，整理后得

$$\varepsilon_V = \frac{1-2\nu}{E}(\sigma_1 + \sigma_2 + \sigma_3) \tag{7-28}$$

引入**体积弹性模量**（bulk modulus）

$$K = \frac{E}{3(1-2\nu)} \tag{7-29}$$

和**平均应力**（average stress）

$$\sigma_m = \frac{\sigma_1 + \sigma_2 + \sigma_3}{3} \tag{7-30}$$

则式(7-28)可写为

$$\varepsilon_V = \frac{\sigma_m}{K} \quad \text{或} \quad \sigma_m = K\varepsilon_V \tag{7-31}$$

上式表明，任一点的体积应变 ε_V 只与 3 个主应力之和成正比，而 3 个主应力之间的比例，对体积应变没有影响。式(7-31)也称为体积胡克定律。由 $K>0$，还可得到 $\nu \leqslant 0.5$。特别地，当 $\nu = 0.5$ 时，体积应变恒为零，说明此时材料不可压缩。

例题 7-7

例题图 7-7(a)所示简支梁受集中载荷 F 作用，已知材料常数为 E、ν，现测得点 K 与轴线成 45° 方向上的线应变为 ε，试确定载荷 F。设工字钢型号已知。

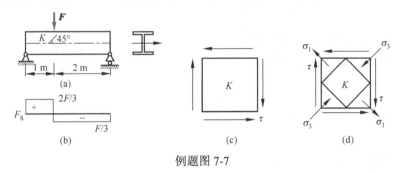

例题图 7-7

分析：在外载荷 F 作用下，简支梁发生平面横力弯曲，中性轴上点 K 只有弯曲切应力，因此处于纯剪切应力状态。由广义胡克定律，点 K 与轴线成 45° 方向上的线应变将与 45° 方向和 $-45°$ 方向上的正应力有关，据此建立切应力与 45° 方向线应变的关系。

解：

(1) 分析点 K 的应力状态。

梁的剪力图如例题图 7-7(b)所示。点 K 所在截面上的剪力为 $F_S = \frac{2F}{3}$，点 K 位于截面中性轴上，正应力为零，只有切应力。取单元体如例题图 7-7(c)所示，其表面的切应力为

$$\tau = \frac{F_S S_z^*}{I_z b} = \frac{2F S_z^*}{3 I_z b} \tag{a}$$

点 K 处于纯剪切应力状态，3 个主应力分别为

$$\sigma_1 = \tau, \quad \sigma_2 = 0, \quad \sigma_3 = -\tau$$

主平面与梁轴线的夹角为 45°，如例题图 7-7(d)所示。

(2) 根据广义胡克定律，求切应力 τ。

由例题图 7-7(d)所示的主单元体可知，点 K 与轴线成 45° 方向上的线应变是最小的主应变 $\varepsilon_3 = -\varepsilon$，为压应变。由广义胡克定律，得

$$\varepsilon_3 = \frac{1}{E}\left[\sigma_3 - \nu(\sigma_1 + \sigma_2)\right] = -\frac{\tau}{E}(1+\nu) = -\varepsilon$$

于是，得

$$\tau = \frac{E\varepsilon}{1+\nu} \tag{b}$$

(3) 确定载荷 **F**。

将式(a)代入式(b)中，可求出载荷为

$$F = \frac{3I_z bE\varepsilon}{2S^*(1+\nu)}$$

例题 7-8

边长 $a = 20\ \text{mm}$ 的铜立方块置于钢模中，在顶面上均匀地受压力 $F = 14\ \text{kN}$ 作用，如例题图 7-8(a)所示。假设钢模的变形及立方体与钢模之间的摩擦力可忽略不计，已知铜的弹性模量 $E = 100\ \text{GPa}$，泊松比 $\nu = 0.3$。试求此铜块的主应力和体积应变。

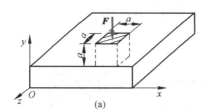 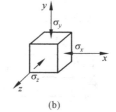

例题图 7-8

解：

(1) 求铜块的主应力。

建立如图所示的坐标系，铜块水平横截面上的压应力为

$$\sigma_y = -\frac{F}{A} = -\frac{14\times10^3}{(0.02)^2}\text{Pa} = -35\ \text{MPa}$$

铜块受到轴向压缩将产生膨胀，但由于变形受到刚性凹槽壁的阻碍，铜块在 x 和 z 方向的线应变为零。于是，在铜块与槽壁的接触面间将产生均匀的压应力 σ_x 和 σ_z，如例题图7-8(b)所示。根据广义胡克定律式(7-23)，可得

$$\varepsilon_x = \frac{1}{E}\left[\sigma_x - \nu(\sigma_y + \sigma_z)\right] = 0, \quad \varepsilon_z = \frac{1}{E}\left[\sigma_z - \nu(\sigma_x + \sigma_y)\right] = 0$$

联立求解上两式，可得

$$\sigma_x = \sigma_z = \frac{\nu}{1-\nu}\sigma_y = \frac{0.3}{1-0.3}\times(-35) = -15\ \text{MPa}$$

按数值大小，3 个主应力分别为

$$\sigma_1 = -15\ \text{MPa}, \quad \sigma_2 = -15\ \text{MPa}, \quad \sigma_3 = -35\ \text{MPa}$$

(2) 求铜块的体积应变。

将以上主应力代入体积应变的式(7-28)中，解得

$$\varepsilon_V = \frac{1-2\nu}{E}(\sigma_1 + \sigma_2 + \sigma_3) = \frac{1-2\times0.3}{100\times10^9}\times(-15-15-35)\times10^6 = -2.6\times10^{-4}$$

7.7 复杂应力状态下的应变能

在第 2 章和第 3 章中曾提到，在轴向拉压和扭转情况下，杆件中的点分别处于单向应力状态和纯剪切应力状态，如果应力与应变符合线性变化关系，则杆件中的应变能密度分别为

$$v_\varepsilon = \frac{1}{2}\sigma\varepsilon \text{（轴向拉压）}, \quad v_\varepsilon = \frac{1}{2}\tau\gamma \text{（扭转）}$$

为计算复杂应力状态下的应变能密度，考虑如图 7-13(a)中所示的三向应力状态的主单元体，其主应力和主应变分别为 σ_1、σ_2、σ_3 和 ε_1、ε_2、ε_3。假设应力和应变都同时从零开始，逐渐增加至最终值。设单元体的三对边长分别为 dx、dy、dz，则作用在单元体三对面上的力分别为 $\sigma_1 dydz$、$\sigma_2 dxdz$、$\sigma_3 dxdy$，与这些力对应的位移分别为 $\varepsilon_1 dx$、$\varepsilon_2 dy$、$\varepsilon_3 dz$。这些力在各自位移上所做的功之和为

$$dW = \frac{1}{2}(\sigma_1\varepsilon_1 + \sigma_2\varepsilon_2 + \sigma_3\varepsilon_3)dxdydz$$

根据能量守恒，上述功等于储存于单元体内的应变能，即 $dV_\varepsilon = dW$。根据应变能密度的定义，并利用广义胡克定律式(7-26)，得复杂应力状态下的应变能密度为

$$v_\varepsilon = \frac{1}{2}(\sigma_1\varepsilon_1 + \sigma_2\varepsilon_2 + \sigma_3\varepsilon_3) = \frac{1}{2E}\left[\sigma_1^2 + \sigma_2^2 + \sigma_3^2 - 2v(\sigma_1\sigma_2 + \sigma_2\sigma_3 + \sigma_3\sigma_1)\right] \tag{7-32}$$

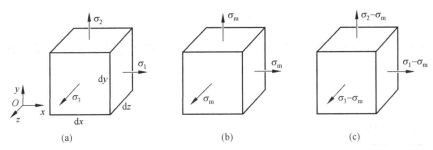

图 7-13 三向应力状态的主单元体

体积改变能和畸变能

一般情形下，物体的变形包括体积的改变和形状的改变。例如，正立方单元体在 3 个不等的主应力作用下将变成长方体，即同时包含体积和形状的改变。因此，应变能密度也可以看成相应两部分的叠加，即

$$v_\varepsilon = v_V + v_d \tag{a}$$

式中，v_V 为只有体积改变而无形状变化时的应变能密度，称为**体积改变能密度**（strain-energy density corresponding to the change of volume）；v_d 为只有形状改变而无体积变化时的应变能密度，称为**畸变能密度**（strain-energy density corresponding to aberration）。v_V 和 v_d 可通过如下方法计算获得。

将图 7-13(a)所示的三向主应力状态分解为图 7-13(b)、(c)所示两种应力状态的叠加。其中，图 7-13(b)为三向等应力状态，即 6 个面均承受平均应力 σ_m [见式(7-30)]的作用。此时，单元体只发生体积改变，而形状不改变。图 7-13(c)所示的应力状态将使单元体只发生形状改变，而体积不变。

对于图 7-13(b)所示的单元体，将 σ_m 的表达式(7-30)代入式(7-32)中，得体积改变能密度为

$$v_\mathrm{V} = \frac{3(1-2\nu)}{2E}\sigma_\mathrm{m}^2 = \frac{1-2\nu}{6E}(\sigma_1+\sigma_2+\sigma_3)^2 \tag{7-33}$$

将式(7-32)和式(7-33)代入式(a)中，整理得单元体的畸变能密度为

$$v_\mathrm{d} = \frac{1+\nu}{6E}\left[(\sigma_1-\sigma_2)^2+(\sigma_2-\sigma_3)^2+(\sigma_3-\sigma_1)^2\right] \tag{7-34}$$

该结果也可将图 7-13(c)所示单元体上的主应力代入式(7-32)中求得。

由式(7-33)同样可得 $\nu \leqslant 0.5$，否则将得到体积改变能密度为负这一物理上不合理的结论。当 $\nu = 0.5$ 时，体积改变能密度恒为零，即材料不可压缩。

例题 7-9

推导各向同性线弹性材料的弹性常数 E、G、ν 之间的关系。

解：考虑处于平面纯剪切应力状态的单元体，如例题图 7-9 所示，其应变能密度为

$$v_\varepsilon = \frac{1}{2}\tau\gamma = \frac{\tau^2}{2G}$$

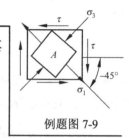

例题图 7-9

另一方面，按例题 7-3 的分析，纯剪切的主应力为 $\sigma_1 = \tau$，$\sigma_2 = 0$，$\sigma_3 = -\tau$。将该主应力代入式(7-32)中，同样计算得到应变能密度为

$$v_\varepsilon = \frac{\tau^2(1+\nu)}{E}$$

显然，按这两种方式计算得到的应变能密度，为同一纯剪切状态的应变能密度，令其相等即得如下关系：

$$G = \frac{E}{2(1+\nu)}$$

这正是前面提到的式(7-27)。

7.8 常用强度理论

在前面关于构件轴向拉压和扭转的强度分析时，曾根据实验建立了相关的强度条件，表 7-1 总结了典型的塑性材料和脆性材料试件在不同载荷作用下所处的应力状态、破坏形式和强度条件，从中可以看出：

(1) 无论是轴向拉压时的单向应力状态，还是扭转时的纯剪切应力状态，都只由一个应力分量（σ 或 τ）确定；

(2) 破坏形式主要有两种：塑性屈服（或剪切破坏）和脆性断裂；

(3) 相同的载荷形式下，材料不同，破坏形式不同，如塑性材料常由于切应力达到极限而产生屈服，而脆性材料则易发生拉断破坏；

(4) 同种材料，应力状态不同，破坏形式也可能不同，如脆性材料铸铁在单向拉应力下发生拉断破坏，而在压应力作用下则发生剪切破坏；

(5) 无论破坏原因和形式如何，由于任意方位截面的应力都可以由单一应力分量确定，所以强度条件都可根据该应力分量建立，这为直接根据实验建立强度条件提供了方便。

表 7-1　轴向拉压和扭转时的破坏形式和强度条件

变形	轴向拉伸		轴向压缩		扭转	
材料	塑性（低碳钢）	脆性（铸铁）	塑性（低碳钢）	脆性（铸铁）	塑性（低碳钢）	脆性（铸铁）
应力状态	$\sigma_\alpha = \sigma\cos^2\alpha = \dfrac{\sigma}{2}\ (\alpha=45°)$ $\tau_\alpha = \dfrac{\sigma}{2}\sin 2\alpha = \dfrac{\sigma}{2}\ (\alpha=45°)$		$\sigma_\alpha = -\sigma\cos^2\alpha = -\dfrac{\sigma}{2}\ (\alpha=45°)$ $\tau_\alpha = -\dfrac{\sigma}{2}\sin 2\alpha = -\dfrac{\sigma}{2}\ (\alpha=45°)$		$\sigma_1 = \tau$ $\sigma_3 = -\tau$	
破坏方式	屈服，颈缩区产生 45°滑移，剪切破坏	沿横截面拉断，脆性断裂破坏	类似拉伸，屈服或剪切破坏	沿 45°～55° 错断，剪切破坏	沿横截面剪断，剪切破坏	沿 45°斜面拉断，脆性断裂破坏
强度条件	$\sigma \leqslant [\sigma]$		$\sigma \leqslant [\sigma]$		$\tau \leqslant [\tau]$	

但是，实际构件危险点的应力状态往往是复杂应力状态。尽管薄壁圆筒等实验可以实现复杂应力状态的测试，但要通过直接试验来建立强度条件还是不现实的。因为复杂应力状态各式各样，单元体的 3 个主应力可以有无限多种比例组合，不可能逐一通过实验确定其极限应力。而且复杂应力状态的试验设备和试件加工也相当复杂，技术上难以实现。所以，需要寻找新的途径，利用单向应力状态的试验结果，建立复杂应力状态的强度条件。

大量的关于材料失效的实验结果及工程构件强度失效的实例表明，复杂应力状态虽然各式各样，但材料强度失效的形式，与简单应力状态类似，大致分为两类：一类是脆性断裂；另一类是塑性屈服，也称为剪切破坏。对于同一种失效形式，有可能在引起失效的原因中包含着共同的因素。如果能确定这种因素，就有可能利用发生同类破坏的简单应力状态下的试验结果，建立复杂应力状态下的强度条件。这种根据对材料破坏实验现象的分析，提出的关于材料在不同应力状态下失效共同原因的各种假说，就是所谓的**强度理论**。通常情况下，对不同的材料或不同的应力状态，有不同的强度理论。强度理论既然是推测强度失效原因的一种假说，那么它是否正确，适用于什么条件，必须经受实践的检验。

从前面各章介绍的知识不难发现，受力构件中的任一点，不仅有应力，而且有应变、应变能密度等参量。因此可以推想，在复杂应力状态下，构件的破坏可能是由危险点处最大应力、应变或应变能密度达到极限值所引起的。本节将介绍几种由这些参量建立的简单常用的强度理论。这些理论根据失效原因分为两类：一类是解释脆性断裂失效的，有最大拉应力理论和最大线应变理论；另一类是解释塑性屈服失效的，有最大切应力理论和畸变能密度理论。此外，还有一种由综合实验结果而建立的，适用于拉压强度不同的、半经验型的莫尔强度理论。

第一强度理论——最大拉应力理论

第一强度理论又称为最大拉应力理论，最早由英国的兰金（Rankine W. J. M.）提出。这一理论认为最大拉应力是引起材料断裂的主要因素，即认为无论单元体处于什么应力状态，只要最大拉应力 σ_1 达到某一极限值，材料就发生脆性断裂。该极限值可以通过单向拉伸实验来确定，

此时只有 σ_1（$\sigma_2 = \sigma_3 = 0$），当 σ_1 达到强度极限 σ_b 时，发生断裂。于是，对于任意复杂应力状态，断裂条件为

$$\sigma_1 = \sigma_b \tag{a}$$

将 σ_b 除以安全系数 n_b，得到许用应力 $[\sigma]$。于是，第一强度理论的强度条件为

$$\sigma_1 \leqslant [\sigma] \tag{7-35}$$

铸铁等脆性材料在单向拉伸或扭转下的断裂就符合上述强度理论。注意，式(7-35)中的 σ_1 一定是拉应力，所以对没有拉应力的状态（如单向压缩、三向压缩等）无法使用。另外，该理论并不完善，它没有考虑另外两个主应力的影响。

第二强度理论——最大线应变理论

第二强度理论又称为最大线应变理论，最早由马里奥特（Mariotte E.）在 17 世纪后期提出。这一理论认为最大线应变是引起材料脆性断裂的主要因素，即认为无论单元体处于什么应力状态，只要最大线应变 ε_1 达到某一极限值，材料即发生脆性断裂。同样，该极限值可以通过单向拉伸实验来确定，假设断裂前胡克定律成立，则这个极限值就是 $\varepsilon_u = \sigma_b / E$。故根据该强度理论，材料断裂的条件为

$$\varepsilon_1 = \varepsilon_u = \sigma_b / E \tag{b}$$

由广义胡克定律，得

$$\varepsilon_1 = \frac{1}{E}\left[\sigma_1 - \nu(\sigma_2 + \sigma_3)\right]$$

代入式(b)中，得断裂准则为

$$\sigma_1 - \nu(\sigma_2 + \sigma_3) = \sigma_b \tag{c}$$

将 σ_b 除以安全系数 n_b，得到许用应力 $[\sigma]$。于是，第二强度理论的强度条件为

$$\sigma_1 - \nu(\sigma_2 + \sigma_3) \leqslant [\sigma] \tag{7-36}$$

这一理论能较好地解释石料、混凝土等脆性材料受轴向压缩时，沿纵向截面开裂的现象。铸铁受拉应力和压应力作用，且压应力较大时，实验结果也与这一理论接近。这一理论考虑了其余两个主应力 σ_2 和 σ_3 对材料强度的影响，在形式上比最大拉应力理论更为完善。但实际上并不一定总是合理的，如在二轴或三轴受拉情况下，按这一理论应该比单轴受拉时不易断裂，显然与实际情况并不相符。一般而言，最大拉应力理论适用于脆性材料以拉应力为主的情况，而最大线应变理论适用于以压应力为主的情况。第二强度理论，由于不如第一强度理论简便，工程实际中较少应用。

第三强度理论——最大切应力理论

第三强度理论又称为最大切应力理论。这一理论认为最大切应力是引起材料塑性屈服的主要因素，即认为无论材料处于什么应力状态，只要最大切应力 τ_{max} 达到某一极限值 τ_u，材料即发生塑性屈服。该极限值可以通过单向拉伸实验来确定，当沿最大切应力所在的 45° 斜截面发生滑移时即发生屈服，此时横截面上的正应力即为屈服强度 σ_s，于是极限值 $\tau_u = \sigma_s / 2$。在复杂应力状态下，最大切应力为

$$\tau_{\max} = \frac{\sigma_1 - \sigma_3}{2} \tag{d}$$

于是，得屈服准则

$$\sigma_1 - \sigma_3 = \sigma_s \tag{e}$$

将 σ_s 除以安全系数 n_s，得到许用应力 $[\sigma]$。于是，第三强度理论的强度条件为

$$\sigma_1 - \sigma_3 \leqslant [\sigma] \tag{7-37}$$

最大切应力理论最早由法国科学家库仑（Coulomb）提出，是关于剪断的强度理论，并应用于建立土的破坏条件；1874 年特雷斯卡（Tresca）通过挤压实验研究屈服现象和屈服准则，将剪断准则发展为屈服准则，因而最大切应力理论又被称为**特雷斯卡屈服准则**。试验结果表明，最大切应力理论较圆满地解释了塑性材料的屈服现象，与许多塑性材料在大多数受力情况下发生屈服的实验结果相当符合，也能说明某些脆性材料的剪切断裂。但它没有考虑主应力 σ_2 的影响，在二向应力状态下，与实验结果比较，理论计算偏于安全。不过，这一理论形式简单，所以得到广泛应用。

第四强度理论——畸变能密度理论

第四强度理论又称为畸变能密度理论。这一理论认为畸变能密度是引起材料塑性屈服的主要因素，即认为无论材料处于什么应力状态，只要畸变能密度 v_d 达到了某一极限值 v_{du}，材料就发生屈服（或剪断）。该极限值可以通过单向拉伸实验来确定。当单向拉伸达到屈服时，$\sigma_1 = \sigma_s$，$\sigma_2 = \sigma_3 = 0$，此时的畸变能密度就是极限值 v_{du}。假设屈服前胡克定律成立，由式(7-34)化简得

$$v_{du} = \frac{1+\nu}{3E}\sigma_s^2 \tag{f}$$

根据该理论，复杂应力状态下的强度条件为

$$v_d = \frac{1+\nu}{6E}\left[(\sigma_1 - \sigma_2)^2 + (\sigma_2 - \sigma_3)^2 + (\sigma_3 - \sigma_1)^2\right] = v_{du}$$

将式(f)代入上式得

$$\sqrt{\frac{1}{2}\left[(\sigma_1 - \sigma_2)^2 + (\sigma_2 - \sigma_3)^2 + (\sigma_3 - \sigma_1)^2\right]} = \sigma_s \tag{g}$$

将 σ_s 除以安全系数 n_s，得到许用应力 $[\sigma]$。于是，第四强度理论的强度条件为

$$\sqrt{\frac{1}{2}\left[(\sigma_1 - \sigma_2)^2 + (\sigma_2 - \sigma_3)^2 + (\sigma_3 - \sigma_1)^2\right]} \leqslant [\sigma] \tag{7-38}$$

畸变能密度理论由米泽斯（R. von Mises）于 1913 年从修正最大切应力准则出发提出的。1924 年德国的亨奇（H. Hencky）从畸变能密度出发对这一准则做了解释，从而形成了畸变能密度理论，因此，这一理论又被称为**米泽斯屈服准则**。1927 年，德国的洛德（W. Lode）通过薄壁圆管同时承受轴向拉伸与内压力时的屈服实验，验证第四强度理论。他发现对于碳素钢和合金钢等塑性材料，这一理论与实验结果吻合得相当好。其他大量的试验结果还表明，第四强度理论能够很好地描述铜、镍、铝等大量工程塑性材料的屈服状态。

针对纯剪切状态利用该强度理论，可以推出纯剪切状态下的许用切应力 $[\tau]$ 与单向拉伸的许用拉应力 $[\sigma]$ 之间具有如下关系：

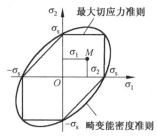

图 7-14　平面应力状态下的最大切应力准则和畸变能密度准则

$$[\tau] = \frac{[\sigma]}{\sqrt{3}} = 0.577[\sigma] \tag{7-39}$$

若以 σ_1 和 σ_2 表示平面应力状态下的两个不为零的主应力，且不规定大小顺序，则根据它们同号或异号，分别有不同的最大切应力表达式，最大切应力屈服准则在 $\sigma_1 - \sigma_2$ 平面内为如图 7-14 所示的六边形。而畸变能密度屈服准则为该六边形的外接椭圆。所有位于六边形或椭圆内的二向应力状态都不会引起屈服。多数塑性材料的实验结果位于六边形和椭圆之间。这些分析说明，两种理论给出的结果十分接近，其中最大切应力理论偏于安全。

莫尔强度理论

莫尔强度理论是在综合各种应力状态下实验结果的基础上而建立的，是带有一定经验性的强度理论，适用于拉压强度不同的材料。本节将做简单介绍。

7.4 节中指出，一点的应力状态可用三个应力圆来表示，其中的最大正应力和最大切应力均在最大的应力圆上，因此莫尔强度理论假设，仅由最大的应力圆就可以确定屈服或脆断时的极限应力状态，不必考虑中间主应力 σ_2 的影响。按破坏时的主应力 σ_1 和 σ_3 所作的应力圆，称为**极限应力圆**，如图 7-15 中以 $D'E'$ 为直径的圆。对同一种破坏形式，由实验得到的各种应力状态下的极限应力圆具有公共包络线，如图 7-15 所示。包络线与材料性质有关，不同材料的包络线也不一样，但同一材料的包络线是唯一的。若应力圆在包络线以内，表示材料在该应力状态下满足强度条件，如与包络线相切，则表明已达到临界失效状态。

然而，遗憾的是，通过实验得到各种应力状态下的极限应力圆进而得到该包络线，并不容易，且即使得到也不实用。因此，在莫尔强度理论中，通过试验得到单向拉伸和压缩两种应力状态下的两个极限应力圆（如图 7-15 中以 OA' 和 OB' 为直径的圆），然后将此两圆的公切线作为近似包络线，如图 7-16 所示。其中两个极限应力圆的直径 $[\sigma_t]$ 和 $[\sigma_c]$ 分别为材料的抗拉和抗压许用应力，由拉伸和压缩时的屈服极限 σ_s 或强度极限 σ_b 除以安全系数得到。由图 7-16 所示的几何关系，得

$$\frac{O_1 N}{O_2 F} = \frac{O_3 O_1}{O_3 O_2} \tag{h}$$

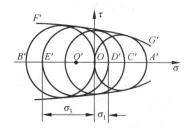

图 7-15　极限应力圆及包络线

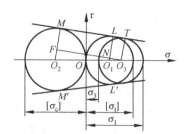

图 7-16　单向拉压时的极限应力圆及公切线

根据几何关系，容易求得

$$O_1 N = O_1 L - O_3 T = \frac{[\sigma_t]}{2} - \frac{\sigma_1 - \sigma_3}{2}$$

$$O_2F = O_2M - O_3T = \frac{[\sigma_c]}{2} - \frac{\sigma_1 - \sigma_3}{2}$$

$$O_3O_1 = O_3O - O_1O = \frac{\sigma_1 + \sigma_3}{2} - \frac{[\sigma_t]}{2}$$

$$O_3O_2 = O_3O + OO_2 = \frac{\sigma_1 + \sigma_3}{2} + \frac{[\sigma_c]}{2}$$

将以上各式代入式(h)中，化简后得

$$\sigma_1 - \frac{[\sigma_t]}{[\sigma_c]}\sigma_3 = [\sigma_t]$$

于是，莫尔强度理论的强度条件为

$$\sigma_1 - \frac{[\sigma_t]}{[\sigma_c]}\sigma_3 \leqslant [\sigma_t] \tag{7-40}$$

对拉压强度相同的材料，$[\sigma_t] = [\sigma_c]$，式(7-40)退化为 $\sigma_1 - \sigma_3 \leqslant [\sigma]$，这就是第三强度理论的强度条件。所以，往往把莫尔强度理论看成第三强度理论的推广，莫尔强度理论考虑了材料拉压强度不同的情况，是以实验资料为基础，经合乎逻辑的综合分析得出的，并不像前面的强度理论以对失效破坏提出假说为基础。

对于处于二向或三向应力状态下的铸铁、岩土等具有明显的不同拉压强度的脆性材料，当最大和最小主应力分别为拉应力和压应力时，常采用莫尔强度理论。尽管这样做并不严格，如铸铁单向拉伸和压缩时的破坏方式并不相同（拉伸时为脆断，压缩时为剪切破坏），但作为一种工程近似，简单、方便，而且实用。

强度理论总结

综合以上 4 种常用强度理论和莫尔强度理论的强度条件公式，可以发现，它们均可写成如下统一形式：

$$\sigma_r \leqslant [\sigma]$$

式中，σ_r 称为**相当应力**（equivalent stress），它是根据不同强度理论所得到的构件危险点处的 3 个主应力按一定形式组合而成的，对应上述几个强度理论的相当应力总结在表 7-2 中。

表 7-2　强度理论总结

强度理论	相当应力 σ_r	适用破坏形式	典型适用情况举例
第一强度理论——最大拉应力理论	$\sigma_{r1} = \sigma_1$	脆性断裂（如铸铁、玻璃、石料、混凝土等脆性材料的脆断）	(1) 以拉应力为主的脆性材料，如单向、二向应力状态下的脆性材料 (2) 三向拉伸应力状态下的脆性、塑性材料[①]
第二强度理论——最大线应变理论	$\sigma_{r2} = \sigma_1 - \nu(\sigma_2 + \sigma_3)$		(1) 单向压缩应力状态下的石料、混凝土等脆性材料 (2) 拉压二向应力状态（且压应力>拉应力）下的铸铁脆性材料
第三强度理论——最大切应力理论	$\sigma_{r3} = \sigma_1 - \sigma_3$	塑性屈服或剪切破坏（如碳钢、铜、镍、铝等塑性材料的屈服）	(1) 除三向拉伸应力状态以外的塑性材料 (2) 三向压缩应力状态下的脆性、塑性材料[②]
第四强度理论——畸变能密度理论	$\sigma_{r4} = \sqrt{\frac{1}{2}\left[(\sigma_1 - \sigma_2)^2 + (\sigma_2 - \sigma_3)^2 + (\sigma_3 - \sigma_1)^2\right]}$		

强度理论	相当应力σ_r	适用破坏形式	典型适用情况举例
莫尔强度理论	$\sigma_m = \sigma_1 - \dfrac{[\sigma_t]}{[\sigma_c]}\sigma_3 \ (\leqslant [\sigma_t])$	均可 (拉压强度不同的材料)	(1) 最大、最小主应力分别为拉、压应力的,具有明显拉压强度不同的脆性材料 (2) 三向压缩应力状态下的脆性、塑性材料②

① 对于塑性材料,此时的$[\sigma]$不能由单向拉伸实验得到。典型的例子包括:刻有环形切槽的低碳钢圆棒试件受轴向拉伸时,直到拉断都没有明显的屈服,因为切槽处于三向拉应力状态;同样的原因,低碳钢制成的螺钉受拉时,螺纹根部因应力集中而处于三向拉应力状态,会出现脆性断裂。

② 对于脆性材料,此时的$[\sigma]$不能由单向拉伸或压缩实验得到。典型的例子包括:大理石在围压下的轴向压缩实验,当径向压力<轴向压力时,会发生明显的塑性变形;淬火钢球压在铸铁板上,接触点处于三向压应力状态,会因屈服出现凹坑。

应该指出,不同材料会发生不同形式的失效,但即使是同一材料,在不同应力状态下也可能有不同的失效形式。对于危险点处于复杂应力状态的构件,进行强度校核时,一方面要保证所用强度理论与该应力状态下发生的破坏形式相对应;另一方面要求确定许用应力$[\sigma]$时,也必须是相应于该破坏形式的极限应力。如何选取适当的强度理论,除了需要力学知识外,还需要长期的实践经验积累。另外,强度理论的发展并不完善,还有许多不能很好解决的问题,特别是不断涌现的新材料的强度理论、极端环境下的强度理论等,一直是固体力学中具有挑战性的课题之一。

例题 7-10

某结构上危险点处的应力状态如例题图 7-10 所示,其中σ和τ均已知。材料为钢材,许用应力为$[\sigma]$。试写出第三和第四强度理论的表达式。

解: 图示为一平面应力状态,其不为零的主应力为

$$\left.\begin{array}{c}\sigma_{\max}\\\sigma_{\min}\end{array}\right\} = \frac{\sigma}{2} \pm \frac{1}{2}\sqrt{\sigma^2 + 4\tau^2}$$

例题图 7-10

故 3 个主应力分别为

$$\sigma_1 = \frac{\sigma}{2} + \frac{1}{2}\sqrt{\sigma^2 + 4\tau^2}, \sigma_2 = 0, \sigma_3 = \frac{\sigma}{2} - \frac{1}{2}\sqrt{\sigma^2 + 4\tau^2}$$

根据表 7-2,第三和第四强度理论的相当应力为

$$\sigma_{r3} = \sqrt{\sigma^2 + 4\tau^2} \leqslant [\sigma] \tag{7-41}$$

$$\sigma_{r4} = \sqrt{\sigma^2 + 3\tau^2} \leqslant [\sigma] \tag{7-42}$$

讨论: 此结论对于塑性材料杆件在拉扭和弯扭组合变形时的屈服失效,具有通用性。在后面组合变形的强度分析中,可直接应用式(7-41)和式(7-42)计算相当应力。

例题 7-11

已知铸铁构件上危险点处的应力状态如例题图 7-11 所示。若铸铁拉伸许用应力为$[\sigma_t] = 30$ MPa,试校核该点处的强度是否安全。

分析: 铸铁是典型的脆性材料,通过计算主应力,判断该应力状态属于拉伸,还是压缩状态。如果是以拉伸应力为主的状态,应选择第一或第二强度理论进行校核;如果是压缩状态,应选择第三或第四强度理论进行校核。

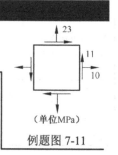

（单位MPa）

例题图 7-11

解：

(1) 求解该点的主应力。

对于图示的平面应力状态，$\sigma_x = 10$ MPa，$\sigma_y = 23$ MPa，$\tau_{xy} = -11$ MPa，不为零的主应力为

$$\left.\begin{array}{r}\sigma_{\max}\\\sigma_{\min}\end{array}\right\} = \frac{\sigma_x + \sigma_y}{2} \pm \frac{1}{2}\sqrt{(\sigma_x - \sigma_y)^2 + 4\tau_{xy}^2} = \frac{10 + 23}{2} \pm \frac{1}{2}\sqrt{(10 - 23)^2 + 4 \times (-11)^2} = \left\{\begin{array}{l}29.28 \text{ MPa}\\3.72 \text{ MPa}\end{array}\right.$$

故 3 个主应力分别为 $\sigma_1 = 29.28$ MPa，$\sigma_2 = 3.72$ MPa，$\sigma_3 = 0$。

(2) 选择强度理论进行强度校核。

由上可见，该点处于二向拉应力状态，故采用第一强度理论，显然有

$$\sigma_1 = 29.28 \text{ MPa} < [\sigma_t] = 30 \text{ MPa}$$

因此该点是安全的。

例题 7-12

工字形截面梁受力如例题图 7-12(a)所示，已知该梁材料的 $[\sigma] = 180$ MPa，$[\tau] = 100$ MPa。试按第三或第四强度理论选择该工字钢的型号。

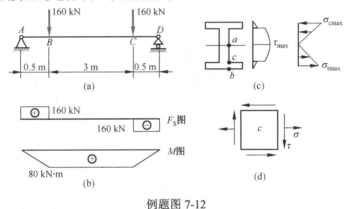

例题图 7-12

分析： 本例题要求对平面弯曲的工字钢梁进行全面校核，需要考虑 3 个方面：首先是最大弯矩截面上的正应力危险点 b，其次是最大剪力截面上的切压力危险点 a，再次在剪力、弯矩都较大的截面上，在工字钢腹板与翼缘交界处 c，既有正应力，又有切应力，处于二向应力状态，需要用强度理论进行校核。

解：

(1) 作剪力图和弯矩图，按正应力强度条件选择工字钢型号。

在图示载荷作用下，梁的剪力图和弯矩图如例题图 7-12(b)所示。由图可知，$F_{S\max} = 160$ kN，$M_{\max} = 80$ kN·m。

平面弯曲时横截面上的正应力、切应力分布规律如例题图 7-12(c)所示。在 $M_{\max}$ 截面（BC 段）上的上、下边缘是全梁上正应力最大的点，其切应力为零。由正应力强度条件：

$$\sigma_{\max} = \frac{M_{\max}}{W_z} \leqslant [\sigma]$$

可得

$$W_z \geqslant \frac{M_{\max}}{[\sigma]} = \frac{80 \times 10^3}{180 \times 10^6} \text{ m}^3 = 444.44 \text{ cm}^3$$

查型钢表，初步选取 28a 工字钢。

(2) 按切应力强度条件进行校核。

对于 28a 工字钢的截面，查附录 C 中的型钢规格表得

$$I_z = 7114.14 \text{ cm}^4 , \quad \frac{I_z}{S^*} = 24.62 \text{ cm} , \quad b = 8.5 \text{ mm}$$

在 F_{Smax} 截面（*AB* 段及 *CD* 段）上的中性轴处，是全梁上切应力最大的点，其正应力为零，校核该点的切应力强度，即

$$\tau_{max} = \frac{F_{smax}S^*}{I_z b} = \frac{160 \times 10^3}{24.62 \times 10^{-2} \times 8.5 \times 10^{-3}} \text{Pa} = 76.46 \text{ MPa} < [\tau]$$

由此可见，选用 28a 工字钢能够满足切应力强度条件。

(3) 用第三强度理论校核腹板与翼缘交界点（处于二向应力状态）的强度。

以上考虑了危险截面上的最大正应力和最大切应力，但对于工字形截面，在腹板与翼缘交界处，正应力和切应力都较大，且为二向应力状态，因此必须用强度理论进行校核。为此，选取 *B*、*C* 截面上腹板与下翼缘交界的点 *c*，截取出的单元体应力状态如例题图 7-12 (d)所示，计算该点的正应力和切应力分别为

$$\sigma = \frac{M_{max}y}{I_z} = \frac{80 \times 10^3 \times 0.1263}{7114.14 \times 10^{-8}} \text{Pa} = 142.03 \text{ MPa} \tag{a}$$

$$\tau = \frac{F_s S^*}{I_z b} = \frac{160 \times 10^3 \times 223 \times 10^{-6}}{7114.14 \times 10^{-8} \times 8.5 \times 10^{-3}} \text{Pa} = 59 \text{ MPa} \tag{b}$$

式(b)中的 S^* 是横截面的下翼缘面积对中性轴的静矩，翼缘的形状可近似视为 122 mm × 8.5 mm 的矩形，于是

$$S^* = 122 \times 13.7 \times \left(126.3 + \frac{13.7}{2}\right) \text{mm}^3 = 223 \times 10^{-6} \text{ m}^3$$

因为点 *c* 的应力状态与例题 7-10 相同，故可直接用式(7-41)和式(7-42)进行强度校核。

用第三强度理论进行强度校核，则

$$\sigma_{r3} = \sqrt{\sigma^2 + 4\tau^2} = \sqrt{142.03^2 + 4 \times 59^2} = 184.65 \text{ MPa} > [\sigma]$$

用第四强度理论进行强度校核，则

$$\sigma_{r4} = \sqrt{\sigma^2 + 3\tau^2} = \sqrt{142.03^2 + 3 \times 59^2} = 174.97 \text{ MPa} < [\sigma]$$

综合上述计算，用第三强度理论校核点 *c* 的强度是不安全的，但用第四强度理论校核则是安全的。工程中一般认为相当应力不大于许用应力的 5%左右时可视为安全，所以可以认为工字钢梁是安全的。比较上述结果，说明用第三强度理论偏于保守。

讨论：该例题属于梁强度计算中较全面而复杂的情况，涉及以下 3 类危险点：

第一类：正应力危险点，发生在最大弯矩截面的上、下边缘处，如例题图 7-12(c)所示 *B* 截面上的点 *b*，通常切应力为零，处于单向应力状态；

第二类：切应力危险点，发生在最大剪力截面的中性轴处，如例题图 7-12(c)所示 *B* 截面上的点 *a*，通常正应力为零，处于纯剪切应力状态；

第三类：正应力、切应力均较大的点，发生在剪力和弯矩均较大的截面的腹板与翼缘交界处，如例题图 7-12(c)所示 *B* 截面上的点 *c*。由于处于复杂应力状态，所以需要用强度理论进行强度计算。

小 结

本章目标：

(1) 应力、应变状态分析，主要是平面应力状态分析。

(2) 广义胡克定律和应变能计算。

(3) 强度理论及应用。

应力和应变状态分析要点：

(1) 一点处的应力状态可用单元体上的 6 个独立的应力分量 σ_x、σ_y、σ_z、τ_{xy}、τ_{yz}、τ_{zx} 来表示；对于平面应力状态，则只需 3 个分量，如 σ_x、σ_y、τ_{xy}。

(2) 平面应力状态下任意斜截面上的应力计算。

解析法：$\sigma_\alpha = \dfrac{\sigma_x + \sigma_y}{2} + \dfrac{\sigma_x - \sigma_y}{2}\cos 2\alpha - \tau_{xy}\sin 2\alpha$，$\tau_\alpha = \dfrac{\sigma_x - \sigma_y}{2}\sin 2\alpha + \tau_{xy}\cos 2\alpha$

图解法：应力圆——上述解析式在 σ_α-τ_α 平面上所表示的曲线，由已知点逆时针转过 2α 后所得点的坐标。

(3) 每一点都存在主单元体，其上没有切应力，只有正应力，称为主应力，相应的面称为主平面。掌握平面应力状态下主应力（最大和最小正应力）和最大切应力及所在截面方位的计算。

解析法：$\left.\begin{array}{c}\sigma_{\max} \\ \sigma_{\min}\end{array}\right\} = \dfrac{\sigma_x + \sigma_y}{2} \pm \dfrac{1}{2}\sqrt{(\sigma_x - \sigma_y)^2 + 4\tau_{xy}^2}$，$\tan 2\alpha_0 = \dfrac{\sin 2\alpha_0}{\cos 2\alpha_0} = -\dfrac{2\tau_{xy}}{\sigma_x - \sigma_y}$

$\left.\begin{array}{c}\tau_{\max} \\ \tau_{\min}\end{array}\right\} = \pm\dfrac{1}{2}\sqrt{(\sigma_x - \sigma_y)^2 + 4\tau_{xy}^2} = \pm\dfrac{\sigma_{\max} - \sigma_{\min}}{2} = \pm\dfrac{\sigma_1 - \sigma_3}{2}$，$\tan 2\alpha_1 = \dfrac{\sigma_x - \sigma_y}{2\tau_{xy}}$

图解法：应力圆，左右顶点为最小和最大正应力（主应力），上下顶点为最大和最小切应力。

(4) 了解由空间应力状态的主应力状态求任意斜截面上的应力、空间应力状态的应力圆和最大切应力的计算。

(5) 了解平面应变状态的坐标转换、主应变和应变圆。

广义胡克定律和应变能计算要点：

(1) 广义胡克定律。

一般应力状态：$\begin{cases}\varepsilon_x = \dfrac{1}{E}\left[\sigma_x - \nu(\sigma_y + \sigma_z)\right] \\[2mm] \varepsilon_y = \dfrac{1}{E}\left[\sigma_y - \nu(\sigma_x + \sigma_z)\right] \\[2mm] \varepsilon_z = \dfrac{1}{E}\left[\sigma_z - \nu(\sigma_x + \sigma_y)\right]\end{cases}$，$\begin{cases}\gamma_{xy} = \dfrac{\tau_{xy}}{G} \\[2mm] \gamma_{yz} = \dfrac{\tau_{yz}}{G} \\[2mm] \gamma_{zx} = \dfrac{\tau_{zx}}{G}\end{cases}$；主应力状态：$\begin{cases}\varepsilon_1 = \dfrac{1}{E}\left[\sigma_1 - \nu(\sigma_2 + \sigma_3)\right] \\[2mm] \varepsilon_2 = \dfrac{1}{E}\left[\sigma_2 - \nu(\sigma_1 + \sigma_3)\right] \\[2mm] \varepsilon_3 = \dfrac{1}{E}\left[\sigma_3 - \nu(\sigma_1 + \sigma_2)\right]\end{cases}$

(2) 复杂应力状态下的应变能密度计算。

$$v_\varepsilon = \frac{1}{2}(\sigma_1\varepsilon_1 + \sigma_2\varepsilon_2 + \sigma_3\varepsilon_3) = \frac{1}{2E}\left[\sigma_1^2 + \sigma_2^2 + \sigma_3^2 - 2\nu(\sigma_1\sigma_2 + \sigma_2\sigma_3 + \sigma_3\sigma_1)\right]$$

体积改变能密度：$v_{\mathrm{V}} = \dfrac{1-2\nu}{6E}(\sigma_1 + \sigma_2 + \sigma_3)^2$

畸变能密度：$v_d = \dfrac{1+\nu}{6E}\left[(\sigma_1-\sigma_2)^2+(\sigma_2-\sigma_3)^2+(\sigma_3-\sigma_1)^2\right]$

强度理论要点：

脆性断裂 $\begin{cases}\text{最大拉应力理论（第一强度理论）：} \sigma_{r1}=\sigma_1\leqslant[\sigma] \\ \text{最大线应变理论（第二强度理论）：} \sigma_{r2}=\sigma_1-\nu(\sigma_2+\sigma_3)\leqslant[\sigma]\end{cases}$

塑性屈服 $\begin{cases}\text{最大切应力理论（第三强度理论）：} \sigma_{r3}=\sigma_1-\sigma_3\leqslant[\sigma] \\ \text{畸变能密度理论（第四强度理论）：} \\ \sigma_{r4}=\sqrt{\dfrac{1}{2}\left[(\sigma_1-\sigma_2)^2+(\sigma_2-\sigma_3)^2+(\sigma_3-\sigma_1)^2\right]}\leqslant[\sigma]\end{cases}$

拉压强度不同——莫尔强度理论：$\sigma_m=\sigma_1-\dfrac{[\sigma_t]}{[\sigma_c]}\sigma_3\leqslant[\sigma_t]$

关于切应力和切应变的正负号说明：

本章在平面应力状态和空间应力状态分析中分别采用了以下两种不同的切应力符号规定。

① 在平面应力状态中，为了与杆件内力（剪力）的符号定义一致，规定切应力使单元体顺时针转动时为正，反之为负；相应地，切应变的符号规定为：使直角增大的切应变为正，反之为负。在该规定下，切应力互等定理为 $\tau_{xy}=-\tau_{yx}$，相应地有 $\gamma_{xy}=-\gamma_{yx}$。

② 在空间应力状态中，规定切应力指向和其作用面的外法向指向符号相同时为正，相反时为负；相应地规定使直角减小的切应变为正，反之为负。在该规定下，切应力互等定理为 $\tau_{xy}=\tau_{yx}$，相应地有 $\gamma_{xy}=\gamma_{yx}$。

在图 7-3 所示的坐标系中，两种规定下的 $\tau_{xy}(\gamma_{xy})$ 符号相反，而 $\tau_{yx}(\gamma_{yx})$ 符号相同，因而采用不同规定导出的斜截面应力计算公式和应变坐标转换公式会在 $\tau_{xy}(\gamma_{xy})$ 前相差一负号。一般说来，第 2 种负号规定更具有普遍意义，可使切应力和切应变具有对称性，所以在其他固体变形体力学（如弹性力学）中通常采用这种规定。

思 考 题

7-1　圆轴扭转时，轴表面各点处于何种应力状态？梁在发生横力弯曲时，梁顶面、梁底面及其他各点分别处于何种应力状态？

7-2　一简支梁承受均布载荷作用，如思考题图 7-2(a)所示。已知任一截面 *m-m* 中性轴上的点 *A* 处于纯剪切应力状态（如思考题图 7-2(b)所示）。若紧靠点 *A* 上方，再取一点 *B*，则其为平面应力状态（如思考题图 7-2(c)所示），而根据相邻两单元体接触面上的作用反作用定律，*B* 单元体上的切应力 τ 与 *A* 单元体上的切应力相同，依次类推，可得横截面上的切应力沿截面高度均匀分布。但是在弯曲应力一章中已经讨论过，横截面上的切应力沿截面高度成抛物线分布，两者是否矛盾？为什么？

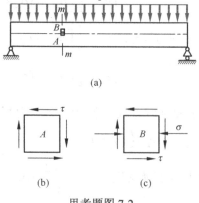

思考题图 7-2

7-3 对于思考题图 7-3 所示各单元体，表示垂直于纸面的斜截面上应力随 α 角变化的应力圆有何特点？$\alpha = \pm 45°$ 两个斜截面上的 σ_α 和 τ_α 分别为多少？

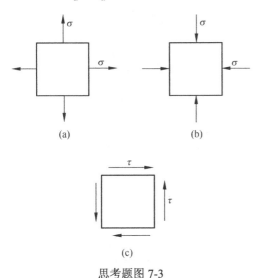

思考题图 7-3

7-4 处于平面应力状态的单元体，当其 σ_x、σ_y、τ_{xy} 分别满足什么条件时，才能使该单元体分别处于单向拉应力状态和单向压应力状态？

7-5 带尖角的轴向拉伸杆件如思考题图 7-5 所示。试指出尖角处点 A 的应力状态，并分析为什么。

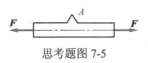

思考题图 7-5

7-6 试问在何种情况下，平面应力状态的应力圆符合以下特征：(1) 一个点圆；(2) 圆心在原点；(3) 与 τ 轴相切。

7-7 水管在冬天经常有冻裂现象，根据作用与反作用原理，水管壁与管内的冰之间的相互作用应该相等，试问为什么冰没有被压碎反而是水管被冻裂？

7-8 将沸腾的水倒入厚玻璃杯里，玻璃杯内、外壁的受力情况如何？若因此而发生破裂，试问破裂是从内壁开始，还是从外壁开始？为什么？

7-9 如思考题图 7-9(a)所示的塑性金属材料制成的圆棒试件受轴向拉伸，中间刻有圆弧切槽后，如思考题图7-9(b)所示，为什么更不容易屈服？

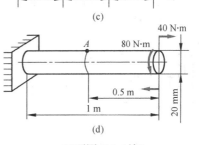

思考题图 7-9

习　题

基本题

7-1 各构件受力和尺寸如图所示，试从点 A 和点 B 取出单元体，并表示其应力状态。

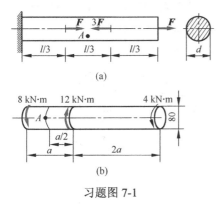

习题图 7-1

习题图 7-1（续）

7-2 已知应力状态如图所示，试用解析法求解：
(1) $\sigma_{30°}$ 和 $\tau_{30°}$；(2) 主应力的大小及主平面的方位；(3) 最大切应力（应力单位为 MPa）。

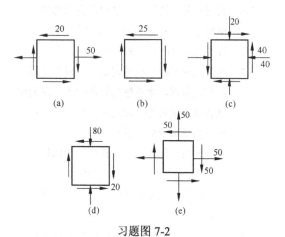

习题图 7-2

7-3 在图示应力状态中，试分别用解析法和图解法求出指定斜截面上的应力，并表示在单元体上（应力单位为 MPa）。

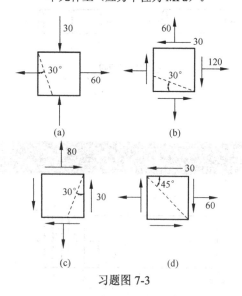

习题图 7-3

7-4 试确定图示应力状态的主应力和最大切应力（应力单位为 MPa）。

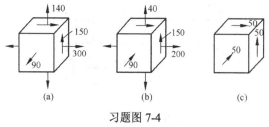

习题图 7-4

7-5 构件中取出的微元受力如图所示，其中 AC 为自由表面（无外力作用），试求 σ_x 和 τ_{xy}。

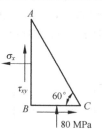

习题图 7-5

7-6 构件微元表面 AC 上作用有数值为 14 MPa 的压应力，其余受力如图所示。试求 σ_x 和 τ_{xy}。

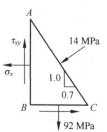

习题图 7-6

7-7 飞机机翼表面上一点的应力状态如图中单元体所示，试求：(1) 主应力及主平面的方位；(2) 最大切应力，并用单元体表示出来。

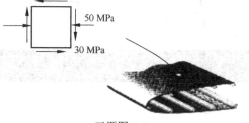

习题图 7-7

7-8 已知矩形截面梁某截面上的剪力和弯矩分别为 $F_S = 120$ kN，$M = 10$ kN·m，试绘出图示截面上 1、2、3、4 各点应力状态的单元体，并求其主应力。

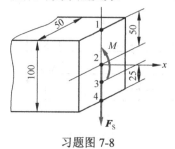

习题图 7-8

7-9 图示外径为 300 mm 的钢管由厚度为 8 mm 的钢带沿 20°角的螺旋线卷曲焊接而成。试求下列情形下，焊缝上沿焊缝方向的切应力和垂直于焊缝方向的正应力。

(a) 只承受轴向载荷 $F = 200$ kN；

(b) 只承受内压 $p = 5.0$ MPa（两端封闭）；

(c) 同时承受轴向载荷 $F = 200$ kN 和内压 $p = 5.0$ MPa（两端封闭）。

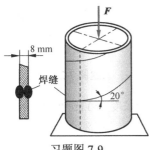

习题图 7-9

7-10 图示具有刚性端封板的薄壁圆柱体，是由长矩形板绕成圆柱形后焊接成形。螺旋线和柱壳母线间的夹角为 35°。圆柱壳的平均直径为 40 cm，壁厚为 0.5 cm，内部压力为 4 MPa。忽略端封板的局部效应，试求作用在圆柱曲面螺旋焊缝上的正应力和切应力。

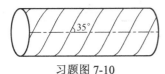

习题图 7-10

7-11 已知：(a) $\varepsilon_x = -0.000\ 12$，$\varepsilon_y = 0.001\ 12$，$\gamma_{xy} = 0.000\ 20$；(b) $\varepsilon_x = 0.000\ 80$，$\varepsilon_y = -0.000\ 20$，$\gamma_{xy} = -0.000\ 80$。试分别求主应变及其方向。

7-12 液压缸及柱形活塞的纵剖面如图所示。缸体材料为钢，材料的 $E = 210$ GPa，$\nu = 0.25$。试求当内压 $p = 10$ MPa 时，液压缸平均直径的改变量（长度单位为 mm）。

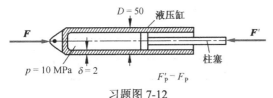

习题图 7-12

7-13 如图所示，当矩形截面钢拉伸试样的轴向拉力 $F = 70$ kN 时，测得试样中段点 B 处与其轴线成 30°方向的线应变 $\varepsilon_{30°} = 3.35 \times 10^{-4}$。已知材料的弹性模量 $E = 200$ GPa，试求泊松比 ν。

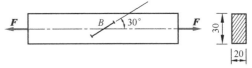

习题图 7-13

7-14 图示受扭转的圆轴，直径 $d = 2$ cm，材料的 $E = 200$ GPa，$\nu = 0.3$，现用变形仪测得圆轴表面与轴线夹角为 45°方向上的应变 $\varepsilon_{45°} = 5.2 \times 10^{-4}$。试求作用在轴上的 M_e。

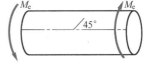

习题图 7-14

7-15 有一厚度为 7 mm 的钢板在两个垂直方向受拉，拉应力分别为 150 MPa 和 40 MPa。钢材的弹性模量为 $E = 210$ GPa，$\nu = 0.25$。试求钢板厚度的减小量。

7-16 铸铁构件上危险点的应力状态如图所示，若已知铸铁抗拉许用应力 $[\sigma_t] = 30$ MPa。试对下列应力分量作用下的危险点进行强度校核：

(a) $\sigma_x = \sigma_y = \sigma_z = 0$，$\tau_{xy} = 30$ MPa；

(b) $\sigma_x = 10$ MPa，$\sigma_y = 18$ MPa，$\sigma_z = 0$，$\tau_{xy} = -15$ MPa。

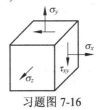

习题图 7-16

7-17 Q235 钢制构件上危险点的应力状态如习题图 7-16 所示。若已知钢的 $[\sigma] = 160$ MPa。试对下列应力分量作用下的危险点进行强度校核：

(a) $\sigma_x = \sigma_z = 0$，$\sigma_y = 120$ MPa，$\tau_{xy} = 20$ MPa；

(b) $\sigma_x = 20$ MPa，$\sigma_y = -40$ MPa，$\sigma_z = 80$ MPa，$\tau_{xy} = 40$ MPa。

7-18 铸铁薄管如图所示。其外径为 220 mm，壁厚 $\delta = 10$ mm，承受内压 $p = 2$ MPa，两端的轴向压力 $F = 250$ kN。铸铁的许用拉应力和许用压应力分别为 $[\sigma_t] = 30$ MPa，$[\sigma_c] = 90$ MPa，$\nu = 0.25$，试用第二强度理论及莫尔强度理论校核薄管的强度。

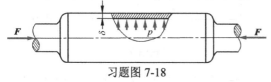

习题图 7-18

7-19 钢制圆柱体薄壁容器，直径为 800 mm，壁厚 $\delta = 4$ mm，$[\sigma] = 120$ MPa。试用强度理论确定可能承受的内压力 p。

提高题

7-20 自平面受力物体内取出一单元体，其上承受的应力如图所示，$\tau = \sigma/\sqrt{3}$。试求此点的主应力及主单元体。

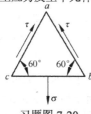

习题图 7-20

7-21 在受力物体的某一点处，夹角为 β 的两截面上的应力如图所示，试用解析法和图解法求：(1) 该点处的主应力及主方向；(2) 两截面的夹角 β（应力单位为 MPa）。

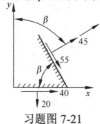

习题图 7-21

7-22 测得图示矩形截面梁表面点 K 处的线应变 $\varepsilon_{45°} = 50 \times 10^{-6}$。已知材料 $E = 200$ GPa，$\nu = 0.25$，试求作用在梁上的载荷 F。

习题图 7-22

7-23 一实心圆截面杆，受轴向拉力 F 和扭转力偶矩 M_e 共同作用，且 $M = Fd/10$。今测得圆杆表面点 k 处沿图示方向的线应变 $\varepsilon = 1.443 \mu\varepsilon (1\mu\varepsilon = 10^{-6})$。已知杆直径 $d = 10$ mm，材料的弹性模量 $E = 200$ GPa，泊松比 $\nu = 0.3$，试求轴向拉力 F 和扭转力偶矩 M_e。

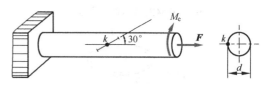

习题图 7-23

7-24 一个长度 $l = 3$ m、内径 $d = 1$ m、壁厚 $\delta = 10$ mm、两端封闭的圆柱形薄壁压力容器，如图所示。容器材料的弹性模量 $E = 200$ GPa，泊松比 $\nu = 0.3$，当承受内压 $p = 1.5$ MPa 时，试求：(1) 容器内径、长度及容积的改变；(2) 容器壁内的最大切应力及其作用面。

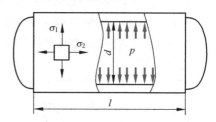

习题图 7-24

7-25 两端封闭的薄壁铸铁圆筒如图所示，已知圆筒内径 $d = 100$ mm，壁厚 $t = 10$ mm，材料的泊松比 $\nu = 0.25$，$[\sigma] = 40$ MPa。试按第二强度理论，校核下列三种情况下圆筒的强度：(1) 圆筒承受内压 $q = 5$ MPa；(2) 圆筒承受内压 $q = 5$ MPa 和轴向压力 $F = 100$ kN；(3) 圆筒承受内压 $q = 5$ MPa 和轴向压力 $F = 100$ kN 及外力偶矩 $M_e = 3$ kN·m。

习题图 7-25

7-26 某锅炉汽包的受力及截面尺寸如图所示。图中将锅炉自重简化为均布载荷。若已知内压 $p = 3.4$ MPa，总重 700 kN；汽包材料为 20 号锅炉钢，其屈服强度 $\sigma_s = 200$ MPa，要求安全因数 $n_s = 2.0$。试用第三强度理论校核汽包的强度。

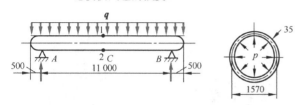

习题图 7-26

7-27 组合钢梁如图所示。已知 $q = 40$ kN/m，$F = 480$ kN，材料的许用应力 $[\sigma] = 160$ MPa。试根据第四强度理论对梁的强度作全面校核。

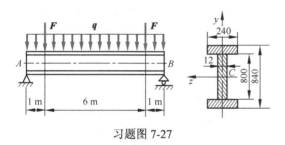

习题图 7-27

7-28 图示闭口薄壁圆筒受内压 p 和弯曲力偶 M_e 的联合作用，今测得点 A 的轴向线应变 $\varepsilon_{0°} = 4 \times 10^{-4}$，点 B 沿圆周线方向的线应变 $\varepsilon_{90°} = 2 \times 10^{-4}$，已知薄壁圆筒的外径 $D = 60$ mm，壁厚 $\delta = 2$ mm，$E = 200$ GPa，泊松比 $\nu = 0.25$，$[\sigma] = 150$ MPa。(1) 画出点 A 的单元体受力状态；(2) 求出弯曲力偶 M_e 和内压 p 的大小；(3) 试用第三强度理论校核筒的强度。

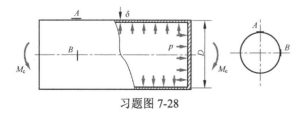

习题图 7-28

7-29 厚度 $\delta = 8$ mm 的箱形截面梁，受力如图所示。已知 $[\sigma] = 150$ MPa，试设计截面宽度 b，并用畸变能密度理论对梁的强度作全面校核。

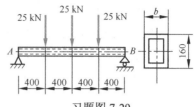

习题图 7-29

研究性题

7-30 图(a)所示为一般空间应力状态，试利用图(b)所示四面体微元的平衡推导任意斜截面（外法向为 $\boldsymbol{n}$）上的力和应力。

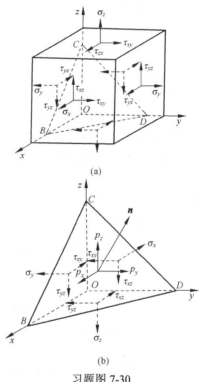

习题图 7-30

7-31 定义下列应力矩阵：

$$\boldsymbol{S} = \begin{bmatrix} \sigma_x & \tau_{xy} & \tau_{xz} \\ \tau_{yx} & \sigma_y & \tau_{yz} \\ \tau_{zx} & \tau_{zy} & \sigma_z \end{bmatrix}$$

其中，规定切应力指向和其作用面的外法向指向符号相同时为正，相反时为负。于是，上述矩阵为实对称方阵。设某斜截面的法向单位矢量 $\boldsymbol{n} = \{n_x, n_y, n_z\}^T$（上标 T 表示转置）。试验证：

(1) 该斜截面上的面力为 $\boldsymbol{p} = \{p_x, p_y, p_z\}^{\mathrm{T}} = \boldsymbol{S} \cdot \boldsymbol{n}$。

(2) 该斜截面上的正应力为 $\sigma_n = \boldsymbol{n}^{\mathrm{T}} \cdot \boldsymbol{S} \cdot \boldsymbol{n}$，切应力为 $\tau_n = \boldsymbol{n}^{\mathrm{T}} \cdot \boldsymbol{S} \cdot \boldsymbol{t}$，其中 $\boldsymbol{t} = \{t_x, t_y, t_z\}^{\mathrm{T}}$ 为切向单位矢量（$\boldsymbol{n}^{\mathrm{T}} \cdot \boldsymbol{t} = 0$）。

(3) $\boldsymbol{S}$ 的特征向量为主应力，相应的特征向量为主平面的法向矢量。

7-32 若定义对称应变矩阵：

$$\boldsymbol{\Gamma} = \begin{bmatrix} \varepsilon_x & \dfrac{\gamma_{xy}}{2} & \dfrac{\gamma_{xz}}{2} \\ \dfrac{\gamma_{yx}}{2} & \varepsilon_y & \dfrac{\gamma_{yz}}{2} \\ \dfrac{\gamma_{zx}}{2} & \dfrac{\gamma_{zy}}{2} & \varepsilon_z \end{bmatrix}$$

试验证：

(1) 沿方向 $\boldsymbol{n} = \{n_x, n_y, n_z\}^{\mathrm{T}}$ 的线应变为 $\varepsilon_n = \boldsymbol{n}^{\mathrm{T}} \cdot \boldsymbol{\Gamma} \cdot \boldsymbol{n}$，切应变为 $\gamma_{nt}/2 = \boldsymbol{n}^{\mathrm{T}} \cdot \boldsymbol{S} \cdot \boldsymbol{t}$。

(2) $\boldsymbol{\Gamma}$ 的特征向量为主应变，相应的特征向量为主平面的法向矢量。

7-33 图示平面坐标系 xOy 与 $x'Oy'$ 之间的转换关系可以写成如下的矩阵形式：

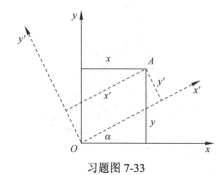

习题图 7-33

$$\begin{Bmatrix} x' \\ y' \end{Bmatrix} = \begin{bmatrix} \cos\alpha & \sin\alpha \\ -\sin\alpha & \cos\alpha \end{bmatrix} \begin{Bmatrix} x \\ y \end{Bmatrix} \quad (\text{简记为 } \boldsymbol{x}' = \boldsymbol{T} \cdot \boldsymbol{x})$$

试证明二维实对称应力矩阵和应变矩阵的坐标转换公式可以写为：

$$\begin{bmatrix} \sigma_{x'} & \tau_{x'y'} \\ \tau_{y'x'} & \sigma_{y'} \end{bmatrix} = \begin{bmatrix} \cos\alpha & \sin\alpha \\ -\sin\alpha & \cos\alpha \end{bmatrix} \begin{bmatrix} \sigma_x & \tau_{xy} \\ \tau_{yx} & \sigma_y \end{bmatrix} \begin{bmatrix} \cos\alpha & \sin\alpha \\ -\sin\alpha & \cos\alpha \end{bmatrix}^{\mathrm{T}}$$

（简记为 $\boldsymbol{S}' = \boldsymbol{T} \cdot \boldsymbol{S} \cdot \boldsymbol{T}^{\mathrm{T}}$）

$$\begin{bmatrix} \varepsilon_{x'} & \dfrac{\gamma_{x'y'}}{2} \\ \dfrac{\gamma_{y'x'}}{2} & \varepsilon_{y'} \end{bmatrix} = \begin{bmatrix} \cos\alpha & \sin\alpha \\ -\sin\alpha & \cos\alpha \end{bmatrix} \begin{bmatrix} \varepsilon_x & \dfrac{\gamma_{xy}}{2} \\ \dfrac{\gamma_{yx}}{2} & \varepsilon_y \end{bmatrix} \begin{bmatrix} \cos\alpha & \sin\alpha \\ -\sin\alpha & \cos\alpha \end{bmatrix}^{\mathrm{T}}$$

（简记为 $\boldsymbol{\Gamma}' = \boldsymbol{T} \cdot \boldsymbol{\Gamma} \cdot \boldsymbol{T}^{\mathrm{T}}$）

7-34 试利用绪论习题 1-6 中的平面应变–位移关系式，推导任意方向的线应变和切应变。

7-35 图(a)、(b)分别为测量一点表面应变的 45° 应变花和 60° 应变花，试推导由测量得到的应变值计算该点应变分量 ε_x、ε_y、γ_{xy} 和主应变的公式。

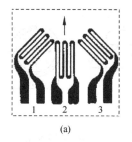

习题图 7-35

7-36 图示为某点的主应力状态，过该点作一斜截面，其法向 $\boldsymbol{n}$ 与 3 个主方向的夹角相等，试由主应力表示该截面上的正应力和切应力，并说明它们的力学意义。

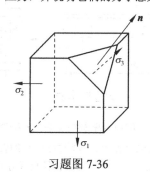

习题图 7-36

第8章

组 合 变 形

8.1 组合变形概述

前面几章分别讨论了杆件在轴向拉伸（压缩）、剪切、扭转、弯曲等基本变形时的强度和刚度计算。但在实际工程结构中，许多构件往往同时发生两种或两种以上的基本变形，称为**组合变形**（complex deformation）。若其中有一种变形是主要的，其余变形所引起的应力或变形量很小，则构件可按主要的基本变形计算。若几种变形所对应的应力或变形量属于同一量级，则必须同时分析这几种变形。例如，图 8-1(a)所示的烟囱除自重引起的轴向压缩外，还有水平风力引起的弯曲变形，烟囱将发生轴向压缩与弯曲的组合变形；图 8-1(b)所示的厂房中吊车立柱除承受轴向压力 F_1 外，还受到偏心压力 F_2 的作用，立柱将发生轴向压缩与弯曲的组合变形；如图 8-1(c)所示的齿轮传动轴，在齿轮啮合力的作用下，传动轴发生弯曲和扭转的组合变形。

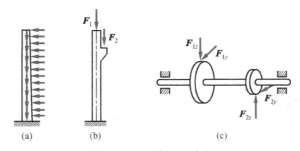

图 8-1　组合变形的实例

叠加原理的应用

分析组合变形时，可以先将外力进行简化或分解，把构件上的外力转化为与其静力等效的载荷，其中每一组载荷对应着一种基本变形。在线弹性、小变形条件下，由前面关于基本变形的知识可知：内力、应力、应变、位移等均与外力成正比，即呈线性关系。因此，各个基本变形引起的内力、应力、应变和位移，可以认为是各自独立、互不影响的，且可以相互叠加，即符合叠加原理。所以，组合变形构件的内力、应力、应变和位移，可先分别计算构件在每一种基本变形下的结构，然后进行叠加，得到组合变形的结果，再进一步确定构件的危险截面和危险点的位置，以及危险点的应力状态，进行强度校核。

需要指出的是，内力、应力、应变、位移等与外力之间的线性关系是在线弹性、小变形的胡克定律，以及变形位移很小，可用原始尺寸分析的基础上得到的，若不能保证这两点，则上述线性关系就不成立，叠加原理不再适用。

构件的组合变形有多种形式，工程中常见的有拉压与弯曲的组合、弯曲与扭转的组合等。下面分别对几种常见的组合进行详细描述。

8.2 拉压与弯曲的组合

拉伸或压缩与弯曲的组合变形是工程中常见的情况,以图 8-2(a)所示的起重机横梁 *AB* 为例,其受力如图 8-2(b)所示。轴向力 $\boldsymbol{F}_{Ax}$ 和 $\boldsymbol{F}_{Bx}$ 引起压缩,而横向力 $\boldsymbol{F}_{Ay}$、$\boldsymbol{F}_{By}$、$\boldsymbol{F}$ 则引起弯曲,所以横梁 *AB* 发生压缩与弯曲的组合变形。此时,杆件的横截面上将同时产生轴力、弯矩和剪力。忽略剪力的影响,轴力和弯矩都将在横截面上产生正应力。以下讨论正应力的计算。

考虑如图 8-3(a)所示的矩形截面悬臂梁,在 $\boldsymbol{F}_x$ 和 $\boldsymbol{F}_y$ 共同作用下,梁 *AB* 发生轴向拉伸与弯曲的组合变形。取任一横截面,产生轴向拉伸变形的轴力 F_N 引起的正应力 σ_1 在整个横截面均匀分布,如图 8-3(b)所示;产生弯曲变形的弯矩 M 引起的正应力 σ_2 沿横截面高度呈线性分布,如图 8-3(c)所示。根据前面的知识,这两个应力分别为

$$\sigma_1 = \frac{F_N}{A} \tag{a}$$

$$\sigma_2 = \frac{My}{I_z} \tag{b}$$

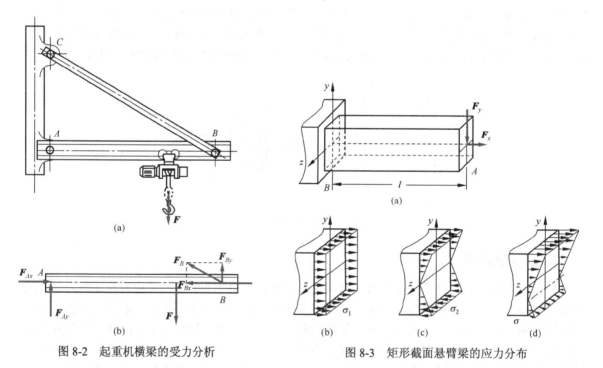

图 8-2 起重机横梁的受力分析　　　　图 8-3 矩形截面悬臂梁的应力分布

根据叠加原理,组合变形的截面正应力等于两种基本变形分别引起的同一点的正应力代数相加,结果为

$$\sigma = \frac{F_N}{A} + \frac{My}{I_z} \tag{8-1}$$

叠加后的应力 σ 仍为线性分布,如图 8-3(d)所示。需要注意的是,叠加后的零应力点(即截面中性轴的位置)不再通过截面形心,而是有一偏心距;因此,上、下边缘到中性轴的距离不再相等,最大拉应力和最大压应力仍在横截面的上、下边缘,但数值不等;叠加后的结果说明,

若轴力 F_N 为常量，则梁上的危险点仍发生在弯矩取最大值 M_{max} 的截面上，并处于单向应力状态，最大正应力值为

$$\sigma_{max} = \left| \frac{F_N}{A} \right| + \left| \frac{M_{max}}{W} \right| \tag{8-2}$$

若轴力 F_N 和弯矩 M 均沿轴线变化，则梁上的危险点需要综合考虑由轴力和弯矩引起的正应力，根据式(8-1)确定。校核强度时，若材料拉压强度不等，则需要分别计算危险截面上的最大拉应力 σ_{tmax} 和最大压应力 σ_{cmax} ，并分别按拉、压强度条件进行校核。

例题 8-1

三角形托架如例题图 8-1(a)所示，已知 $F = 8$ kN，梁 AB 为 16 号工字钢，材料的许用应力 $[\sigma] = 100$ MPa ，试校核梁 AB 的强度。

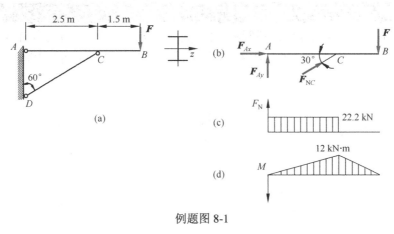

例题图 8-1

分析：托架系统中，杆 CD 为二力杆，在 F 作用下发生轴向压缩。梁 AB 的 AC 段在 F 及杆 CD 轴向载荷的作用下发生轴向拉伸与弯曲的组合变形。

解：

(1) 求解 CD 杆的内力。

取梁 AB 为研究对象，其受力如例题图 8-1(b)所示，为计算 F_{NC} ，对点 A 取矩，由平衡方程

$$\sum M_A = 0, \quad F_{NC} \sin 30° \times 2.5 - F \times 4 = 0$$

解得杆 CD 的内力为

$$F_{NC} = \frac{8 \times 4}{2.5 \times 0.5} = 25.6 \text{ kN}$$

(2) 确定梁 AB 的内力。

绘制梁 AB 的轴力图和弯矩图，如例题图 8-1(c)、(d)所示。由内力图可知，梁的 AC 段为拉伸与弯曲的组合变形，CB 段为弯曲变形。点 C 处的左侧截面为危险截面，轴力和弯矩同时达到最大值为

$$F_{Nmax} = 22.2 \text{ kN}, \quad M_{max} = 12 \text{ kN} \cdot \text{m}$$

(3) 分析梁 AB 的应力，确定危险点并进行强度校核。

由截面 C 处弯矩的方向，可知截面 C 的上边缘为危险点，有最大拉应力为

$$\sigma_{t\,max} = \frac{F_{N\,max}}{A} + \frac{M_{max}}{W_z}$$

对于 16 号工字钢，查型钢表得 $A = 26.1 \text{ cm}^2$，$W_z = 141 \text{ cm}^3$。代入上式，解得

$$\sigma_{t\,max} = \frac{F_{N\,max}}{A} + \frac{M_{max}}{W_z} = \left(\frac{22.2 \times 10^3}{26.1 \times 10^{-4}} + \frac{12 \times 10^3}{141 \times 10^{-6}} \right) \text{Pa} = 93.60 \text{ MPa} < [\sigma]$$

故梁 AB 是安全的。

讨论： 本例是拉压与弯曲组合变形中常规的问题。首先要根据构件的受力特点，判断构件哪些部分发生何种基本变形，并画出相应的内力图。一般根据内力图，可以直观地判断出构件可能的危险截面及危险点。最后，根据危险点的正应力强度条件进行强度计算。

例题 8-2

例题图 8-2(a)所示直径为 d 的均质圆杆 AB，其 B 端为铰链支承，A 端靠在光滑的铅垂墙上，杆件与水平面夹角为 α。试确定杆 AB 上最大压应力的截面到 A 端的距离 s。

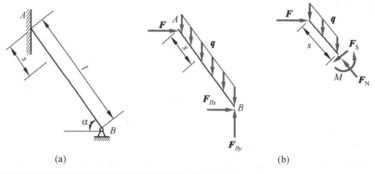

例题图 8-2

分析： 杆 AB 上除了杆的自重，没有其他主动力作用。杆在自重和 A、B 端的约束反力作用下，将发生轴向压缩与弯曲的组合变形。由于轴力和弯矩均随截面的位置而变化，所以杆 AB 上的正应力是截面位置的函数，可利用一阶导数等于零的方法，确定最大压应力的截面位置。

解：

(1) 求杆 A 端的约束反力。

以杆 AB 为研究对象，设杆单位长度的重力为 q，墙对杆的水平约束反力为 F，杆 AB 受力如例题图 8-2 (b)所示，由平衡方程

$$\sum M_B = 0, \quad -Fl\sin\alpha + ql \cdot \frac{l}{2}\cos\alpha = 0$$

解得

$$F = \frac{ql}{2}\cot\alpha$$

(2) 求任意横截面上的内力。

杆 AB 在自重和约束反力作用下，发生轴向压缩与弯曲的组合变形，距离 A 端为 s 的横截面上同时出现轴力和弯矩，由截面法容易求得其大小分别为

$$F_N = F\cos\alpha + qs\sin\alpha = \frac{ql}{2} \cdot \frac{\cos^2\alpha}{\sin\alpha} + qs\sin\alpha$$

$$M = Fs\sin\alpha - \frac{qs^2}{2}\cos\alpha = \frac{qls}{2}\cos\alpha - \frac{qs^2}{2}\cos\alpha$$

它们均为 s 的函数。

(3) 计算任意横截面上的压应力。

将轴力产生的压应力和弯矩产生的压应力进行叠加，得截面的正应力。显然，在任意横截面上，最大压应力均发生在截面上边缘，结果为

$$\sigma = \frac{F_N}{A} + \frac{M}{W} = \frac{4}{\pi d^2}\left(\frac{ql}{2} \cdot \frac{\cos^2\alpha}{\sin\alpha} + qs\sin\alpha\right) + \frac{32}{\pi d^3}\left(\frac{qls}{2}\cos\alpha - \frac{qs^2}{2}\cos\alpha\right) \qquad (a)$$

(4) 确定最大压应力的横截面位置。

将式(a)对 s 求导，并令导数等于零，得

$$\frac{d\sigma}{ds} = \frac{4}{\pi d^2}q\sin\alpha + \frac{32}{\pi d^3}\left(\frac{ql}{2}\cos\alpha - qs\cos\alpha\right) = 0$$

由此解得压应力极值点所在截面距 A 端的距离为

$$s = \frac{l}{2} + \frac{d}{8}\tan\alpha$$

讨论：

本例是拉压与弯曲组合变形中较复杂的问题。构件的轴力和弯矩均沿轴线变化，且轴力图和弯矩图都比较复杂，很难直观地判断出危险截面，需要首先建立最大压应力随截面位置变化的函数，然后利用数学求极值的方法，得到最大压应力所在的位置。

8.3 偏心拉压

拉压与弯曲组合变形除了上节介绍的形式外，还有另一种情况，即偏心拉压。作用在杆上的外力，当其作用线与杆的轴线平行但不重合时，将引起**偏心拉伸**（eccentric tension）或**偏心压缩**（eccentric compression）。例如，图 8-4(a)所示小型压力机的铸铁框架立柱为偏心拉伸，图 8-4(b)所示厂房中支承吊车梁的柱子为偏心压缩。

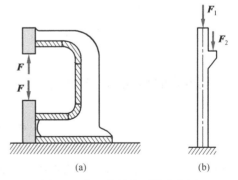

图 8-4 偏心拉伸和压缩的实例

正应力和中性轴

以横截面具有两个形心主惯性轴（y 轴和 z 轴）的立柱为例，如图 8-5(a)所示，立柱受一偏心压力 F 作用，F 的作用点坐标为（y_F, z_F）。将偏心压力 F 向立柱的截面形心点 O 平移，得到沿轴线方向的压力 F 和力偶矩 Fe，再将 Fe 分解为 xz 平面内的力偶矩 M_y 和 xy 平面内的力偶矩 M_z，且 $M_y = -Fz_F$，$M_z = -Fy_F$，如图 8-5(b)所示。F 引起立柱的轴向压缩，M_y 和 M_z 引起立柱在两个

纵向对称面内的纯弯曲。根据截面法易知，立柱任意横截面上的内力和应力都相等，其中内力均为轴力 $F_N = -F$ 和两个平面内的弯矩 $M_y = -Fz_F$ 和 $M_z = -Fy_F$（这里的弯矩正负号规定与第 5 章的一致，即规定使位于 z 轴或 y 轴正向的部分受拉为正，以便可以直接利用式(5-2)计算横截面的正应力）。于是，在任意横截面 $n\text{-}n$ 上的任一点 $B(y, z)$，这些内力引起的正应力分别为

$$\sigma_F = -\frac{F_N}{A} = -\frac{F}{A} \tag{a}$$

$$\sigma_{My} = \frac{M_y \cdot z}{I_y} = -\frac{Fz_F z}{I_y} \tag{b}$$

$$\sigma_{Mz} = \frac{M_z \cdot y}{I_z} = -\frac{Fy_F y}{I_z} \tag{c}$$

式中，I_y 和 I_z 分别为横截面对 y 轴和 z 轴的惯性矩。将式(a)、(b)、(c)叠加，得点 B 处的应力为

$$\sigma = \sigma_F + \sigma_{My} + \sigma_{Mz} = -\frac{F}{A} - \frac{Fz_F z}{I_y} - \frac{Fy_F y}{I_z} \tag{8-3}$$

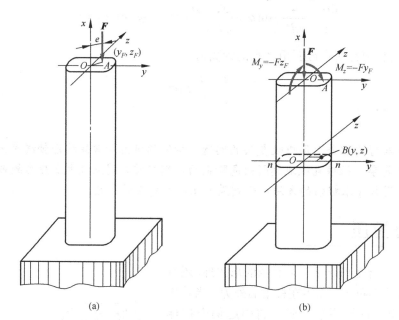

(a)   (b)

图 8-5 偏心压缩的立柱

利用惯性矩与惯性半径间的关系：$I_y = Ai_y^2$，$I_z = Ai_z^2$，式(8-3)可改写为

$$\sigma = -\frac{F}{A}\left(1 + \frac{z_F z}{i_y^2} + \frac{y_F y}{i_z^2}\right) \tag{8-4}$$

式(8-4)是一个平面方程，表明正应力在横截面上按线性规律变化，而应力平面与横截面相交的直线，正是横截面上拉应力和压应力的分界线，其上 $\sigma = 0$，因此就是**中性轴**。令（y_0, z_0）为中性轴上任一点的坐标，根据中性轴上各点应力等于零，将 y_0 和 z_0 代入式(8-4)，得中性轴方程为

$$\frac{y_F y_0}{i_z^2} + \frac{z_F z_0}{i_y^2} = -1 \tag{8-5}$$

可见，偏心压缩时，中性轴是一条不通过截面形心的直线，如图 8-6 所示。中性轴与两个坐标轴的截距 a_y、a_z 分别为

$$a_y = -\frac{i_z^2}{y_F}, \quad a_z = -\frac{i_y^2}{z_F} \tag{8-6}$$

上式表明，a_y 与 y_F 符号相反，a_z 与 z_F 符号相反，所以中性轴和偏心压力 F 的作用点 A 分别在坐标原点的两侧。中性轴把截面划分为两部分，如图 8-6 所示，以中性轴为界，与受力点 A 同侧的各点受压应力作用，另一侧各点受拉应力作用，距离中性轴越远的点，应力

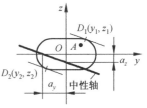

图 8-6 中性轴的位置

值越大，最远点应力值最大。在图 8-6 中，D_1、D_2 点分别为最大压应力和拉应力点，且点 D_1 的最大压应力值大于点 D_2 的最大拉应力值。

例题 8-3

如例题图 8-3 所示的夹具，在夹紧零件时，受力 $F = 2\,\text{kN}$，已知螺钉轴线与夹具竖杆的中心线距离 $e = 60\,\text{mm}$，设夹具竖杆的横截面尺寸为 $b = 10\,\text{mm}$ 和 $h = 24\,\text{mm}$，夹具材料的 $[\sigma] = 160\,\text{MPa}$，试校核夹具竖杆的强度。

例题图 8-3

分析：F 作用下，夹具发生偏心拉伸，应对危险截面上最大拉应力的点进行强度校核。

解：

(1) 求解竖杆的内力。

根据截面法，竖杆任意横截面 $m\text{-}m$ 上的内力有轴力 $F_N = F$ 和弯矩 $M = Fe$。

(2) 求解危险截面上的危险点，进行强度计算。

竖杆各截面上有相同的轴力和弯矩值，截面左侧边缘上各点有最大压应力，右侧边缘上各点有最大拉应力，且最大拉应力值大于最大压应力值，因此只需要对最大拉应力进行校核：

$$\sigma_{t\max} = \frac{F}{A} + \frac{Fe}{W_z} = \left(\frac{2 \times 10^3}{10 \times 24 \times 10^{-6}} + \frac{2 \times 10^3 \times 60 \times 10^{-3}}{\frac{1}{6} \times 10 \times 24^2 \times 10^{-9}} \right)\text{Pa} = 133.33\,\text{MPa} < [\sigma]$$

满足强度条件，故夹具竖杆是安全的。

例题 8-4

一直径 $d = 12\,\text{mm}$ 的圆钢弯制成的开口链环，其受力及形状尺寸如例题图 8-4(a)所示。试求：(1) 链环直段部分横截面上的最大拉应力和最大压应力；(2) 中性轴与截面形心之间的距离。

解：

(1) 确定直段部分横截面上的内力。

将链环从直段的某一横截面处截开，分析下半部分的受力，如例题图 8-4(b)所示。根据平衡方程，截面上的内力有轴力 F_N 和弯矩 M，分别为

$$F_N = 800\,\text{N}, \quad M = 12\,\text{N} \cdot \text{m}$$

(2) 计算直段部分横截面上的最大拉应力和最大压应力。

轴力 F_N 在截面上引起均匀分布的正应力，如例题图 8-4(c)所示，其值为

$$\sigma_{(1)} = \frac{F_N}{A} = \frac{4 \times 800}{\pi \times 12^2 \times 10^{-6}} \text{Pa} = 7.07 \text{ MPa}$$

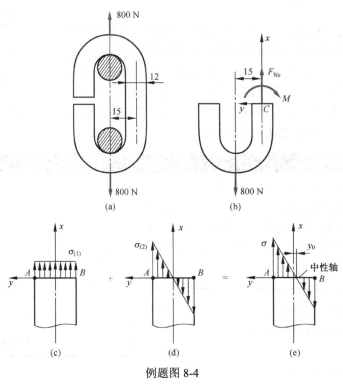

例题图 8-4

弯矩 M 在截面上引起线性分布的正应力，如例题图 8-4(d)所示，最大拉、压应力分别发生在 A、B 两点，其绝对值为

$$\sigma_{(2)} = \frac{M_z}{W_z} = \frac{32 \times 12}{\pi \times 12^3 \times 10^{-9}} \text{Pa} = 70.74 \text{ MPa}$$

应用叠加原理，将上述两个应力分量叠加，即得到由载荷引起的链环直段横截面上的正应力分布，如例题图 8-4(e)所示。从图中可以看出，横截面上的 A、B 两点处分别承受最大拉应力和最大压应力，其值分别为

$$\sigma_{\text{tmax}} = \sigma_{(1)} + \sigma_{(2)} = 7.07 + 70.74 = 77.81 \text{ MPa}$$

$$\sigma_{\text{cmax}} = \sigma_{(1)} - \sigma_{(2)} = 7.07 - 70.74 = -63.67 \text{ MPa}$$

(3) 求中性轴与截面形心之间的距离。

令 F_N 和 M 引起的正应力之和等于零，即

$$\sigma = \frac{F_N}{A} + \frac{M(-y_0)}{I_z} = 0$$

其中，y_0 为中性轴到截面形心的距离，如例题图 8-4(e)所示。由上式解出 y_0 为

$$y_0 = \frac{F_N I_z}{MA} = \frac{800 \times \dfrac{\pi \times 0.012^4}{64}}{12 \times \dfrac{\pi \times 0.012^2}{4}} \text{m} = 0.6 \text{ mm}$$

截面核心

由前面的分析可知：偏心压缩时，截面中性轴不通过截面形心，其位置根据式(8-5)确定。由式(8-6)可以看出：中性轴的位置与载荷作用点的位置有关，作用点距截面形心越近，中性轴距形心越远。因此，在偏心载荷作用下，随着载荷作用点位置改变，中性轴可能穿过截面，将截面分为受拉区和受压区；也可能在截面以外，使截面上的正应力具有相同的符号：偏心拉伸时同为拉应力，偏心压缩时同为压应力。后一种情形，对土木建筑工程具有重要的意义。例如，由于砖、石或混凝土的拉伸强度远远低于压缩强度，当这些材料制成的杆件承受偏心压缩时，总是希望在构件的截面上只出现压应力，而不出现拉应力。这就要求中性轴必须在截面以外（或至少与截面边界相切），相应地，偏心载荷必须作用在离截面形心足够近的地方。对于每一个截面，可以由式(8-5)和式(8-6)确定一个封闭区域，当载荷作用于这一封闭区域内时，截面上只有压应力或拉应力，该封闭区域即称为"**截面核心**"（core of area）。

当载荷作用在截面核心的边界上时，与此相应的中性轴就正好与截面的周边相切，利用这一关系就可确定截面核心的边界。为此，将与截面边界相切的任一直线看做中性轴，相应地，利用式(8-6)计算得到一个偏心载荷作用点的坐标。对应于与截面边界相切的所有中性轴，可得到截面核心的边界。实际应用时，可通过该方法确定有限个点，连接这些点即可确定截面核心的边界。以下以矩形截面和圆形截面为例，说明确定截面核心的方法。

例题 8-5

若短柱的截面为矩形，如例题图 8-5 所示，截面宽度为 b、高度为 h，试确定该截面的截面核心。

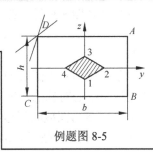

例题图 8-5

解：矩形截面的对称轴即为形心主惯性轴，且

$$i_y^2 = \frac{h^2}{12}, \quad i_z^2 = \frac{b^2}{12}$$

先假设中性轴与 AD 边重合，则中性轴在 y、z 轴上的截距分别为

$$a_y = \infty, \quad a_z = \frac{h}{2}$$

代入式(8-6)中，得压力 F 作用点 1 的坐标为

$$y_F = 0, \quad z_F = -\frac{h}{6}$$

同理，假设中性轴与 DC 边重合，它在 y、z 轴上的截距分别为

$$a_y = -\frac{b}{2}, \quad a_z = \infty$$

代入式(8-6)中，得压力 F 作用点 2 的坐标为

$$y_F = \frac{b}{6}, \quad z_F = 0$$

用同样的方法，依次设中性轴与边 BC、边 AB 重合，可以确定点 3 和点 4。

下面考察当截面的中性轴由水平边（或铅垂边）绕角点旋转逐渐过渡到铅垂边（或水平

边）时，压力 F 作用点的轨迹。以中性轴由水平边 AD 绕角点 D 逐渐过渡到铅垂边 DC 为例，注意到在此变化过程中，中性轴都通过同一点 D，其坐标为

$$y_D = -\frac{b}{2}, \quad z_D = \frac{h}{2}$$

它作为中性轴上的点，应该满足中性轴方程式(8-5)，于是有

$$\frac{y_F\left(-\dfrac{b}{2}\right)}{\dfrac{b^2}{12}} + \frac{z_F\dfrac{h}{2}}{\dfrac{h^2}{12}} = -1$$

化简后，得

$$\frac{6z_F}{h} - \frac{6y_F}{b} = -1$$

上式即为当中性轴由水平边 AD 逐渐过渡到铅垂边 DC 时，压力 F 作用点的轨迹方程，表示截面核心点 1 至点 2 的边界线，是一条直线段。在其他各角点也进行同样处理，可得到类似结论。最终，将 1、2、3、4 各点连线，得到一个菱形的封闭区域，即为截面核心，如例题图 8-5 中的阴影部分所示。

例题 8-6

确定例题图 8-6 所示直径为 d 的圆形截面的截面核心。

解：

由于圆截面对于圆心 O 是中心对称的，因此截面核心的边界对于圆心也应是中心对称的，即是一圆心为 O 的圆。为确定该圆的半径，过点 A 作一条与圆截面周边相切的直线，将其看成为中性轴，此时中性轴在 y、z 轴上的截距分别为

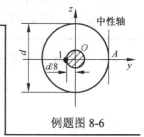

例题图 8-6

$$a_y = \frac{d}{2}, \quad a_z = \infty$$

而圆截面的 $i_y^2 = i_z^2 = d^2/16$，将以上各值代入式(8-6)中，得压力 F 作用点 1 的坐标为

$$y_F = 0, \quad z_F = -\frac{d}{8}$$

因此，截面核心的边界是一个以 O 为圆心，以 $d/8$ 为半径的圆，如例题图 8-6 所示。

讨论： 该例题求解时利用了截面关于圆心中心对称的特性，得出了截面核心为圆的结论。这一结论是显然的，同时也可以严格证明，请读者自行完成其证明。

8.4 扭转与弯曲的组合

扭转与弯曲的组合变形是传动机械中最常见的情况。一般的传动轴，借助于带轮或齿轮传递功率，通常发生扭转与弯曲的组合变形，如图 8-7(a)所示。在外力作用下，将作用在轮齿上的力向轴的形心简化，即得到与之等效的力和力偶，如图 8-7(b)所示。传动轴大多是圆截面的，故本节以圆截面杆为例，讨论杆件发生扭转与弯曲组合变形时的强度计算。

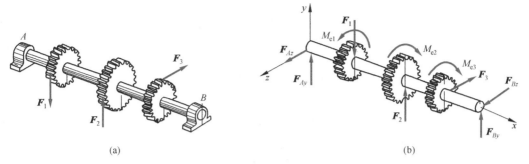

图 8-7 扭转与弯曲组合变形的实例

设一直径为 d 的圆截面杆 AB，A 端固定，B 端有一与 AB 成直角的刚臂，并在臂端承受铅垂力 F 作用，如图 8-8(a)所示。为分析杆 AB 的内力，将力 F 向截面 B 形心简化，得到横向力 F 和扭转力偶 $M_e = Fa$，AB 段的受力如图 8-8(b)所示。杆 AB 发生扭转和弯曲的组合变形，分别绘制扭矩图和弯矩图，如图 8-8(c)所示。由此可见，截面 A 为危险截面，其扭矩和弯矩分别为

$$T = Fa, \quad M = Fl$$

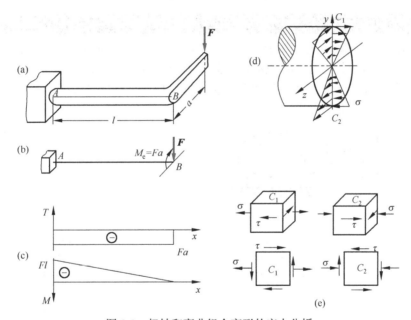

图 8-8 扭转和弯曲组合变形的应力分析

扭矩引起的切应力和弯矩引起的正应力分布如图 8-8(d)所示，可以看出，在上、下边缘的 C_1、C_2 两点，切应力和正应力的绝对值同时取最大值，其值分别为

$$\tau = \frac{T}{W_p}, \quad \sigma = \frac{M}{W_z} \tag{a}$$

故 C_1、C_2 两点是危险点，其应力状态如图 8-8(e)所示，为二向应力状态，其三个主应力分别为

$$\sigma_1 = \frac{\sigma}{2} + \frac{1}{2}\sqrt{\sigma^2 + 4\tau^2}, \quad \sigma_2 = 0, \quad \sigma_3 = \frac{\sigma}{2} - \frac{1}{2}\sqrt{\sigma^2 + 4\tau^2}$$

承受扭转与弯曲的圆轴一般由塑性材料制成，故可利用第三或第四强度理论建立强度条件。式(7-41)和式(7-42)已给出了第三和第四强度理论的强度条件：

$$\sigma_{r3} = \sqrt{\sigma^2 + 4\tau^2} \leqslant [\sigma] \tag{b}$$

$$\sigma_{r4} = \sqrt{\sigma^2 + 3\tau^2} \leqslant [\sigma] \tag{c}$$

将式(a)代入以上两式，并考虑到对于圆截面有 $W_P = 2W_z$，于是得

$$\sigma_{r3} = \frac{\sqrt{M^2 + T^2}}{W_z} \leqslant [\sigma] \tag{8-7}$$

$$\sigma_{r4} = \frac{\sqrt{M^2 + 0.75T^2}}{W_z} \leqslant [\sigma] \tag{8-8}$$

值得注意的是，式(b)和式(c)所适用的平面应力状态，并不仅限于正应力 σ 是由弯曲变形引起的，也不论正应力和切应力是正值，还是负值。例如，船舶的推进轴将同时发生轴向拉压、弯曲和扭转，其危险点的正应力 σ 等于弯曲正应力与轴向拉压正应力之和，此时相当应力式(b)或式(c)仍然适用。但式(8-7)和式(8-8)仅适用于扭转和弯曲组合变形下的圆截面杆，对于非圆截面杆，由于不存在 $W_P = 2W_z$ 的关系，故不再适用，但分析方法依然相同。

例题 8-7

例题图 8-7(a)所示电动机的功率 $P = 10 \text{ kW}$，转速 $n = 700 \text{ r/min}$，带轮的直径 $D = 250 \text{ mm}$，皮带松边拉力为 F，紧边拉力为 $2F$。电动机轴外伸部分长度 $l = 120 \text{ mm}$，轴的直径 $d = 40 \text{ mm}$。若轴材料的许用应力 $[\sigma] = 80 \text{ MPa}$，试用第三强度理论校核电动机轴的强度。

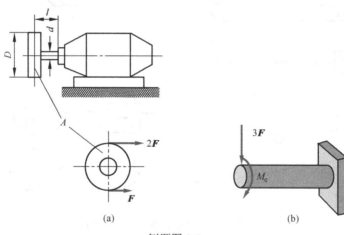

例题图 8-7

解:

(1) 分析受力及变形。

轴的电动机通过带轮输出功率，将皮带拉力向带轮中心简化，可得电机轴外伸段的受力简图，如例题图 8-7(b)所示，可见轴的外伸段产生扭转和弯曲的组合变形。

作用在带轮上的外加力偶矩为

$$M_e = 9549 \times \frac{P}{n} = 9549 \times \frac{10}{700} = 136.41 \text{ N} \cdot \text{m}$$

根据带轮的受力平衡，有

$$M_e = (2F - F) \times \frac{D}{2} = \frac{FD}{2}$$

于是，作用在皮带上的拉力为

$$F = \frac{2M_e}{D} = \frac{2 \times 136.41}{250 \times 10^{-3}} \text{N} = 1.09 \text{ kN}$$

(2) 确定危险截面。

根据例题图 8-7(b)所示的受力与变形情况，可知固定端处的横截面为危险截面，其上弯矩和扭矩分别为

$$M_{\max} = 3Fl = 3 \times 1.09 \times 10^3 \times 120 \times 10^{-3} = 392.40 \text{ N} \cdot \text{m}$$

$$T = M_e = 136.41 \text{ N} \cdot \text{m}$$

(3) 强度校核。

应用第三强度理论，由式(8-7)，得

$$\sigma_{r3} = \frac{\sqrt{M^2 + T^2}}{W} = \frac{\sqrt{(392.4)^2 + (136.41)^2} \times 32}{\pi(40 \times 10^{-3})^3} \text{Pa} = 66.12 \text{ MPa} < [\sigma]$$

故电动机轴的强度是安全的。

例题 8-8

由钢管支承的广告牌如例题图 8-8(a)所示，广告牌自重 $W = 150$ N，受到水平风力 $F = 120$ N 的作用，钢管外径 $D = 50$ mm，内径 $d = 45$ mm，钢管材料的许用应力$[\sigma] = 70$ MPa。试用第三强度理论校核钢管支承的强度。

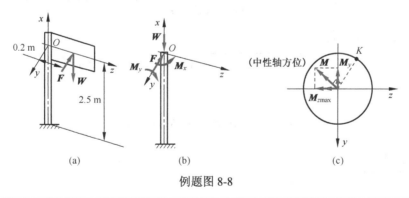

例题图 8-8

分析：水平风力 F 的作用将使钢管同时发生扭转和 xOy 平面内的弯曲变形；自重 W 则使钢管发生压缩和 xOz 平面内的弯曲变形。由内力分析确定危险截面，在应力最大的危险点处由第三强度理论进行强度校核。

解：

(1) 分析钢管的受力及变形。

将已知外力 F、W 平移简化到钢管支承的轴线，得集中力 F、W 和力偶 M_x、M_y，如例题图 8-8(b)所示，其中

$$M_x = F \times 0.2 = 120 \times 0.2 = 24 \text{ N} \cdot \text{m}$$

$$M_y = -W \times 0.2 = -150 \times 0.2 = -30 \text{ N} \cdot \text{m}$$

上述受力条件下，钢管产生压缩、扭转和斜弯曲的组合变形。

(2) 确定危险截面及其受力。

根据内力分析知，危险截面为钢管底端截面，各内力分量分别为

轴力：
$$F_N = -W = -150 \text{ N}$$

扭矩：
$$T = M_x = 24 \text{ N} \cdot \text{m}$$

xOy 平面内的弯矩：
$$M_{z\max} = -F \times 2.5 = -120 \times 2.5 = -300 \text{ N} \cdot \text{m}$$

xOz 平面内的弯矩：
$$M_y = -30 \text{ N} \cdot \text{m}$$

因为钢管截面是空心圆截面，所以可求得斜弯曲的合弯矩，如例题图 8-8(c)所示，其值为

$$M = \sqrt{M_{z\max}^2 + M_y^2} = \sqrt{(-300)^2 + (-30)^2} = 301.50 \text{ N} \cdot \text{m}$$

(3) 确定危险点进行强度校核。

与例题 8-7 分析方法相似，危险点为距离中性轴最远的点 K[见例题图 8-8(c)]。点 K 单元体的 x 侧面上有轴力引起的压应力、合弯矩引起的最大压应力和扭矩引起的切应力。点 K 处于二向应力状态，其正应力大小为

$$
\begin{aligned}
\sigma &= \sigma_{(1)} + \sigma_{(2)} = \frac{F_N}{A} + \frac{M}{W} \\
&= \left(\frac{150 \times 4}{\pi(50^2 - 45^2) \times 10^{-6}} + \frac{301.50 \times 32}{\pi \times 50^3 \left[1 - (45/50)^4 \right] \times 10^{-9}} \right) \text{Pa} \\
&= 71.84 \text{ MPa}
\end{aligned}
$$

切应力大小为

$$\tau = \frac{T}{W_P} = \frac{24 \times 16}{\pi \times 50^3 \left[1 - (45/50)^4 \right] \times 10^{-9}} \text{Pa} = 2.84 \text{ MPa}$$

应用第三强度理论，得

$$\sigma_{r3} = \sqrt{\sigma^2 + 4\tau^2} = \sqrt{(71.84)^2 + 4 \times (2.84)^2} = 72.06 \text{ MPa} > [\sigma]$$

但由于

$$\frac{\sigma_{r3} - [\sigma]}{[\sigma]} \times 100\% = 2.95\% < 5\%$$

所以钢管满足强度要求。

讨论：

此例题是组合变形中较复杂的问题，变形同时涉及了轴向压缩、圆截面斜弯曲及扭转变形。当构件受力复杂时，受力分析就十分重要。一般情况下，首先将所有外力向所研究构件的轴线或形心简化。然后由其等效力系，判断构件的变形形式，并作内力图。由内力图确定危险截面和危险点，最后根据危险点的应力状态，以及材料的特性，选取合适的强度理论，进行相应的强度计算。

例题 8-9

传动轴如例题图 8-9(a)所示，其左端圆锥直齿轮上作用有轴向力 $F_a = 1.65$ kN，切向力 $F_t = 4.55$ kN，径向力 $F_r = 414$ N；右端圆柱直齿轮压力角 $\alpha = 20°$。若已知轴的直径 $d = 40$ mm，材料的许用应力 $[\sigma] = 300$ MPa。试按第四强度理论对轴进行强度校核。

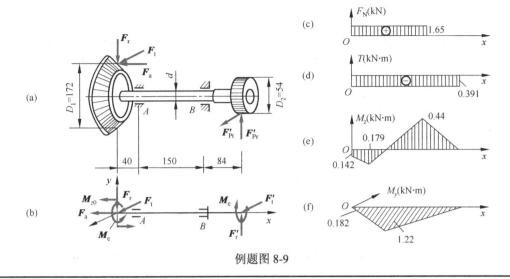

例题图 8-9

解：

(1) 受力及变形分析。

将作用在两个齿轮上的力分别向轴线简化，得到例题图 8-9(b)所示的受力简图，在轴的左端有力 F_a、F_t、F_r 和力偶 M_e、M_{z0}；在轴的右端有力 F_t'、F_r' 和力偶 M_e。

轴承 A 处为径向轴承，轴承 B 处简化为止推轴承，则力 F_a 使轴 AB 段产生拉伸变形；力 F_t、F_t' 使轴产生 xz 平面内的弯曲变形；力 F_r、F_r' 和力偶 M_{z0} 使轴产生 xy 平面内的弯曲变形；一对转向相反的力偶 M_e 使轴产生扭转变形。因此，在所有外力作用下，传动轴将产生轴向拉伸、扭转和两个平面弯曲的组合变形。

轴上受力及外力偶矩的大小分别为

$$M_e = F_t \times \frac{D_1}{2} = 4550 \times \frac{172 \times 10^{-3}}{2} = 391 \text{ N} \cdot \text{m}$$

$$M_{z0} = F_a \times \frac{D_1}{2} = 1650 \times \frac{172 \times 10^{-3}}{2} = 142 \text{ N} \cdot \text{m}$$

$$F_t' = \frac{M_e}{D_2 / 2} = \frac{2 \times 391}{54 \times 10^{-3}} \text{ N} = 14.48 \text{ kN}$$

$$F_r' = F_t' \tan 20° = 14.48 \times \tan 20° = 5.27 \text{ kN}$$

(2) 确定危险截面及其内力分量。

绘出所有基本变形对应的内力图，分别如例题图 8-9(c)、(d)、(e)、(f)所示。从内力图可以看出，B 的左侧截面为危险截面。其内力分量有

轴力： $\qquad\qquad\qquad F_N = F_a = 1650 \text{ N}$

扭矩： $\qquad\qquad\qquad T = M_e = 391 \text{ N} \cdot \text{m}$

xy 平面内的弯矩： $\qquad M_z = 440 \text{ N} \cdot \text{m}$

xz 平面内的弯矩： $\qquad M_y = 1220 \text{ N} \cdot \text{m}$

则 M_z 和 M_y 的合成弯矩为

$$M = \sqrt{M_z^2 + M_y^2} = \sqrt{440^2 + 1220^2} = 1297 \text{ N} \cdot \text{m}$$

(3) 计算危险点的应力。

在弯矩引起的拉应力最大的点上，同时还有轴力引起的拉应力和扭矩引起的切应力。所以，此点为危险点，其应力状态与图 8-8(e)中点 C_1 的情形相同，该点的拉应力为

$$\sigma = \frac{F_N}{A} + \frac{M}{W} = \left(\frac{4 \times 1650}{\pi \times (40 \times 10^{-3})^2} + \frac{32 \times 1297}{\pi \times (40 \times 10^{-3})^3} \right) Pa = (1.31 + 206.40)MPa = 207.71\ MPa$$

由扭矩引起的切应力为

$$\tau = \frac{T}{W_P} = \frac{16 \times 391}{\pi (40 \times 10^{-3})^3} Pa = 31.11\ MPa$$

(4) 强度校核。

根据第四强度理论，有

$$\sigma_{r4} = \sqrt{\sigma^2 + 3\tau^2} = \sqrt{207.71^2 + 3 \times 31.11^2} = 214.59\ MPa < [\sigma] = 300\ MPa$$

故传动轴的强度是安全的。

8.5　组合变形的普遍情况

如图 8-9(a)所示的等截面直杆，在任意载荷作用下，研究杆件任意横截面 $m\text{-}m$ 上的应力时，可用截面 $m\text{-}m$ 将杆件分为两部分，考察左段的平衡[如图 8-9(b)所示]。取杆件的轴线为 x 轴，截面的形心主惯性轴为 y 轴和 z 轴。截面 $m\text{-}m$ 上的内力系与作用在左段上的载荷组成一个空间平衡力系，根据 6 个静力平衡方程，截面 $m\text{-}m$ 上的内力系最终可化简为沿坐标轴的 3 个内力分量 F_N、F_{Sy}、F_{Sz} 和关于坐标轴的三个内力矩分量 T、M_y、M_z。由左段的静力平衡可求出这些内力为

$$F_N = \sum F_{ix}, \quad F_{Sy} = \sum F_{iy}, \quad F_{Sz} = \sum F_{iz}$$

$$T = \sum M_{ix}, \quad M_y = \sum M_{iy}, \quad M_z = \sum M_{iz}$$

式中，等号右边表示左段外力（包括力偶矩）在坐标轴上投影的总和。

在上述三个内力和三个内力矩分量中，如有某些分量等于零，即可得到前面讨论的某一种组合变形。例如，当 $T = 0$ 以及 $F_{Sy} = F_{Sz} = 0$ 时，即为拉压与弯曲的组合变形（或偏心拉压）；当 $F_N = 0$ 时，就是扭转与弯曲的组合变形；当 $F_N = 0$ 及 $T = 0$ 时，杆件变为在两个纵向对称面内的弯曲组合，即第 5 章介绍的斜弯曲。

在 3 个内力分量中，轴力 F_N 对应着轴向拉压变形，相应的正应力按第 2 章轴向拉压计算；剪力 F_{Sy} 和 F_{Sz} 分别对应着 y 和 z 方向的剪切变形，相应的切应力按第 5 章横力弯曲时切应力的计算公式计算；扭矩 T 对应着扭转变形，产生的切应力可按第 3 章的扭转理论计算；弯矩 M_y 和 M_z 分别对应着 xz 和 xy 平面内的弯曲变形，产生的弯曲正应力可按第 5 章弯曲正应力的计算公式计算。

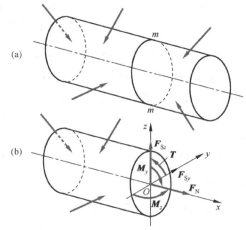

图 8-9　组合变形杆的内力分析

将上述各内力分量所引起的应力叠加，即为组合变形的应力。其中与 F_N、M_y、M_z 对应的是正应力，可按代数相加；与 F_{Sy}、F_{Sz} 和 T 对应的是切应力，应按矢量相加。例如 $\tau = \sqrt{\tau_z^2 + \tau_y^2}$。与第 5 章横力弯曲的情况类似，通常与 F_{Sy} 和 F_{Sz} 对应的切应力是次要的，有时可以忽略不计。例如，轴类零件的强度计算常如此处理。

组合变形的位移也可先根据前面各章介绍的方法分别计算各基本变形的位移，然后叠加得到。其中轴力 F_N 引起轴向位移；扭矩 T 引起绕轴线的转角；弯矩 M_y 和 M_z 分别引起 xz 和 xy 平面内的挠度和截面转角；剪力 F_{Sy} 和 F_{Sz} 引起的变形忽略不计。

组合变形的应变能可依据"外力功等于应变能"这一能量守恒计算。如图 8-10 所示，选取杆件中任意微段 dx，同第 6 章，忽略剪力 F_{Sy} 和 F_{Sz} 引起的应变能。显然，各内力或内力矩分量 F_N、T、M_y 和 M_z 分别只在它们本身引起的位移或转角（依次记为 $d(\Delta l)$、$d\varphi$、$d\theta_y$、$d\theta_z$）上做功，因此微段内的应变能为

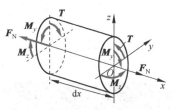

$$dV_\varepsilon = \frac{1}{2}F_N(x)d(\Delta l) + \frac{1}{2}T(x)d\varphi + \frac{1}{2}M_y(x)d\theta_y + \frac{1}{2}M_z(x)d\theta_z$$

$$= \frac{F_N^2(x)dx}{2EA} + \frac{T^2(x)dx}{2GI_p} + \frac{M_y^2(x)dx}{2EI_y} + \frac{M_z^2(x)dx}{2EI_z}$$

图 8-10 微段上的应变能计算

积分得整个杆件的应变能为

$$V_\varepsilon = \int_l \frac{F_N^2(x)dx}{2EA} + \int_l \frac{T^2(x)dx}{2GI_p} + \int_l \frac{M_y^2(x)dx}{2EI_y} + \int_l \frac{M_z^2(x)dx}{2EI_z} \tag{8-9}$$

由此结果可以建立计算指定截面位移的单位载荷法（参考 6.8 节）

$$\Delta = \int_l \frac{F_N(x)\bar{F}_N(x)dx}{EA} + \int_l \frac{T(x)\bar{T}(x)dx}{GI_p} + \int_l \frac{M_y(x)\bar{M}_y(x)dx}{EI_y} + \int_l \frac{M_z(x)\bar{M}_z(x)dx}{EI_z} \tag{8-10}$$

也可根据卡氏定理[见式(6-13)]计算指定截面的位移。

小 结

本章目标：讨论组合变形——构件同时发生两种或两种以上基本变形时的应力计算和强度校核。主要讲述拉压与弯曲的组合（含偏心拉压）及弯曲与扭转的组合，也涉及简单的拉压、弯曲与扭转的组合。

研究思路：

组合变形计算依据：叠加原理（线弹性小变形）。

组合变形强度计算步骤：

① 载荷分解：每种载荷只引起一种基本变形；

② 计算每一种基本变形情况下的内力和应力；

③ 叠加：在内力的危险截面上应力叠加；

④ 确定最大应力，按选定的强度理论校核强度。

典型组合变形：

(1) 组合变形例一：拉压与弯曲的组合变形，截面上的点处于单向应力状态（忽略剪力）

$$\text{正应力：} \quad \sigma = \frac{F_N}{A} + \frac{My}{I_z}$$

(2) 组合变形例二：偏心拉伸或压缩（拉压与弯曲组合特例）

$$\text{正应力：} \quad \sigma = -\frac{F}{A} - \frac{Fz_F z}{I_y} - \frac{Fy_F y}{I_z}$$

$$\text{中性轴：} \quad \frac{y_F y_0}{i_z^2} + \frac{z_F z_0}{i_y^2} = -1 \quad \text{（确定截面核心）}$$

(3) 组合变形例三：扭转与弯曲的组合，截面上的点处于二向应力状态

$$\text{应力分量：} \quad \tau = \frac{T}{W_P}, \quad \sigma = \frac{M}{W_z}$$

$$\text{第三、四强度理论：} \quad \sigma_{r3} = \sqrt{\sigma^2 + 4\tau^2} \leqslant [\sigma], \quad \sigma_{r4} = \sqrt{\sigma^2 + 3\tau^2} \leqslant [\sigma]$$

$$\text{圆轴情况：} \quad \sigma_{r3} = \frac{\sqrt{M^2 + T^2}}{W} \leqslant [\sigma], \quad \sigma_{r4} = \frac{\sqrt{M^2 + 0.75T^2}}{W} \leqslant [\sigma]$$

思 考 题

8-1 杆件发生弯曲与拉压的组合变形时，什么条件下可按叠加原理计算其横截面上的最大正应力？

8-2 压力机立柱为箱型截面，在拉伸与弯曲的组合变形时，下列四种截面形状中哪一种最合理？

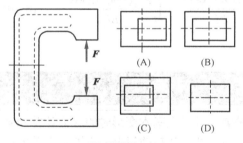

思考题图 8-2

8-3 某工人修理机器时，在受拉的矩形截面杆一侧发现一小裂纹。为防止裂纹扩展，有人建议在裂纹尖端处钻一个光滑小圆孔即可（图 a），有人认为除此孔外，还应在其对称位置再钻一个同样大小的圆孔（图 b）。试问哪一种做法好？为什么？

8-4 决定截面核心的因素有哪些？

8-5 根据杆件横截面正应力分析过程，中性轴在什么情形下才会通过截面形心？

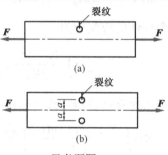

思考题图 8-3

8-6 悬臂梁的各种截面形状如图所示，若 A 端的集中力偶 M_e 的作用平面位于截面图中虚线所示位置（双箭头表示力偶的矢量方向），则哪些梁发生斜弯曲？哪些梁发生平面弯曲？

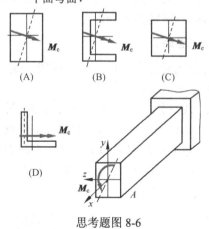

思考题图 8-6

习　　题

8-1 试分析下列构件在截面 A 上的内力分量。

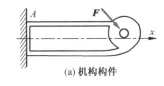

(a) 机构构件

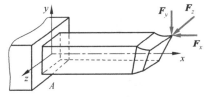

(b) 车刀

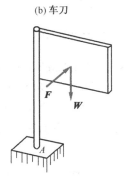

(c) 广告牌

习题图 8-1

8-2 图示起重架的最大起吊重量（包括小车）为 $W = 40$ kN，横梁 AC 由两根 18 号的槽钢组成，材料为 Q235 钢，许用应力 $[\sigma] = 120$ MPa。试校核梁的强度。

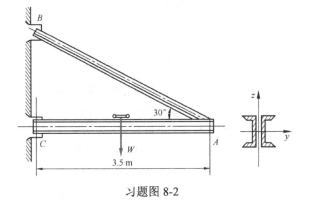

习题图 8-2

8-3 图示截面为矩形的短柱受水平力 $F_y = 6$ kN 和偏心竖向力 $F_x = 24$ kN 的作用，试求固定端截面上 A、B、C、D 各点的正应力，并确定该截面上中性轴的位置。

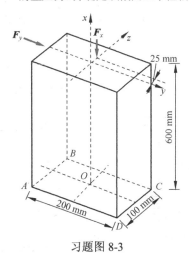

习题图 8-3

8-4 试求图(a)和(b)中所示二杆横截面上的最大正应力及其比值。

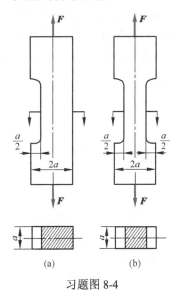

习题图 8-4

8-5 矩形截面悬臂梁左端为固定端，受力如图所示，尺寸单位为 mm。若已知 $F_1 = 80$ kN，$F_2 = 8$ kN。试求固定端处横截面上 A、B、C、D 四点的正应力。

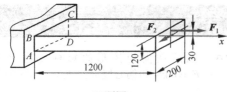

习题图 8-5

8-6 图示压力机框架，材料为灰铸铁 HT15-33，许用拉应力为 $[\sigma_t] = 35$ MPa，许用压应力为 $[\sigma_c] = 80$ MPa。立柱截面尺寸如图所示，长度单位为 mm。试校核立柱的强度。

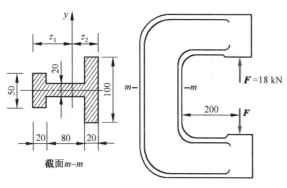

截面 m-m

习题图 8-6

8-7 螺旋夹紧器立柱的横截面为 $a \times b$ 的矩形，如图所示。已知该夹紧器工作时承受的夹紧力 $F = 16$ kN，材料许用应力 $[\sigma] = 160$ MPa，立柱臂厚 $a = 20$ mm，偏心距 $e = 140$ mm。试求立臂的宽度 b。

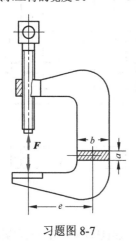

习题图 8-7

8-8 图示为钻床结构及其受力简图。钻床立柱为空心铸铁管，外径为 $D = 140$ mm，内、外径之比 $d/D = 0.75$。铸铁的拉伸许用应力 $[\sigma_t] = 35$ MPa，压缩许用应力 $[\sigma_c] = 90$ MPa。钻孔时钻头和工作台面的受力如图所示，其中 $F = 15$ kN，力 F 作用线与立柱轴线之间的偏心距 $e = 400$ mm。试校核立柱的强度是否安全。

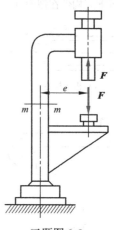

习题图 8-8

8-9 由 18 号工字钢制成的立柱，受力及尺寸如图所示，其中 $F_1 = 420$ N，$F_2 = 560$ N，$e_1 = 1.4$ m，$e_2 = 3.2$ m，立柱自重引起的载荷如图所示，试求立柱的最大拉应力和最大压应力。

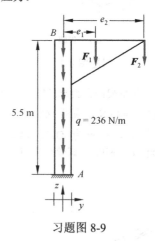

习题图 8-9

8-10 图示为承受纵向载荷的人骨受力简图。试：(1) 假设骨骼为实心圆截面，确定横截面 B-B 上的最大拉应力和压应力；(2) 假设骨骼中心部分（其直径为骨骼外直径的一半）由海绵状骨质所组成，忽略海绵状承受应力的能力，确定横截面 B-B 上的最大拉、压应力；(3) 确定 1、2 两种情形下，骨骼在横截面 B-B 上的最大压应力之比。

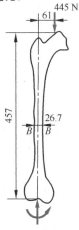

习题图 8-10

8-11　正方形截面杆一端固定，另一端自由，中间部分开有切槽。杆的自由端受平行于杆轴线的纵向力 **F** 作用。若已知 $F = 1$ kN，各部分尺寸如图所示。试求杆内横截面上的最大正应力，并指出其作用位置。

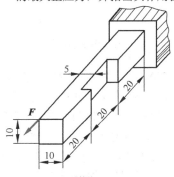

习题图 8-11

8-12　短柱的截面形状如图所示，试确定截面核心。

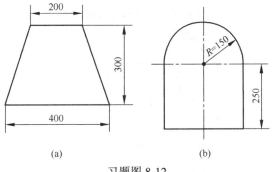

习题图 8-12

8-13　图示为一等直杆受偏心拉伸，试确定其任意

x 截面上的中性轴方程。若设 $y_F = h/6$，$z_F = b/6$，试求其中性轴在 y 轴和 z 轴上的截距 (a_y, a_z)。

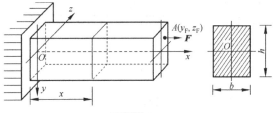

习题图 8-13

8-14　传动轴受力如图所示。若已知材料的 $[\sigma] = 80$ MPa，试设计该轴的直径。

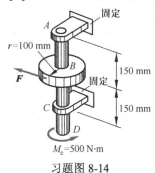

习题图 8-14

8-15　图示齿轮轴 A 端齿轮上作用有径向力 $F_{Ay} = 0.5$ kN 和切向力 $F_{Az} = 2$ kN。B 端装有斜齿轮，其上作用有轴向力 $F_{Bx} = 0.45$ kN，径向力 $F_{By} = 0.2$ kN，切向力 $F_{Bz} = 1.2$ kN。若已知轴的直径 $d = 30$ mm，$d_1 = 40$ mm，材料的许用应力 $[\sigma] = 80$ MPa。试按第三强度理论校核轴的强度。

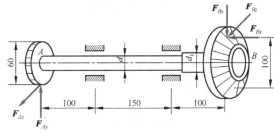

习题图 8-15

8-16　齿轮传动机构如图所示，支承 A、B 可分别简化为活动铰支座和固定铰支座，C 处两个齿轮的啮合力可简化为只有切向力。试求机构在平衡状态时，上轴所需的扭矩 T。若材料的 $[\sigma] = 80$ MPa。试按第三强度理论设计轴的直径。

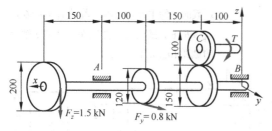

习题图 8-16

8-17 一端固定的轴线为半圆形的曲杆,其横截面为半径 $r = 30$ mm 的圆形,受力情况如图所示,$F = 1$ kN。试求 B 和 C 截面上危险点处的相当应力 σ_{r3}。

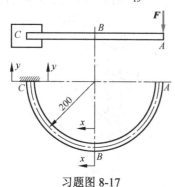

习题图 8-17

8-18 折杆的受力与尺寸如图所示,已知杆的直径 $d = 63.5$ mm,材料的许用应力 $[\sigma] = 100$ MPa。试用第三强度理论校核此杆的强度。

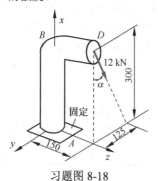

习题图 8-18

8-19 直径 $d = 11$ cm 的圆截面低碳钢折杆 ACB 如图所示,位于水平面内,其中 C 为球形铰,铅垂力 $F = 27.5$ kN,钢材的 $E = 200$ GPa,$G = 80$ GPa,$l = 2$ m,许用应力 $[\sigma] = 170$ MPa。试:(a) 画出危险点的应力状态;(b) 用第四强度理论校核该折杆的强度。

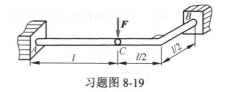

习题图 8-19

提高题

8-20 图示水平悬臂梁 AB,长为 l,矩形截面高为 h、宽为 b,材料弹性模量为 E。梁 B 端受横向力 F 作用,该力偏离梁横截面铅直对称轴一个角度 α。试求:(1) 梁的最大弯曲正应力;(2) 固定端截面的中性轴方程;(3) 如果在梁 A 端上表面与侧面中间分别布置纵向应变片如图所示,测得线应变 ε_1、ε_2,用该应变表达力 F 及其偏角 α(不计剪力影响)。

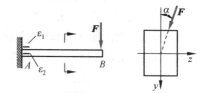

习题图 8-20

8-21 如图所示,圆轴的直径 $d = 100$ mm,自由端受偏心拉力 F 和扭矩 M_e 的共同作用,其中 F 作用在端面的左右对称轴上。在圆轴中部的上下缘 A、B 处各贴一沿轴线方向的应变片,在前侧点 C 处贴一与轴线成 $\alpha = 45°$ 的应变片。现测得 $\varepsilon_A = 520\mu\varepsilon$,$\varepsilon_B = -9.5\mu\varepsilon$,$\varepsilon_C = 200\mu\varepsilon$。已知材料的弹性模量 $E = 200$ GPa,$\nu = 0.3$。试求:(1) 拉力 F 和扭矩 M_e 及偏心距 e;(2) 三个应变片处的第三强度理论的相当应力。

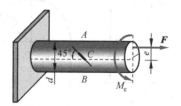

习题图 8-21

8-22 如图所示,已知电动机功率 $P = 5$ kW,转子转速 $n = 2000$ r/min,转子重量 $F_1 = 100$ N,

齿轮的节圆直径 $D = 250$ mm，重量 $F_2 = 250$ N，啮合力 F_R 的压力角 $\alpha = 20°$；轮轴的直径 $d = 50$ mm，材料为钢，$[\sigma] = 50$ MPa。试用第三强度理论校核轴的强度。

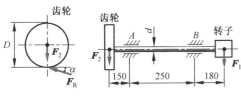

习题图 8-22

8-23 传动轴如图所示，已知带轮的拉力 $F_1 = 8$ kN，$F_2 = 4$ kN，带轮的直径 $D = 200$ mm，齿轮的节圆直径 $d_0 = 80$ mm，压力角 $\alpha = 20°$。若已知轴的直径 $d = 40$ mm，轴材料的 $[\sigma] = 80$ MPa。试用第四强度理论校核传动轴的强度。

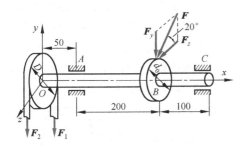

习题图 8-23

8-24 水平放置的钢制折杆 ABC 如图所示，杆为直径 $d = 100$ mm 的圆截面杆，杆 AB 长 $l_1 = 3$ m，杆 BC 长 $l_2 = 0.5$ m，许用应力 $[\sigma] = 160$ MPa。试用第三强度理论校核此杆强度。

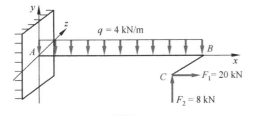

习题图 8-24

8-25 图示矩形截面铸铁柱承受偏心压力 F 作用，力作用点可以在柱顶面以形心点 O

为圆心，r 为半径的圆周上移动。柱的承载能力由其抗压强度控制，材料的许用应力 $[\sigma_c] = 30$ MPa，尺寸 $b = 150$ mm，$h = 200$ mm，$r = 60$ mm。试求：(1) 当力 F 作用在点 K 时，此柱的许用载荷 $[F]$ 值；(2) 当力 F 作用在圆周上何处时，柱的许用载荷值最小，并求其 $[F_{min}]$ 值；(3) 当力 F 作用在圆周上何处时，柱的许用载荷值最大，并求其值 $[F_{max}]$。

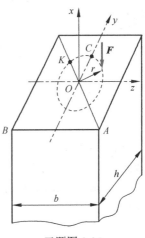

习题图 8-25

8-26 直径为 D，长度分别为 $2l$ 和 l 的两根圆截面杆 AB 和 BC 在 B 处焊接后构成120°角的折杆，如图所示，折杆 ABC 的轴线位于 xy 面内，A 为固定端。自由端 C 处施加了一个作用面在杆件横截面面内的力偶，力偶矩 $M_e = \dfrac{\sqrt{3}}{2} Fl$，杆 AB 段中点 D 处作用一铅垂向上的集中力 F，不计剪力影响。若 $d = 40$ mm，$l = 1$ m，$F = 400$ N。已知折杆的许用应力 $[\sigma] = 85$ MPa，试按第三强度理论校核该杆的强度。

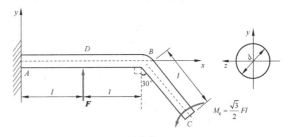

习题图 8-26

8-27 如图所示的端截面密封的曲管，外径为 100 mm，壁厚 $\delta = 5$ mm，内压 $p = 8$ MPa，集中力 $F = 3$ kN。A、B 两点在管的外表面上，其中 A 为截面上铅垂直径的端点，B 为水平直径的端点，试确定两点的应力状态。

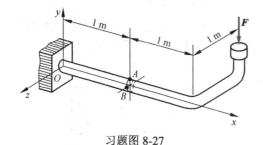

习题图 8-27

研究性题

8-28 正方形刚架各组成部分的 EI、GI_p 均相等。E 处有一切口，受一对垂直于刚架平面的水平力 F 作用。试求切口两侧的相对水平位移 δ。

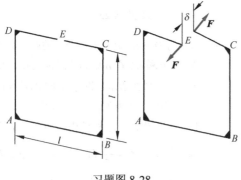

习题图 8-28

8-29 轴线为半圆的平面曲杆如图所示，作用于 A 端的集中力 F 垂直于轴线所在的平面。试求 A 端的铅垂位移和绕轴线的扭转角。

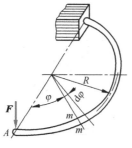

习题图 8-29

8-30 如图所示，在等截面圆环直径 AB 的两端，沿直径作用方向相反的一对力 F。试求直径 AB 的长度变化量。

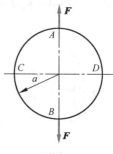

习题图 8-30

8-31 如图所示，两刚性板间用 n（$n \geq 3$）根材料和尺寸相同的圆形截面杆件固接，这 n 根杆件在刚性板上均匀分布在直径为 D 的圆周上，杆件的抗弯刚度 EI 和抗弯截面系数 W 已知，其抗扭刚度 $GI_p = 0.8EI$，材料的许用应力为 $[\sigma]$，两刚性板的间距为 $l = 10D$。当两刚性板上分别作用大小和方向相反的扭矩 T 时，试求：(1) 两刚性板的相对扭转角 φ；(2) 根据第三强度理论，确定最大扭矩 T_{max}。

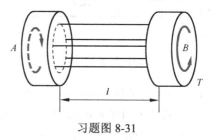

习题图 8-31

第9章

压 杆 稳 定

第2章介绍杆件轴向拉伸或压缩的强度校核时，考虑的是其应力是否达到极限值而引起塑性屈服或断裂。但在工程实际中常常有一类受压的细长杆件，如图 9-1(a)、(b)所示的钢结构建筑物中的立柱、山谷中的长桥桥墩等。如果压力过大，有可能造成杆件的侧向弯曲或折断，如图 9-1(c)所示坍塌的建筑脚手架。这种失效现象不同于轴向压缩杆件的强度或刚度失效，它会在轴向压缩应力小于屈服极限或强度极限的情况下就使构件轴线侧向弯曲，从而大大削弱构件的承载能力。这种失效是由于构件丧失了稳定性，不能保持原有的平衡状态，称为**失稳**或**屈曲**（buckling）破坏。

失稳作为一种失效破坏形式不仅发生在细长压杆中，许多受压的构件，如板、壳、拱等也经常出现失稳破坏。如图 9-1(d)所示的公路路面，由于高温引起内部产生较大的压力，从而使得路面失稳拱起而破坏。这种破坏往往具有突发性，常常会产生灾难性的后果。本章将主要针对细长压杆这类构件介绍稳定性的概念、压杆失稳的临界载荷计算和简单的压杆稳定性设计。

(a)

(b)

(c)

(d)

图 9-1　实际中的压杆和失稳破坏

9.1　压杆稳定的概念

平衡与稳定

平衡是力学中的重要概念。静力学公理 2 告诉我们：物体在两个等值、反向、共线的力作用下将保持平衡，即保持静止或匀速直线运动。但是这种平衡状态是否能够稳定存在，则涉及另外一个重要的概念——稳定性。如图 9-2(a)所示，位于凹坑中央的小球处于平衡，用少许的力使其偏离原来的平衡位置，当撤掉该力后，球将在平衡位置附近运动并逐渐静止在平衡位置。这种经得起干扰的平衡状态称为稳定的平衡状态。相反，如图 9-2(b)所示，在凸起的顶点放置一小球，也可以保持平衡，但微小的扰动就会使其远离平衡位置（直至下一个平衡状态），并不再回复到原来的平衡状态，这种平衡称为不稳定的平衡状态。介于两者之间的情况，如图 9-2(c)所示，微扰后就在新的位置平衡，则称为随遇平衡或中性平衡。实际中，一般只有稳定的平衡状态才能长期存在。当然，结构若想安全地承载服役，必须保证其稳定性。

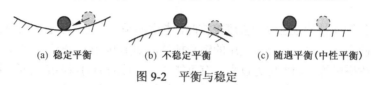

(a) 稳定平衡　　　(b) 不稳定平衡　　　(c) 随遇平衡(中性平衡)

图 9-2　平衡与稳定

压杆稳定

细长杆受压也会出现上述稳定平衡和不稳定平衡的现象。如图 9-3 所示，一根两端球铰支承的细长直杆在轴向压力 F 作用下保持直线平衡，当压力较小时，对杆施以横向微扰力 Q，如图 9-3(b)所示，杆件会产生侧向微弯并保持曲线平衡，一旦力 Q 撤销，杆件将自动恢复为原来的直线平衡状态，如图 9-3(c)所示。这表明压杆当前的直线形状平衡状态是稳定的。如果压力 F 较大，超过了某一极限值，在横向微扰力引起杆件侧弯后，如图 9-3(d)所示，即使撤除该微扰力，杆件也不能自动回复到原来的直线平衡状态，而是在弯曲状态下保持新的平衡，如图 9-3(e)所示。这表明压杆原来的直线平衡状态是不稳定的。

显然，压杆由稳定的直线平衡状态转变为不稳定的直线平衡状态与压力 F 的大小有关。在该转变过程中，必存在一临界压力值 F_{cr}，该临界值称为压杆的**临界载荷**（critical load）。压杆的平衡路径（压力 F 与杆最大挠度 w_0 之间的关系）如图 9-4 所示。当压力 $F < F_{cr}$ 时（图中 OA 段），杆的挠度等于零，能始终保持直线的平衡状态下承载，称为**压杆稳定**；当 $F > F_{cr}$ 时（图中 AB 段），在微小扰动下就会发生侧弯，并保持弯曲平衡状态（若不发生折断），称为**压杆失稳**。压杆失稳后，即使压力有微小的增加也会导致杆件的大幅度弯曲，从而丧失承载能力。$F = F_{cr}$ 为临界状态，对应图中的点 A，又称为分叉点，所以临界载荷 F_{cr} 也称为分叉载荷。

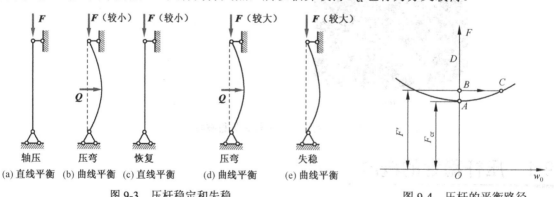

(a) 直线平衡　(b) 曲线平衡　(c) 直线平衡　(d) 曲线平衡　(e) 曲线平衡

图 9-3　压杆稳定和失稳　　　　　　　　　　图 9-4　压杆的平衡路径

临界载荷的计算是压杆稳定性设计的主要任务之一，本章针对理想中心压杆介绍临界载荷的计算。所谓理想中心压杆是指压杆的材料均匀，轴线为直线，压力的作用线与轴线重合。

9.2 确定临界载荷的欧拉公式

9.2.1 两端铰支细长压杆的欧拉公式

如图 9-5(a)所示，设一细长理想中心压杆两端受球铰约束，杆的抗弯刚度为 EI，计算其临界载荷 F_{cr}。该问题的求解采取如下思路：设想一稍许超过临界载荷的压力 F 作用于杆端 A，在横向扰动后将保持弯曲平衡。可以想象，此时缓慢减小压力，杆的挠度将逐渐变小（相当于图 9-4 由点 C 逐渐向点 A 靠近），当压力 F 减小到临界值 F_{cr} 时，杆刚好由弯变直（图 9-4 中的点 A）。因此，只需要假设杆发生微小的弯曲，求得保持此弯曲平衡的压力，并令挠度趋于零即得临界载荷。

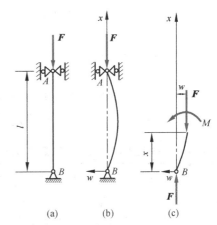

图 9-5 两端铰支细长压杆

建立如图 9-5(b)所示的直角坐标系，在距 B 点 x 处将杆截断，设截面的挠度为 $w = w(x)$，以截面下半部分为研究对象，其受力如图 9-4(c)所示。由平衡关系可知，B 支座有 x 方向的约束反力 F，截面上的内力有轴向压力和弯矩。弯矩的正负号按 4.2 节中的规定，压力等于 F，取正号，挠度以与图中 w 坐标的正方向一致为正。按此符号规定，弯矩与挠度的符号相反，其值为

$$M(x) = -F \cdot w(x) \tag{a}$$

将式(a)代入挠曲线近似微分方程式(6-6)中，得

$$\frac{d^2 w}{dx^2} + k^2 w = 0 \tag{b}$$

式中，$k^2 = \dfrac{F}{EI}$。式(b)的通解为

$$w = A\sin kx + B\cos kx \tag{c}$$

式中，A、B 为积分常数，可由压杆的位移边界条件确定。对于两端铰支的压杆，两端的位移边界条件为

$$w\big|_{x=0} = 0, \quad w\big|_{x=l} = 0$$

将其代入式(c)中，可求得

$$B = 0, \qquad A\sin kl = 0$$

为了保证有非零解（即有微弯），必须有

$$kl = n\pi, \quad (n = 1, 2, \cdots)$$

由此，得

$$F = \frac{n^2 \pi^2 EI}{l^2}, \quad (n = 1, 2, \cdots) \tag{d}$$

将 $B = 0$ 代入式(c)中，得到压杆的**屈曲位移函数**（又称为**屈曲模态函数**）为

$$w = A\sin kx = A\sin\frac{n\pi}{l}x,\ (n = 1, 2, \cdots) \tag{e}$$

综上所述，当压力 $\boldsymbol{F}$ 达到式(d)所确定的值时，压杆的轴线将弯曲成由式(e)所决定的正弦波形曲线。显然，式(d)给出的压力值有无穷多个，对应的屈曲模态也不同。按照临界载荷的含义，应该寻找能够保持微小弯曲平衡的最小的压力值。而只有当 $n = 1$ 时，$\boldsymbol{F}$ 取得最小值。此时，压杆屈曲的挠曲线为半个正弦波形曲线。因此，两端铰支细长压杆的临界载荷为

$$F_{\mathrm{cr}} = \frac{\pi^2 EI}{l^2} \tag{9-1}$$

上式通常称为临界载荷的**欧拉公式**（Euler's formula）。该式表明，两端铰支细长压杆的临界载荷与杆长的平方成反比，与压杆截面的弯曲刚度成正比。为使 F_{cr} 最小，式(9-1)中的 I 应是压杆横截面的最小形心主惯性矩，即屈曲应发生在该平面内。

注意，上述求解过程并不能确定屈曲模态幅值 A，这是因为基于小挠度的假设，求解时使用了线性化的挠曲线近似微分方程式。只有使用非线性的方程才能得到 A 与压力 F 之间的关系。但对于求解临界载荷上述分析已经足够了，因为我们需要的正是挠度趋近于零的压力值。

9.2.2　其他约束细长压杆的欧拉公式

工程实际中，压杆两端的支座约束形式会有不同，例如，图 9-1(a)所示刚架中的压杆可视为两端固支；图 9-1(b)所示的桥墩下端可视为固支，上端可视为弹簧支撑。本节先建立一般约束情况下的压杆稳定平衡方程，然后对若干典型约束情况导出临界载荷。

一般约束情况的压杆稳定平衡方程

设杆 AB_0 原长为 l，在失稳发生的平面内，杆的抗弯刚度为 EI。考虑一般情况，设杆两端分别受轴向压力 $\boldsymbol{F}$、横向力 $\boldsymbol{F}_{\mathrm{S}}$、横向力偶 M_{e} 和 M_{e}' 作用。杆失稳后，轴线由直线变为微弯的状态，如图 9-6(a)所示，B 端发生微小的横向位移 δ。取直角坐标系 Axw，如图 9-6 所示。

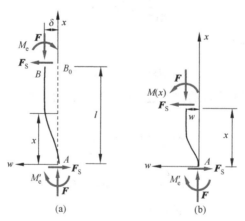

图 9-6　一般约束情况的压杆

根据截面法，用距离 A 端为 x 的截面截取杆下半部为研究对象，如图 9-6(b)所示，设截面的横向位移为 $w(x)$，由平衡条件可知该截面的轴向压力等于 $\boldsymbol{F}$、横向剪力等于 $\boldsymbol{F}_{\mathrm{S}}$，横向弯矩 $M(x)$ 为

$$M(x) = -M_{\mathrm{e}} + F_{\mathrm{S}}(l - x) + F(\delta - w) \tag{a}$$

将式(a)代入梁挠曲线近似微分方程式(6-6)中，得

$$EI\frac{\mathrm{d}^2 w}{\mathrm{d}x^2} = M(x) = -M_e + F_S(l-x) + F(\delta - w) \tag{b}$$

引入 $k^2 = \dfrac{F}{EI}$，式(b)可写为

$$\frac{\mathrm{d}^2 w}{\mathrm{d}x^2} + k^2 w = k^2 \left[\frac{F_S}{F}(l-x) - \frac{M_e}{F} + \delta \right] \tag{9-2}$$

式(9-2)为一般约束情况下的压杆稳定微分平衡方程，该方程的通解为

$$w(x) = A\sin kx + B\cos kx + \frac{F_S}{F}(l-x) - \frac{M_e}{F} + \delta \tag{9-3}$$

即为压杆失稳时的挠曲线方程一般解。将 $\delta = 0$，$M_e = 0$，$F_S = 0$ 代入上式，可得 9.2.1 节中的式(c)。式(9-3)结合约束条件可得到相应的临界压力的欧拉公式。

不同约束条件下的临界载荷

例题 9-1

试导出例题图 9-1(a)所示一端固定、一端自由的细长压杆的临界压力欧拉公式。

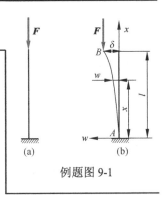

例题图 9-1

解：压杆失稳状态下的计算模型如例题图 9-1(b)所示。自由端处仅有轴向压力 **F** 作用，失稳时会产生微小的横向位移 δ。由于 $M_e = 0$，$F_S = 0$，所以挠曲线方程式(9-3)简化为

$$w = A\sin kx + B\cos kx + \delta \tag{a}$$

约束条件为

$$x = 0 \ \text{时}, \ w = 0, \ \frac{\mathrm{d}w}{\mathrm{d}x} = 0$$

$$x = l \ \text{时}, \ w = \delta$$

将式(a)代入，得

$$A = 0, \ B = -\delta, \ \cos kl = 0 \tag{b}$$

由式(b)的第 3 式，得

$$kl = l\sqrt{\frac{F_P}{EI}} = \frac{n}{2}\pi \qquad (n = 1, 3, 5, \cdots)$$

上式中取 $n = 1$，可得该压杆临界载荷 F_{cr} 的欧拉公式为

$$F_{cr} = \frac{\pi^2 EI}{(2l)^2} \tag{9-4}$$

将式(b)代入式(a)中，得压杆的挠曲线方程为

$$w = \delta\left(1 - \cos\frac{\pi x}{2l}\right)$$

可见，一端自由、一端固定的细长中心压杆，失稳时轴线呈 1/4 正弦波形曲线。

例题 9-2

试导出例题图 9-2(a)所示一端固定、一端铰支细长压杆的临界压力欧拉公式。

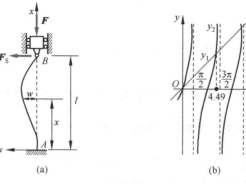

例题图 9-2

解：压杆失稳状态下的计算模型如例题图 9-2(a)所示。压杆 B 端受轴向压力 F 作用和横向约束反力 F_S 作用，而 $M_e = 0$，$\delta = 0$。于是，挠曲线方程式(9-3)变为

$$w(x) = A\sin kx + B\cos kx + \frac{F_S(l-x)}{F} \tag{a}$$

约束条件为

$$x = 0 \text{ 时，} \quad w = 0, \quad \frac{\mathrm{d}w}{\mathrm{d}x} = 0$$
$$x = l \text{ 时，} \quad w = 0$$

将式(a)代入，得

$$\begin{cases} B + \dfrac{F_S}{F}l = 0 \\ kA - \dfrac{F_S}{F} = 0 \\ A\sin kl + B\cos kl = 0 \end{cases} \tag{b}$$

式(b)为关于 A、B 和 F_S / F 的齐次线性方程组，方程组存在非零解的条件是系数行列式等于零，即

$$\begin{vmatrix} 0 & 1 & l \\ k & 0 & -1 \\ \sin kl & \cos kl & 0 \end{vmatrix} = 0$$

展开后，得

$$\tan kl = kl \tag{c}$$

式(c)为超越方程，可由图解法求解。如例题图 9-2(b)所示，取 kl 为横坐标，分别作直线 $y_1 = kl$ 和曲线 $y_2 = \tan kl$，它们的第 1 个交点的横坐标即为满足式(c)的最小解，其近似值为

$$kl = 4.49$$

于是，该压杆临界载荷的欧拉公式为

$$F_{cr} = \frac{4.49^2 EI}{l^2} \approx \frac{\pi^2 EI}{(0.7l)^2} \tag{9-5}$$

再由式(b)求得

$$A = \frac{F_S}{k F_{cr}} = \frac{F_S l}{4.49 F_{cr}}, \qquad B = -\frac{F_S l}{F_{cr}} \tag{d}$$

将式(d)代入式(a)中，整理后得该压杆的挠曲线方程为

$$w(x) = \frac{F_S l}{F_{cr}} \left(\frac{\sin kx}{4.49} - \cos kx + \left(1 - \frac{x}{l} \right) \right)$$

例题 9-3

试导出例题图 9-3 所示两端固定、但上端有横向位移的细长压杆临界载荷的欧拉公式。

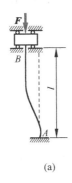
(a)

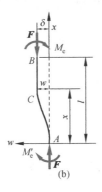
(b)

例题图 9-3

解：压杆失稳状态下的计算模型如例题图 9-3(a)所示，压杆 *AB* 两端为固定端约束，但失稳时 *B* 端有横向位移 δ。根据约束情况和平衡条件可知，*B* 端有轴向压力 *F* 和横向约束力偶矩 M_e 作用；*A* 端有轴向约束压力 *F* 和横向约束力偶 $M_e' = F\delta - M_e$ 作用，如例题图 9-3(b)所示。

于是，挠曲线方程式(9-3)化为

$$w = A \sin kx + B \cos kx + \delta - \frac{M_e}{F} \tag{a}$$

约束条件为

$$x = 0 \text{ 时}, \quad w = 0, \quad \frac{dw}{dx} = 0$$

$$x = l \text{ 时}, \quad w = \delta, \quad \frac{dw}{dx} = 0$$

将式(a)代入，得

$$A = 0, \quad B = \frac{M_e}{F} - \delta \tag{b}$$

$$B \cos kl + \delta - \frac{M_e}{F} = \delta \tag{c}$$

$$kB \sin kl = 0 \tag{d}$$

由式(e)知，存在非零解的条件为

$$kl = n\pi, \quad (n = 1, 2, \cdots)$$

上式取 $n = 1$，得该压杆临界载荷的欧拉公式为

$$F_{cr} = \frac{\pi^2 EI}{l^2} \tag{9-6}$$

进一步由式(b)和式(d)，得

$$\frac{M_e}{F_{cr}} = \frac{\delta}{2} \tag{g}$$

最后，将式(b)、式(g)代入式(a)中，整理后得该压杆的挠曲线方程为

$$w(x) = \frac{\delta}{2}\left(1 - \cos\frac{\pi x}{l}\right) \tag{h}$$

式(h)表示，在临界载荷作用下，该压杆失稳时轴线呈半个正弦波形曲线。

> 讨论：由式(h)的二阶导数等于零可求得 $x = l/2$。这表明，该压杆中点 C 处为挠曲线的拐点，该点挠度为

$$w\big|_{x=\frac{l}{2}} = \frac{\delta}{2}\left(1 - \cos\frac{\pi}{l} \times \frac{l}{2}\right) = \frac{\delta}{2}$$

该点截面弯矩为

$$M\big|_{x=\frac{l}{2}} = F_{cr}(\delta - w) - M_e = F_{cr}\left(\delta - \frac{\delta}{2}\right) - F_{cr} \times \frac{\delta}{2} = 0$$

对比式(9-1)、式(9-4)、式(9-5)和式(9-6)，不难发现，两端约束不同的理想细长中心压杆临界载荷的欧拉公式可以写成如下的统一形式：

$$F_{cr} = \frac{\pi^2 EI}{(\mu l)^2} \tag{9-7}$$

式中，μl 称为有效长度，表示把不同约束压杆折算成两端铰支压杆的长度（也相当于屈曲后挠曲线中正弦半波长）。系数 μ 称为长度系数，反映不同约束对临界载荷的影响，其值见表 9-1。

表 9-1　几种常见细长压杆临界压力的欧拉公式与长度系数

约束情况	两端铰支	一端铰支 一端固定	两端固定	一端自由 一端固定	两端固定 一端横向移动
屈曲时挠曲线形状	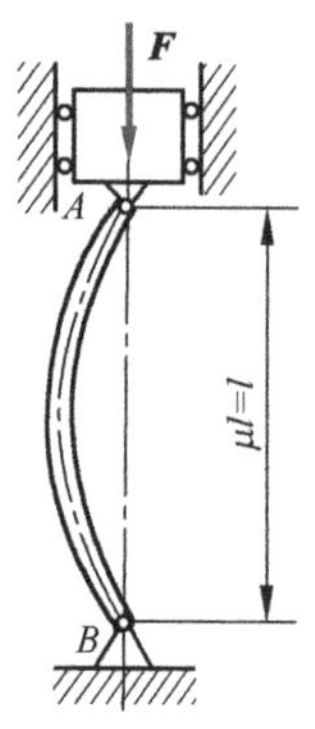	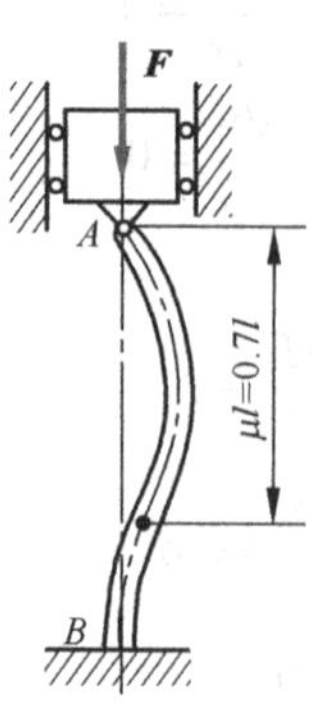	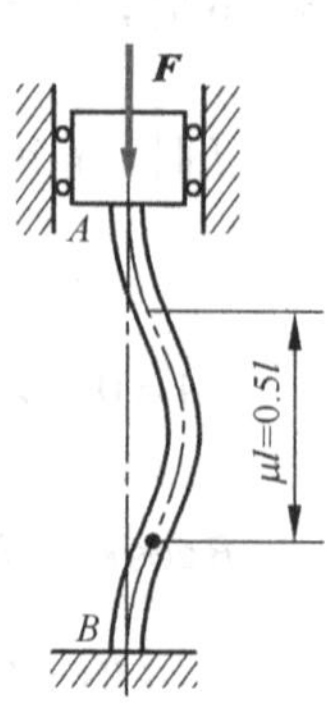	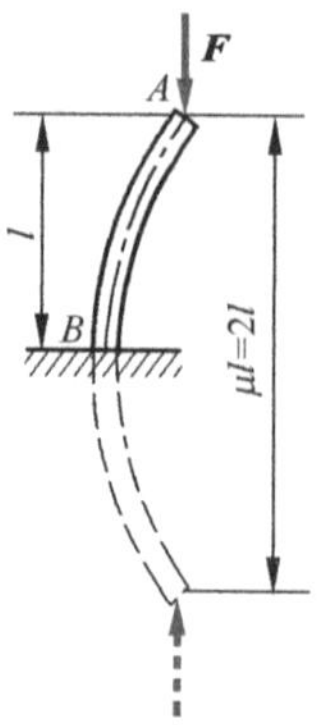	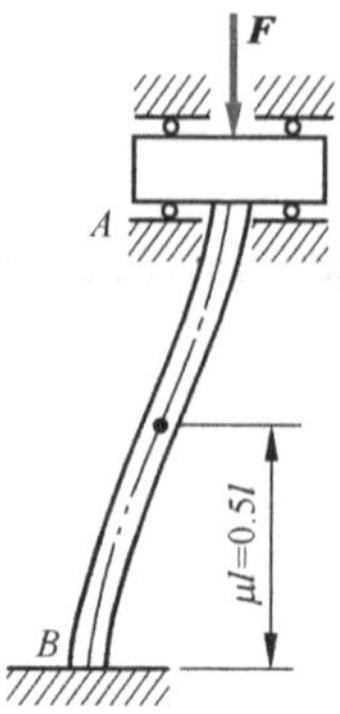

续表

约束情况	两端铰支	一端铰支 一端固定	两端固定	一端自由 一端固定	两端固定 一端横向移动
长度系数 μ	$\mu = 1$	$\mu \approx 0.7$	$\mu = 0.5$	$\mu = 2$	$\mu = 1$
欧拉公式	$F_{cr} = \dfrac{\pi^2 EI}{l^2}$	$F_{cr} \approx \dfrac{\pi^2 EI}{(0.7l)^2}$	$F_{cr} = \dfrac{\pi^2 EI}{(0.5l)^2}$	$F_{cr} = \dfrac{\pi^2 EI}{(2l)^2}$	$F_{cr} = \dfrac{\pi^2 EI}{l^2}$

当然，实际工程中，压杆的端部约束还可以有其他更复杂的形式，其影响可用 μ 值来反映，相应的 μ 值可从相关设计手册或规范中获得。

9.3 临界应力和临界应力总图

临界应力、柔度

临界状态下，压杆横截面上的平均应力称为压杆的**临界应力**（critical stress），用 σ_{cr} 表示。根据临界压力的欧拉公式(9-7)得

$$\sigma_{cr} = \frac{F_{cr}}{A} = \frac{\pi^2 EI}{(\mu l)^2 A} \tag{a}$$

引入压杆横截面的惯性半径

$$i = \sqrt{\frac{I}{A}}$$

和无量纲量

$$\lambda = \frac{\mu l}{i} \tag{9-8}$$

式中，λ 称为**柔度**（compliance）或**长细比**，是无量纲量，它综合反映了压杆长度、约束条件、截面尺寸和截面形状对压杆临界应力的影响。于是，式(9-8)可以写为

$$\sigma_{cr} = \frac{\pi^2 E}{\lambda^2} \tag{9-9}$$

上式称为欧拉临界应力公式，也是欧拉公式(9-7)的另一种表达式。该式表明，细长压杆的临界应力与材料弹性模量和柔度有关，材料的弹性模量越大，临界应力也越大；柔度越大，临界应力越小，且柔度的影响要强于材料弹性常数的影响，可见，柔度是压杆稳定计算中非常重要的参数。

欧拉公式适用范围、经验公式

前面推导欧拉公式的前提条件之一是材料为线弹性的，因此要求压杆的临界应力小于或等于材料的比例极限 σ_p，即

$$\sigma_{cr} = \frac{\pi^2 E}{\lambda^2} \leqslant \sigma_p \tag{b}$$

因此，压杆对应的柔度值应为

$$\lambda \geqslant \pi \sqrt{\frac{E}{\sigma_p}} \tag{c}$$

令

$$\lambda_p = \pi \sqrt{\frac{E}{\sigma_p}} \tag{9-10}$$

则 λ_p 是一个仅与材料弹性模量和比例极限有关的临界值，当压杆的柔度 $\lambda \geqslant \lambda_p$ 时，才可以使用欧拉公式计算临界应力，否则，欧拉公式不能使用。通常，将柔度 $\lambda \geqslant \lambda_p$ 的压杆称为**大柔度杆**或**细长杆**。对于 Q235 钢，$E = 206$ GPa，$\sigma_p = 200$ MPa，于是

$$\lambda_p = \pi \sqrt{\frac{E}{\sigma_p}} = \pi \sqrt{\frac{206 \times 10^9}{200 \times 10^6}} \approx 101$$

因此，用 Q235 钢制成的压杆，只有当 $\lambda \geqslant 101$ 时，才能够称为**大柔度杆**或**细长杆**，才可以使用欧拉公式。

如果压杆的工作应力 σ 超过了材料的比例极限 σ_p，而未超过材料的屈服极限 σ_s，即 $\sigma_p < \sigma < \sigma_s$ 时，由于已属于非线性弹性变形，理论计算比较复杂，所以工程中大多采用经验公式计算其临界应力，最常用的是直线公式：

$$\sigma_{cr} = a - b\lambda \tag{9-11}$$

式中，a 和 b 为与材料性质有关的常数，单位为 MPa。表 9-2 中列出了几种常用材料 a 和 b 的值。

表 9-2 直线公式中的材料系数 a 和 b

材料	a/MPa	b/MPa
Q235 钢	304	1.12
铝合金	373	2.15
铸铁	332	1.45
松木	28.7	0.19

由式(9-11)计算的临界应力不应超过 σ_s，由此可得压杆相应的柔度为

$$\lambda_s \geqslant \frac{a - \sigma_s}{b} \tag{9-12}$$

式中，λ_s 是仅与材料常数和屈服极限有关的另一个临界值。通常将柔度满足条件 $\lambda_s < \lambda < \lambda_p$ 的压杆称为**中柔度杆**或**中长杆**。中柔度杆应使用经验公式计算临界应力，而非欧拉公式。对于 Q235 钢，$a = 304$ MPa，$b = 1.12$ MPa，$\sigma_s = 235$ MPa，于是

$$\lambda_s = \frac{a - \sigma_s}{b} = \frac{304 - 235}{1.12} \approx 62$$

如果 $\lambda < \lambda_s$，根据式(9-11)和式(9-12)有 $\sigma > \sigma_s$。显然，此时压杆将发生屈服失效，而非稳定性失效，因此应按照强度计算临界应力，即

$$\sigma_{cr} = \sigma_s \tag{d}$$

一般地，将柔度 $\lambda < \lambda_s$ 的压杆称为**小柔度杆**或**短粗杆**。

以上分析针对的都是塑性材料，对于脆性材料，只需要将 σ_s 换为材料的抗压强度 σ_b 即可。

临界应力总图

根据以上分析，压杆的临界应力值与柔度有关，不同柔度的压杆可能需要选用不同的公式计算临界应力。图 9-7 给出了临界应力 σ_{cr} 随柔度 λ 变化而变化的关系曲线，称为**临界应力总图**（figure of critical stress）。图 9-7 中显示：柔度越大，临界应力越小，压杆越易失稳，因此承载能力越低。

根据图 9-7 可知，计算压杆的临界应力时，首先应计算压杆的柔度，再选择相对应的公式进行计算。另外，当 $\lambda < \lambda_p$ 时，还可选用其他一些经验公式，如抛物线公式等，这里不再详细介绍。

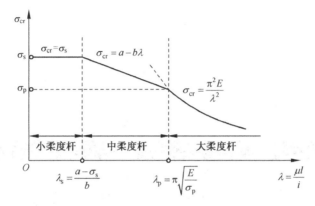

图 9-7　临界应力总图

9.4　压杆的稳定性计算

为了保证压杆工作状态下的稳定性，类似于构件的强度和刚度计算，在稳定性方面应有一定的安全准则。本节介绍压杆的稳定性计算方法。

实际的压杆可能会存在材质不均、有缺陷、轴线不直、压力有微小偏心距等一些难以避免的非理想条件，这些因素的存在可使实际临界值低于理想压杆的临界值。为此，引入稳定安全系数$[n_{st}]$，并将压杆的临界压力或临界应力与工作压力或工作应力的比值定义为工作安全系数，用 n_{st} 表示。于是，稳定性安全条件可以写为

$$n_{st} = \frac{F_{cr}}{F} \geqslant [n_{st}] \quad \text{或} \quad n_{st} = \frac{\sigma_{cr}}{\sigma} \geqslant [n_{st}] \tag{9-13}$$

稳定安全系数$[n_{st}]$通常高于强度安全系数，可在有关的设计手册或规范中查到。对于钢材、铸铁、木材等常用材料，可分别取$[n_{st}] = 1.8\sim3.0$，$5.0\sim5.5$，$2.8\sim3.2$。

压杆的稳定性计算一般包括：

(1) 确定临界载荷。当压杆的材料、约束及几何尺寸均已知时，根据相应的临界应力公式确定压杆的临界载荷。

(2) 稳定性安全校核。当外加载荷、杆件各部分尺寸、约束及材料性能均为已知时，验证压杆是否满足稳定性安全条件。

根据图 9-7 给出的临界应力总图，可以按照图 9-8 所示的步骤进行压杆稳定性计算。

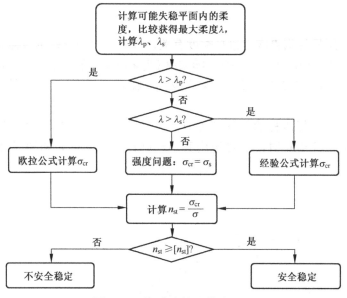

图 9-8　压杆稳定性计算流程图

例题 9-4

试求例题图 9-4 所示细长压杆 a 和 b 的临界压力。已知杆长 $l = 0.5$ m，材料弹性模量 $E = 200$ GPa，杆 a 为矩形截面，杆 b 采用等边角钢，尺寸和规格如图所示。

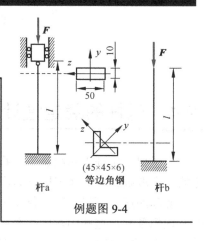

例题图 9-4

解：

(1) 计算压杆横截面的惯性矩。

杆 a：矩形截面为

$$I_{min} = I_z = \frac{50 \times 10^3}{12} \text{mm}^4 = 4.17 \times 10^{-9} \text{m}^4$$

杆 b：等边角钢，规格 $45 \times 45 \times 6$，查型钢表得

$$I_{min} = I_z = 3.89 \times 10^{-8} \text{m}^4$$

(2) 计算压杆的临界压力。

压杆为细长杆，两杆约束形式不同，由欧拉公式(9-7)和表 9-1 得

杆 a：$\mu = 0.7$

$$F_{cr} = \frac{\pi^2 E I_{min}}{(\mu l)^2} = \frac{\pi^2 \times (200 \times 10^9) \times (4.17 \times 10^{-9})}{(0.7 \times 0.5)^2} \text{N} = 67.2 \text{ kN}$$

杆 b：$\mu = 2$

$$F_{cr} = \frac{\pi^2 E I_{min}}{(\mu l)^2} = \frac{\pi^2 \times (200 \times 10^9) \times (3.89 \times 10^{-8})}{(2 \times 0.5)^2} \text{N} = 76.9 \text{ kN}$$

讨论： 由计算结果看出，虽然杆 a 的长度系数 μ 小于杆 b 的，但由于杆 a 的惯性矩也小于杆 b 的，所以要综合考虑压杆的截面形状和尺寸，通过计算比较临界载荷的大小。

例题 9-5

如例题图 9-5 所示[其中图(a)为正视图，图(b)为俯视图]，一根 Q235 钢制成的矩形截面杆，在 A、B 两处为销钉连接。若已知 $l = 2300$ mm，$b = 40$ mm，$h = 60$ mm；材料的弹性模量 $E = 206$ GPa。试求该杆的临界载荷。

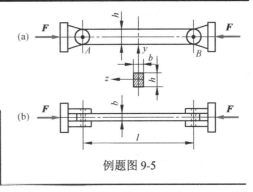

例题图 9-5

分析：压杆在 A、B 两处为销钉连接，这种约束与球铰约束不同。在正视图(a)平面内失稳时，A、B 两处可以自由转动，相当于铰链；而在俯视图(b)平面内失稳时，A、B 两处不能转动，这时可近似视为固定端约束。又因为是矩形截面，压杆在正视图(a)平面内失稳时，截面将绕 z 轴转动；而在俯视图(b)平面内失稳时，截面将绕 y 轴转动。杆件截面对这两个转动轴的惯性矩和惯性半径是不同的。因此，需要计算比较两种情况下的柔度，判断易失稳平面。

解：

(1) 计算柔度。如下表

失稳平面	惯性矩	截面面积	长度系数	惯性半径	柔度
正视图(a)平面	$I_z = \dfrac{bh^3}{12}$	$A = bh$	$\mu = 1.0$	$i_z = \sqrt{\dfrac{I_z}{A}} = \dfrac{h}{2\sqrt{3}}$	$\lambda_z = \dfrac{\mu l}{i_z} = 132.8$
俯视图(b)平面	$I_y = \dfrac{hb^3}{12}$	$A = bh$	$\mu = 0.5$	$i_y = \sqrt{\dfrac{I_y}{A}} = \dfrac{b}{2\sqrt{3}}$	$\lambda_y = \dfrac{\mu l}{i_y} = 99.6$

比较上述结果，可以看出，$\lambda_z > \lambda_y$，所以压杆易在正视图(a)平面内失稳，且 $\lambda_z > \lambda_p = 101$，因此属于细长杆，可以用欧拉公式计算临界载荷。而在正视图(b)平面内，压杆的柔度 $\lambda_y < \lambda_p$，为中柔度杆，不易失稳。

(2) 计算临界载荷。由欧拉公式，得

$$F_{cr} = \sigma_{cr} A = \frac{\pi^2 E}{\lambda_z^2} \times bh = \frac{\pi^2 \times 206 \times 10^9 \times 40 \times 10^{-3} \times 60 \times 10^{-3}}{132.8^2} \text{N} = 276.7 \text{ kN}$$

讨论：计算结果显示，该压杆结构容易绕 z 轴失稳，因为该方向的柔度较大，通常将这样的轴称为弱轴；而绕 y 轴不易转动，所以 y 轴称为强轴。计算临界载荷时，应首先计算压杆在不同平面失稳的柔度，比较以确定其弱轴和强轴的方位。

例题 9-6

例题图 9-6 所示 20a 号工字钢杆 AB，长 $l = 12$ m，在温度 20℃时安装在固定支座之间，此时杆不受力，已知钢的线膨胀系数 $\alpha = 125 \times 10^{-7} /℃$，$E = 200$ GPa，$\sigma_p = 200$ MPa。试问当温度升高至多少度时，杆将失稳？

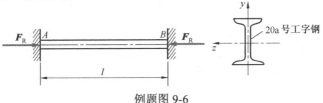

例题图 9-6

分析：随着温度升高，杆件伸长，但由于两端约束的限制，使纵向伸长受阻，相当于对杆两端施加轴向压力 F_R。当 $F_R = F_{cr}$ 时，杆 AB 将发生失稳。

解：

(1) 计算工作压力。

由第 2 章的知识可知，温度升高 ΔT，产生的变形为 $\Delta_T = \alpha \Delta T l$，于是，杆两端的轴向压力为

$$F_R = F_R = \alpha E A \Delta T \tag{a}$$

(2) 计算杆的临界压力。

计算杆件柔度：查型钢表，20a 号工字钢的最小惯性半径为 $i_{min} = 21.2 \text{ mm}$，于是最大柔度为

$$\lambda = \frac{\mu l}{i_{min}} = \frac{0.5 \times 12}{21.2 \times 10^{-3}} = 283$$

材料的临界柔度 λ_p 为

$$\lambda_p = \pi \sqrt{\frac{E}{\sigma_p}} = \pi \sqrt{\frac{200 \times 10^9}{200 \times 10^6}} = 99.3$$

因为 $\lambda > \lambda_p$，所以 AB 为大柔度杆，由欧拉公式计算临界压力为

$$F_{cr} = \frac{\pi^2 EA}{\lambda^2} \tag{b}$$

(3) 计算使压杆失稳的温度。

由式(a)、式(b)，令 $F_R = F_{cr}$，得

$$\Delta T = \frac{\pi^2}{\alpha \lambda^2} = \frac{\pi^2}{125 \times 10^{-7} \times 283^2} = 9.86℃$$

即杆 AB 在温度为 $T_0 + \Delta T = 20 + 9.86 = 29.86℃$ 时会发生失稳现象。

9.5 提高压杆稳定性的措施

提高压杆的稳定性主要在于提高压杆的临界载荷或临界应力。根据前面的讨论可知，影响临界载荷和临界应力的因素有：截面形状、几何尺寸、杆件长度、约束条件、材料的力学性质等。因此，提高压杆的承载能力可以从上述几方面入手采取一些有效的措施。

减小压杆长度

由式(9-7)~式(9-9)不难看出，当杆长 l 缩短时，柔度减小，临界压力增加。因此，缩短杆长可以显著地提高压杆承载能力。例如，图 9-9 所示的两种桁架，杆①、④均为压杆，但图(b)中杆①、④的长度仅为图(a)中杆①、④的一半，在刚度 EI 不变的情况下，压杆承载能力提高了 4 倍。所以，在某些情形下，可以通过改变结构或增加支点的方法达到缩短杆长、提高压杆承载能力的目的。

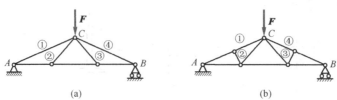

(a)   (b)

图 9-9 缩短桁架压杆的长度以提高承载能力

合理选择截面形状

由式(9-7)~式(9-9)可知,增大惯性矩可以加大惯性半径,减小柔度,增加临界载荷。通过选择合理的截面形状,可以实现上述要求。同时应注意:

(1) 尽量使截面两个形心主轴惯性矩同时增大。

当压杆两端在各个方向弯曲平面内的约束条件相同时,压杆将在刚度最小的主轴平面内失稳,此时,如果只增加截面某个方向的惯性矩,则不能提高压杆的整体承载能力。因此,有效的办法是使 $I_{max} = I_{min} = I$ 或 $i_{max} = i_{min} = i$ [如图9-10(a)中各截面],且将截面设计成中空的[如图9-10(a)中的前3个截面]。这样可以加大横截面的惯性矩或惯性半径,同时使截面各个方向的惯性矩或惯性半径均相同。

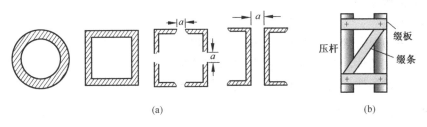

图 9-10 压杆的合理截面形状

如果压杆端部在不同的平面内具有不同的约束条件,则应采用与约束条件相对应的最大和最小主惯性矩不等的截面(如矩形截面),使主惯性矩较小的平面内具有刚性较强的约束,且尽量使两主惯性矩平面内压杆的长细比或柔度相互接近,即 $\lambda_{max} \approx \lambda_{min}$。

(2) 尽量使组合型中心压杆形成整体。

如果中心压杆是由几根型钢组合而成,如图9-10(a)中后两个截面,压杆在两端受力,每根压杆将成为独立压杆,非常容易造成单根压杆局部失稳的现象。当有一根压杆失稳时,将殃及整体,这种组合的承载能力是较弱的。所以,如图9-10(b)所示,在各杆的外围用缀板或缀条将它们固定在一起,就可以使其形成整体承载的效果。此时,截面的惯性矩按照组合截面计算,将大大增加;而且由于安置了缀板或缀条,增加了压杆的中间约束,从而可进一步提高整体的稳定性。

改变压杆的约束条件,增加支承刚性

压杆的约束条件由长度系数 μ 值反映。由式(9-7)~式(9-9)可看出,μ 值越低,压杆的柔度值越小,临界载荷越大。例如,将两端铰支的细长杆改为两端固定约束,则增加了支承的刚性,使临界载荷大大增加。

合理选用材料

根据式(9-7)~式(9-9),在其他条件均相同的情况下,选用弹性模量 E 大的材料,可以提高细长压杆的临界载荷和临界应力。例如,钢的 E 值要比铸铁、铜及其合金、铝及其合金、混凝土、木材(顺纹)等材料的大,因此,钢杆的承载能力要高于其他材质的压杆。

但是,普通碳钢、优质碳钢或合金钢等钢基材料,弹性模量大致相等。因此,对于细长杆,若选用高强度钢,并不能较大程度提高压杆的临界载荷,意义不大,而且造成经济成本的增加。但对于中长杆或短粗杆，其临界载荷与材料的比例极限或屈服强度有关，这时选用高强度钢可提高σ_p和σ_s及材料系数 a 的值，使临界载荷有所提高。

小　结

本章目标： 针对理想中心细长压杆这类构件讲述了稳定性的概念、压杆失稳的临界载荷计算和简单的压杆稳定性设计。

基本概念：

平衡与稳定、失稳（屈曲）、理想中心压杆、柔度、有效长度μl、临界载荷、临界应力、欧拉公式、经验公式、稳定安全系数。

临界载荷的欧拉公式：

(1) 推导思路：

　① 在失稳微弯状态下，建立挠度微分方程，并求得挠曲线通解；

　② 由约束条件，得到存在挠曲线非零解的条件；

　③ 由上述条件，取最小载荷值，得到临界载荷。

(2) 临界载荷：$F_{cr} = \dfrac{\pi^2 EI}{(\mu l)^2}$

(3) 临界应力：$\sigma_{cr} = \dfrac{\pi^2 E}{\lambda^2}$　$\left(\lambda = \dfrac{\mu l}{i}（柔度），i = \sqrt{\dfrac{I}{A}}（惯性半径）\right)$

压杆稳定性计算：

(1) 根据压杆的实际尺寸及约束情况，计算各可能失稳平面内的柔度，得到压杆的最大柔度λ_{max}。

(2) 根据λ_{max}和临界应力总图，选择相应的临界应力计算公式，计算临界应力或临界载荷：

　① $\lambda > \lambda_p$：临界载荷的欧拉公式；

　② $\lambda_s < \lambda < \lambda_p$：临界应力经验公式（直线型：$\sigma_{cr} = a - b\lambda$）；

　③ $\lambda < \lambda_s$：转为强度问题（$\sigma_{cr} = \sigma_s$）。

(3) 利用稳定性安全条件，进行稳定性校核：

$$n_{st} = \frac{F_{cr}}{F} \geqslant [n_{st}], \quad n_{st} = \frac{\sigma_{cr}}{\sigma} \geqslant [n_{st}]$$

思　考　题

9-1　为什么矩形截面梁的高宽比通常取 $h/b = 2 \sim 3$，而压杆宜采用方形截面（$h/b = 1$）？

9-2　设一根两端受球铰约束的圆截面压杆，$\lambda_p = 100$，则压杆长度 l 与直径 d 之比为多大时，才可以应用欧拉公式计算临界载荷？

9-3　图示为两端球铰约束细长杆的各种可能截面形状，试分析压杆屈曲时横截面将绕哪一根轴转动？

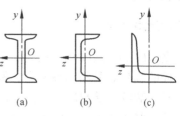

思考题图 9-3

9-4 图示 4 根圆截面压杆,若材料和截面尺寸都相同,试判断哪一根杆最容易失稳?哪一根杆最不易失稳?

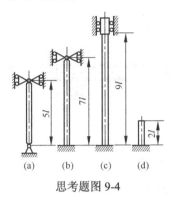

思考题图 9-4

9-5 图示 4 种桁架的几何尺寸,各杆的横截面直径、材料、加力点及加力方向均相同。试比较 4 种桁架所能承受最大外力的大小关系。

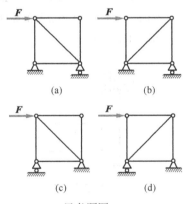

思考题图 9-5

9-6 正三角形截面中心压杆,两端为球铰链约束,当压杆发生屈曲时,横截面将绕哪一根轴转动?

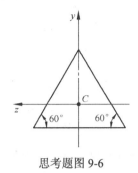

思考题图 9-6

9-7 根据压杆稳定性设计准则,压杆的许用载荷 $[F] = \dfrac{\sigma_{cr} A}{[n_{st}]}$。当横截面面积 A 增加一倍时,试分析压杆的许用载荷增加多少?

9-8 图示两根圆截面压杆(a)、(b)在不同约束下承受相同的压力 F,已知两杆材料相同,截面面积 $A_a = 2A_b$,杆长 $l_b = \sqrt{2}\, l_a$。试分析两杆柔度和临界载荷的大小关系。

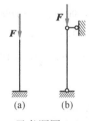

思考题图 9-8

习 题

基本题

9-1 如图所示,已知各杆的 EI 相同,且均为细长压杆,结构承受的载荷 F 与杆 AC 轴线的夹角为 α。试求 α 为多大时,可使 F 达到最大值。

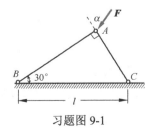

习题图 9-1

9-2 图示正方形桁架结构,由五根圆截面钢杆组成,连接处均为铰链,$a = 1\ \text{m}$,各杆直径均为 $d = 40\ \text{mm}$。材料均为 Q235 钢,$E = 200\ \text{GPa}$,$[n_{st}] = 1.8$。试求结构的许用载荷;若力 F 的方向与图中相反,试问许用载荷是否改变,若有改变应为多少?

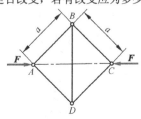

习题图 9-2

9-3 求图示结构的临界压力。已知压杆材料为 Q235 钢，$E = 200\,\text{GPa}$，杆 *AB* 为矩形截面，杆 *BC* 为环形截面，尺寸如图所示。

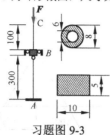

习题图 9-3

9-4 图示结构，*AB* 为圆形截面杆，直径 $D = 80\,\text{mm}$；*BC* 为正方形截面杆，边长 $a = 70\,\text{mm}$，两杆变形互不影响，材料均为 Q235 钢，$E = 200\,\text{GPa}$，$l = 3\,\text{m}$，$[n_{\text{st}}] = 2.5$，试求许用载荷$[F]$。

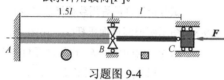

习题图 9-4

9-5 图示结构，杆①和杆②材料和长度相同，已知 $F = 90\,\text{kN}$，$E = 200\,\text{GPa}$，杆长 $l = 0.8\,\text{m}$，$\lambda_{\text{P}} = 99.3$，$\lambda_{\text{s}} = 57$，经验公式为 $\sigma_{\text{cr}} = 304 - 1.12\lambda$ (MPa)，$[n_{\text{st}}] = 3$。试校核结构的稳定性。

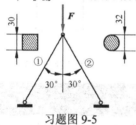

习题图 9-5

9-6 图式托架结构中，撑杆为钢管，外径 $D = 50\,\text{mm}$，内径 $d = 40\,\text{mm}$，两端球形铰支，材料为 Q235 钢，$E = 206\,\text{GPa}$，$\lambda_{\text{p}} = 100$，稳定安全系数$[n_{\text{st}}] = 3$。试根据该杆的稳定性要求，确定横梁上均布载荷集度 *q* 的许用值。

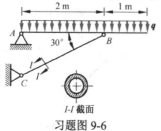

I-I 截面

习题图 9-6

9-7 如图所示一托架，承受载荷 $F = 10\,\text{kN}$，斜撑杆的外径 $D = 50\,\text{mm}$，内径 $d = 40\,\text{mm}$，材料为 Q235 钢，若$[n_{\text{st}}] = 3$。试校核杆 *BD* 是否稳定。

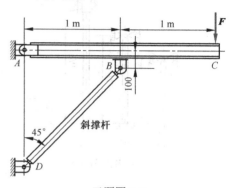

习题图 9-7

9-8 图示立柱长 $l = 6\,\text{m}$，由两根 10 号槽钢组成，已知材料的弹性模量 $E = 200\,\text{GPa}$，$\sigma_{\text{p}} = 200\,\text{MPa}$。试求 *a* 多大时立柱的临界载荷 F_{cr} 最高，并求其值。

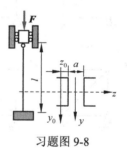

习题图 9-8

9-9 长 $l = 5\,\text{m}$ 的 10 号工字钢在温度 0℃时安装在固定支座之间，此时杆不受力。已知钢的线膨胀系数 $\alpha = 125 \times 10^{-7}/℃$，$E = 210\,\text{GPa}$。试求当温度升高至多少度时杆将失稳。

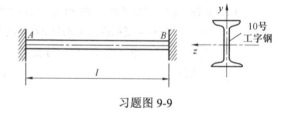

习题图 9-9

9-10 试导出两端固定约束条件下的理想中心压杆的临界载荷欧拉公式及挠曲线方程。已知压杆的最小抗弯刚度为 *EI*。

提高题

9-11　一根钢丝与一根弹性模量为 E 的圆截面直杆连接在一起，使杆呈微弯形态，如图所示。已知圆杆长度为 l，直径为 d。试求钢丝绳的张力。

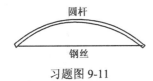

习题图 9-11

9-12　图示为简易起重机，杆 1 为实心钢杆；杆 2 为无缝钢管，外径为 90 mm，壁厚 2.5 mm，杆长 3 m，弹性模量为 210 GPa，设稳定安全系数为 3.0。试根据杆 2 的稳定性计算结构的承载力 $[F]$。

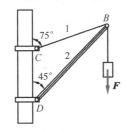

习题图 9-12

9-13　在如图所示的结构中，梁 AB 为 14 号普通热轧工字钢，CD 为圆截面直杆，其直径 $d = 20$ mm，材料均为 Q235 钢。结构受力如图所示，A、C、D 三处均为球铰约束。若已知 $F = 25$ kN，$l_1 = 1.25$ m，$l_2 = 0.55$ m，$\sigma_s = 235$ MPa。强度安全系数 $n_s = 1.45$，稳定安全系数 $[n_{st}] = 1.8$。试校核此结构是否安全。

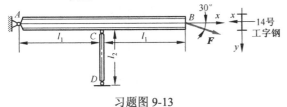

习题图 9-13

9-14　在图(a)所示两端铰支压杆 AB 的中点增加支座 C 后，如图(b)所示，试求临界压力可变为原来的几倍。已知压杆的抗弯刚度为 EI。

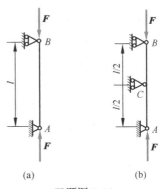

(a)　　　　(b)

习题图 9-14

9-15　图示桅杆杆塔由 4 根 45×45×5 的等边角钢焊制而成，杆长 $l = 12$ m，材料为 Q235 钢，$\lambda_p = 100$，$E = 206$ GPa，规定安全系数 $[n_{st}] = 2.32$。若将塔上端视为自由、下端视为固定端约束，顶部压力 $F = 100$ kN，试：

(1) 求最合理的 b 值；

(2) 讨论连接板之间的间距 a 对承载能力有无影响，并求 a 为多少时最为合理。

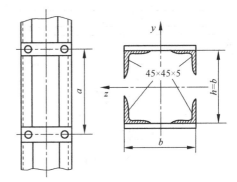

习题图 9-15

9-16　梁 AF 由直杆连接支承在墙上，并受均布荷载 $q = 4$ kN/m 作用，若各杆的直径均为 40 mm（不计杆重），材料为 3 号钢，其弹性模量 $E = 200$ GPa，$\lambda_p = 123$，$\lambda_s = 61$，稳定安全系数 $[n_{st}] = 5$。试校核各杆的稳定性。

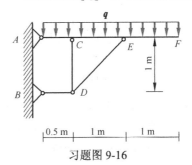

习题图 9-16

9-17 图示结构由 Q275 钢制成，梁 *AB* 为 16 号工字钢，*BC* 为圆形截面杆，*d* = 60 mm。已知 *E* = 205 GPa，σ_s = 275 MPa，λ_p = 90，λ_s = 50，临界载荷的直线经验公式为 σ_{cr} = 338 − 1.12λ (MPa)，强度安全系数 *n* = 2，稳定安全系数 $[n_{st}]$ = 3。试求许用载荷 $[F]$。

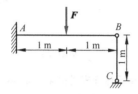

习题图 9-17

9-18 图示结构中，梁与柱的材料均为 Q235 钢，*E* = 200 GPa，σ_s = 240 MPa。均匀分布载荷集度 *q* = 24 kN/m。竖杆为两根 63 × 63 × 5 等边角钢（连接成一整体）。试确定梁与柱的工作安全系数。

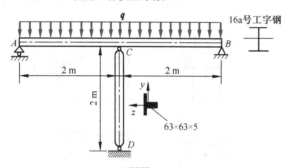

习题图 9-18

研究性题

9-19 如图所示的刚架 *ABC*，已知抗弯刚度 *EI*，*AB*、*BC* 长度均为 *l*。试求杆 *AB* 的临界力。

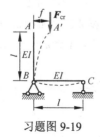

习题图 9-19

9-20 图示阶梯形细长压杆，上、下两段杆的抗弯刚度分别为 E_1I_1、E_2I_2。试证明压杆的临界载荷满足下述关系：

$$\tan\left(a\sqrt{\frac{F}{E_1I_1}}\right) \cdot \tan\left(a\sqrt{\frac{F}{E_2I_2}}\right) = \sqrt{\frac{E_1I_1}{E_2I_2}}$$

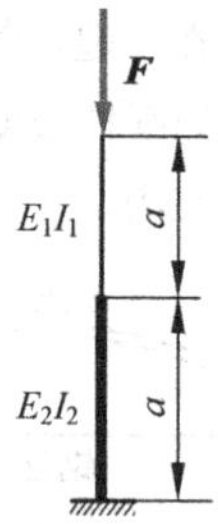

习题图 9-20

9-21 图示偏心压杆 *AB*，一端固定，另一端自由，长为 *l*，抗弯刚度为 *EI*，偏心距为 *e*，横截面面积为 *A*，抗弯截面系数为 *W*。试求：(1) 压杆的最大挠度；(2) 压杆的最大弯矩；(3) 压杆横截面上的最大压应力。并分析压杆的稳定性。

习题图 9-21

9-22 如图所示，两端简支的压杆 *AB* 受偏心距为 *e* 的载荷 *F* 作用，已知压杆的抗弯刚度为 *EI*，横截面面积为 *A*，抗弯截面系数为 *W*。试求杆的最大压应力和最大挠度，并分析压杆的稳定性。

习题图 9-22

9-23 图示纵横弯曲压杆 *AB*，一端固定，另一端自由，长为 *l*，抗弯刚度为 *EI*，横截面面积为 *A*，抗弯截面系数为 *W*。试求：(1) 压杆的最大挠度；(2) 压杆的最大弯矩；(3) 压杆横截面上的最大压应力。并分析压杆的稳定性。

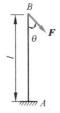

习题图 9-23

9-24 如图所示，两端简支的压杆 AB 受均布载荷 *q* 的作用，已知压杆的抗弯刚度为 *EI*。试求杆的最大挠度，并分析压杆的稳定性。

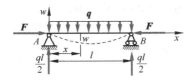

习题图 9-24

9-25 如图所示，两端简支的压杆 AB 中间受集中载荷 *P* 的作用，已知压杆的抗弯刚度为 *EI*。试求杆的最大挠度，并分析压杆的稳定性。

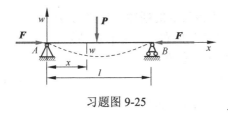

习题图 9-25

9-26 如图所示的两端简支的细长杆放置于弹性地基上，杆与地基的相互作用可以简化为刚度为 *K* 的分布弹簧，杆两端承受轴向压力 *F* 作用。试研究该压杆的稳定性。

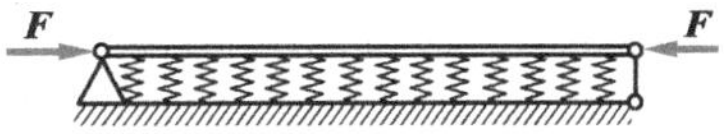

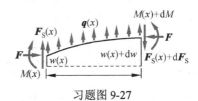

习题图 9-26

9-27 任意直压杆受轴向压力 *F* 的作用，杆的横向受均布荷载 *q*(*x*)。试从杆上取任意一微段（如图所示），推导如下关于挠度 *w*(*x*) 的四阶微分方程

$$(EIw'')'' + Fw'' = q$$

该方程称为压杆弹性屈曲方程。试利用该方程，结合约束端的位移、转角、力、力偶矩条件，推导表 9-1 中各压杆的临界载荷欧拉公式。

习题图 9-27

第 10 章

动 载 荷

前面各章所讨论的问题都假设构件承受的载荷为**静载荷**（static load），即载荷缓慢地由零增加到某一值，然后保持不变或变动很小，从而可认为整个加载过程中构件内各质点的加速度很小，可以忽略不计，如静水压力、房屋对地面的压力等。匀速上升和下降时重物对起重机钢绳的拉力也是静载荷，因为加速度等于零。

反之，若载荷随时间变化，使构件中的各质点产生了不可忽略的加速度，如高速旋转的机械、加速提升的重物、锻压的落锤等，这样的载荷称为**动载荷**（dynamic load）。在动载荷作用下，构件内各点产生的应力称为**动荷应力**或**动应力**（dynamic stress）。实验表明，在动载荷作用下，如杆件的动应力不超过比例极限，胡克定律仍然适用，此时构件的应力和变形计算仍可采用静载荷下的计算公式，但需要考虑动载荷效应。

本章主要讨论两种动载荷问题：(1) 惯性载荷，(2) 冲击载荷。介绍动静法与能量法在这两类动荷应力计算问题中的应用。

10.1 惯性载荷、动静法

对于一个质量为 m，加速度为 a 的运动质点，作用于该质点的惯性力定义为$-ma$，其方向与加速度 a 的方向相反。根据达朗贝尔原理，该质点的动力学问题，可以看做质点在主动力、约束反力和惯性力共同作用下的"静平衡"问题，即满足平衡条件

$$\Sigma F - ma = 0 \tag{10-1}$$

式中，ΣF 为质点受到的所有主动力与约束反力的合力，$-ma$ 为惯性力。

根据该原理，可以将变速运动的质点视为"平衡"质点，用静力学的方法求解问题，这种方法称为**动静法**。动静法是将动力学问题在形式上转化为静力学问题来处理的方法。构件做等加速直线运动、匀速转动或等角加速度转动时，通常采用动静法计算。在计算这类杆件结构的应力和变形时，只需将惯性力加到杆件上，前面各章的结果即可直接应用。下面以例题详加说明。

例题 10-1

一根长度为 $l = 12$ m 的 32a 工字钢梁，单位长度质量为 $m = 52.7$ kg/m，用两根横截面积为 $A = 1.12$ cm^2 的钢绳起吊，如例题图 10-1(a)所示。设起吊过程中的加速度为 $a = 10$ m/s^2。试求工字钢中的最大动应力及钢绳的动应力。

解：

(1) 选取研究对象，画受力图。

取工字钢梁为研究对象，如例题图 10-1(b)所示，作用于其上的力有钢绳拉力 F_d，梁单位长度自重 $q_{st} = mg$。

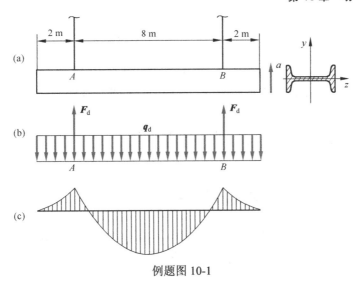

例题图 10-1

(2) 分析运动，施加惯性力。

工字钢梁以加速度 a 上升，即梁内各点都有相同的加速度 a，由于介质的连续性，所以梁上的惯性力为均布力，梁单位长度的惯性力为 ma，即惯性分布力的集度为

$$q_I = ma$$

根据达朗贝尔原理，作用于梁上的拉力 F_d、钢梁自重 q_{st} 与惯性力 q_I 构成一组平衡力系。钢梁自重与惯性力均为均布力，将其合成后，可得总均布力的载荷集度为

$$q_d = q_{st} + q_I = mg + ma = m(g + a)$$

(3) 建立坐标系，列平衡方程，求钢绳动拉力 F_d。

根据例题图 10-1(b)所示的受力图，列平衡方程

$$\Sigma F_y = 0, \qquad 2F_d - q_d l = 0 \tag{a}$$

解得

$$F_d = \frac{1}{2} q_d l = \frac{1}{2} m(g + a)l$$

可见，拉力 F_d 为动约束反力，由两部分组成：一部分是由重力引起的，即静约束反力 $F_{st} = mgl/2$；另一部分是由加速度引起的，称为附加动反力。

由于

$$\frac{F_d}{F_{st}} = \frac{\dfrac{1}{2} m(g + a)l}{\dfrac{1}{2} mg\, l} = 1 + \frac{a}{g} = \text{ 常数} \tag{b}$$

于是，可以引入系数

$$K_d = 1 + \frac{a}{g} \tag{10-2}$$

称为**动荷系数**（coefficient in dynamic load）。从而，将式(b)改写为 $F_d = K_d F_{st}$，即钢绳动荷拉力 F_d 等于静荷拉力 F_{st} 乘以动荷系数 K_d。

(4) 求钢绳的动荷应力 σ_d。

钢绳截面上的动荷应力为

$$\sigma_d = \frac{F_d}{A} = \frac{K_d F_{st}}{A} = K_d \sigma_{st} \tag{10-3}$$

式中，σ_{st} 为钢绳截面上的静荷应力。可见，钢绳的动荷应力 σ_d 等于静荷应力 σ_{st} 乘以动荷系数 K_d。在许多工程问题中，动荷应力与静应力之间的关系，都可按式(10-3)利用动荷系数计算。动载作用下的强度条件则可写为

$$\sigma_d = K_d \sigma_{st} \leqslant [\sigma] \tag{10-4}$$

式中，$[\sigma]$ 为材料在静载时的许用应力。

对于本例题有

$$K_d = 1 + \frac{a}{g} = 1 + \frac{10}{9.8} = 2.02$$

$$\sigma_{st} = \frac{F_{st}}{A} = \frac{mgl/2}{1.12 \times 10^{-4}} = \frac{0.5 \times 52.7 \times 9.8 \times 12}{1.12 \times 10^{-4}} \text{Pa} = 27.67 \text{ MPa}$$

于是，求得钢绳动荷应力为

$$\sigma_d = K_d \sigma_{st} = 55.89 \text{ MPa}$$

(5) 计算工字钢中最大动荷应力 σ_d'。

首先，计算由工字钢梁自重引起的最大静荷应力，再由式(10-3)计算最大动荷应力。

梁在自重作用下的弯矩图如例题图 10-1(c)所示。最大弯矩位于钢梁中点截面上，其值为

$$M_{stmax} = F_{st} \times 4 - q_{st} \times 6 \times 3 = 3098.76 \text{ N·m}$$

由型钢表，查得 32a 工字钢 $W_z = 70.8 \text{ cm}^3$，故工字钢中最大静荷应力为

$$\sigma_{st}' = \frac{M_{stmax}}{W_z} = \frac{3098.76 \times 10^3}{70.8 \times 10^{-3}} = 43.77 \text{ MPa}$$

于是，工字钢中最大动荷应力为

$$\sigma_d' = K_d \sigma_{st}' = 2.02 \times 43.77 = 88.42 \text{ MPa}$$

讨论：对于等加速度直线运动的构件，动荷系数均按式(10-2)计算，而动荷应力则按式(10-3)计算。动荷系数计算反映了加速度对构件内力、应力、变形等的影响。

例题 10-2

例题图 10-2(a)所示的是一平均半径为 R 的飞轮，绕通过轮心且垂直于飞轮平面的轴做匀速转动，转动平面为水平面。已知飞轮的角速度为 ω，轮缘部分的横截面面积为 A，材料的密度为 ρ。求轮缘横截面上的正应力。

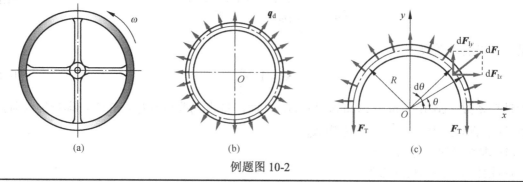

(a)   (b)   (c)

例题图 10-2

解：

(1) 分析飞轮受力及运动，施加惯性力。

由于轮缘上各点具有向心加速度：

$$a_n = R\omega^2$$

故在转动平面内，飞轮具有如例题图 10-2(b)所示的射线状的均布惯性力 q_d，即

$$q_d = A\rho a_n = A\rho R\omega^2 \tag{a}$$

(2) 分析飞轮轮缘横截面上的轴力。

由于飞轮结构和受力均中心对称，所以可用沿直径的截面将飞轮截为两个半环，分析其中一半，如例题图 10-2(c)所示，其中 F_T 为环向拉力——飞轮轮缘横截面上的轴力（也称为截面张力）。选取图示坐标系 Oxy。由 $\Sigma F_y = 0$，得

$$2F_T = \int_0^\pi q_d \sin\theta \cdot R\,d\theta \tag{b}$$

将式(a)代入式(b)中，得

$$F_T = A\rho\omega^2 R^2 \tag{c}$$

(3) 计算飞轮轮缘横截面上的动荷应力

飞轮为轴向拉伸变形，于是

$$\sigma_d = \frac{F_T}{A} = \rho\omega^2 R^2 \tag{d}$$

讨论：

若将飞轮轮缘上各点的切向线速度 $v = R\omega$ 代入式(d)中，则轮缘横截面上的正应力为

$$\sigma_d = \rho v^2$$

可见，轮缘环内动应力主要受飞轮转速的影响，与横截面尺寸无关。由上式可建立飞轮的强度条件：

$$\sigma_d = \rho v^2 \leqslant [\sigma]$$

从而，可计算出飞轮边缘的极限速度为

$$v = \sqrt{\frac{[\sigma]}{\rho}}$$

这说明飞轮的极限轮缘速度取决于材料的性质，与几何尺寸无关。

例题 10-3

如例题图 10-3 所示，轴 AB 上装有飞轮，飞轮的转速 $n = 100$ r/min，转动惯量 $J = 0.5$ kN·m·s^2，轴的直径 $d = 100$ mm，刹车时，使轴在 10 s 内均匀减速至停止。求轴内最大动应力。

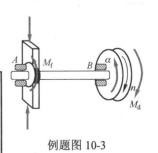

例题图 10-3

解：

(1) 分析整体受力及运动，施加惯性力。

刹车时，轴的左端刹车盘处受摩擦力偶 M_f 作用。系统匀减速刹车，角加速度为

$$\alpha = \frac{\omega_t - \omega_0}{t} = \frac{0 - \pi n/30}{10} = -\frac{\pi}{3}$$

角加速度的转向与飞轮转速方向相反。根据达朗贝尔原理，在飞轮上可虚加一个与角加速度转向相反的惯性力偶 M_d：

$$M_d = -J\alpha = -0.5 \times \left(-\frac{\pi}{3}\right) = \frac{\pi}{6} \text{kN} \cdot \text{m}$$

轴在 M_f 与 M_d 的共同作用下保持"平衡"，并产生扭转变形。

(2) 计算轴内最大动荷内力。

轴内各截面的动荷扭矩均为

$$T_d = M_d = \frac{\pi}{6} \text{kN} \cdot \text{m}$$

根据扭转变形构件横截面的应力分布规律，可得圆轴表面各点有最大动荷应力：

$$\tau_{dmax} = \frac{T_d}{W_p} = \frac{\pi/6}{\pi d^3/16} = \frac{\pi \times 16 \times 10^3}{\pi \times 0.1^3 \times 6} \text{Pa} = 2.67 \text{MPa}$$

10.2 冲击载荷、能量法

当运动物体碰到一静止的构件时，物体的运动受阻而在瞬间停止运动，则称构件受到冲击作用。例如，重锤打桩、锻锤与锻件的接触撞击、用铆钉枪进行铆接、高速转动的飞轮突然刹车、桥墩被车辆或船只撞击等都属于冲击现象。冲击载荷作用时间极短，受冲击构件内各点的加速度极大，难以计算，故不能采用动静法。下面介绍求解该类问题的能量法，这是一种近似的解法。该方法是在对冲击过程进行一系列假设的基础上，根据能量守恒进行计算的。

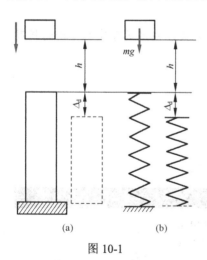

假设 1：不计冲击物的变形，而将被冲击物视为弹性体。

考虑如图 10-1(a)所示的冲击过程：一质量为 m 的物块自高度 h 处自由落下，撞击到下方的立柱，使立柱产生变形量 Δ_d。该问题可用图 10-1(b)所示的计算模型分析，即假设物块的变形可忽略不计，而将立柱视为一弹簧，刚度为 k，受到冲击后被压缩了长度 Δ_d。

假设 2：材料服从胡克定律。

假设图 10-1(a)所示立柱的应力-应变关系符合胡克定律。相应地，图 10-1(b)中的弹簧受力与变形的关系为

$$F = k\Delta \tag{10-5}$$

若弹簧在物块重力作用下平衡（或缓慢放置重物），式(10-5)中 $F = mg$，此时 Δ 为弹簧在静载作用下的变形 Δ_{st}；若弹簧受到冲击，式(10-5)中 $F = F_d$（F_d 为未知的动载荷），$\Delta = \Delta_d$。

图 10-1

假设 3：构件的质量（惯性）与冲击物相比很小，可忽略不计，冲击应力瞬时传遍整个构件。

假设 4：冲击物与构件接触后无回弹。

假设图 10-1(a)中，物块落至立柱顶面后没有脱离，而是随同立柱变形继续下降 Δ_d 的距离。从冲击物与弹性体接触瞬时至弹性体产生最大变形 Δ_d 瞬时，就是所要研究的冲击过程。

假设 5：冲击过程中，声、热等能量损耗很小，可略去不计，只计算动能、（重力）势能和应变能的变化。于是，根据能量守恒定律，冲击开始时刻，系统的动能 T_0、势能 V_0 和应变能 $V_{\varepsilon 0}$ 之和等于冲击完成时刻的动能 T_1、势能 V_1 和应变能 $V_{\varepsilon 1}$ 之和，得

$$T_0 + V_0 + V_{\varepsilon 0} = T_1 + V_1 + V_{\varepsilon 1}$$

或

$$(T_0 - T_1) + (V_0 - V_1) = V_{\varepsilon 1} - V_{\varepsilon 0}$$

上式左侧表示系统冲击过程中动能和重力势能的改变量，右侧为被冲击物所增加的应变能。记 $\Delta T = T_0 - T_1$，$\Delta V = V_0 - V_1$，$V_{\varepsilon d} = V_{\varepsilon 1} - V_{\varepsilon 0}$，于是有

$$\Delta T + \Delta V = V_{\varepsilon d} \tag{10-6}$$

式(10-6)表明，在冲击过程中，冲击系统动能和势能的变化量等于被冲击物体内所增加的应变能。

例题 10-4

如例题图 10-4 所示，物体自高度为 h 处自由落下，打在梁跨中点，使梁受到冲击。设物体的质量为 m，梁的自重忽略不计，梁的抗弯刚度为 EI，抗弯截面系数为 W。试求物体对梁的冲击载荷 F_d，以及梁在冲击过程中的最大挠度 Δ_d 和最大应力 σ_d。

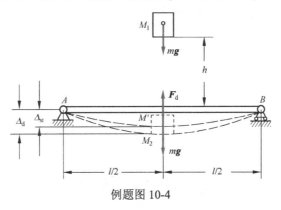

例题图 10-4

解：

(1) 分析冲击过程中的机械能变化。

冲击初始时刻：梁 AB 于水平位置接触物体，系统动能为 mgh，势能为零，初始应变能为零。

冲击完成时刻：梁 AB 弯曲至最大挠度 Δ_d，应变能为 $V_{\varepsilon d}$，系统动能为零，势能为 $-mg\Delta_d$。由式(10-6)，得

$$mgh + mg\Delta_d = V_{\varepsilon d} \tag{a}$$

(2) 计算梁的应变能与动荷系数。

当梁受到冲击时，在动载荷 F_d 作用下产生弯曲变形，储存应变能。因此，冲击完成时的应变能为

$$V_{\varepsilon d} = \frac{1}{2} F_d \Delta_d \tag{b}$$

在线弹性范围内，动载荷 F_d、动荷变形 Δ_d、动荷应力 σ_d 分别与静载荷 F_{st}、静变形 Δ_{st}、静应力 σ_{st} 成正比，其比值称为冲击动荷系数 K_d，即

$$K_d = \frac{F_d}{F_{st}} = \frac{\Delta_d}{\Delta_{st}} = \frac{\sigma_d}{\sigma_{st}} \tag{10-7}$$

式中，为了简便，取 $F_{st} = mg$（显然在线弹性变形范围内），由弯曲变形（见第 6 章）可知

$$\Delta_{\text{st}} = \frac{mg\, l^3}{48EI} \tag{c}$$

将式(10-7)代入式(b)后，再代入式(a)并整理，得

$$\Delta_{\text{d}}^2 - 2\Delta_{\text{st}}\Delta_{\text{d}} - 2\Delta_{\text{st}}h = 0$$

求解上式，并考虑到冲击变形量应大于静变形量，于是得

$$\Delta_{\text{d}} = \Delta_{\text{st}}\left[1 + \sqrt{1 + \frac{2h}{\Delta_{\text{st}}}}\right] \tag{d}$$

将式(d)代入式(10-6)中，可得动荷系数为

$$K_{\text{d}} = 1 + \sqrt{1 + \frac{2h}{\Delta_{\text{st}}}} \tag{10-8}$$

(3) 求梁的冲击载荷、动荷挠度和动荷应力。

将式(10-8)代入式(10-7)中，可求得梁所受的冲击载荷为

$$F_{\text{d}} = K_{\text{d}} F_{\text{st}} = \left(1 + \sqrt{1 + \frac{2h}{\Delta_{\text{st}}}}\right) mg$$

冲击后梁的最大动荷挠度为

$$\Delta_{\text{d}} = K_{\text{d}} \Delta_{\text{st}} = \left(1 + \sqrt{1 + \frac{2h}{\Delta_{\text{st}}}}\right) \frac{mgl^3}{48EI}$$

梁横截面上最大动荷应力为

$$\sigma_{\text{d}} = K_{\text{d}} \sigma_{\text{st}} = \left(1 + \sqrt{1 + \frac{2h}{\Delta_{\text{st}}}}\right) \frac{mgl}{4W}$$

对受冲击载荷作用的构件进行强度计算时，通常仍按材料在静载荷下的许用应力来建立强度条件，即构件的最大冲击应力不得超过材料在静载荷下的许用应力。

讨论：当物体自高度 h 处自由下落冲击一弹性体时，动荷系数均可由式(10-8)计算，而冲击载荷、动荷变形和动荷应力均可利用式(10-7)，由相应的静态值计算得到。

例题 10-5

在例题 10-3 中，如果突然刹车，试求轴内最大的动荷应力。其中已知轴的剪切弹性模量 $G = 80$ GPa，轴长 $l = 1$ m。

解：

刹车时，系统势能为零，动能的改变量为

$$\Delta T = \frac{1}{2}J\omega^2 \tag{a}$$

式中，$\omega = \frac{\pi n}{30}$。刹车时，轴产生扭转变形，储存的应变能为

$$V_{\varepsilon\text{d}} = \frac{1}{2}T_{\text{d}}\varphi = \frac{T_{\text{d}}^2 l}{2GI_{\text{P}}} \tag{b}$$

式中，T_{d} 为轴横截面上的动扭矩。

将式(a)、式(b)代入式(10-6)中，可求得

$$T_d = \omega\sqrt{\frac{JGI_p}{l}}$$

于是，由扭转变形（见第 3 章）可得，轴内最大动荷应力为

$$\tau_{dmax} = \frac{T_d}{W_p} = \frac{\omega}{W_p}\sqrt{\frac{JGI_p}{l}} = \frac{\pi n}{30}\sqrt{\frac{2GJ}{Al}}$$

$$= \frac{\pi \times 100}{30} \times \sqrt{\frac{4 \times 2 \times 80 \times 10^9 \times 0.5 \times 10^3}{\pi \times 0.1^2}}\text{Pa} = 1057\text{ MPa}$$

讨论：

(1) 该例题结果表明，扭转冲击时，轴内最大动荷应力与轴的体积和转动惯量有关。

(2) 将上述轴内最大动荷应力值与例题 10-3 的结果比较，可以看出，冲击将产生巨大的动应力，容易造成构件失效，所以应尽量避免。

例题 10-6

如例题图 10-6(a)所示，一质量为 m 的物块 Q 以速度 v 撞击一水平放置的杆，试求冲击动荷系数 K_d。

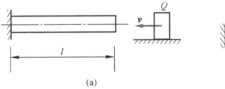

例题图 10-6

解： 例题图 10-6(a)所示冲击系统可由例题图 10-6(b)所示计算模型表示。冲击开始时刻，系统动能为 $\frac{1}{2}mv^2$，势能为 0，应变能为 0.；冲击完成时刻，系统动能为 0，势能为 0，应变能为 $\frac{1}{2}F_d\Delta_d$。

因为，在弹性范围内，有 $\Delta_d = \frac{F_d l}{EA}$，所以 $F_d = \frac{EA}{l}\Delta_d$，因此冲击后的应变能为 $\frac{EA}{2l}\Delta_d^2$。

根据机械能守恒公式(10-6)，有

$$\frac{1}{2}mv^2 = \frac{EA}{2l}\Delta_d^2$$

于是

$$\Delta_d^2 = \frac{mlv^2}{EA} = \frac{mgl}{EA}\cdot\frac{v^2}{g}$$

式中 $\frac{mgl}{EA}$，相当于在大小等于物块重力的轴向压力作用下引起的杆件轴向变形量 Δ_{st}（即冲击点沿冲击方向的静位移）。所以

$$\Delta_d^2 = \frac{v^2}{g}\Delta_{st}$$

即

$$\Delta_d = \sqrt{\frac{v^2\Delta_{st}}{g}} \tag{a}$$

将式(a)代入式(10-7)中，可得水平冲击时的动荷系数计算公式为

$$K_d = \frac{\Delta_d}{\Delta_{st}} = \sqrt{\frac{v^2}{g\Delta_{st}}} \tag{10-9}$$

例题 10-7

例题图 10-7(a)所示的是等截面刚架，已知刚架抗弯刚度为 EI，抗弯截面系数为 W。一质量为 m 的物块自高度 h 处自由落下撞击刚架自由端。试求刚架内的最大正应力（不计轴向变形和压杆的稳定性问题）。

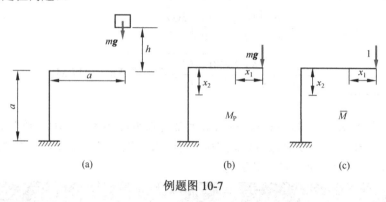

例题图 10-7

分析：这是自由落体的冲击问题，可先由式(10-8)计算动荷系数，然后计算最大静应力，最后由式(10-7)求得动荷应力。

解：

(1) 计算冲击点的静荷位移 Δ_{st}。

由例题图 10-7(b)、(c)所示的刚架受力情况，根据单位载荷法求解冲击点处的竖向静位移，结果为

$$\Delta_{st} = \frac{1}{EI}\int_0^a (-mgx_1)\cdot(-1\cdot x_1)\mathrm{d}x_1 + \frac{1}{EI}\int_0^a (-mga)\cdot(-1\cdot a)\mathrm{d}x_2 \tag{a}$$

$$= \frac{mga^3}{3EI} + \frac{mga^3}{EI} = \frac{4mga^3}{3EI}$$

(2) 计算冲击动荷系数。

将式(a)代入式(10-8)中，得动荷系数为

$$K_d = 1 + \sqrt{1 + \frac{2h}{\Delta_{st}}} = 1 + \sqrt{1 + \frac{3EIh}{2mga^3}} \tag{b}$$

(3) 计算刚架最大静应力。

由例题图 10-7(b)可知，最大弯曲静应力在立柱外侧，其值为

$$\sigma_{stmax} = \frac{M_{max}}{W} = \frac{mga}{W} \tag{c}$$

(4) 计算刚架最大正应力。

将式(b)、式(c)代入式(10-7)中，可得刚架内的最大正应力为

$$\sigma_{dmax} = K_d\sigma_{stmax} = \left(1 + \sqrt{1 + \frac{3EIh}{2mga^3}}\right)\frac{mga}{W}$$

小　结

本章目标：介绍两种动载荷——惯性载荷和冲击载荷作用下构件的动荷应力计算。

研究思路：

(1) 动静法：当系统构件内各点加速度为有限值时，可利用惯性力的概念，依据达朗贝尔原理，求解动载荷作用下的动荷应力。构件做等加速度直线运动、等角速度转动或等角加速度转动时，通常采用动静法计算。

(2) 能量法：当冲击载荷作用时间极短、系统构件内各点的加速度极大时，可利用机械能守恒原理求解冲击载荷作用问题。

动荷系数：

某些情况下可以引入动荷系数求解动荷变形和应力：$K_d = \dfrac{F_d}{F_{st}} = \dfrac{\Delta_d}{\Delta_{st}} = \dfrac{\sigma_d}{\sigma_{st}}$

(1) 构件做等加速度直线运动时：$K_d = 1 + \dfrac{a}{g}$

(2) 构件被自由下落物体冲击时：$K_d = 1 + \sqrt{1 + \dfrac{2h}{\Delta_{st}}}$

(3) 构件被水平运动物体冲击时：$K_d = \sqrt{\dfrac{v^2}{g\Delta_{st}}}$

思 考 题

10-1 为什么适当减小结构的刚度能够提高抗冲击能力？

10-2 为什么用能量法对冲击问题进行结构强度设计偏于安全？

10-3 如图所示的两种情况，相同的球由同样的高度自由下落冲击悬臂梁，试问哪种情况的动荷系数大？动荷变形和动荷应力呢？

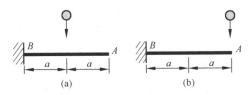

思考题图 10-3

10-4 如图所示的三种情况，哪种情况的动荷系数最大？哪种最小？减小动荷系数一定能够减小结构中的最大冲击力吗？

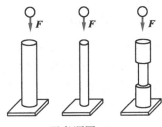

思考题图 10-4

10-5 如图所示，梁受两个相同载荷同时冲击时的动荷系数为 K_d；两个载荷单独冲击时的动荷系数分别为 K_{d1} 和 K_{d2}。试问 K_d 是否等于 $K_{d1}+K_{d2}$？

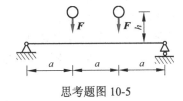

思考题图 10-5

习 题

基本题

10-1 图示 20a 普通热轧槽钢以等加速度减速下降，若在 0.2 s 时间内速度由 1.8 m/s 降至 0.6 m/s，已知 $l = 6$ m，$b = 1$ m。试求槽钢中最大的弯曲正应力。

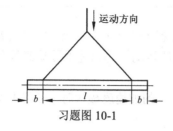

习题图 10-1

10-2 图示杆Ⅰ和杆Ⅱ两端铰接,重物质量 $m =$ 5000 kg,以加速度 $a = 9.8$ m/s^2 向上提升,已知 $A_Ⅰ = 8$ cm^2,$A_Ⅱ = 20$ cm^2。试求 $\sigma_Ⅰ$ 及 $\sigma_Ⅱ$。

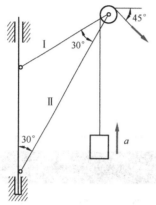

习题图 10-2

10-3 图示 AD 轴以等角速度 ω 转动,在轴的纵向对称面内,于轴线的两侧有两个重为 F 的偏心载荷,试求轴内最大弯矩。

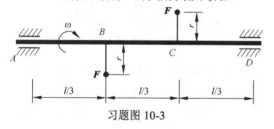

习题图 10-3

10-4 如图所示,质量为 m 的小球装在长为 l 的转臂端部,转臂以等角速度在光滑水平面上绕点 O 旋转。已知转臂的许用应力为 $[\sigma]$,不计转臂自重,试求转臂的截面面积。

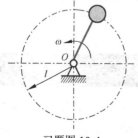

习题图 10-4

10-5 如图所示,绞车 C 安装在两根平行放置的 20a 号工字钢梁上,绞车将质量 $m_1 = 5000$ kg 的重物以匀加速度提起。已知在开始的 3 s 内重物升高的距离为 $h = 10$ m,绞车的质量 $m_2 = 500$ kg,$l = 4$ m,$[\sigma] = 156.8$ MPa。试校核梁的强度。

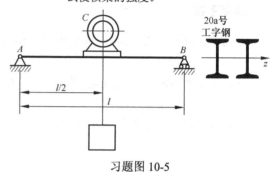

习题图 10-5

10-6 图示结构中,已知弹簧刚度系数为 k,拉杆抗拉压刚度为 EA,长为 l。重为 F 的重物自 h 处自由下落到拉杆底部的水平托盘上。试求拉杆的冲击应力。

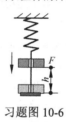

习题图 10-6

10-7 图示悬臂木梁 AB,A 端固定,自由端 B 的上方有一重物自由落下,撞击到梁上。已知重物高度为 40 mm,重量 $W = 1$ kN,梁长 $l = 2$ m,梁的弹性模量 $E = 10$ GPa,横截面为 120 mm × 200 mm 的矩形。试求:(1) 梁所受的冲击载荷;(2) 梁横截面上的最大冲击正应力与最大冲击挠度。

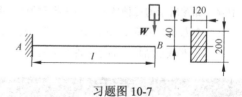

习题图 10-7

10-8 对于例题10-5中的冲击系统,已知圆盘直径 $D = 200$ mm,重量 $F = 500$ N,AB 轴的直径 $d = 60$ mm,长度 $l = 1$ m,轴每分钟

的转速 $n = 120$ r/min，轴材料的剪切弹性模量 $G = 82$ GPa。试求当 A 端突然刹车时，轴内的最大切应力。

10-9 图示一质量为 m 的小球 Q 以水平速度 v 冲击到杆 AB 的点 C。已知杆的抗弯刚度为 EI、抗弯截面系数为 W。试求杆的最大动荷应力 σ_{dmax} 和冲击点 C 处的水平位移 Δ_{Cx}。

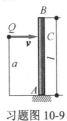

习题图 10-9

提高题

10-10 图示卷扬机，起吊重物重量 $F_1 = 40$ kN，以等加速度 $a = 5$ m/s² 向上运动。鼓轮重量为 $W = 4000$ N，鼓轮直径 $D = 1.2$ m，鼓轮安装在轴的中点。若轴长 $l = 1$ m，轴材料的许用应力 $[\sigma] = 100$ MPa。试按第三强度理论设计轴径。

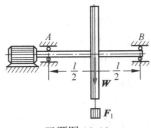

习题图 10-10

10-11 如图所示，直径 $d = 30$ cm，长度 $l = 1$ m 的圆木桩，下端固定，材料 $E = 10$ GPa。重为 $W = 5$ kN 的重锤从离木桩顶端 $h = 1$ m 的高度自由落下。试求下列两种情况下的动荷系数：(1) 无橡皮垫；(2) 木桩顶放置直径 $d_1 = 15$ cm，厚度 $t = 20$ mm 的橡皮垫，橡皮的 $E = 8$ MPa。

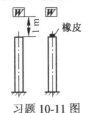

习题 10-11 图

10-12 图示结构中，重为 mg 的物体 C 可绕垂直于纸面的 A 轴做定轴转动，AC 在铅垂位置时，重物具有水平速度 v，然后冲击到梁 AB 的中点。梁的长度为 l，材料的弹性模量为 E，梁横截面的惯性矩为 I，抗弯曲截面系数为 W。试求梁 AB 内的最大弯曲正应力。

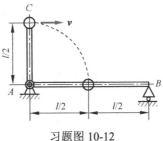

习题图 10-12

10-13 图(a)、(b)所示简支梁均由 20b 号工字钢制成。已知 $mg = 2$ kN，$E = 210$ GPa，$h = 20$ mm。图(b)中支座 B 处的弹簧刚度系数 $k = 300$ kN/m。不计梁和弹簧的自重，试分别求图(a)、(b)所示梁的动荷系数。

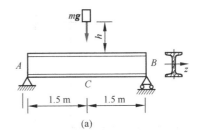

(a)

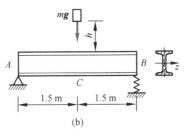

(b)

习题图 10-13

10-14 重为 Q 的物体自由下落冲击图示刚架，刚架各杆的 EI 均相同，试求点 A 铅垂方向的位移。

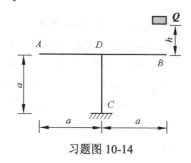

习题图 10-14

10-15 图示结构中，木杆 *AB* 与钢梁 *BC* 在端点 *B* 处铰接，长 *l* = 1 m，二者的横截面均为边长为 *a* = 0.1 m 的正方形。*DD* 为与 *AB* 刚性连接的不变形刚杆，当重量为 1.2 kN 的环状重物 *Q* 从 *h* = 1 cm 处自由落在 *DD* 刚杆上时，试校核该杆是否安全。已知钢梁的弹性模量 $E_{钢}$ = 200 GPa，木杆的弹性模量 $E_{木}$ = 10 GPa，许用应力 [σ] = 6 MPa。

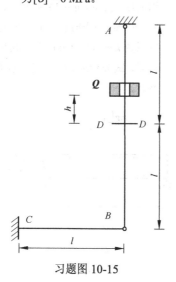

习题图 10-15

（提示：本题首先按超静定结构求解木杆各段的内力，然后按照冲击问题求解动荷系数及动荷应力。）

10-16 绞车起吊重量为 *W* = 50 kN 的重物，以速度 *v* = 1.6 m/s 匀速下降；当重物与绞车之间的钢索长度 *l* = 2.4 m 时，突然刹住绞车。若钢索横截面积 *A* = 1000 mm²，不计钢索自重，试求钢索内的最大正应力。

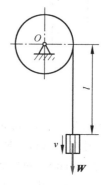

习题图 10-16

研究性题

10-17 足球运动员正对球门远距离大力射门，球垂直打在球门横梁正中央，试建立模型分析球门横梁和立柱中的最大正应力。

10-18 身高体重的篮球运动员跃起扣篮时，两手会顺势抓住篮圈，这对篮圈和其固定螺栓的强度构成威胁。试建立模型分析篮圈和其固定螺栓横截面上的最大正应力。

平面图形的几何性质

计算杆件的应力和变形时，需要用到杆件横截面的几何性质。例如，在杆的拉压计算中用到的横截面面积 A，在圆杆扭转计算中用到的极惯性矩 I_p，以及在梁的弯曲计算中用到的横截面的静矩、惯性矩和惯性积等。本附录将讨论这些平面图形几何性质参数的计算。附录 B 则给出了一些常用图形的几何性质计算公式以备查。

A.1 静矩和形心

设一任意形状的平面图形如图 A-1 所示，其截面面积为 A。从截面上点(x, y)处取一面积微元 dA，则 xdA 和 ydA 分别称为该面积微元对 y 轴和 x 轴的**静矩**或**一次矩**（static moment），而以下两积分

$$S_y = \int_A x\,dA , \qquad S_x = \int_A y\,dA \qquad\text{(A-1)}$$

分别定义为该平面图形对 y 轴和 x 轴的静距。

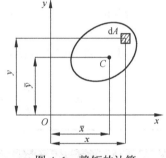

图 A-1　静矩的计算

平面图形的静矩是对一定的轴而言的，同一图形对不同轴的静矩不同。静矩可能为正值或负值，也可能为零，其常用单位为 m^3 或 mm^3。

从理论力学的知识已知，在 Oxy 坐标系中，均质等厚度薄板的重心坐标为

$$\bar{x} = \frac{\int_A x\,dA}{A}, \quad \bar{y} = \frac{\int_A y\,dA}{A} \qquad\text{(a)}$$

而均质薄板的重心与该薄板平面图形的形心是重合的，所以式(a)可用来计算任意平面图形的形心坐标。由于式(a)中的分子部分为图形的静矩，于是可将式(a)改写为

$$\bar{x} = \frac{S_y}{A}, \quad \bar{y} = \frac{S_x}{A} \qquad\text{(A-2)}$$

因此，在已知平面图形对 y 轴和 x 轴的静距后，即可求得图形形心的坐标。若将式(A-2)写成

$$S_y = A\bar{x}, \quad S_x = A\bar{y} \qquad\text{(A-3)}$$

则当已知图形面积 A 和形心坐标$(\bar{x}, \bar{y})$时，就可求得图形对 y 轴和 x 轴的静矩。

由以上两式可见，若图形对某一轴的静矩等于零，则该轴必通过截面的形心；反之亦然，即图形对通过其形心的轴的静矩恒等于零。

当图形由若干（设为 n 个）简单图形（如矩形、圆形或三角形等）组成时，由静矩的定义可知，图形各组成部分对某一轴之静矩的代数和就等于整个图形对同一轴的静矩，即

$$S_y = \sum_{i=1}^{n} A_i \bar{x}_i , \quad S_x = \sum_{i=1}^{n} A_i \bar{y}_i \qquad\qquad \text{(A-4)}$$

式中，A_i、$\bar{x}_i$ 和 $\bar{y}_i$ 分别为任一组成部分的面积及其形心坐标。由于简单图形的面积及其形心位置均易获得，因此式(A-4)提供了计算复杂图形静矩的一种简便方法。将式(A-4)给出的 S_y 和 S_x 代入式(A-2)中，可得计算组合图形形心坐标的公式为

$$\bar{x} = \frac{\sum_{i=1}^{n} A_i \bar{x}_i}{\sum_{i=1}^{n} A_i} , \quad \bar{y} = \frac{\sum_{i=1}^{n} A_i \bar{y}_i}{\sum_{i=1}^{n} A_i} \qquad\qquad \text{(A-5)}$$

例题 A-1

试计算例题图 A-1 所示三角形截面对与其底边重合的 x 轴的静矩。

解：取平行于 x 轴的狭长条（如图所示）作为面积微元，即 $\mathrm{d}A = b(y)\mathrm{d}y$。由相似三角形关系可知 $b(y) = \dfrac{b}{h}(h-y)$，因此有 $\mathrm{d}A = \dfrac{b}{h}(h-y)\mathrm{d}y$。将其代入式(A-1)中的第 2 式，即得

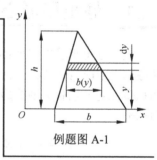

例题图 A-1

$$S_x = \int_A y\,\mathrm{d}A = \int_0^h y\frac{b}{h}(h-y)\mathrm{d}y = b\int_0^h y\,\mathrm{d}y - \frac{b}{h}\int_0^h y^2\,\mathrm{d}y = \frac{bh^2}{6}$$

例题 A-2

试确定图示图形形心 C 的位置。

解：将图形分为 Ⅰ、Ⅱ 两个矩形。取 x 轴和 y 轴分别与图形的底边和左边缘重合（如图所示）。先计算每一矩形的面积 A_i 和对应的形心坐标($\bar{x}_i$，$\bar{y}_i$)：

矩形 Ⅰ：$A_{\text{I}} = 10 \times 120 = 1200 \text{ mm}^2$

$\qquad\qquad \bar{x}_{\text{I}} = \dfrac{10}{2} = 5 \text{ mm} , \qquad \bar{y}_{\text{I}} = \dfrac{120}{2} = 60 \text{ mm}$

矩形 Ⅱ：$A_{\text{II}} = 10 \times 70 = 700 \text{ mm}^2$

$\qquad\qquad \bar{x}_{\text{II}} = 10 + \dfrac{70}{2} = 45 \text{ mm} , \quad \bar{y}_{\text{II}} = \dfrac{10}{2} = 5 \text{ mm}$

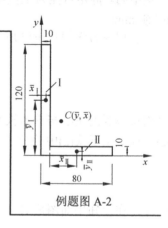

例题图 A-2

将其代入式(A-5)，即得图形形心 C 的坐标为

$$\bar{x} = \frac{A_{\text{I}}\bar{x}_{\text{I}} + A_{\text{II}}\bar{x}_{\text{II}}}{A_{\text{I}} + A_{\text{II}}} = \frac{37\,500 \text{ mm}^3}{1900 \text{ mm}^2} \approx 20 \text{ mm}$$

$$\bar{y} = \frac{A_{\text{I}}\bar{y}_{\text{I}} + A_{\text{II}}\bar{y}_{\text{II}}}{A_{\text{I}} + A_{\text{II}}} = \frac{75\,500 \text{ mm}^3}{1900 \text{ mm}^2} \approx 40 \text{ mm}$$

A.2　极惯性矩、惯性矩、惯性积

极惯性矩

设一面积为 A 的任意形状平面图形如图 A-2 所示。从图形中的点 (x, y) 处取一面积微元 $\mathrm{d}A$，则 $\mathrm{d}A$ 与其至坐标原点距离平方的乘积 $\rho^2 \mathrm{d}A$，称为面积微元对点 O 的**极惯性矩**或**二次极矩**（polar moment of inertia）。而积分

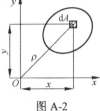

图 A-2

$$I_{\mathrm{p}} = \int_A \rho^2 \mathrm{d}A \qquad (\text{A-6})$$

定义为整个图形对点 O 的极惯性矩。显然，极惯性矩恒为正，其单位为 m^4 或 mm^4。

惯性矩、惯性半径

仍考虑图 A-2 所示的图形，面积微元 $\mathrm{d}A$ 与其至 y 轴或 x 轴距离平方的乘积 $x^2\mathrm{d}A$ 或 $y^2\mathrm{d}A$，分别称为面积微元对 y 轴或 x 轴的**惯性矩**或**二次轴矩**（moment of inertia）。而积分

$$I_y = \int_A x^2 \mathrm{d}A, \quad I_x = \int_A y^2 \mathrm{d}A \qquad (\text{A-7})$$

则分别定义为整个图形对 y 轴或 x 轴的惯性矩，其值恒为正，其单位为 m^4 或 mm^4。

由图 A-2 可见，$\rho^2 = x^2 + y^2$，故有

$$I_{\mathrm{p}} = \int_A \rho^2 \mathrm{d}A = \int_A (x^2 + y^2)\mathrm{d}A = I_y + I_x \qquad (\text{A-8})$$

即任意图形对一点的极惯性矩等于该图形对以该点为原点的任意两正交坐标轴的惯性矩之和。

有时在某些应用中，将惯性矩表示为图形面积 A 与某一长度平方的乘积，即

$$I_y = i_y^2 A, \qquad I_x = i_x^2 A \qquad (\text{A-9})$$

或者

$$i_y = \sqrt{\frac{I_y}{A}}, \qquad i_x = \sqrt{\frac{I_x}{A}} \qquad (\text{A-10})$$

式中，i_y 和 i_x 分别称为图形对 y 轴和 x 轴的**惯性半径**（radius of gyration），其单位为 m 或 mm。

惯性积

仍考虑图 A-2 所示的图形，面积微元 $\mathrm{d}A$ 与其分别至 y 轴和 x 轴距离的乘积 $xy\mathrm{d}A$，称为该面积微元对两坐标轴的**惯性积**（product of inertia）。而积分

$$I_{xy} = \int_A xy\, \mathrm{d}A \qquad (\text{A-11})$$

定义为整个图形对 x、y 两坐标轴的惯性积。惯性积可能为正值或负值，也可能等于零，其单位为 m^4 或 mm^4。由定义式(A-11)易知，若 x、y 两坐标轴中有一个为图形的对称轴，则其惯性积 I_{xy} 恒等于零。

例题 A-3

试计算例题图 A-3(a)所示矩形对其对称轴（即形心轴）x 和 y 的惯性矩。

解： 取平行于 x 轴的狭长条[如图(a)所示]作为面积微元，即 $dA = hdx$，根据式(A-7)的第 2 式，可得

$$I_x = \int_A y^2 dA = \int_{-\frac{h}{2}}^{\frac{h}{2}} by^2 dy = \frac{bh^3}{12}$$

同理，在计算对 y 轴的惯性矩 I_y 时，可取 $dA = hdx$ [如图(a)所示]，即得

$$I_y = \int_A x^2 dA = \int_{-\frac{b}{2}}^{\frac{b}{2}} hx^2 dx = \frac{b^3 h}{12}$$

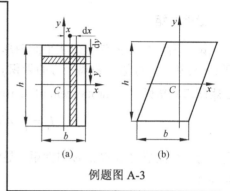

例题图 A-3

讨论： 若图形是高度为 h 的平行四边形[如例题图 A-3(b)所示]，则其对形心轴 x 的惯性矩同样为 $I_x = \dfrac{bh^3}{12}$，请读者自行证明。

例题 A-4

试计算例题图 A-4 所示圆截面对其对称轴的惯性矩。

解： 以圆心为原点，即选坐标轴 x、y 如图所示。取平行于 x 轴的狭长条作为面积微元，即 $dA = 2xdy$。根据式(A-7)的第 2 式，可得

$$I_x = \int_A y^2 dA = \int_{-\frac{d}{2}}^{\frac{d}{2}} y^2 \times 2xdy = 4\int_0^{\frac{d}{2}} y^2 \sqrt{\left(\frac{d}{2}\right)^2 - y^2} dy \tag{a}$$

式中，利用了 $x = \sqrt{\left(\dfrac{d}{2}\right)^2 - y^2}$ 这一几何关系，并利用了截面关于 x 轴的对称性。计算式(a)中的定积分，得

$$I_x = 4\left\{ -\frac{y}{4}\sqrt{\left[\left(\frac{d}{2}\right)^2 - y^2\right]^3} + \frac{(d/2)^2}{8}\left[y\sqrt{\left(\frac{d}{2}\right)^2 - y^2} + \left(\frac{d}{2}\right)^2 \arcsin\frac{y}{d/2} \right] \right\}\Bigg|_0^{\frac{d}{2}} = \frac{\pi d^4}{64}$$

由同样的过程，可得

$$I_y = I_x = \frac{\pi d^4}{64}$$

例题图 A-4

讨论：

(1) 根据圆的对称性易知，$I_x = I_y$，圆截面对任一形心轴的惯性矩均相等。已知圆截面的极惯性矩 $I_p = \dfrac{\pi d^4}{32}$，利用式(A-8)可直接得

$$I_x = I_y = \frac{I_p}{2} = \frac{\pi d^4}{64}$$

(2) 对于上例和本例的矩形和圆形，由于存在对称轴，因此惯性积 I_{xy} 均等于零。

A.3　平行移轴公式及应用

惯性矩和惯性积的平行移轴公式

设一面积为 A 的任意形状图形如图 A-3 所示。图形对任意 x、y 两坐标轴的惯性距和惯性积分别为 I_x、I_y 和 I_{xy}。另外，通过图形形心 C 有分别与 x、y 轴平行的 x_C、y_C 轴，称为**形心轴**。图形对于形心轴的惯性矩和惯性积分别为 I_{x_c}、I_{y_c} 和 $I_{x_c y_c}$。以下寻求 I_x、I_y、I_{xy} 与 I_{x_c}、I_{y_c}、$I_{x_c y_c}$ 之间的关系。

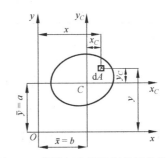

图 A-3　惯性矩和惯性积的平行移轴

由图 A-3 可见，图形上任一面积微元 dA 在两坐标系内的坐标 (x, y) 和 (x_C, y_C) 之间的关系为

$$x = x_C + b , \qquad y = y_C + a \tag{a}$$

式中，a 和 b 是图形形心在 Oxy 坐标系内的坐标，即 $\bar{x} = b$，$\bar{y} = a$。将式(a)中的 y 代入式(A-7)中的第 2 式，经展开并逐项积分后，可得

$$I_x = \int_A y^2 \, dA = \int (y_C + a)^2 \, dA = \int_A y_C^2 \, dA + 2a \int_A y_C \, dA + a^2 \int_A dA \tag{b}$$

根据惯性矩和静矩的定义，上式右端的各项积分分别为

$$\int_A y_C^2 \, dA = I_{x_c} , \qquad \int_A y_C \, dA = S_{y_c} , \qquad \int_A dA = A$$

式中，S_{y_c} 为图形对 y_C 轴的静矩，由于 y_C 轴通过图形形心 C，因此 $S_{y_c} = 0$。于是，式(b)可写成

$$I_x = I_{x_c} + a^2 A \tag{A-12a}$$

同理，可得

$$I_y = I_{y_c} + b^2 A \tag{A-12b}$$

$$I_{xy} = I_{x_c y_c} + abA \tag{A-12c}$$

式中，a、b 两坐标值是有正负的，由图形形心 C 所在的象限决定。

式(A-12)称为惯性矩和惯性积的**平行移轴公式**。应用该式可根据图形对形心轴的惯性矩或惯性积，计算图形对与形心轴平行的坐标轴的惯性矩或惯性积，或进行相反的运算。

组合图形的惯性矩和惯性积

在工程中，常遇到由若干简单图形组成的组合图形。根据惯性矩和惯性积的定义可知，组合图形对于某坐标轴的惯性矩（或惯性积）就等于其各组成部分对于同一坐标轴的惯性矩（或惯性积）之和。若图形是由 n 个部分组成，则组合图形对于 x、y 轴的惯性矩和惯性积分别为

$$I_x = \sum_{i=1}^{n} I_{xi}, \qquad I_y = \sum_{i=1}^{n} I_{yi}, \qquad I_{xy} = \sum_{i=1}^{n} I_{xyi} \qquad \text{(A-13)}$$

式中，I_{xi}、I_{yi} 和 I_{xyi} 分别为组合图形中第 i 个组成部分对于 x、y 轴的惯性矩和惯性积。

不规则图形对坐标轴的惯性矩或惯性积，可将图形分割成若干等高度的窄长条，然后应用式(A-13)，计算其近似值。

例题 A-5

试求例题图 A-5(a)所示图形关于对称轴 x 的惯性矩 I_x。

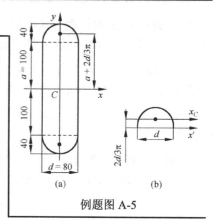

例题图 A-5

解：将图形看成由一个矩形和两个半圆形组成。设矩形对于 x 轴的惯性矩为 I_{x1}，每一个半圆形对于 x 轴的惯性矩为 I_{x2}，则由式(A-12)可知，整个图形的惯性矩为

$$I_x = I_{x1} + 2I_{x2} \qquad \text{(a)}$$

矩形对于 x 轴的惯性矩为

$$I_{x1} = \frac{d(2a)^3}{12} = \frac{80 \times 200^3}{12} = 5333 \times 10^4 \ \text{mm}^4 \qquad \text{(b)}$$

半圆形对于 x 轴的惯性矩可利用平行移轴公式求得。为此，先求出每个半圆形对于与 x 轴平行的形心轴 x_C [如图(b)所示]的惯性矩 I_{x_C}。已知半圆形对于其底边的惯性矩为圆形对其直径轴 x' [如图(b)所示]的惯性矩的一半，即 $I_{x'} = \dfrac{\pi d^4}{128}$。

而半圆形的面积为 $A = \dfrac{\pi d^2}{8}$，其形心到底边的距离为 $\dfrac{2d}{3\pi}$ [如图(b)所示]。于是，由平行移轴公式(A-12a)，可得每个半圆形对其自身形心轴 x_C 的惯性矩为

$$I_{x_C} = I_{x'} - \left(\frac{2d}{3\pi}\right)^2 A = \frac{\pi d^4}{128} - \left(\frac{2d}{3\pi}\right)^2 \frac{\pi d^2}{8} \qquad \text{(c)}$$

由图(a)可知，半圆形形心到 x 轴的距离为 $a + \dfrac{2d}{3\pi}$。由平行移轴公式，求得每个半圆形对于 x 轴的惯性矩为

$$I_{x2} = I_{x_C} + \left(a + \frac{2d}{3\pi}\right)^2 A = \frac{\pi d^4}{128} - \left(\frac{2d}{3\pi}\right)^2 \frac{\pi d^2}{8} + \left(a + \frac{2d}{3\pi}\right)^2 \frac{\pi d^2}{8}$$
$$= \frac{\pi d^2}{4}\left(\frac{d^2}{32} + \frac{a^2}{2} + \frac{2ad}{3\pi}\right) \qquad \text{(d)}$$

将 $d = 80$ mm，$a = 100$ mm 代入式(d)中，得

$$I_{x2} = \frac{\pi \times 80^2}{4}\left[\frac{80^2}{32} + \frac{100^2}{2} + \frac{2 \times 100 \times 80}{3\pi}\right] = 3467 \times 10^4 \ \text{mm}^4$$

将求得的 I_{x1} 和 I_{x2} 代入式(a)中，得

$$I_x = 5333 \times 10^4 + 2 \times 3467 \times 10^4 = 12\ 270 \times 10^4 \ \text{mm}^4$$

例题 A-6

例题图 A-6 所示截面由一个 25c 号槽钢截面和两个 90 mm×90 mm×12 mm 角钢截面组成。试求组合截面分别对形心轴 x 和 y 的惯性矩 I_x 和 I_y。

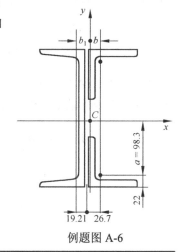

例题图 A-6

解： 型钢截面的几何性质可从型钢规格表查得。

对于 25c 号槽钢截面，有

$$A = 44.91 \ \text{cm}^2$$

$$I_{x_c} = 3690.45 \ \text{cm}^4$$

$$I_{y_c} = 218.415 \ \text{cm}^4$$

对于 90 mm×90 mm×12 mm 角钢截面，有

$$A = 20.3 \ \text{cm}^2$$

$$I_{x_c} = I_{y_c} = 149.22 \ \text{cm}^4$$

首先，确定此组合截面的形心位置。为便于计算，以两角钢截面的形心连线作为参考轴，则组合截面形心 C 离该轴的距离 b（如图所示）为

$$b = \overline{x} = \frac{\sum A_i \overline{x}_i}{\sum A_i} = \frac{2 \times 2030 \times 0 + 4491 \times [-(19.21+26.7)]}{2 \times 2030 + 4491} = -24.1 \ \text{mm}$$

然后，按平行移轴公式(A-12)，分别计算槽钢截面和角钢截面对 x 轴和 y 轴的惯性矩。

槽钢截面：

$$I_{x1} = I_{x_c} + a_1^2 A = 3690.45 \times 10^4 + 0 = 3690 \times 10^4 \ \text{mm}^4$$

$$I_{y1} = I_{y_c} + b_1^2 A = 218.415 \times 10^4 + (19.21+26.7-24.1)^2 \times 4491 = 431 \times 10^4 \ \text{mm}^4$$

角钢截面：

$$I_{x2} = I_{x_c} + a^2 A = 149.22 \times 10^4 + 98.3^2 \times 2030 = 2110 \times 10^4 \ \text{mm}^4$$

$$I_{y2} = I_{y_c} + b^2 A = 149.22 \times 10^4 + 24.1^2 \times 2030 = 267 \times 10^4 \ \text{mm}^4$$

最后，按式(A-13)得到整个组合截面对 x 和 y 轴的惯性矩为

$$I_x = I_{x1} + 2I_{x2} = 3690 \times 10^4 + 2 \times 2110 \times 10^4 = 7910 \times 10^4 \ \text{mm}^4$$

$$I_y = I_{y1} + 2I_{y2} = 431 \times 10^4 + 2 \times 267 \times 10^4 = 965 \times 10^4 \ \text{mm}^4$$

A.4　转轴公式、主惯性轴和主惯性矩

惯性矩和惯性积的转轴公式

设一面积为 A 的任意形状图形如图 A-4 所示。已知图形对于通过其上任意一点 O 的两坐标轴 x 和 y 的惯性矩和惯性积为 I_x、I_y 和 I_{xy}。若坐标轴 x 和 y 绕点 O 旋转 α 角（规定逆时针为正）变为轴 x_1 和 y_1，记该图形对于新坐标轴 x_1 和 y_1 的惯性矩和惯性积分别为 I_{x_1}、I_{y_1} 和 $I_{x_1 y_1}$，以下分析 I_{x_1}、I_{y_1}、$I_{x_1 y_1}$ 与 I_x、I_y、I_{xy} 之间的关系。

由图 A-4 可见，图形上任一面积微元 dA 在新、老坐标系内的坐标 (x_1, y_1) 和 (x, y) 之间的关系为

$$x_1 = \overline{OC} = \overline{OE} + \overline{BD} = x\cos\alpha + y\sin\alpha$$

$$y_1 = \overline{AC} = \overline{AD} - \overline{EB} = y\cos\alpha - x\sin\alpha$$

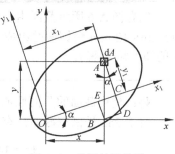

图 A-4 坐标转换关系

将 y_1 代入式(A-7)中的第 2 式，经过展开并逐项积分后，即得该图形对于坐标轴 x_1 的惯性矩 I_{x_1} 为

$$I_{x_1} = \cos^2\alpha \int_A y^2 dA + \sin^2\alpha \int_A x^2 dA - 2\sin\alpha\cos\alpha \int_A xy\,dA \quad (a)$$

根据惯性矩和惯性积的定义，上式右端的各项积分分别为

$$\int_A y^2 dA = I_x, \quad \int_A x^2 dA = I_y, \quad \int_A xy\,dA = I_{xy}$$

代入式(a)中，并利用三角函数的倍角公式，得

$$I_{x_1} = \frac{I_x + I_y}{2} + \frac{I_x - I_y}{2}\cos 2\alpha - I_{xy}\sin 2\alpha \qquad (A\text{-}14a)$$

同理，可得

$$I_{y_1} = \frac{I_x + I_y}{2} - \frac{I_x - I_y}{2}\cos 2\alpha + I_{xy}\sin 2\alpha \qquad (A\text{-}14b)$$

$$I_{x_1 y_1} = \frac{I_x - I_y}{2}\sin 2\alpha + I_{xy}\cos 2\alpha \qquad (A\text{-}14c)$$

以上三式就是惯性矩和惯性积的转轴公式。将式(A-14a)和式(A-14b)相加，得

$$I_{x_1} + I_{y_1} = I_x + I_y \qquad (b)$$

上式表明，图形对于通过同一点的任意一对相互垂直的坐标轴的两惯性矩之和为一常数，并等于图形对该坐标原点的极惯性矩[见式(A-8)]。

主惯性轴和主惯性矩

由式(A-14c)可见，当坐标轴旋转时，惯性积 $I_{x_1 y_1}$ 将随着旋转角 α 周期性变化，且有正有负。因此，必存在一特定的角度 α_0，使得图形对于新坐标轴 x_0 和 y_0 的惯性积等于零，这对坐标轴就称为**主惯性轴**（principal axis）。图形对于主惯性轴的惯性矩，称为**主惯性矩**（principle moment of inertia）。当一对主惯性轴的交点与图形的形心重合时，就称为**形心主惯性轴**。图形对于形心主惯性轴的惯性矩，称为**形心主惯性矩**。利用转轴公式(A-14)，可确定图形的主惯性轴和主惯性矩。

首先，确定主惯性轴的方位。设 α_0 角为主惯性轴与原坐标轴之间的夹角（如图 A-4 所示），将该角度代入惯性积的转轴公式(A-14c)应使其等于零，于是得

$$\frac{I_x - I_y}{2}\sin 2\alpha_0 + I_{xy}\cos 2\alpha_0 = 0$$

上式可改写为

$$\tan 2\alpha_0 = \frac{-2I_{xy}}{I_x - I_y} \qquad (A\text{-}15)$$

由上式可解得相差 90° 的两个角度 α_0，从而可确定一对坐标轴 x_0 和 y_0，即为两个主惯性轴。

将所得 α_0 值代入式(A-14a)和式(A-14b)中，即得图形的主惯性矩。为计算方便，以下直接导出主惯性矩的计算公式。为此，利用式(A-15)，并将 $\cos 2\alpha_0$ 和 $\sin 2\alpha_0$ 写成

$$\cos 2\alpha_0 = \frac{1}{\sqrt{1+\tan^2 2\alpha_0}} = \frac{I_x - I_y}{\sqrt{(I_x - I_y)^2 + 4I_{xy}^2}} \tag{c}$$

$$\sin 2\alpha_0 = \frac{\tan 2\alpha_0}{\sqrt{1+\tan^2 2\alpha_0}} = \frac{-2I_{xy}}{\sqrt{(I_x - I_y)^2 + 4I_{xy}^2}} \tag{d}$$

将其代入式(A-14a)和式(A-14b)中，经化简后即得主惯性矩的计算公式为

$$\left.\begin{aligned} I_{x_0} &= \frac{I_x + I_y}{2} + \frac{1}{2}\sqrt{(I_x - I_y)^2 + 4I_{xy}^2} \\ I_{y_0} &= \frac{I_x + I_y}{2} - \frac{1}{2}\sqrt{(I_x - I_y)^2 + 4I_{xy}^2} \end{aligned}\right\} \tag{A-16}$$

另外，由式(A-14a)和式(A-14b)可见，惯性矩 I_{x_1} 和 I_{y_1} 都是 α 角的正弦和余弦函数，因此，它们在 α 角从 $0°$ 到 $360°$ 变化时必然存在极值。由

$$\frac{\mathrm{d}I_{x_1}}{\mathrm{d}\alpha} = 0 \qquad 和 \qquad \frac{\mathrm{d}I_{y_1}}{\mathrm{d}\alpha} = 0$$

可求得的使惯性矩取得极值的主惯性轴方位角，结果与式(A-15)完全一致。从而可知，图形关于通过任一点所有轴的惯性矩中的极大值 $I_{\max}$ 和极小值 $I_{\min}$，就是通过该点的主惯性轴的主惯性矩 I_{x_0} 和 I_{y_0}。本节的公式与第 7 章关于二向应力和应变状态分析的相关结果具有相似性，请读者对比。

在确定形心主惯性轴的方位并计算形心主惯性矩时，同样可以应用上述式(A-15)和式(A-16)，但式中的 I_x、I_y 和 I_{xy}，应为图形对于通过其形心的某一对轴的惯性矩和惯性积。

在通过图形形心的一对坐标轴中，若有一个为对称轴，则该对称轴就是形心主惯性轴，这是因为图形关于包括对称轴在内的一对坐标轴的惯性积等于零。附录 B 中所列的惯性矩除三角形的以外，都是形心主惯性矩。

在计算组合图形的形心主惯性矩时，首先应确定图形的形心位置，然后通过形心选择一对便于计算惯性矩和惯性积的坐标轴，算出组合图形关于该对坐标轴的惯性矩和惯性积。将上述结果代入式(A-15)和式(A-16)中，即可确定表示形心主惯性轴的方位角 α_0 和形心主惯性矩的值。

若组合图形具有对称轴，则包括此轴在内的一对互相垂直的形心轴就是形心主惯性轴。此时，只需要利用移轴公式(A-12)和(A-13)，即可得图形的形心主惯性矩。

例题 A-7

例题图 A-7 所示图形的尺寸与例题 A-2 中的相同。试计算图形的形心主惯性矩。

解： 由例题 A-2 的结果可知，图形的形心 C 位于图形上边缘以下 20 mm 和左边缘以右 40 mm 处，如图所示。

通过图形形心 C，先选择一对分别与上边缘和左边缘平行的形心轴 x_C 和 y_C，如图所示。将图形分为 I 和 II 两个矩形，由图可知，两矩形形心的坐标值分

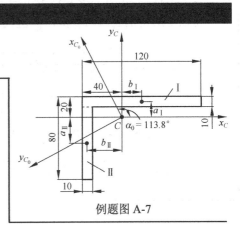

例题图 A-7

别为

$$a_{\text{I}} = 20 - 5 = 15 \text{ mm} , \quad a_{\text{II}} = -(45 - 20) = -25 \text{ mm}$$

$$b_{\text{I}} = 60 - 40 = 20 \text{ mm} , \quad b_{\text{II}} = -(40 - 5) = -35 \text{ mm}$$

然后，利用平行移轴公式(A-12)和(A-13)，列表计算各分块图形对所选形心轴的惯性矩和惯性积，结果如下表：

项目 列号 分块号 i	A_i/mm	/mm		/($\times 10^4 \text{ mm}^4$)		
		a_i	b_i	$a_i^2 A_i$	$b_i^2 A_i$	I'_{xCi}
	(1)	(2)	(3)	(4) = (2)² × (1)	(5) = (3)² × (1)	(6)
I	1200	15	20	27	48	1
II	700	−25	−35	43.8	85.8	28.6
Σ	—	—	—	70.8	133.8	29.6

项目 列号 分块号 i	/($\times 10^4 \text{ mm}^4$)					
	I'_{yci}	I_{xci}	I_{yci}	$a_i b_i A_i$	I'_{xciyci}	I_{xciyci}
	(7)	(8) = (4) + (6)	(9) = (5) + (7)	(10) = (1) × (2) × (3)	(11)	(12) = (10) + (11)
I	144	28	192	36	0	36
II	0.6	72.4	86.4	61.3	0	61.3
Σ	144.6	100.4	278.4	97.3	0	97.3

表中(8)、(9)和(12)各列的总和分别为整个图形对形心轴 x_C 和 y_C 的惯性矩和惯性积，即

$$I_{x_C} = 100.4 \times 10^4 \text{ mm}^4 , \quad I_{y_C} = 278.4 \times 10^4 \text{ mm}^4 , \quad I_{y_C x_C} = 97.3 \times 10^4 \text{ mm}^4$$

将求得的 I_{x_C}、I_{y_C} 和 $I_{x_C y_C}$ 代入式(A-15)中，得

$$\tan 2\alpha_0 = \frac{\sin 2\alpha_0}{\cos 2\alpha_0} = \frac{-2I_{x_C y_C}}{I_{x_C} - I_{y_C}} = \frac{-2 \times 97.3 \times 10^4}{100.4 \times 10^4 - 278.4 \times 10^4} = 1.093$$

由上式[或式(c)、(d)]不难判断 $\sin 2\alpha_0$ 和 $\cos 2\alpha_0$ 为负值，故 $2\alpha_0$ 应在第三象限中，由此解得

$$\alpha = 113.8°$$

即形心主惯性轴 x_{C_0} 可从形心轴 x_C 沿逆时针转 113.8° 得到，如图所示。

将以上所得的 I_{x_C}、I_{y_C} 和 $I_{x_C y_C}$ 值代入式(A-16)中，即得形心主惯性矩为

$$I_{x_{C_0}} = I_{\max} = \frac{I_{x_C} + I_{y_C}}{2} + \frac{1}{2}\sqrt{(I_{x_C} - I_{y_C})^2 + 4I_{x_C y_C}^2}$$

$$= \frac{100.4 \times 10^4 + 278.4 \times 10^4}{2} + \frac{1}{2} \times \sqrt{(100.4 \times 10^4 - 278.4 \times 10^4)^2 + 4 \times (97.3 \times 10^4)^2}$$

$$= (189.4 + 132.0) \times 10^4 = 321 \times 10^4 \text{ mm}^4$$

$$I_{y_{C_0}} = I_{\min} = \frac{I_{x_C} + I_{y_C}}{2} - \frac{1}{2}\sqrt{(I_{x_C} - I_{y_C})^2 + 4I_{x_C y_C}^2} = (189.4 - 132.0) \times 10^4 = 57.4 \times 10^4 \text{ mm}^4$$

思　考　题

A-1　如思考题图 A-1 所示，各截面图形中 C 是形心。试问哪些截面图形对坐标轴的惯性积等于零？

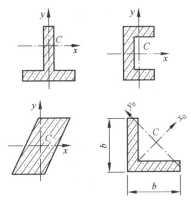

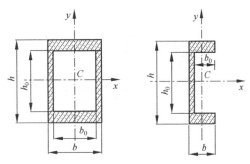

思考题图 A-2

思考题图 A-1

A-2　试问图示两截面的惯性矩 I_x 是否可按照

$$I_x = \frac{bh^3}{12} - \frac{b_0 h_0^3}{12}$$ 来计算？

A-3　图示为一等边三角形中心挖去一个半径为 r 的圆孔的截面。试证明该截面通过形心 C 的任一轴均为形心主惯性轴。

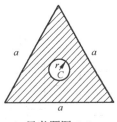

思考题图 A-3

A-4　若平面图形具有两根以上的对称轴，则任意过图形形心的轴都是形心主惯性轴，且关于所有形心轴的主惯性矩均相等。为什么？

习　　题

A-1　试求图示各截面的阴影面积对 x 轴的静矩。

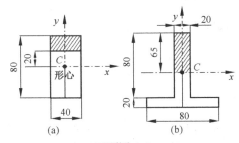

(a)　　　　　(b)

习题图 A-1

A-2　试用积分法求图示半圆形截面对 x 轴的静矩，并确定其形心坐标。

习题图 A-2

A-3　试确定图示截面的形心位置。

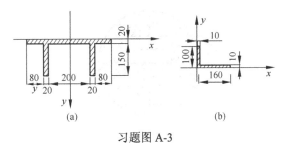

(a)　　　　　(b)

习题图 A-3

A-4　试求图示正方形截面对其对角线的惯性矩。

习题图 A-4

A-5 试分别求图示环形和箱形截面对其对称轴 x 的惯性矩。

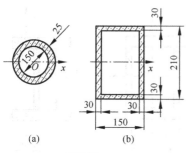

(a)　(b)

习题图 A-5

A-6 试求图示截面对其形心轴 x 的惯性矩。

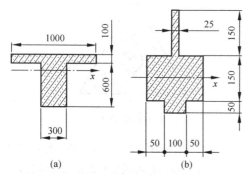

(a)　(b)

习题图 A-6

A-7 在直径 $D = 8a$ 的圆截面中，开了一个 $2a \times 4a$ 的矩形孔，如图所示。试求截面对其水平形心轴和竖直形心轴的惯性矩 I_x 和 I_y。

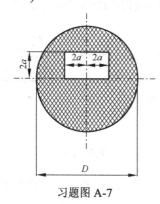

习题图 A-7

A-8 图示由两个20a号槽钢组合成的组合截面，若欲使此截面对两对称轴的惯性矩 I_x 和 I_y 相等，则两槽钢的间距 a 应为多少？

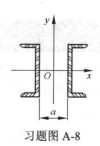

习题图 A-8

A-9 试求图示截面的惯性积 I_{xy}。

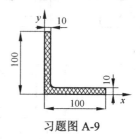

习题图 A-9

A-10 确定图示截面的形心主惯性轴的方位，并求形心主惯性矩。

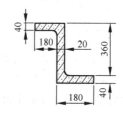

习题图 A-10

A-11 图 A-4 所示的坐标转换可以记为

$$\begin{Bmatrix} x_1 \\ y_1 \end{Bmatrix} = \begin{bmatrix} \cos\alpha & \sin\alpha \\ -\sin\alpha & \cos\alpha \end{bmatrix} \begin{Bmatrix} x \\ y \end{Bmatrix}$$ （简记为 $x_1 = Tx$）

若定义平面图形的二次矩矩阵

$$I = \begin{bmatrix} I_x & -I_{xy} \\ -I_{yx} & I_y \end{bmatrix}$$

请验证转轴公式可以写为

$$\begin{bmatrix} I_{x_1} & I_{x_1y_1} \\ I_{x_1y_1} & I_{y_1} \end{bmatrix} = \begin{bmatrix} \cos\alpha & \sin\alpha \\ -\sin\alpha & \cos\alpha \end{bmatrix} \begin{bmatrix} I_x & I_{xy} \\ I_{yx} & I_y \end{bmatrix} \begin{bmatrix} \cos\alpha & \sin\alpha \\ -\sin\alpha & \cos\alpha \end{bmatrix}^T$$

（简记为 $I_1 = T \cdot I \cdot T^T$）

并请进一步证明：I 的特征值为主惯性矩，相应的特征向量为主惯性轴的方向矢量。

简单平面图形的几何性质

截面图形	面积	形心位置	惯性矩	抗弯截面系数	惯性半径
	bh	$y_C = \dfrac{h}{2}$	$I_z = \dfrac{bh^3}{12}$ $I_y = \dfrac{hb^3}{12}$	$W_z = \dfrac{bh^2}{6}$ $W_y = \dfrac{hb^2}{6}$	$i_z = \dfrac{h}{\sqrt{12}}$ $i_y = \dfrac{b}{\sqrt{12}}$
	h^2	$y_C = \dfrac{h}{\sqrt{2}}$	$I_z = I_y = \dfrac{h^4}{12}$	$W_z = W_y = \dfrac{h^2}{\sqrt{72}}$	$i_z = i_y = \dfrac{h}{\sqrt{12}}$
	$\dfrac{bh}{2}$	$y_C = \dfrac{h}{3}$	$I_z = \dfrac{bh^3}{36}$ $I_y = \dfrac{hb^3}{48}$	$W_{z_1} = \dfrac{bh^2}{24}$ $W_{z_2} = \dfrac{bh^2}{12}$ $W_y = \dfrac{hb^2}{24}$	$i_z = \dfrac{h}{\sqrt{18}}$ $i_y = \dfrac{h}{\sqrt{24}}$
	$\dfrac{(B+b)h}{2}$	$y_C = \dfrac{(B+2b)h}{3(B+b)}$	$I_z = \dfrac{B^2+4Bb+b^2}{36(B+b)}h^3$	$W_{z_1} = \dfrac{B^2+4Bb+b^2}{12(2B+b)}h^2$ $W_{z_2} = \dfrac{B^2+4Bb+b^2}{12(B+2b)}h^2$	$i_z = \dfrac{\sqrt{B^2+4Bb+b^2}\,h}{\sqrt{18}(B+b)}$
	$\pi r^2 = \dfrac{\pi d^2}{4}$	$y_C = r = \dfrac{d}{2}$	$I_z = I_y = \dfrac{\pi r^4}{4} = \dfrac{\pi d^4}{64}$	$W_z = W_y = \dfrac{\pi r^3}{4} = \dfrac{\pi d^3}{32}$	$i_z = i_y = \dfrac{r}{2} = \dfrac{d}{4}$
	$\pi(R^2 - r^2) =$ $\dfrac{\pi}{4}(D^2 - d^2)$	$y_C = R = \dfrac{D}{2}$	$I_z = I_y$ $= \dfrac{\pi}{4}(R^4 - r^4)$ $= \dfrac{\pi}{64}(D^4 - d^4)$	$W_z = W_y$ $= \dfrac{\pi}{4R}(R^4 - r^4)$ $= \dfrac{\pi}{32D}(D^4 - d^4)$	$i_z = i_y$ $= \dfrac{1}{2}\sqrt{R^2 + r^2}$ $= \dfrac{1}{4}\sqrt{D^2 + d^2}$
	$\dfrac{\pi r^2}{2}$	$y_C = \dfrac{4r}{3\pi}$ $\approx 0.424r$	$I_z = \left(\dfrac{1}{8} - \dfrac{8}{9\pi^2}\right)\pi r^4$ $\approx 0.110r^4$ $I_y = \dfrac{\pi r^4}{8}$	$W_{z_1} \approx 0.191r^3$ $W_{z_2} \approx 0.259r^3$ $W_y = \dfrac{\pi r^3}{8}$	$i_z = 0.264r$ $i_y = \dfrac{r}{2}$

附录C

型 钢 表

表 C-1　热轧等边角钢（GB 9787—1988）

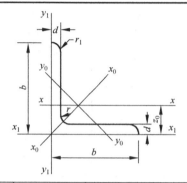

符号意义：

b —— 边宽度；	I —— 惯性矩；
d —— 边厚度；	i —— 惯性半径；
r —— 内圆弧半径；	W —— 截面系数；
r_1 —— 边端内圆弧半径；	z_0 —— 重心距离。

角钢号数	尺寸/mm			截面面积/cm²	理论重量/(kg/m)	外表面积/(m²/m)	参考数值										z₀/cm
							x-x			x₀-x₀			y₀-y₀			x₁-x₁	
	b	d	r				I_x/cm⁴	i_x/cm	W_x/cm³	I_{x_0}/cm⁴	i_{x_0}/cm	W_{x_0}/cm³	I_{y_0}/cm⁴	i_{y_0}/cm	W_{y_0}/cm³	I_{x_1}/cm⁴	/cm
2	20	3	3.5	1.132	0.889	0.078	0.40	0.59	0.29	0.63	0.75	0.45	0.17	0.39	0.20	0.81	0.60
		4		1.459	1.145	0.077	0.50	0.58	0.36	0.78	0.73	0.55	0.22	0.38	0.24	1.09	0.64
2.5	25	3		1.432	1.124	0.098	0.82	0.76	0.46	1.29	0.95	0.73	0.34	0.49	0.33	1.57	0.73
		4		1.859	1.459	0.097	1.03	0.74	0.59	1.62	0.93	0.92	0.43	0.48	0.40	2.11	0.76
3.0	30	3	4.5	1.749	1.373	0.117	1.46	0.91	0.68	2.31	1.15	1.09	0.61	0.59	0.51	2.71	0.85
		4		2.276	1.786	0.117	1.84	0.90	0.87	2.92	1.13	1.37	0.77	0.58	0.62	3.63	0.89
3.6	36	3	4.5	2.109	1.656	0.141	2.58	1.11	0.99	4.09	1.39	1.61	1.07	0.71	0.76	4.68	1.00
		4		2.756	2.163	0.141	3.29	1.09	1.28	5.22	1.38	2.05	1.37	0.70	0.93	6.25	1.04
		5		3.382	2.654	0.141	3.95	1.08	1.56	6.24	1.36	2.45	1.65	0.70	1.09	7.84	1.07
4.0	40	3	5	2.359	1.852	0.157	3.59	1.23	1.23	5.69	1.55	2.01	1.49	0.79	0.96	6.41	1.09
		4		3.086	2.422	0.157	4.60	1.22	1.60	7.29	1.54	2.58	1.91	0.79	1.19	8.56	1.13
		5		3.791	2.976	0.156	5.53	1.21	1.96	8.76	1.52	3.01	2.30	0.78	1.39	10.74	1.17
4.5	45	3	5	2.659	2.088	0.177	5.17	1.40	1.58	8.20	1.76	2.58	2.14	0.90	1.24	9.12	1.22
		4		3.486	2.736	0.177	6.65	1.38	2.05	10.56	1.74	3.32	2.75	0.89	1.54	12.18	1.26
		5		4.292	3.369	0.176	8.04	1.37	2.51	12.74	1.72	4.00	3.33	0.88	1.81	15.25	1.30
		6		5.076	3.985	0.176	9.33	1.36	2.95	14.76	1.70	4.64	3.89	0.88	2.06	18.36	1.33
5	50	3	5.5	2.971	2.332	0.197	7.18	1.55	1.96	11.37	1.96	3.22	2.98	1.00	1.57	12.50	1.34
		4		3.897	3.059	0.197	9.26	1.54	2.56	14.70	1.94	4.16	3.82	0.99	1.96	16.60	1.38
		5		4.803	3.770	0.196	11.21	1.53	3.13	17.79	1.92	5.03	4.64	0.98	2.31	20.90	1.42
		6		5.688	4.465	0.196	13.05	1.52	3.68	20.68	1.91	5.85	5.42	0.98	2.63	25.14	1.46
5.6	56	3	6	3.343	2.624	0.221	10.19	1.75	2.48	16.14	2.20	4.08	4.24	1.13	2.02	17.56	1.48
		4		4.390	3.446	0.220	13.18	1.73	3.24	20.92	2.18	5.28	5.46	1.11	2.52	23.43	1.53
		5		5.415	4.251	0.220	16.02	1.72	3.97	25.42	2.17	6.42	6.61	1.10	2.98	29.33	1.57
		8		8.367	6.568	0.219	23.63	1.68	6.03	37.37	2.11	9.44	9.89	1.09	4.16	47.24	1.68
6.3	63	4	7	4.978	3.907	0.248	19.03	1.96	4.13	30.17	2.46	6.78	7.89	1.26	3.29	33.35	1.70
		5		6.143	4.822	0.248	23.17	1.94	5.08	36.77	2.45	8.25	9.57	1.25	3.90	41.73	1.74
		6		7.288	5.721	0.247	27.12	1.93	6.00	43.03	2.43	9.66	11.20	1.24	4.46	50.14	1.78
		8		9.515	7.469	0.247	34.46	1.90	7.75	54.56	2.40	12.25	14.33	1.23	5.47	67.11	1.85
		10		11.657	9.151	0.246	41.09	1.88	9.39	64.85	2.36	14.56	17.33	1.22	6.36	84.31	1.93
7	70	4	8	5.570	4.372	0.275	26.39	2.18	5.14	41.80	2.74	8.44	10.99	1.40	4.17	45.74	1.86
		5		6.875	5.397	0.275	32.21	2.16	6.32	51.08	2.73	10.32	13.34	1.39	4.95	57.21	1.91
		6		8.160	6.406	0.275	37.77	2.15	7.48	59.93	2.71	12.11	15.61	1.38	5.67	68.73	1.95
		7		9.424	7.398	0.275	43.09	2.14	8.59	68.35	2.69	13.81	17.82	1.38	6.34	80.29	1.99
		8		10.667	8.373	0.274	48.17	2.12	9.68	76.37	2.68	15.43	19.98	1.37	6.98	91.92	2.03

续表

角钢号数	尺寸/mm			截面面积/cm²	理论重量/(kg/m)	外表面积/(m²/m)	参考数值											z_0/cm
							x-x			x_0-x_0			y_0-y_0			x_1-x_1	
	b	d	r				I_x/cm⁴	i_x/cm	W_x/cm³	I_{x_0}/cm⁴	i_{x_0}/cm	W_{x_0}/cm³	I_{y_0}/cm⁴	i_{y_0}/cm	W_{y_0}/cm³	I_{x_1}/cm⁴	
7.5	75	5	9	7.367	5.818	0.295	39.97	2.33	7.32	63.30	2.92	11.94	16.63	1.50	5.77	70.56	2.04
		6		8.797	6.905	0.294	46.95	2.31	8.64	74.38	2.90	14.02	19.51	1.49	6.67	84.55	2.07
		7		10.160	7.976	0.294	53.57	2.30	9.93	84.96	2.89	16.02	22.18	1.48	7.44	98.71	2.11
		8		11.503	9.030	0.294	59.96	2.28	11.20	95.07	2.88	17.93	24.86	1.47	8.19	112.97	2.15
		10		14.126	11.089	0.293	71.98	2.26	13.64	113.92	2.84	21.48	30.05	1.46	9.56	141.71	2.22
8	80	5	9	7.912	6.211	0.315	48.79	2.48	8.34	77.33	3.13	13.67	20.25	1.60	6.66	85.36	2.15
		6		9.397	7.376	0.314	57.35	2.47	9.87	90.98	3.11	16.08	23.72	1.59	7.65	102.50	2.19
		7		10.860	8.525	0.314	65.58	2.46	11.37	104.07	3.10	18.40	27.09	1.58	8.58	119.70	2.23
		8		12.303	9.658	0.314	73.49	2.44	12.83	116.60	3.08	20.61	30.39	1.57	9.46	136.97	2.27
		10		15.126	11.874	0.313	88.43	2.42	15.64	140.09	3.04	24.76	36.77	1.56	11.08	171.74	2.35
9	90	6	10	10.637	8.350	0.354	82.77	2.79	12.61	131.26	3.51	20.63	34.28	1.80	9.95	145.87	2.44
		7		12.301	9.656	0.354	94.83	2.78	14.54	150.47	350	23.64	39.18	1.78	11.19	170.30	2.48
		8		13.944	10.946	0.353	106.47	2.76	16.42	168.97	3.48	26.55	43.97	1.78	12.35	194.80	2.52
		10		17.167	13.476	0.353	128.58	2.74	20.07	203.90	3.45	32.04	53.26	1.76	14.52	244.07	2.59
		12		20.306	15.940	0.352	149.22	2.71	23.57	236.21	3.41	37.12	62.22	1.75	16.49	293.76	2.67
10	100	6	12	11.932	9.366	0.393	114.95	3.01	15.68	181.98	3.90	25.74	47.92	2.00	12.69	200.07	2.67
		7		13.796	10.830	0.393	131.86	3.09	18.10	208.97	3.89	29.55	54.74	1.99	14.26	233.54	2.71
		8		15.638	12.276	0.393	148.24	3.08	20.47	235.07	3.88	33.24	61.41	1.98	15.75	267.09	2.76
		10		19.261	15.120	0.392	179.51	3.05	25.06	284.68	3.84	40.26	74.35	1.96	18.54	334.48	2.84
		12		22.800	17.898	0.391	208.90	3.03	29.48	330.95	3.81	46.80	86.84	1.95	21.08	402.34	2.91
		14		26.256	20.611	0.391	236.53	3.00	33.73	374.06	3.77	52.90	99.00	1.94	23.44	470.75	2.99
		16		29.627	23.257	0.390	262.53	2.98	37.82	414.16	3.74	58.57	110.89	1.94	25.63	539.80	3.06
11	110	7	12	15.196	11.928	0.433	177.16	3.41	22.05	280.94	4.30	36.12	73.38	2.20	17.51	310.64	2.96
		8		17.238	13.532	0.433	199.46	3.40	24.95	316.49	4.28	40.69	82.42	2.19	19.39	355.20	3.01
		10		21.261	16.690	0.432	242.19	3.38	30.60	384.39	4.25	49.42	99.98	2.17	22.91	444.65	3.09
		12		25.200	19.782	0.431	282.55	3.35	36.05	448.17	4.22	57.62	116.93	2.15	26.15	534.60	3.16
		14		29.056	22.809	0.431	320.71	3.32	41.31	508.01	4.18	65.31	133.40	2.14	29.14	625.16	3.24
12.5	125	8	14	19.750	15.504	0.492	297.03	3.88	32.52	470.89	4.88	53.28	123.16	2.50	25.86	521.01	3.37
		10		24.373	19.133	0.491	361.67	3.85	39.97	573.89	4.85	64.93	149.46	2.48	30.62	651.93	3.45
		12		28.912	22.696	0.491	423.16	3.83	41.17	671.44	4.82	75.96	174.88	2.46	35.03	783.42	3.53
		14		33.367	26.193	0.490	481.65	3.80	54.16	763.73	4.78	86.41	199.57	2.45	39.13	915.61	3.61
14	140	10	14	27.373	21.488	0.551	514.65	4.34	50.58	817.27	5.46	82.56	212.04	2.78	39.20	915.11	3.82
		12		32.512	25.522	0.551	603.68	4.31	59.80	958.79	5.43	96.85	248.57	2.76	45.02	1099.28	3.90
		14		37.567	29.490	0.550	688.81	4.28	68.75	1093.56	5.40	110.47	284.06	2.75	50.45	1284.22	3.98
		16		42.539	33.393	0.549	770.24	4.26	77.46	1221.81	5.36	123.42	318.67	2.74	55.55	1470.07	4.06
16	160	10	16	31.502	24.729	0.630	779.53	4.98	66.70	1237.30	6.27	109.36	321.76	3.20	52.76	1365.33	4.31
		12		37.441	29.391	0.630	916.58	4.95	78.98	1455.68	6.24	128.67	377.49	3.18	60.74	1639.57	4.39
		14		43.296	33.987	0.629	1048.36	4.92	90.95	1665.02	6.20	147.17	431.90	3.16	68.24	1914.68	4.47
		16		49.067	38.518	0.629	1175.08	4.89	102.63	1865.57	6.17	164.89	484.59	3.14	75.31	2190.82	4.55
18	180	12	16	42.241	33.159	0.710	1321.35	5.59	100.82	2100.10	7.05	165.00	542.61	3.58	78.41	2332.80	4.89
		14		48.896	38.388	0.709	1514.48	5.56	116.25	2407.42	7.02	189.14	625.53	3.56	88.38	2723.48	4.97
		16		55.467	43.542	0.709	1700.99	5.54	131.13	2703.37	6.98	212.40	698.60	3.55	97.83	3115.29	5.05
		18		61.955	48.634	0.708	1875.12	5.50	145.64	2988.24	6.94	234.78	762.01	3.51	105.14	3502.43	5.13
20	200	14	18	54.642	42.894	0.788	2103.55	6.20	144.70	3343.26	7.82	236.40	863.83	3.98	111.82	3734.10	5.46
		16		62.013	48.680	0.788	2366.15	6.18	163.65	3760.89	7.79	265.93	971.41	3.96	123.96	4270.39	5.54
		18		69.301	54.401	0.787	2620.64	6.15	182.22	4164.54	7.75	294.48	1076.74	3.94	135.52	4808.13	5.62
		20		76.505	60.056	0.787	2867.30	6.12	200.42	4554.55	7.72	322.06	1180.04	3.93	146.55	5347.51	5.69
		24		90.661	71.168	0.785	3338.25	6.07	236.17	5294.97	7.64	374.41	1381.53	3.90	166.65	6457.16	5.87

注：截面图中的 $r_1 = \dfrac{1}{3}d$ 及表中 r 值的数据用于孔型设计，不作为交货条件。

表 C-2 热轧不等边角钢（GB 9788—1988）

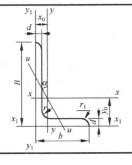

符号意义：

B —— 长边宽度；　　　　b —— 短边宽度；

d —— 边厚度；　　　　　r —— 内圆弧半径；

r_1 —— 边端内圆弧半径；　I —— 惯性矩；

i —— 惯性半径；　　　　W —— 截面系数；

x_0 —— 重心距离；　　　　y_0 —— 重心距离。

角钢号数	尺寸/mm				截面面积 /cm²	理论重量 /(kg/m)	外表面积 /(m²/m)	参考数值												
								x-x			y-y			x_1-x_1		y_1-y_1		u-u			
	B	b	d	r				I_x /cm⁴	i_x /cm	W_x /cm³	I_y /cm⁴	i_y /cm	W_y /cm³	I_{x_1} /cm⁴	y_0 /cm	I_{y_1} /cm⁴	x_0 /cm	I_u /cm⁴	i_u /cm	W_u /cm³	$\tan\alpha$
2.5/ 1.6	25	16	3	3.5	1.162	0.912	0.080	0.70	0.78	0.43	0.22	0.44	0.19	1.56	0.86	0.43	0.42	0.14	0.34	0.16	0.392
			4		1.499	1.176	0.079	0.88	0.77	0.55	0.27	0.43	0.24	2.09	0.90	0.59	0.46	0.17	0.34	0.20	0.381
3.2/2	32	20	3		1.492	1.171	0.102	1.53	1.01	0.72	0.46	0.55	0.30	3.27	1.08	0.82	0.49	0.28	0.43	0.25	0.382
			4		1.939	1.522	0.101	1.93	1.00	0.93	0.57	0.54	0.39	4.37	1.12	1.12	0.53	0.35	0.42	0.32	0.374
4/2.5	40	25	3	4	1.890	1.484	0.127	3.08	1.28	1.15	0.93	0.70	0.49	6.39	1.32	1.59	0.59	0.56	0.54	0.40	0.386
			4		2.467	1.936	0.127	3.93	1.26	1.49	1.18	0.69	0.63	8.53	1.37	2.14	0.63	0.71	0.54	0.52	0.381
4.5/ 2.8	45	28	3	5	2.149	1.687	0.143	4.45	1.44	1.47	1.34	0.79	0.62	9.10	1.47	2.23	0.64	0.80	0.61	0.51	0.383
			4		2.806	2.203	0.143	5.69	1.42	1.91	1.70	0.78	0.80	12.13	1.51	3.00	0.68	1.02	0.60	0.66	0.380
5/3.2	50	32	3	5.5	2.431	1.908	0.161	6.24	1.60	1.84	2.02	0.91	0.82	12.49	1.60	3.31	0.73	1.20	0.70	0.68	0.404
			4		3.177	2.494	0.160	8.02	1.59	2.39	2.58	0.90	1.06	16.65	1.65	4.45	0.77	1.53	0.69	0.87	0.402
5.6/ 3.6	56	36	3	6	2.743	2.153	0.181	8.88	1.80	2.32	2.92	1.03	1.05	17.54	1.78	4.70	0.80	1.73	0.79	0.87	0.408
			4		3.590	2.818	0.180	11.45	1.79	3.03	3.76	1.02	1.37	23.39	1.82	6.33	0.85	2.23	0.79	1.13	0.408
			5		4.415	3.466	0.180	13.86	1.77	3.71	4.49	1.01	1.65	29.25	1.87	7.94	0.88	2.67	0.78	1.36	0.404
6.3/4	63	40	4	7	4.058	3.185	0.202	16.49	2.02	3.87	5.23	1.14	1.70	33.30	2.04	8.63	0.92	3.12	0.88	1.40	0.398
			5		4.993	3.920	0.202	20.02	2.00	4.74	6.31	1.12	2.71	41.63	2.08	10.86	0.95	3.76	0.87	1.71	0.396
			6		5.908	4.638	0.201	23.36	1.96	5.59	7.29	1.11	2.43	49.98	2.12	13.12	0.99	4.34	0.86	1.99	0.393
			7		6.802	5.339	0.201	26.53	1.98	6.40	8.24	1.10	2.78	58.07	2.15	15.47	1.03	4.97	0.86	2.29	0.389
7/4.5	70	45	4	7.5	4.547	3.570	0.226	23.17	2.26	4.86	7.55	1.29	2.17	45.92	2.24	12.26	1.02	4.40	0.98	1.77	0.410
			5		5.609	4.403	0.225	27.95	2.23	5.92	9.13	1.28	2.65	57.10	2.28	15.39	1.06	5.40	0.98	2.19	0.407
			6		6.647	5.218	0.225	32.54	2.21	6.95	10.62	1.26	3.12	68.35	2.32	18.58	1.09	6.35	0.98	2.59	0.404
			7		7.657	6.011	0.225	37.22	2.20	8.03	12.01	1.25	3.57	79.99	2.36	21.84	1.13	7.16	0.97	2.94	0.402
(7.5/5)	75	50	5	8	6.125	4.808	0.245	34.86	2.39	6.83	12.61	1.44	3.30	70.00	2.40	21.04	1.17	7.41	1.10	2.74	0.435
			6		7.260	5.699	0.245	41.12	2.38	8.12	14.70	1.42	3.88	84.30	2.44	25.37	1.21	8.54	1.08	3.19	0.435
			8		9.467	7.431	0.244	52.39	2.35	10.52	18.53	1.40	4.99	112.50	2.52	34.23	1.29	10.87	1.07	4.10	0.429
			10		11.590	9.098	0.244	62.71	2.33	12.79	21.96	1.38	6.04	140.80	2.60	43.43	1.36	13.10	1.06	4.99	0.423
8/5	80	50	5	8	6.375	5.005	0.255	41.96	2.56	7.78	12.82	1.42	3.32	85.21	2.60	21.06	1.14	7.66	1.10	2.74	0.388
			6		7.560	5.935	0.255	49.49	2.56	9.25	14.95	1.41	3.91	102.53	2.65	25.41	1.18	8.85	1.08	3.20	0.387
			7		8.724	6.848	0.255	56.16	2.54	10.58	16.96	1.39	4.48	119.33	2.69	29.82	1.21	10.18	1.08	3.70	0.384
			8		9.867	7.745	0.254	62.83	2.52	11.92	18.85	1.38	5.03	136.41	2.73	34.32	1.25	11.38	1.07	4.16	0.381
9/5.6	90	56	5	9	7.212	5.661	0.287	60.45	2.90	9.92	18.32	1.59	4.21	121.32	2.91	29.53	1.25	10.98	1.23	3.49	0.385
			6		8.557	6.717	0.286	71.03	2.88	11.74	21.42	1.58	4.96	145.59	2.95	35.58	1.29	12.90	1.23	4.18	0.384
			7		9.880	7.756	0.286	81.01	2.86	13.49	24.36	1.57	5.70	169.66	3.00	41.71	1.33	14.67	1.22	4.72	0.382
			8		11.183	8.779	0.286	91.03	2.85	15.27	27.15	1.56	6.41	194.17	3.04	47.93	1.36	16.34	1.21	5.29	0.380
10/6.3	100	63	6	10	9.617	7.550	0.320	99.06	3.21	14.64	30.94	1.79	6.35	199.71	3.24	50.50	1.43	18.42	1.38	5.25	0.394
			7		11.111	8.722	0.320	113.45	3.20	16.88	35.26	1.78	7.29	233.00	3.28	59.14	1.47	21.00	1.38	6.02	0.393
			8		12.584	9.878	0.319	127.37	3.18	19.08	39.39	1.77	8.21	266.32	3.32	67.88	1.50	23.50	1.37	6.78	0.391
			10		15.467	12.142	0.319	153.81	3.15	23.32	47.12	1.74	9.98	333.06	3.40	85.73	1.58	28.33	1.35	8.24	0.387
10/8	100	80	6	10	10.637	8.350	0.354	107.04	3.17	15.19	61.24	2.40	10.16	199.83	2.95	102.68	1.97	31.65	1.72	8.37	0.627
			7		12.301	9.656	0.354	122.73	3.16	17.52	70.08	2.39	11.71	233.20	3.00	119.98	2.01	36.17	1.72	9.60	0.626
			8		13.944	10.946	0.353	137.92	3.14	19.81	78.58	2.37	13.21	266.61	3.04	137.37	2.05	40.58	1.71	10.80	0.625
			10		17.167	13.476	0.353	166.87	3.12	24.24	94.65	2.35	16.12	333.63	3.12	172.48	2.13	49.10	1.69	13.12	0.622
11/7	110	70	6	10	10.637	8.350	0.354	133.37	3.54	17.85	42.92	2.01	7.90	265.78	3.53	69.08	1.57	25.36	1.54	6.53	0.403
			7		12.301	9.656	0.354	153.00	3.53	20.60	49.01	2.00	9.09	310.07	3.57	80.82	1.61	28.95	1.53	7.50	0.402
			8		13.944	10.946	0.353	172.04	3.51	23.30	54.87	1.98	10.25	354.39	3.62	92.70	1.65	32.45	1.53	8.45	0.401
			10		17.167	13.476	0.353	208.39	3.48	28.54	65.88	1.96	12.48	443.13	3.70	116.83	1.72	39.20	1.51	10.29	0.397
12.5/8	125	80	7	11	14.096	11.066	0.403	277.98	4.02	26.86	74.42	2.30	12.01	454.99	4.01	120.32	1.80	43.81	1.76	9.92	0.408
			8		15.989	12.551	0.403	256.77	4.01	30.41	83.49	2.28	13.56	519.99	4.06	137.85	1.84	49.15	1.75	11.18	0.407
			10		19.712	15.474	0.402	312.04	3.98	37.33	100.67	2.26	16.56	650.09	4.14	173.40	1.92	59.45	1.74	13.64	0.404
			12		23.351	18.330	0.402	364.41	3.95	44.01	116.67	2.24	19.43	780.39	4.22	209.67	2.00	69.35	1.72	16.01	0.400
14/9	140	90	8	12	18.038	14.160	0.453	365.64	4.50	38.48	120.69	2.59	17.34	730.53	4.50	195.79	2.04	70.83	1.98	14.31	0.411
			10		22.261	17.475	0.452	445.50	4.47	47.31	146.03	2.56	21.22	913.20	4.58	245.92	2.12	85.82	1.96	17.48	0.409
			12		26.400	20.724	0.451	521.59	4.44	55.87	169.79	2.54	24.95	1096.09	4.66	296.89	2.19	100.21	1.95	20.54	0.406
			14		30.456	23.908	0.451	594.10	4.42	64.18	192.10	2.51	28.54	1279.26	4.74	348.82	2.27	114.13	1.94	23.52	0.403
16/10	160	100	10	13	25.315	19.872	0.512	668.69	5.14	62.13	205.03	2.85	26.56	1362.89	5.24	336.59	2.28	121.74	2.19	21.92	0.390
			12		30.054	23.592	0.511	784.91	5.11	73.49	239.06	2.82	31.28	1635.56	5.32	405.94	2.36	142.33	2.17	25.79	0.388
			14		34.709	27.247	0.510	896.30	5.08	84.56	271.20	2.80	35.83	1908.50	5.40	476.42	2.43	162.23	2.16	29.56	0.385
			16		39.281	30.835	0.510	1003.04	5.05	95.33	301.60	2.77	40.24	2181.79	5.48	548.22	2.51	182.57	2.16	33.44	0.382

续表

角钢号数	尺寸/mm				截面面积/cm²	理论重量/(kg/m)	外表面积/(m²/m)	参考数值												
								x-x			y-y			x₁-x₁		y₁-y₁		u-u			
	B	b	d	r				I_x/cm⁴	i_x/cm	W_x/cm³	I_y/cm⁴	i_y/cm	W_y/cm³	I_{x_1}/cm⁴	y_0/cm	I_{y_1}/cm⁴	x_0/cm	I_u/cm⁴	i_u/cm	W_u/cm³	tanα
18/11	180	110	10		28.373	22.273	0.571	956.25	5.80	78.96	278.11	3.13	32.49	1940.40	5.89	447.22	2.44	166.50	2.42	26.88	0.376
			12		33.712	26.464	0.571	1124.72	5.78	93.53	325.03	3.10	38.32	2328.38	5.98	538.94	2.52	194.87	2.40	31.66	0.374
			14		38.967	30.589	0.570	1286.91	5.75	107.76	369.55	3.08	43.97	2716.60	6.06	631.95	2.59	222.30	2.39	36.32	0.372
			16	14	44.139	34.649	0.569	1443.06	5.72	121.64	411.85	3.06	49.44	3105.15	6.14	726.46	2.67	248.94	2.38	40.87	0.369
20/12.5	200	125	12		37.912	29.761	0.641	1570.90	6.44	116.73	483.16	3.57	49.99	3193.85	6.54	787.74	2.83	285.79	2.74	41.23	0.392
			14		43.867	34.436	0.640	1800.97	6.41	134.65	550.83	3.54	57.44	3726.17	6.62	922.47	2.91	326.58	2.73	47.34	0.390
			16		49.739	39.045	0.639	2023.35	6.38	152.18	615.44	3.52	64.69	4258.86	6.70	1058.86	2.99	366.21	2.71	53.32	0.388
			18		55.526	43.588	0.639	2238.30	6.35	169.33	677.19	3.49	71.74	4792.00	6.78	1197.13	3.06	404.83	2.70	59.18	0.385

注: (1) 括号内型号不推荐使用; (2) 截面图中的 $r_1=\frac{1}{3}d$ 及表中 r 的数据用于孔型设计, 不作为交货条件。

表 C-3 热轧工字钢（GB 706—1988）

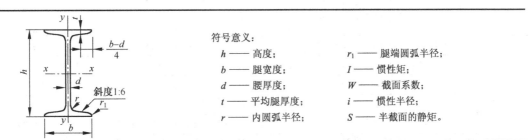

符号意义:
h —— 高度; r_1 —— 腿端圆弧半径;
b —— 腿宽度; I —— 惯性矩;
d —— 腰厚度; W —— 截面系数;
t —— 平均腿厚度; i —— 惯性半径;
r —— 内圆弧半径; S —— 半截面的静矩。

型号	尺寸/mm						截面面积/cm²	理论重量/(kg/m)	参考数值						
									x-x				y-y		
	h	b	d	t	r	r₁			I_x/cm⁴	W_x/cm³	i_x/cm	$I_x:S_x$/cm	I_y/cm⁴	W_y/cm³	i_y/cm
10	100	68	4.5	7.6	6.5	3.3	14.3	11.2	245	49	4.14	8.59	33	9.72	1.52
12.6	126	74	5	8.4	7	3.5	18.1	14.2	488.43	77.529	5.195	10.85	46.906	12.677	1.609
14	140	80	5.5	9.1	7.5	3.8	21.5	16.9	712	102	5.76	12	64.4	16.1	1.73
16	160	88	6	9.9	8	4	26.1	20.5	1130	141	6.58	13.8	93.1	21.2	1.89
18	180	94	6.5	10.7	8.5	4.3	30.6	24.1	1660	185	7.36	15.4	122	26	2
20a	200	100	7	11.4	9	4.5	35.5	27.9	2370	237	8.15	17.2	158	31.5	2.12
20b	200	102	9	11.4	9	4.5	39.5	31.1	2500	250	7.96	16.9	169	33.1	2.06
22a	220	110	7.5	12.3	9.5	4.8	42	33	3400	309	8.99	18.9	225	40.9	2.31
22b	220	112	9.5	12.3	9.5	4.8	46.4	36.4	3570	325	8.78	18.7	239	42.7	2.27
25a	250	116	8	13	10	5	48.5	38.1	5023.54	401.88	10.18	21.58	280.046	48.283	2.403
25b	250	118	10	13	10	5	53.5	42	5283.96	422.72	9.938	21.27	309.297	52.423	2.404
28a	280	122	8.5	13.7	10.5	5.3	55.45	43.4	7114.14	508.15	11.32	24.62	345.051	56.565	2.495
28b	280	124	10.5	13.7	10.5	5.3	61.05	47.9	7480	534.29	11.08	24.24	379.496	61.209	2.493
32a	320	130	9.5	15	11.5	5.8	67.05	52.7	11075.5	692.2	12.84	27.46	459.93	70.758	2.619
32b	320	132	11.5	15	11.5	5.8	73.45	57.7	11621.4	726.33	12.58	27.09	501.53	75.989	2.614
32c	320	134	13.5	15	11.5	5.8	79.95	62.8	12167.5	760.47	12.34	26.77	543.81	81.166	2.608
36a	360	136	10	15.8	12	6	76.3	59.9	15760	875	14.4	30.7	552	81.2	2.69
36b	360	138	12	15.8	12	6	83.5	65.6	16530	919	14.1	30.3	582	84.3	2.64
36c	360	140	14	15.8	12	6	90.7	71.2	17310	962	13.8	29.9	612	87.4	2.6
40a	400	142	10.5	16.5	12.5	6.3	86.1	67.6	21720	1090	15.9	34.1	660	93.2	2.77
40b	400	144	12.5	16.5	12.5	6.3	94.1	73.8	22780	1140	15.6	33.6	692	96.2	2.71
40c	400	146	14.5	16.5	12.5	6.3	102	80.1	23850	1190	15.2	33.2	727	99.6	2.65
45a	450	150	11.5	18	13.5	6.8	102	80.4	32240	1430	17.7	38.6	855	114	2.89
45b	450	152	13.5	18	13.5	6.8	111	87.4	33760	1500	17.4	38	894	118	2.84
45c	450	154	15.5	18	13.5	6.8	120	94.5	35280	1570	17.1	37.6	938	122	2.79
50a	500	158	12	20	14	7	119	93.6	46470	1860	19.7	42.8	1120	142	3.07
50b	500	160	14	20	14	7	129	101	48560	1940	19.4	42.4	1170	146	3.01
50c	500	162	16	20	14	7	139	109	50640	2080	19	41.8	1220	151	2.96
56a	560	166	12.5	21	14.5	7.3	135.25	106.2	65585.6	2342.31	22.02	47.73	1370.16	165.08	3.182
56b	560	168	14.5	21	14.5	7.3	146.45	115	68512.5	2446.69	21.63	47.17	1486.75	174.25	3.162
56c	560	170	16.5	21	14.5	7.3	157.85	123.9	71439.4	2551.41	21.27	46.66	1558.39	183.34	3.158
63a	630	176	13	22	15	7.5	154.9	121.6	93916.2	2981.47	24.62	54.17	1700.55	193.24	3.314
63b	630	178	15	22	15	7.5	167.5	131.5	98083.6	3163.38	24.2	53.51	1812.07	203.6	3.289
63c	630	180	17	22	15	7.5	180.1	141	102251.1	3298.42	23.82	52.92	1924.91	213.88	3.268

注: 截面图和表中标注的圆弧半径 r、r₁ 的数据用于孔型设计, 不作为交货条件。

表 C-4 热轧槽钢 (GB 707—1988)

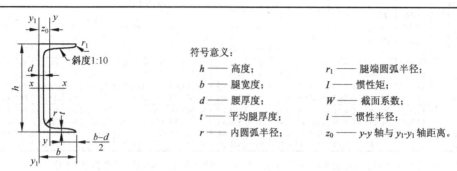

符号意义：

h —— 高度；	r_1 —— 腿端圆弧半径；
b —— 腿宽度；	I —— 惯性矩；
d —— 腰厚度；	W —— 截面系数；
t —— 平均腿厚度；	i —— 惯性半径；
r —— 内圆弧半径；	z_0 —— y-y 轴与 y_1-y_1 轴距离。

型号	尺寸/mm						截面面积 /cm²	理论重量 /(kg/m)	参考数值							
									x-x			y-y			y_1-y_1	z_0 /cm
	h	b	d	t	r	r_1			W_x /cm³	I_x /cm⁴	i_x /cm	W_y /cm³	I_y /cm⁴	i_y /cm	I_{y1} /cm⁴	
5	50	37	4.5	7	7	3.5	6.93	5.44	10.4	26	1.94	3.55	8.3	1.1	20.9	1.35
6.3	63	40	4.8	7.5	7.5	3.75	8.444	6.63	16.123	50.786	2.453	4.50	11.872	1.185	28.38	1.36
8	80	43	5	8	8	4	10.24	8.04	25.3	101.3	3.15	5.79	16.6	1.27	37.4	1.43
10	100	48	5.3	8.5	8.5	4.25	12.74	10	39.7	198.3	3.95	7.8	25.6	1.41	54.9	1.52
12.6	126	53	5.5	9	9	4.5	15.69	12.37	62.137	391.466	4.953	10.242	37.99	1.567	77.09	1.59
14a	140	58	6	9.5	9.5	4.75	18.51	14.53	80.5	563.7	5.52	13.01	53.2	1.7	107.1	1.71
14b	140	60	8	9.5	9.5	4.75	21.31	16.73	87.1	609.4	5.35	14.12	61.1	1.69	120.6	1.67
16a	160	63	6.5	10	10	5	21.95	17.23	108.3	866.2	6.28	16.3	73.3	1.83	144.1	1.8
16	160	63	8.5	10	10	5	25.15	19.74	116.8	934.5	6.1	17.55	83.4	1.82	160.8	1.75
18a	180	68	7	10.5	10.5	5.25	25.69	20.17	141.4	1272.7	7.04	20.03	98.6	1.96	189.7	1.88
18	180	70	9	10.5	10.5	5.25	29.29	22.99	152.2	1369.9	6.84	21.52	111	1.95	210.1	1.84
20a	200	73	7	11	11	5.5	28.83	22.63	178	1780.4	7.86	24.2	128	2.11	244	2.01
20	200	75	9	11	11	5.5	32.83	25.77	191.4	1913.7	7.64	25.88	143.6	2.09	268.4	1.95
22a	220	77	7	11.5	11.5	5.75	31.84	24.99	217.6	2393.9	8.67	28.17	157.8	2.23	298.2	2.1
22	220	79	9	11.5	11.5	5.75	36.24	28.45	233.8	2571.4	8.42	30.05	176.4	2.21	326.3	2.03
25a	250	78	7	12	12	6	34.91	27.47	269.597	3369.62	9.823	30.607	175.529	2.243	322.256	2.065
25b	250	80	9	12	12	6	39.91	31.39	282.402	3530.64	9.405	32.657	196.421	2.218	353.187	1.982
25c	250	82	11	12	12	6	44.91	35.32	295.236	3690.45	9.065	35.926	218.415	2.206	384.133	1.921
28a	280	82	7.5	12.5	12.5	6.25	40.02	31.42	340.328	4764.59	10.91	35.718	217.989	2.333	387.566	2.097
28b	280	84	9.5	12.5	12.5	6.25	45.62	35.81	366.46	5130.45	10.6	37.929	242.144	2.304	427.589	2.016
28c	280	86	11.5	12.5	12.5	6.25	51.22	40.21	392.594	5496.32	10.35	40.301	267.602	2.286	426.597	1.951
32a	320	88	8	14	14	7	48.7	38.22	474.879	7598.06	12.49	46.473	304.787	2.502	552.31	2.242
32b	320	90	10	14	14	7	55.1	43.25	509.012	8144.2	12.15	49.157	336.332	2.471	592.933	2.158
32c	320	92	12	14	14	7	61.5	48.28	543.145	8690.33	11.88	52.642	374.175	2.467	643.299	2.092
36a	360	96	9	16	16	8	60.89	47.8	659.7	11874.2	13.97	63.54	455	2.73	818.4	2.44
36b	360	98	11	16	16	8	68.09	53.45	702.9	12651.8	13.63	66.85	496.7	2.7	880.4	2.37
36c	360	100	13	16	16	8	75.29	50.1	746.1	13429.4	13.36	70.02	536.4	2.67	947.9	2.34
40a	400	100	10.5	18	18	9	75.05	58.91	878.9	17577.9	15.30	78.83	592	2.81	1067.7	2.49
40b	400	102	12.5	18	18	9	83.05	65.19	932.2	18644.5	14.98	82.52	640	2.78	1135.6	2.44
40c	400	104	14.5	18	18	9	91.05	71.47	985.6	19711.2	14.71	86.19	687.8	2.75	1220.7	2.42

注：截面图和表中标注的圆弧半径 r、r_1 的数据用于孔型设计，不作为交货条件。

习题参考答案

第1章

1-1 $F_N = 20$ kN，$M_y = 10$ kN·m，$M_z = 8$ kN·m 及 $T = 4$ kN·m

1-2 $\varepsilon_{OB} = 2.5 \times 10^{-4}$；$\gamma_B = 2.5 \times 10^{-4}$ rad

1-3 $\varepsilon_{周} = \varepsilon_{径} = 3.75 \times 10^{-5}$

1-4 $\varepsilon = \dfrac{y}{\rho}$

1-5～1-6   略

第2章

2-1 $\sigma_{max} = 151.51$ MPa

2-2 $\sigma_{-60°} = 25$ MPa，$\tau_{-60°} = -43.30$ MPa

2-3 $\sigma_{max} = 69.44$ MPa $< [\sigma]$

2-4 $d = 82.31$ mm

2-5 $[F] = 68.7$ kN

2-6 $b \geqslant 125$ mm，$h \geqslant 175$ mm

2-7   安全

2-8   (a) $\Delta l = 1.06$ mm；(b) $\Delta l = 0.088$ mm

2-9 $\Delta l = -0.2$ mm

2-10 $\sigma_1 = 100$ MPa，$\sigma_2 = 135$ MPa

2-11 $\Delta_{Ay} = 1.37$ mm

2-12 $\Delta_{By} = 3.33$ mm

2-13 $X_C = \dfrac{Fa}{EA}$，$Y_C = \dfrac{Fa}{EA}\left(2\sqrt{2}+1\right)$

2-14 $\sigma_{AB} = \sigma_{AC} = \dfrac{F}{2\sqrt{2}A}$，$\sigma_{AD} = \dfrac{F}{2A}$

2-15 $F_{NAC} = \dfrac{7}{4}F$，$F_{NBD} = -\dfrac{5}{4}F$，$F_{NCD} = -\dfrac{1}{4}F$

2-16 $\sigma_{max} = 120$ MPa（压）

2-17 $\sigma_1 = \sigma_2 = 131$ MPa，$\sigma_3 = 34.4$ MPa

2-18 $\sigma_1 = 149$ MPa（拉应力），$\sigma_2 = 249$ MPa（拉应力）；允许加工误差：$\delta = 4.2$ mm

2-19 $\tau_1 = 61.1$ MPa，$\tau_2 = 50.93$ MPa

2-20 $F = 3.52$ kN

2-21 $\tau = 0.9$ MPa，$\sigma_{bs} = 9.0$ MPa，$\sigma_{cd} = 2.25$ MPa

2-22 $[F] = 208.3$ kN

2-23 $[F] = 1100$ kN

2-24 $A_1 = A_2 = 2A_3 = 1225$ mm^2

2-25 $[F] = 153.3 \text{ kN}$

2-26 $F_{N1} = 2F_{N2} = 4 \text{ kN}$

2-27～2-28 略

2-29 取 $d = 15 \text{ mm}$，$n = 5$ 个

2-30 $d \geqslant 83.3 \text{ mm}$

2-31～34 略

第 3 章

3-1 略

3-2 $\tau_{\max} = 16m / \pi d_2^3$

3-3 AB段：$\tau_{\max} = 43.6 \text{ MPa}$；$BC$段：$\tau_{\max} = 47.7 \text{ MPa}$；$\varphi_{\max} = 2.271 \times 10^{-2}$ rad

3-4 $\tau_{\text{外}} = 208.4 \text{ MPa}$，$\tau_{\text{内}} = 156.3 \text{ MPa}$

3-5 $\varphi_B = \dfrac{ml^2}{2GI_{\text{p}}}$

3-6 $\varphi = \dfrac{2lM_{\text{e}}(d_1 + d_2)}{G\pi\delta d_1^2 d_2^2}$

3-7 $\varphi = 0.022 \text{ rad}$

3-8 (1) $M_{\text{e}} = 110 \text{ N} \cdot \text{m}$，(2) $\varphi_{AB} = 0.0219 \text{ rad}$

3-9 (1) $\tau_{\max} = 61 \text{ MPa}$；(2) $\tau = 48.9 \text{ MPa}$；(3) 将第 1 个轮子放在 2、3 轮中间

3-10 (1) $d_1 \geqslant 84.6 \text{ mm}$，$d_2 \geqslant 74.4 \text{ mm}$；(2) $d \geqslant 84.6 \text{ mm}$；

3-11 $d_1 = 45 \text{ mm}$，$D_2 = 46 \text{ mm}$

3-12 $\tau_1 = 19.4 \text{ MPa}$，$\tau_2 = 21.3 \text{ MPa}$，$\varphi_1' = 1.77 \text{ °/m}$，$\varphi_2' = 0.435 \text{ °/m}$

3-13 $F_{\text{S}} = \dfrac{4\sqrt{2}T}{3\pi d}$，$\rho = \dfrac{3\pi d}{16\sqrt{2}}$，$\theta = 45°$

3-14 $M_A = \dfrac{GI_{\text{p}}(b + e) + cbe}{(a + b + e)GI_{\text{p}} + ce(a + b)}M_{\text{e}}$

  $M_D = \dfrac{aGI_{\text{p}}}{(a + b + e)GI_{\text{p}} + ce(a + b)}M_{\text{e}}$

3-15 略

3-16 $s = 39.5 \text{ mm}$

3-17 $F_{AB} = \dfrac{3}{4}F$，$F_{CD} = \dfrac{1}{4}F$

3-18 $\Delta = Fb^2\left(\dfrac{2}{ca^2} + \dfrac{I}{GI_{\text{P}}}\right)$

3-19 $[M_{\text{e}}] = 4 \text{ kN} \cdot \text{m}$

3-20 (1) $\tau = 38.5 \text{ MPa}$；(2) $\tau = 40.1 \text{ MPa}$

3-21 $\tau_{\text{实}} : \tau_{\text{空}} = 1 : \dfrac{1 + \alpha^2}{\sqrt{1 - \alpha^2}}$；$\varphi_{\text{实}} : \varphi_{\text{空}} = 1 : \dfrac{1 - \alpha^2}{1 + \alpha^2}$

3-22 $\tau = \dfrac{16M_{\text{e}}}{\pi D^3}$，$\gamma = \dfrac{\tau}{G} = \dfrac{16M_{\text{e}}}{G\pi D^3}$，$\tau_{45°} = \tau_{135°} = 0$，$\gamma_{45°} = \gamma_{135°} = 0$

3-23　$T^* = \left(1 - \dfrac{d^4}{D^4}\right)T$

3-24　(1) $F = \dfrac{4\sqrt{2}T}{3\pi D}$,　$\alpha = 45°$,　$r = \dfrac{3\pi D}{16\sqrt{2}}$; (2) $F_y = 0$,　$F_z = \dfrac{8T}{3\pi D}$

3-25　$G = \dfrac{8M_e}{\varepsilon \pi D^3}$

3-26～3-30　略

第4章

4-1　(a) A 截面：$F_S = \dfrac{b}{a+b}F_P$,　$M = 0$;　　　　C 截面：$F_S = \dfrac{b}{a+b}F_P$,　$M = \dfrac{ab}{a+b}F_P$;

　　　D 截面：$F_S = -\dfrac{a}{a+b}F_P$,　$M = \dfrac{ab}{a+b}F_P$;　B 截面：$F_S = -\dfrac{a}{a+b}F_P$,　$M = 0$;

　　(b) A 截面：$F_S = \dfrac{M_0}{a+b}$,　$M = 0$;　　　　C 截面：$F_S = \dfrac{M_0}{a+b}$,　$M = \dfrac{a}{a+b}M_0$;

　　　D 截面：$F_S = -\dfrac{M_0}{a+b}$,　$M = \dfrac{b}{a+b}M_0$;　B 截面：$F_S = -\dfrac{M_0}{a+b}$,　$M = 0$;

　　(c) A 截面：$F_S = \dfrac{5}{3}qa$,　$M = 0$;　　　　C 截面：$F_S = \dfrac{5}{3}qa$,　$M = \dfrac{7}{6}qa^2$;

　　　B 截面：$F_S = -\dfrac{1}{3}qa$,　$M = 0$;

　　(d) A 截面：$F_S = \dfrac{1}{2}ql$,　$M = -\dfrac{3}{8}qa^2$;　C 截面：$F_S = \dfrac{1}{2}ql$,　$M = -\dfrac{1}{8}qa^2$;

　　　D 截面：$F_S = \dfrac{1}{2}ql$,　$M = -\dfrac{1}{8}qa^2$;　B 截面：$F_S = 0$,　$M = 0$;

　　(e) A 截面：$F_S = -2F_P$,　$M = F_P l$;　　　C 截面：$F_S = -2F_P$,　$M = 0$;

　　　B 截面：$F_S = F_P$,　$M = 0$;

　　(f) A 截面：$F_S = 0$,　$M = \dfrac{F_P l}{2}$;　　　C 截面：$F_S = 0$,　$M = \dfrac{F_P l}{2}$;

　　　D 截面：$F_S = -F_P$,　$M = \dfrac{F_P l}{2}$;　　B 截面：$F_S = -F_P$,　$M = 0$

4-2

　　(a) $|F_S|_{max} = qa$,　$|M|_{max} = qa^2$;　　　　(b) $|F_S|_{max} = 0$,　$|M|_{max} = m$;

　　(c) $|F_S|_{max} = 200\ \text{N}$,　$|M|_{max} = 950\ \text{N·m}$;　(d) $|F_S|_{max} = \dfrac{M}{l}$,　$|M|_{max} = m$;

　　(e) $|F_S|_{max} = P - 2P\dfrac{a}{l}$,　$|M|_{max} = \left(P - 2P\dfrac{a}{l}\right)a$;　(f) $|F_S|_{max} = \dfrac{8}{3}\ \text{kN}$,　$|M|_{max} = \dfrac{16}{45}\ \text{kN·m}$;

　　(g) $|F_S|_{max} = P$,　$|M|_{max} = Pa$;　　　　(h) $|F_S|_{max} = 50\ \text{N}$,　$|M|_{max} = 10\ \text{N·m}$;

　　(i) $|F_S|_{max} = qa + \dfrac{qa^2}{2l}$,　$|M|_{max} = \dfrac{qa^2}{2}$

4-3

　　(a) $|F_S|_{max} = 2P$,　$|M|_{max} = 3Pa$;　　　(b) $|F_S|_{max} = -2qa$,　$|M|_{max} = qa^2$;

　　(c) $|F_S|_{max} = \dfrac{3}{8}ql$,　$|M|_{max} = \dfrac{3}{16}ql^2$;　(d) $|F_S|_{max} = P$,　$|M|_{max} = Pa$;

(e) $\left|F_{\mathrm{S}}\right|_{\max}=\dfrac{5}{4}qa$, $\left|M\right|_{\max}=\dfrac{3}{4}qa^2$;　　　　　　(f) $\left|F_{\mathrm{S}}\right|_{\max}=\dfrac{5}{4}qa$, $\left|M\right|_{\max}=qa^2$;

(g) $\left|F_{\mathrm{S}}\right|_{\max}=2qa$, $\left|M\right|_{\max}=\dfrac{3}{2}qa^2$;　　　　　　(h) $\left|F_{\mathrm{S}}\right|_{\max}=\dfrac{7}{6}qa$, $\left|M\right|_{\max}=\dfrac{5}{6}qa^2$;

(i) $\left|F_{\mathrm{S}}\right|_{\max}=\dfrac{3}{2}qa$, $\left|M\right|_{\max}=qa^2$

4-4

(a) $\left|M\right|_{\max}=\dfrac{3}{4}Pa$;　　　　(b) $\left|M\right|_{\max}=\pm 3\ \mathrm{kN\cdot m}$;　　(c) $\left|M\right|_{\max}=\dfrac{1}{4}Pl$;

(d) $\left|M\right|_{\max}=Pa$;　　　　(e) $\left|M\right|_{\max}=\dfrac{1}{8}ql^2$;　　　(f) $\left|M\right|_{\max}=\dfrac{3}{2}qa^2$

4-5　略

4-6　略

4-7

(a) $\left|F_{\mathrm{S}}\right|_{\max}=qa$, $\left|M\right|_{\max}=qa^2$;　　　　　(b) $\left|F_{\mathrm{S}}\right|_{\max}=\dfrac{3}{2}ql$, $\left|M\right|_{\max}=ql^2$;

(c) $\left|F_{\mathrm{S}}\right|_{\max}=80\ \mathrm{kN}$, $\left|M\right|_{\max}=160\ \mathrm{kN\cdot m}$;　(d) $\left|F_{\mathrm{S}}\right|_{\max}=81\ \mathrm{kN}$, $\left|M\right|_{\max}=96.5\ \mathrm{kN\cdot m}$

4-8

(a) $\left|F_{\mathrm{N}}\right|_{\max}=20\ \mathrm{kN}$, $\left|F_{\mathrm{S}}\right|_{\max}=20\ \mathrm{kN}$, $\left|M\right|_{\max}=100\ \mathrm{kN\cdot m}$;

(b) $\left|F_{\mathrm{N}}\right|_{\max}=50\ \mathrm{kN}$, $\left|F_{\mathrm{S}}\right|_{\max}=50\ \mathrm{kN}$, $\left|M\right|_{\max}=100\ \mathrm{kN\cdot m}$;

(c) $\left|F_{\mathrm{N}}\right|_{\max}=17.5\ \mathrm{kN}$, $\left|F_{\mathrm{S}}\right|_{\max}=17.5\ \mathrm{kN}$, $\left|M\right|_{\max}=26.3\ \mathrm{kN\cdot m}$;

(d) $\left|F_{\mathrm{N}}\right|_{\max}=6\ \mathrm{kN}$, $\left|F_{\mathrm{S}}\right|_{\max}=6\ \mathrm{kN}$, $\left|M\right|_{\max}=15\ \mathrm{kN\cdot m}$;

(e) $\left|F_{\mathrm{N}}\right|_{\max}=20\ \mathrm{kN}$, $\left|F_{\mathrm{S}}\right|_{\max}=40\ \mathrm{kN}$, $\left|M\right|_{\max}=80\ \mathrm{kN\cdot m}$;

(f) $\left|F_{\mathrm{N}}\right|_{\max}=ql$, $\left|F_{\mathrm{S}}\right|_{\max}=ql$, $\left|M\right|_{\max}=ql$;

(g) $\left|F_{\mathrm{N}}\right|_{\max}=F$, $\left|F_{\mathrm{S}}\right|_{\max}=F$, $\left|M\right|_{\max}=2Fl$;

(h) $\left|F_{\mathrm{N}}\right|_{\max}=\dfrac{3}{2}ql$, $\left|F_{\mathrm{S}}\right|_{\max}=\dfrac{3}{2}ql$, $\left|M\right|_{\max}=ql$

4-9

(a) $F_{\mathrm{N}}=-(F_y\sin\theta+F_x\cos\theta)$

　　$F_{\mathrm{S}}=(F_y\sin\theta-F_x\sin\theta)$

　　$\left|M\right|=F_x r(1-\cos\theta)-F_y r\sin\theta$

(b) AC 段：$F_{\mathrm{N}}=0$　　　　CB 段：$F_{\mathrm{N}}(\theta)=F\sin\theta$　　（$0\leqslant\theta\leqslant\pi$）

　　　　　　　$F_{\mathrm{S}}=F$　　　　　　　　　　$F_{\mathrm{S}}(\theta)=F\cos\theta$

　　　　　　　$\left|M\right|=Fx$　　　　　　　　　$\left|M(\theta)\right|=Fr\sin\theta$

(c) AB 段：$F_{\mathrm{N}}=-\dfrac{\sqrt{2}}{4}F\cos\theta$

　　　　　　　$F_{\mathrm{S}}=\dfrac{\sqrt{2}}{4}F\sin\theta$　　　　　$\left(0<\theta<\dfrac{\pi}{4}\right)$

　　　　　　　$\left|M\right|=\dfrac{\sqrt{2}}{4}Fa(1-\cos\theta)$　$\left(0\leqslant\theta\leqslant\dfrac{\pi}{4}\right)$

$$CB \text{ 段：} \quad F_\text{N} = -\frac{\sqrt{2}}{2}F\left(\sin\theta + \frac{1}{2}\cos\theta\right)$$

$$F_\text{S} = -\frac{\sqrt{2}}{2}F\left(\frac{1}{2}\sin\theta - \cos\theta\right)$$

$$|M| = \frac{\sqrt{2}}{4}Fa(2\sin\theta + \cos\theta - 1) \quad \left(0 \leqslant \theta \leqslant \frac{3\pi}{4}\right)$$

4-10

(a) $|F_\text{S}|_\text{max} = \dfrac{1}{2}ql$, $\quad |M|_\text{max} = \dfrac{1}{6}ql^2$; $\qquad$ (b) $|F_\text{S}|_\text{max} = \dfrac{1}{3}q_0 l$, $\quad |M|_\text{max} = \dfrac{5}{48}q_0 l^2$

4-11

(a) $|F_\text{N}|_\text{max} = 12.12 \text{ kN}$, $\quad |F_\text{S}|_\text{max} = 10.5 \text{ kN}$, $\quad |M|_\text{max} = 9.09 \text{ kN} \cdot \text{m}$;

(b) $|F_\text{N}|_\text{max} = 0.25F$, $\quad |F_\text{S}|_\text{max} = 0.433F$, $\quad |M|_\text{max} = 0.25F$;

(c) $|F_\text{N}|_\text{max} = 12 \text{ kN}$, $\quad |F_\text{S}|_\text{max} = 20.8 \text{ kN}$, $\quad |M|_\text{max} = 41.6 \text{ kN} \cdot \text{m}$

4-12~4-14 略

第 5 章

5-1 $\sigma_A = 2.54 \text{ MPa}$（拉应力）, $\quad \sigma_B = 1.62 \text{ MPa}$（压应力）

5-2 平放：$\sigma_\text{max} = 3.91 \text{ MPa}$ ；竖放：$\sigma_\text{max} = 1.95 \text{ MPa}$ ；$\dfrac{\sigma_\text{max}（平放）}{\sigma_\text{max}（竖放）} = \dfrac{3.91}{1.95} \approx 2.0$

5-3 $\sigma_\text{max} = 105 \text{ MPa}$

5-4 $\sigma_\text{max}（实）= 113.8 \text{ MPa} < [\sigma]$, $\quad \sigma_\text{max}（空）= 100.3 \text{ MPa} < [\sigma]$

5-5 $\sigma_\text{max} = 24.71 \text{ MPa}$

5-6 略

5-7 m-m 截面：$\sigma_A = -7.4 \text{ MPa}$, $\sigma_B = 4.9 \text{ MPa}$, $\sigma_C = 0$, $\sigma_D = 7.4 \text{ MPa}$

$\quad$ n-n 截面：$\sigma_A = 9.3 \text{ MPa}$, $\sigma_B = -6.2 \text{ MPa}$, $\sigma_C = 0$, $\sigma_D = -9.3 \text{ MPa}$

5-8 $F = 47.4 \text{ kN}$

5-9 $\Delta l = \dfrac{ql^3}{2bh^2 E}$

5-10 选择 20a 号工字钢

5-11 $[q] = 15.68 \text{ kN/m}$

5-12 $W \geqslant 125 \text{ cm}^3$ ，选择 16 号工字钢

5-13 $b = 0.062 \text{ m}$, $h = 0.185 \text{ m}$

5-14 $a = \dfrac{W_2 l}{W_1 + W_2}$

5-15 $a = 1.384 \text{ m}$

5-16 $d_\text{max} = 115 \text{ mm}$

5-17 $\delta = 27 \text{ mm}$

5-18 $n = 3.7$

5-19 梁的强度不安全；$\sigma_\text{tmax} = 60.2 \text{ MPa} > [\sigma]$

5-20 $\sigma_\text{tmax} = 114 \text{ MPa}$, $\quad \sigma_\text{cmax} = 133 \text{ MPa}$, $\quad \tau_\text{max} = 11.94 \text{ MPa}$

5-21 $[F] = 122 \text{ kN}$; $\Delta l = 0.25 \text{ mm}$

5-22 (1) $F_{SA} = 224 \text{ N}$; (2) $F_{SB} = 518.6 \text{ N}$

5-23 $s = 117 \text{ mm}$

5-24 $\tau = 16.2 \text{ MPa} < [\tau]$，安全

5-25 $\sigma_{max} = 160 \text{ MPa} < [\sigma]$，$\tau_{max} = 74.5 \text{ MPa} < [\tau]$，安全

5-26 (1) $\dfrac{h}{b} = \sqrt{2}$；(2) $\dfrac{h}{b} = \sqrt{3}$

5-27 $F = 2.25qa$

5-28 $\sigma_{tmax} = 118.8 \text{ MPa}$，$\sigma_{cmax} = 96.9 \text{ MPa}$

5-29 (a) $h = \dfrac{a}{9\sqrt{2}}$；(b) $h = 0.02R$

5-30 $a_Z = \dfrac{b_1^2 h \delta}{6(I_Y I_Z - I_{YZ}^2)}\left[3I_Y c + I_{YZ}(2b_1 - 3d)\right]$

5-31 $e = \dfrac{b(2h+3b)}{2h+6b}$

5-32 (1) $b \geqslant 35.6 \text{ mm}$；(2) $d \geqslant 52.4 \text{ mm}$

5-33 $\sigma_a = \dfrac{6lF_P}{b^2 h^2}(b\cos\beta - h\sin\beta)$，$\beta = \arctan\dfrac{b}{h}$

5-34～5-40 略

第 6 章

6-1 (a) $\theta_A = -\dfrac{F_p a^2}{EI}$，$w_A = \dfrac{7F_p a^3}{6EI}$；

(b) $\theta_A = -\dfrac{qL^3}{48EI}$，$w_A = \dfrac{41qL^4}{384EI}$

(c) $\theta_C = -\dfrac{Pl_1}{EI_1}\left(\dfrac{l_1}{2} + l_2\right) - \dfrac{Pl_2^2}{2EI_2}$，$y_C = -\dfrac{P}{3E}\left(\dfrac{l_1^3}{I_1} + \dfrac{l_2^3}{I_2}\right) - \dfrac{Pl_1 l_2}{EI_1}$

6-2 (a) $\theta_A = -\dfrac{M_e L}{3EI}$，$w_c = \dfrac{M_e L^2}{16EI}$；(b) $\theta_A = -\dfrac{Pa^3}{12EI}$，$w_c = \dfrac{F_p a^3}{6EI}$

6-3 (a) $y_A = -\dfrac{F_p l^3}{6EI}$，$\theta_B = -\dfrac{9F_p l^2}{8EI}$，$y_A = -\dfrac{F_p a}{6EI}(3b^2 + 6ab + 2a^2)$

(b) $\theta_B = \dfrac{F_p a(2b+a)}{2EI}$

6-4 $I_z \geqslant 976.56 \text{ cm}^4$，选 16 号工字钢

6-5 (a) $F_{RB} = \dfrac{5F}{16}(\uparrow)$；(b) $F_{RB} = \dfrac{11F}{16}(\uparrow)$；(c) $F_{RB} = \dfrac{17}{16}qL(\uparrow)$

6-6 $F_{RAx} = 0$，$F_{RAy} = \dfrac{3}{4}F(\downarrow)$，$M_A = \dfrac{Fl}{4}(\curvearrowleft)$，$R_{RB} = \dfrac{7}{4}F(\uparrow)$

6-7 $\theta_C = \dfrac{7M_0 l}{24EI}$ （逆时针）

6-8 $\delta = \dfrac{(8\sqrt{2}-11)ql^4}{384EI} = 8.17 \times 10^{-4} \dfrac{ql^4}{EI}$

6-9 (a) $\theta_A = 0$, $w_c = \dfrac{2qa^4}{3EI}$; (b) $\theta_A = -\dfrac{qL^3}{48EI}$, $w_c = \dfrac{qL^4}{128EI}$

6-10 $w_C = \dfrac{Fx^2}{6EI}(3l-x) = \dfrac{606 \times 0.25^2 \times (3 \times 0.318 - 0.25)}{6 \times 210 \times 10^9 \times \dfrac{\pi}{64} \times 0.011^4}$ m $= 29.4$ mm

6-11 (a) $w_c = \dfrac{qal^2}{8EI}(l+2a)(\downarrow)$, $\theta_c = -\dfrac{ql^2}{8EI}(l+4a)(\curvearrowright)$;

(b) $w_c = \dfrac{qa^4}{6EI}(\downarrow)$, $\theta_c = -\dfrac{5qa^3}{24EI}(\curvearrowright)$

6-12 $w_c = 45$ mm $(\downarrow)$

6-13 $w_D = qa^2 \left(\dfrac{3}{2E_2A} + \dfrac{5a^2}{24E_1I} \right)(\downarrow)$

6-14 $w_C = 3.18$ mm $(\downarrow)$

6-15 $w_x = \dfrac{l^3}{6EI}(2F\cos\alpha - 3F\sin\alpha)(\rightarrow)$

$w_y = \dfrac{l^3}{6EI}(8F\sin\alpha - 3F\cos\alpha)(\uparrow)$

6-16 $x = 0.152l$

6-17 $\theta_A = 5.37 \times 10^{-3}$ rad, 不安全

6-18 (a) $w(x) = \dfrac{Fx^3}{3EI}$; (b) $w(x) = \dfrac{Fx^2(l-x)^2}{3EIl}$

6-19 $w_c \left(\dfrac{1}{8} + \dfrac{\sqrt{2}}{12} \right) \dfrac{qa^4}{EI}$

6-20 $w_c = 0.0432$ mm

6-21 $w_{\max} = w(x)_{x=a} = -\dfrac{Fa^3}{4EI} = -\dfrac{3Fa^3}{Ebh^3}$

6-22 略

6-23 $F_{RAx} = ql(\leftarrow)$, $F_{RAy} = \dfrac{ql}{8}(\downarrow)$, $M_A = \dfrac{3ql^2}{8}(\searrow)$, $F_{RC} = \dfrac{ql}{8}(\uparrow)$

6-24 略

6-25 $M_{\max} = F_{Rx}l = \dfrac{3\alpha\Delta TlEIA}{3I+Al^2}$

6-26 $\varDelta_C = \dfrac{M_e l^2}{16EI}$

6-27 $w_B = \dfrac{5Fa^3}{12EI}(\downarrow)$, $\theta_A = \dfrac{5Fa^2}{4EI}$

6-28 $w_{Ax} = \dfrac{Flh^2}{2EI}(\rightarrow)$, $w_{Ay} = \dfrac{Fl^2(l+3h)}{3EI}(\downarrow)$, $\theta_A = \dfrac{Fl(l+2h)}{2EI}(\curvearrowleft)$

6-29 $w_{Ax} = -\dfrac{FR^3}{2EI}$（向右）， $w_{Ay} = \dfrac{\pi FR^3}{4EI}$（向下）， $\theta = \dfrac{FR^2}{EI}$（顺）

6-30   略

6-34 $w_B = w_1 + w_2 + w_3 = -\dfrac{l^2}{2R} + \dfrac{(EI)^2}{6F^2R^3}$

6-37 $F_{N1} = \dfrac{5}{8}F$（拉）， $F_{N2} = \dfrac{3}{8}F$（拉）

       最大弯矩发生在梁中间支座的截面上， $|M|_{max} = |M_c| = \dfrac{3}{8}Fa$

6-38 $\Delta = \dfrac{7}{72}\dfrac{qa^4}{EI}$

第 7 章

7-1   (a) $\sigma_A = -\dfrac{8F}{\pi d^2}$;   (b) $\tau_A = 79.6\,\text{MPa}$;

      (c) $\tau_A = 0.42\,\text{MPa}$， $\sigma_B = 0.31\,\text{MPa}$， $\tau_B = 0.3\,\text{MPa}$;

      (d) $\sigma_A = 50.9\,\text{MPa}$， $\tau_A = 50.9\,\text{MPa}$

7-2   (a) $\sigma_{30°} = 20.18\,\text{MPa}$， $\tau_{30°} = 31.65\,\text{MPa}$， $\sigma_1 = 57.02\,\text{MPa}$， $\sigma_2 = 0$， $\sigma_3 = -7.02\,\text{MPa}$，

       $\alpha_0 = -19.33°$， $\tau_{max} = 32.04\,\text{MPa}$;

      (b) $\sigma_{30°} = -21.65\,\text{MPa}$， $\tau_{30°} = 12.5\,\text{MPa}$， $\sigma_1 = 25\,\text{MPa}$， $\sigma_2 = 0$， $\sigma_3 = -25\,\text{MPa}$，

       $\alpha_0 = -45°$， $\tau_{max} = 25\,\text{MPa}$;

      (c) $\sigma_{30°} = -0.36\,\text{MPa}$， $\tau_{30°} = -28.66\,\text{MPa}$， $\sigma_1 = 11.23\,\text{MPa}$， $\sigma_2 = 0$， $\sigma_3 = -71.23\,\text{MPa}$，

       $\alpha_0 = 52.02°$， $\tau_{max} = 41.23\,\text{MPa}$;

      (d) $\sigma_{30°} = -37.32\,\text{MPa}$， $\tau_{30°} = 44.64\,\text{MPa}$， $\sigma_1 = 4.72\,\text{MPa}$， $\sigma_2 = 0$， $\sigma_3 = -84.72\,\text{MPa}$，

       $\alpha_0 = -13.28°$， $\tau_{max} = 44.72\,\text{MPa}$;

      (e) $\sigma_{30°} = 6.70\,\text{MPa}$， $\tau_{30°} = 25\,\text{MPa}$， $\sigma_1 = 100\,\text{MPa}$， $\sigma_2 = \sigma_3 = 0$， $\alpha_0 = 45°$，

       $\tau_{max} = 50\,\text{MPa}$;

7-3   (a) $\sigma_\alpha = 37.5\,\text{MPa}$， $\tau_\alpha = 38.97\,\text{MPa}$;   (b) $\sigma_\alpha = 49.05\,\text{MPa}$， $\tau_\alpha = 10.98\,\text{MPa}$;

      (c) $\sigma_\alpha = -5.98\,\text{MPa}$， $\tau_\alpha = 19.64\,\text{MPa}$;   (d) $\sigma_\alpha = 0$， $\tau_\alpha = 30\,\text{MPa}$;

7-4   (a) $\sigma_1 = 390\,\text{MPa}$， $\sigma_2 = 90\,\text{MPa}$， $\sigma_3 = 50\,\text{MPa}$， $\tau_{max} = 170\,\text{MPa}$;

      (b) $\sigma_1 = 290\,\text{MPa}$， $\sigma_2 = -50\,\text{MPa}$， $\sigma_3 = -90\,\text{MPa}$， $\tau_{max} = 190\,\text{MPa}$;

      (c) $\sigma_1 = 50\,\text{MPa}$， $\sigma_2 = -50\,\text{MPa}$， $\sigma_3 = -50\,\text{MPa}$， $\tau_{max} = 50\,\text{MPa}$;

7-5 $\sigma_x = -26.67\,\text{MPa}$， $\tau_{xy} - 46.19\,\text{MPa}$

7-6 $\sigma_x = 37.97\,\text{MPa}$， $\tau_{xy} = -74.25\,\text{MPa}$

7-7   (1) $\sigma_1 = 14.05\,\text{MPa}$， $\sigma_2 = 0$， $\sigma_3 = -64.05\,\text{MPa}$， $\alpha_0 = -25.1°$;   (2) $\tau_{max} = 39.05\,\text{MPa}$，

       $\alpha_1 = 19.9°$

7-8   略

7-9   (a) $\sigma_\alpha = -24.06\,\text{MPa}$， $\tau_\alpha = -8.76\,\text{MPa}$;   (b) $\sigma_\alpha = 50.97\,\text{MPa}$， $\tau_\alpha = -14.66\,\text{MPa}$;

      (c) $\sigma_\alpha = 26.90\,\text{MPa}$， $\tau_\alpha = -23.42\,\text{MPa}$

7-10 $\sigma_\alpha = 133.7\,\text{MPa}$， $\tau_\alpha = 37.6\,\text{MPa}$

7-11   (a) $\varepsilon_{max} = 1130 \times 10^{-6}$， $\varepsilon_{min} = -128 \times 10^{-6}$， $\alpha_0 = 4°35'$ 或 $94°35'$

(b) $\varepsilon_{\max} = 940 \times 10^{-6}$，$\varepsilon_{\min} = -340 \times 10^{-6}$，$\alpha_0 = 19°20'$ 或 $109°20'$

7-12 $\Delta D = 2.74 \times 10^{-2}$ mm

7-13 $\nu = 0.32$

7-14 $M_{\mathrm{e}} = 125.6$ N·m

7-15 $\Delta h = 1.58 \times 10^{-3}$ mm

7-16 (a) $\sigma_1 = 30$ MPa，$\sigma_2 = 0$，$\sigma_3 = -30$ MPa；安全

  (b) $\sigma_1 = 29.52$ MPa，$\sigma_2 = 0$，$\sigma_3 = -1.52$ MPa；安全

7-17 (a) $\sigma_1 = 127.08$ MPa，$\sigma_2 = 0$，$\sigma_3 = -7.08$ MPa；$\sigma_1 - \sigma_3 = 134.16$ MPa $< [\sigma]$；安全

  (b) $\sigma_1 = 80$ MPa，$\sigma_2 = 40$ MPa，$\sigma_3 = -60$ MPa，$\sigma_{\mathrm{r}3} = 140$ MPa $< [\sigma]$；安全

7-18 $\sigma_{\mathrm{r}2} = 20.52$ MPa

7-19 按第三强度理论：$p = 1.2$ MPa；按第四强度理论：$p = 1.385$ MPa

7-20 $\sigma_1 = \sigma$，$\sigma_2 = 0$，$\sigma_3 = -\sigma/3$

7-21 $\sigma_1 = 118.3$ MPa，$\sigma_2 = 3.72$ MPa，$\sigma_3 = 0$；$\alpha_0 = -22.1°$；$\beta = 59°$

7-22 $F = 48$ kN

7-23 $F = 100$ N，$M = 0.1$ N·m

7-24 (1) $\Delta d = 0.319$ mm，$\Delta l = 0.225$ mm，$\Delta V = 1680$ cm^3；(2) $\tau_{\max} = 37.5$ MPa，作用面垂
  直横截面，并与径向截面及容器表面成 $45°$

7-25 (1) $\sigma_{\mathrm{r}2} = 23.13$ MPa $< [\sigma]$；(2) $\sigma_{\mathrm{r}2} = 30.36$ MPa $< [\sigma]$；(3) $\sigma_{\mathrm{r}2} = 41.32$ MPa $> [\sigma]$，故不
  安全

7-26 危险截面 $M_{\max} = 750$ kN·m，周向应力 $\sigma_{\mathrm{t}} = \dfrac{pD}{2\delta} = 76.3$ MPa，轴向应力 $\sigma_x = 49.1$ MPa，

  主应力为 $\sigma_1 = 76.3$ MPa，$\sigma_2 = 49.1$ MPa，$\sigma_3 = 0$，$\sigma_{\mathrm{r}3} = 76.3$ MPa $< \dfrac{\sigma_{\mathrm{s}}}{n_{\mathrm{s}}} = 100$ MPa，安全

7-27 $\sigma_{\max} = 158$ MPa $< [\sigma]$，$\tau_{\max} = 73.5$ MPa，$\sigma_{\mathrm{r}4} = 127$ MPa $< [\sigma]$，$M = 620$ kN·m，
  $F_{\mathrm{s}} = 640$ kN 处 $\sigma = 116.7$ MPa，$\tau = 46.3$ MPa，$\sigma_{\mathrm{r}4} = 141.6$ MPa $< [\sigma]$，安全

7-28 (2) $p = 3.05$ MPa，$M = 350.64$ N·m；(3) $\sigma_{\mathrm{r}3} = 94.49$ MPa $< [\sigma]$，故安全

7-29 $b \geqslant 72.28$ mm

7-30～7-36 略

第 8 章

8-1 略

8-2 $\sigma_{\max} = 121$ MPa，超过许用应力 0.75%，故仍安全

8-3 $\sigma_A = 6$ MPa，$\sigma_B = 2.4$ MPa，$\sigma_C = -8.4$ MPa，$\sigma_D = -4.8$ MPa

8-4 (a) $\sigma_{\mathrm{a}} = \dfrac{4}{3} \cdot \dfrac{F}{a^2}$；(b) $\sigma_{\mathrm{b}} = \dfrac{F}{a^2}$，$\dfrac{\sigma_{\mathrm{a}}}{\sigma_{\mathrm{b}}} = \dfrac{4}{3}$

8-5 $F_{\mathrm{N}} = 80$ kN，$M_y = 9.6$ kN·m，$M_z = 2.4$ kN·m，

  $\sigma_A = -13.67$ MPa，$\sigma_B = -3.67$ MPa，$\sigma_C = 20.33$ MPa，$\sigma_D = 10.33$ MPa

8-6 $[\sigma]_{\mathrm{tmax}} = 31.72$ MPa $< [\sigma]_{\mathrm{t}}$，$[\sigma]_{\mathrm{cmax}} = 36.24$ MPa $< [\sigma]_{\mathrm{c}}$，安全

8-7　　$b = 67.3$ mm

8-8　　$\sigma_{tmax} = 34.8$ MPa，　$\sigma_{cmax} = 163.3$ MPa

8-9　　A 截面有最大压应力，$\sigma_{cmax} = 12.25$ MPa；B 截面有最大拉应力，$\sigma_{tmax} = 11.9$ MPa

8-10　(1) $\sigma_{tmax} = 13.73$ MPa，$\sigma_{cmax} = -15.32$ MPa；(2) $\sigma_{tmax} = 14.43$ MPa，$\sigma_{cmax} = -16.55$ MPa；

　　　(3) $\dfrac{\sigma_{c2}}{\sigma_{c1}} = 1.08$

8-11　$\sigma_{max} = 140$ MPa，最大正应力位于中间开有切槽的横截面的左上角点 A

8-12　略

8-13　中性轴方程 $\dfrac{12 z_P z}{b^2} - \dfrac{12 y_P y}{h^2} = 1$；$a_y = -h/2$，$a_z = b/2$

8-14　$T = 68$ N·m，$d \geqslant 41.8$ mm

8-15　$\sigma_{r3} = 81.0$ MPa，安全

8-16　$d \geqslant 28.4$ mm

8-17　B 截面：$\sigma_{r3} = 83.9$ MPa；C 截面：$\sigma_{r3} = 145.8$ MPa

8-18　$\sigma_{r3} = 93.51$ MPa

8-19　A 截面：$\sigma_{r4} = 176$ MPa，B 截面：$\sigma_{r4} = 162$ MPa，安全

8-20　$\sigma_{max} = \pm\left(\dfrac{M_y}{W_y} + \dfrac{M_z}{W_z}\right) = \pm\left(\dfrac{6Fl\sin\alpha}{hb^2} + \dfrac{6Fl\cos\alpha}{h^2 b}\right)$，　$F = \dfrac{Ebh\sqrt{b^2 \varepsilon_2^2 + h^2 \varepsilon_1^2}}{6l}$

8-21　(1) $F = 401$ kN，$M_e = 3.43$ kN·m，$e = 13$ mm；(2) $\sigma_{r3A} = 109.7$ MPa，$\sigma_{r3B} = 35.0$ MPa，

　　　$\sigma_{r3C} = 61.9$ MPa

8-22　$\sigma_{r3} = 3.75$ MPa $< [\sigma]$

8-23　$\sigma_{r4} = 119.77$ MPa，安全

8-24　$\sigma_{r3} = 136.6$ MPa $< [\sigma]$，安全

8-25　(1) $[F] = 478.47$ kN；(2) $\alpha = 36°52'$ 或 $\alpha' = 216°52'$ 时，$[F_{min}] \leqslant \dfrac{30 \times 10^6}{66.7} = 449.78$ kN；

　　　(3) $[F_{max}] \leqslant \dfrac{30 \times 10^6}{26.7} = 1123.6$ kN

8-26　$\sigma_{r3} = 55.13$ MPa $< [\sigma]$

8-27　点 A：$\sigma_x = 125$ MPa，$\sigma_z = 72$ MPa，$\tau_{xz} = -44.4$ MPa；

　　　点 B：$\sigma_x = 36$ MPa，$\sigma_y = 72$ MPa，$\tau_{xy} = -40.4$ MPa

8-28　$\delta = \dfrac{5Fl^3}{6EI} + \dfrac{3Fl^3}{2GI_t}$

8-29　$\delta_A = \dfrac{FR^3 \pi}{2EI} + \dfrac{3FR^3 \pi}{2GI_p}$

8-30　$\delta_{AB} = \dfrac{Fa^3}{2EI}\left(\dfrac{\pi}{4} - \dfrac{2}{\pi}\right)$

8-31　(1) $\varphi = \dfrac{10^3 mD}{83 n EI}$；(2) $T_{max} = \dfrac{nW[\sigma]}{1.03}$

第 9 章

9-1 $\tan\alpha = 1/3$，$\alpha = 18.43°$

9-2 $[F] = 187.6$ N；$[F] = 68.9$ N

9-3 $F_{cr} = 4.66$ kN

9-4 $[F] = 160$ kN

9-5 安全

9-6 $[q] = 5.1$ kN/m

9-7 $n_{st} = 5.64 > 3$，杆 *BD* 稳定

9-8 $a = 44$ mm，$F_{cr} = 444$ kN

9-9 $T = 29.2℃$

9-10 $F_{cr} = \dfrac{\pi^2 EI}{(0.5l)^2}$，$w = \dfrac{M_e}{F_{cr}}\left(1 - \cos\dfrac{2\pi x}{l}\right)$

9-11 $F_N \leqslant \dfrac{\pi^3 E d^4}{64 l^2}$

9-12 $[F] = 6.55$ kN

9-13 安全

9-14 4 倍

9-15 (1) $b = 416$ mm；(2) $a = 1080$ mm

9-16 杆 *DE*：$n_{st} = 7$，稳定；杆 *BD*：$\lambda = 61$，属于小柔度杆；杆 *CD*：拉杆

9-17 $[F] = 51.5$ kN

9-18 梁的工作安全系数 $n_{st} = 3.03$；柱的工作安全系数 $n_{st} = 2.31$

9-19 $F_{cr} = \dfrac{\pi^2 EI}{(2.63l)^2}$

9-20 略

9-21 (1) $w_{max} = e\left(\sec\left(l\sqrt{\dfrac{F}{EI}}\right) - 1\right)$；(2) $|M|_{max} = Fe\sec\left(l\sqrt{\dfrac{F}{EI}}\right)$；(3) $\sigma_{c\,max} = \dfrac{F}{A} + \dfrac{Fe}{W}\sec\left(l\sqrt{\dfrac{F}{EI}}\right)$

9-22 最大压应力：$\sigma_{c\,max} = \dfrac{F}{A} + \dfrac{Fe}{W}\sec\left(\dfrac{l}{2}\sqrt{\dfrac{F}{EI}}\right)$；最大挠度：$w_{max} = e\left(\sec\left(\dfrac{l}{2}\sqrt{\dfrac{F}{EI}}\right) - 1\right)$

9-23 (1) $w_{max} = l\tan\theta\left(\dfrac{\tan\left(l\sqrt{\dfrac{F\cos\theta}{EI}}\right)}{l\sqrt{\dfrac{F\cos\theta}{EI}}} - 1\right)$；(2) $|M|_{max} = Fl\,\dfrac{\sin\theta\tan\left(l\sqrt{\dfrac{F\cos\theta}{EI}}\right)}{l\sqrt{\dfrac{F\cos\theta}{EI}}}$；

(3) $\sigma_{c\,max} = \dfrac{F\cos\theta}{A} + \dfrac{Fl\sin\theta}{W}\cdot\dfrac{\tan\left(l\sqrt{\dfrac{F\cos\theta}{EI}}\right)}{l\sqrt{\dfrac{F\cos\theta}{EI}}}$

9-24 最大挠度：$w_{max} = \dfrac{qEI}{F^2}\left(\sec\left(\dfrac{l}{2}\sqrt{\dfrac{F}{EI}}\right) - 1\right) - \dfrac{ql^2}{4F}$

9-25 最大挠度: $w_{\max} = \dfrac{P}{2F}\sqrt{\dfrac{EI}{F}}\left(\tan\left(\dfrac{l}{2}\sqrt{\dfrac{F}{EI}}\right) - \dfrac{l}{2}\sqrt{\dfrac{F}{EI}}\right)$

9-26~9-27 略

第 10 章

10-1 $\sigma_{d\max} = 59.1\,\text{MPa}$

10-2 $\sigma_{\text{I}} = 359\,\text{MPa}$, $\sigma_{\text{II}} = 179\,\text{MPa}$

10-3 最大弯矩在 B 截面上, $M_{\max} = \dfrac{Fl}{3}\left(1 + \dfrac{r\omega^2}{3g}\right)$

10-4 $A \geqslant \dfrac{\omega^2 mgl}{g[\sigma]}$

10-5 $\sigma_d = 137\,\text{MPa}$, 强度安全

10-6 $\sigma_d = \left[1 + \sqrt{1 + \dfrac{2h}{\left(\dfrac{F}{k} + \dfrac{Fl}{EA}\right)}}\,\right]\dfrac{F}{A}$

10-7 $F_{d\max} = 6\,\text{kN}$, $\sigma_{d\max} = 15\,\text{MPa}$, $y_{d\max} = 20\,\text{mm}$

10-8 $\tau_{d\max} = 48.4\,\text{MPa}$

10-9 $\sigma_{d\max} = \dfrac{v}{W}\sqrt{\dfrac{3mEI}{a}}$, $\Delta_{Cx} = va\sqrt{\dfrac{ma}{3EI}}$

10-10 $d \geqslant 159.5\,\text{mm}$

10-11 (1) $K_d = 532$; (2) $K_d = 53.4$

10-12 $\sigma_{d\max} = \dfrac{mgl}{4W}\left(1 + \sqrt{1 + \dfrac{48EI(v^2 + gl)}{mg^2 l^3}}\right)$

10-13 (a) $K_d = 14.7$; (b) $K_d = 5.7$

10-14 $\Delta_{dA} = k_d \Delta_{stA} = \left(1 + \sqrt{1 + \dfrac{3EIh}{2Qa^3}}\right)\dfrac{Qa^3}{EI}$ (↑)

10-15 $\sigma_{d\max} = 4.9\,\text{MPa} < [\sigma]$, 强度安全

10-16 $\sigma_{d\max} = 1119.4\,\text{MPa}$

10-17~10-18 略

附录 A

A-1 (a) $S_x = 24 \times 10^3\,\text{mm}^3$; (b) $S_x = 42.25 \times 10^3\,\text{mm}^3$

A-2 $S_x = \dfrac{2}{3}r^3$, $\bar{y} = \dfrac{4r}{3\pi}$

A-3 (a) $\bar{y} = 46.4\,\text{mm}$;

(b) $\bar{y} = 23\,\text{mm}$, $\bar{x} = 53\,\text{mm}$

A-4 $I_x = \dfrac{a^4}{12}$

A-5　(a) $I_x = 5.37 \times 10^7$ mm^4；　　　　(b) $I_x = 9.05 \times 10^7$ mm^4

A-6　(a) $I_x = 1.337 \times 10^7$ mm^4；　　　　(b) $I_x = 1.987 \times 10^8$ mm^4

A-7　$I_x = 188.9a^4$，$I_y = 190.4a^4$

A-8　$a = 111$ mm

A-9　$I_{xy} = 4.98 \times 10^5$ mm^4

A-10　$\alpha_0 = 4°24'$，$I_{x_0} = 2.31 \times 10^7$ mm^4，$I_{y_0} = 0.237 \times 10^7$ mm^4

参考文献

[1] 祝瑛，蒋永莉. 工程力学（静力学与材料力学）. 北京：清华大学出版社，北京交通大学出版社，2010.

[2] 刘鸿文. 材料力学. 4 版. 北京：高等教育出版社，2004.

[3] 孙训方，方孝淑，关来泰. 材料力学（Ⅰ、Ⅱ）. 4 版. 北京：高等教育出版社，2002.

[4] 孙训方，方孝淑，关来泰. 材料力学（上、下册）. 北京：高等教育出版社，1979.

[5] 胡益平. 材料力学. 成都：四川大学出版社，2011.

[6] 鞠彦忠. 材料力学. 武汉：华中科技大学出版社，2008.

[7] 范钦珊，蔡新. 材料力学（土木类）. 北京：清华大学出版社，2006.

[8] 单辉祖，谢传锋. 工程力学（静力学与材料力学）. 北京：高等教育出版社，2004.

[9] R. C. Hibbeler. 材料力学. 汪越胜，等译. 北京：电子工业出版社，2006.